"十二五"普通高等教育本科国家级规划教材
住房城乡建设部土建类学科专业"十三五"规划教材
高校建筑环境与能源应用工程学科专业指导委员会规划推荐教材

热质交换原理与设备

（第四版）

连之伟　陈宝明　编著
孙德兴　主审

中国建筑工业出版社

图书在版编目(CIP)数据

热质交换原理与设备/连之伟等编著. —4版. —北京：中国建筑工业出版社，2018.7（2023.12重印）
“十二五”普通高等教育本科国家级规划教材. 住房城乡建设部土建类学科专业“十三五”规划教材. 高校建筑环境与能源应用工程学科专业指导委员会规划推荐教材
ISBN 978-7-112-22224-7

Ⅰ. ①热… Ⅱ. ①连… Ⅲ. ①传热传质学-高等学校-教材②换热器-高等学校-教材 Ⅳ. ①TK124

中国版本图书馆CIP数据核字(2018)第101951号

本书在总结本书第三版使用情况的基础上，并考虑到多年来本学科的发展，本版教材在体系、内容的更新与充实等方面都进行了很好的修订和改进。本书共9章，主要内容包括：绪论、传质的理论基础、传热传质问题的分析和计算、空气的热湿处理、吸附和吸收处理空气的原理与方法、间壁式热质交换设备的热工计算、混合式热质交换设备的热工计算、复合式热质交换设备的热工计算、热质交换设备的优化设计及性能评价。每章后面还增加了思考题与习题，以便于学生更好地学习与理解。

本书除可作为高校建筑环境与能源应用工程专业的教材外，还可供相关专业的工程技术人员参考。

为了更好地支持相应课程的教学，我们向采用本书作为教材的教师提供课件，有需要者可与出版社联系。

建工书院：http：//edu.cabplink.com/index
邮箱：jckj@cabp.com.cn 电话：010-58337285

* * *

责任编辑：齐庆梅
责任校对：刘梦然

“十二五”普通高等教育本科国家级规划教材
住房城乡建设部土建类学科专业“十三五”规划教材
高校建筑环境与能源应用工程学科专业指导委员会规划推荐教材
热质交换原理与设备
（第四版）
连之伟 陈宝明 编著
孙德兴 主审
*
中国建筑工业出版社出版、发行（北京海淀三里河路9号）
各地新华书店、建筑书店经销
北京红光制版公司制版
北京市密东印刷有限公司印刷
*
开本：787×1092毫米 1/16 印张：19 插页：1 字数：473千字
2018年7月第四版 2023年12月第四十四次印刷
定价：**39.00**元（赠教师课件）
ISBN 978-7-112-22224-7
（32005）

第四版前言

在本书第三版六年多的使用过程中，作者多次碰头研讨，同时也征求相关学科方向专家的意见，意欲进一步提高本书的质量。另外，面向授课教师和学生，针对教学过程中存在的问题，也广泛征集修改补充与完善的意见和建议。这些宝贵的意见和建议及作者的不断授课实践，加之全国高等学校建筑环境与能源应用专业指导委员会的关心与指导，都给本书第四版的编写和修订奠定了坚实基础。

本版教材主要做了如下改进：

1. 在教材易教易学方面。

针对许多师生反映的本教材有些内容较难、不容易理解的问题，在不破坏原有体系的前提下，对部分内容做了“浅显化”处理，例如简化了某些公式的推导过程；修改了第4章的图4-5以使其更容易理解；简化了第3.4.1节的理论求解部分等。

2. 在内容的更新与充实方面。

鉴于本专业的发展与某些技术的实际应用，吸取了一些最新的研究成果编入到此版本中，同时进一步加强了理论与实际应用的联系。例如，在第3章第3.4.4节增加了“超声波对空气处理中热质传递过程的促进”，涉及有超声波的雾化机理和对空气的加湿与除湿处理，但考虑到不是必讲内容，将其归入带*的选修内容。同时，为了减少与其他课程内容的过多重复，删减了部分重复的内容。例如，对第6章涉及换热器热工计算所用的对数平均温差法和效能-传热单元数法的具体推导过程进行了部分删减，但为了保持全书的系统性和完整性，同时便于查阅，相关的公式和图表还予以保留。

3. 在其他方面。

对某些章节的思考题和习题做了补充和完善。同时，对原书包括正文、例题及附录在内的文字和数字错误也做了订正。

总之，本书编著者在本版教材中一如既往地力求提炼共性，突出重点，减少谬误，与时俱进，希望通过以上改进能有助于提高本课程的教学质量。

参加本版编写与修订的是上海交通大学连之伟教授（第1章，第3章3.1.1节和3.4.4节，第5章5.2节，第6~9章），山东建筑大学陈宝明教授（第2章，除3.1.1节和3.4.4节外的整个第3章，第4章，第5章5.1节）。全书由连之伟、陈宝明教授编著，哈尔滨工业大学孙德兴教授主审。

感谢本学科专业指导委员会朱颖心等教授的一贯支持与鼓励；感谢中国建筑工业出版社齐庆梅编审大量的组织和编辑工作；感谢许多院校师生（恕不一一列名）反馈的意见和建议；也感谢上海交通大学等学校的博士生和硕士生做的资料收集与编排工作！

由于编著者水平所限，书中一定还有许多不尽人意之处，恳请读者批评指正，并提出建议。具体意见可发送至作者邮箱 zhiweilian@126.com。您的建议和编著者的新想法，结合本学科技术的不断发展，都将是本书下一版修订的良好基础。如需课件，可发送 email 至 jiangongshe@163.com 索取。

第三版前言

为更好地适应专业教学改革的需要，进一步提高质量，在本书第二版五年多的使用过程中，作者召开了有二十余所高校使用本教材的任课教师参加的研讨会，针对教学过程中存在的问题，以及对第三版改进的建议，大家积极建言献策。同时，作者多次碰头讨论，还发放调查问卷进行了相关的研究和分析，调查面向授课教师和学生，分教师问卷和学生问卷，共有近二十所各级各类学校几十位任课老师和几百位学生参与，获得了大量第一手资料。这些宝贵的建议与资料，再加上作者的亲自授课实践，以及全国高等学校建筑环境与能源应用专业教学指导委员会给予的关心与指导，都给本书第三版的编写和修订奠定了坚实基础。

本版教材主要做了如下改进：

1. 在教材体系方面。

为了使体系更加清楚明了和重点更加突出，将原书整个内容重新编排了章节，并把原第4章的“用固体吸附材料和吸收剂处理空气”偏实际应用的设备与系统的相关内容移到了新编写的第8章“复合式热质交换设备”中。把原第5章的“热质交换设备的分类”移到第1章了。同时，第二版中第3章“固液相变原理和应用”除了“一维固液相变问题”的部分内容调整到本版第2章“相际间的对流传质模型”外，其他内容整体都删除了。

2. 在内容的更新与充实方面。

鉴于本专业近期的发展与未来的动向，吸取了一些成熟的成果编入本书第三版，同时进一步加强理论部分与实际的联系。如增加了第8章“复合式热质交换设备的热工计算”，涉及有蒸发冷却式空调系统和温湿度独立处理空调系统等，以适应同时具有间壁式和混合式设备两者特点的复合式热质交换设备的应用。同时，进一步充实和加强了空气与固体表面之间以及空气与水直接接触时的热质交换机理方面的内容。对于本科生学习有一定难度的内容，将其以“*”标示，供学有余力的学生或其他人员参考。

3. 在符号、单位的统一等方面。

由于本课程的性质决定了教材中会存在大量的公式与符号，因此，本版教材在第二版的基础上进一步力求全书符号的统一与一致。同时，对原书包括正文、例题及附录在内的错误，又做了认真修订。

4. 在多媒体教学课件的引入方面。

在教学手段上，本版教材配置了计算机多媒体辅助教学课件。它基于 PowerPoint 的演示功能，将原理和设备讲解中的难点通过图形等表示出来，特别是动画的引入更有助于对有关内容的理解。读者可发送电子邮件至 jiangongshe@163.com 索取。

总之，本书编著者在本版教材中力求提炼共性，突出重点，减少谬误，与时俱进，希望通过以上改进能有助于提高本课程的教学质量。

因工作原因，原编著者清华大学张寅平教授未参加本版的编写工作，但他前期参加第三版教材研讨会和对大纲的审阅及所提建议，以及允许对原来编写内容的继续使用，本版作者对此致以衷心的感谢。参加本版编写与修订的是上海交通大学连之伟教授（第1章，第3章3.1.1节，第5章5.2节，第6～9章），山东建筑大学陈宝明教授（第2章，除3.1.1节外的整个第3章，第4章，第5章5.1节）。全书仍由连之伟教授主编，哈尔滨工业大学孙德兴教授主审。

在本书编写过程中，得到了本学科专业指导委员会的一贯支持与鼓励，教学指导委员会主任朱颖心教授等多次询问并审阅第三版编写大纲，提出了许多指导性和建设性的意见；西安工程大学黄翔教授将自己团队关于蒸发冷却多年的研究成果提供出来，作者对此致以由衷的感谢。中国建筑工业出版社齐庆梅副编审做了大量组织和编辑工作；许多院校的有关教师（恕不一一列名），不论是调查问卷还是教材使用过程中存在的问题，都给予了积极的配合和认真的反馈，提出了许多很好的意见和建议；还有上海交通大学等校的部分博士后、博士生、硕士生也做了一些资料收集与编排以及多媒体教学课件的制作，在此一并向他们表示衷心的感谢！

由于时间仓促和编著者水平所限，书中一定还有许多不尽如人意之处，恳请读者批评指正，并提出建议。具体意见可发送至 zhiweilian@126.com。您的建议和编著者的新想法，结合本学科技术的不断发展，都将是本书第四版修订的良好基础。

作者

2011年5月

第二版前言

笔者在本书第一版使用过程中听取了任课教师和学生的大量改进意见，其间，全国高等学校建筑环境与能源应用工程专业教学指导委员会对本书第一版在使用过程中发现的问题也作过多次研讨。第二版的修订就是要在总结经验的基础上发扬第一版的长处，吸取正确的意见，改正不足，以更好地适应专业教学改革的需要。

本书编写的意图是要将建筑环境与能源应用工程专业各门课程中涉及流体热质交换原理及相应设备的内容抽出，将不同的内容充实、整合，体现整个专业教学内容体系的科学性与系统性。但由于传热传质学内容本身覆盖面广、公式多、符号杂，所以容易使各章节内容缺乏系统性，也使课堂教学枯燥乏味。为此，本版教材做了如下的改进：

1. 在内容体系方面。

依据厚基础、重实践、引思考的基本原则，本版教材力求重点突出，以点带面。因此，第一版中第5章“其他形式的热质交换”的内容整体删除了。虽然空气在空间射流时与室内空气也发生着动量、能量和质量的交换，特别是燃烧过程也是一种非常典型的热质交换现象，但是考虑到本专业的具体情况，同时由于学时所限，所以为了突出重点，这部分内容在本书二版中不再出现，而留到相应的课程中讲述。同样的，汽液相变换热原理与传热学相应内容重复较多，其相应的冷凝器、蒸发器等设备内容在“制冷技术”中有较多讲述，因此这部分内容也从本书中删除了，以更加集中地讲授在冰蓄冷等技术中有广泛应用的固液相变换热的知识。另外，为了更好地体现系统性与完整性，将原绪论中的“三传”的类比移到了第2章“动量、热量和质量传递类比”中，而将原绪论中设备的分类移到了“热质交换设备”中去。同时，各章节内部的内容先后次序也做了不同程度的调整。

2. 在内容的更新与充实方面。

在精简了许多教学内容后，注意本专业的最新发展动向，吸取最新的成果。如根据本专业的发展和对室内空气品质要求的不断提高，注意对流传质在这方面的应用举例。鉴于本专业自身的特点，特别加强和充实了空气与水直接接触时的热质交换方面的内容。考虑到计算机的发展，将热质交换设备的计算机仿真建模方法也引入了进来，当然，鉴于这部分内容对于本科生来讲有一定的难度，将其以“*”标示，供学有余力的学生学习。另外，为了教学方便，书末也增加了部分附录。

3. 统一符号、单位。

由于本课程的性质决定了教材中会存在大量的公式与符号，因此，本版教材力求全书符号的统一。并且除了在书最前边给出符号表外，在一些公式后面也给出了主要符号的解释。单位也统一采用国际单位制。

4. 加入习题、思考题。

将习题、思考题等加入到了每章末，以期更好地理解和消化学习内容。

总之，本书编著者在本版教材中力求提炼共性，举一反三。希望通过以上改进能有助于提高本门课程的教学质量。

因内容调整，原编者曹登祥教授未参加本版的编写工作。参加本版编写的是上海交通大学连之伟（第1章，第2章2.5.1节，第5章），清华大学张寅平（第2章2.8节，第3章，第4章4.4和4.5节），山东建筑工程学院陈宝明（除2.5.1和2.8节外的整个第2章，第4章4.1~4.3节）。全书由连之伟主编，哈尔滨工业大学孙德兴教授主审。

在本书编写过程中，得到了本学科专业指导委员会的一贯支持与鼓励，使得本书的质量不断提高，并将本版教材推荐为普通高等教育土建学科专业“十五”规划教材，同时彦启森教授、孙德兴教授、朱颖心教授等多次审阅第二版编写大纲，而且亲临第二版大纲的研讨会，提出了许多指导性和建设性的意见；感谢中国建筑工业出版社的领导对二版大纲研讨会的支持，特别是齐庆梅编辑做了大量的组织工作；另外，许多院校的有关教师（恕不一一列名）提出了许多很好的意见和建议；还有上海交通大学的青年教师姚晔博士及部分博士生、硕士生及个别本科生也做了一些资料收集与文字录入，在此一并向他们表示衷心的感谢！

由于时间仓促和编著者水平所限，书中一定还有许多不尽如人意之处，恳请读者批评指正，并提出建议。具体意见可发送至 zhiweilian@126.com。您的建议和编著者的新想法，以及本学科技术的不断发展，都将是本书第三版良好的基础。

2006年4月

第一版前言

为了适应国家新的学科目录，建设部于1997年6月成立了“面向21世纪高等教育教学内容和课程体系的改革与实践”课题组。相应地，建筑环境与能源应用工程专业也进行了这方面的教学改革研讨。在本学科专业指导委员会的坚强领导与支持下，本着加强基础，提高学生能力的原则，新增加了三门专业基础与专业理论课，“热质交换原理与设备”即是其中之一。

该课程是将专业中的《传热学》、《流体力学》、《工程热力学》、《供暖工程》、《区域供热》、《工业通风》、《空气调节》、《空调用制冷技术》、《锅炉及锅炉房设备》和《燃气燃烧》等课程中牵涉到流体热质交换原理及相应设备的内容抽出，经综合整理、充实加工而形成的一门课程，它以动量传输、热量传输及质量传输共同构成的传输理论（Transport Theory）为基础，重点研究发生在建筑环境与能源应用中的热质交换原理及相应的设备热工计算方法，为进一步学习创造良好的建筑室内环境打下基础。

由此可见，本课程是创造建筑室内环境所用热质交换方法的理论知识与设备知识同时兼顾的一门主干专业理论课，起着连接本专业基础课与技术课的桥梁作用。

本课程教学大纲和教材大纲经过众多学校相关教师多次讨论，三易其稿而定，它将以往分散在多门专业课中的热质交换现象及其相应设备内容有机结合起来，重点讨论热质交换现象同时产生的过程，使之在理论上系统化，然后再将理论应用于具体设备。

本书第1章及第5、6章部分内容由上海交通大学连之伟教授执笔，第3章及第4、6章部分内容由清华大学张寅平教授执笔，第2章及第4章部分内容由山东建筑工程学院陈宝明教授执笔，第5、6章部分内容由重庆大学曹登祥教授执笔。全书由连之伟主编，哈尔滨工业大学孙德兴教授主审。

在本书的编写过程中，得到全国各有关院校本专业教师的热情帮助，提出了许多宝贵意见。同时，专业指导委员会的领导和委员对本书也一直给予积极支持，在此一并表示衷心感谢。

由于时间仓促和编者水平所限，书中一定有许多不尽如人意之处，恳请读者批评指正，并提出建议，以期二版时质量有较大提高。

目　　录

基本符号表……………………………………………………………………………………………… 1
第1章　绪论……………………………………………………………………………………………… 3
1.1　建筑环境与能源应用专业涉及的热质交换现象及其设备分类 ……………………………… 3
1.2　本门课程在专业中的地位与作用……………………………………………………………… 12
1.3　本门课程的主要研究内容与方法……………………………………………………………… 13
思考题 …………………………………………………………………………………………………… 15
第2章　传质的理论基础 ……………………………………………………………………………… 16
2.1　传质概论…………………………………………………………………………………………… 16
2.2　扩散传质…………………………………………………………………………………………… 21
2.3　对流传质…………………………………………………………………………………………… 38
2.4　相际间的对流传质模型………………………………………………………………………… 59
思考题 …………………………………………………………………………………………………… 64
第3章　传热传质问题的分析和计算 ………………………………………………………………… 67
3.1　动量、热量和质量传递的类比………………………………………………………………… 67
3.2　对流传质的准则关联式………………………………………………………………………… 75
3.3　热量和质量同时进行时的热质传递…………………………………………………………… 79
3.4*　传质应用举例 ………………………………………………………………………………… 92
思考题…………………………………………………………………………………………………… 101
第4章　空气的热湿处理……………………………………………………………………………… 105
4.1　空气的热湿处理途径 …………………………………………………………………………… 105
4.2　空气与固体表面之间的热湿交换 ……………………………………………………………… 109
4.3　空气与水直接接触时的热湿交换 ……………………………………………………………… 116
思考题…………………………………………………………………………………………………… 128
第5章　吸附和吸收处理空气的原理与方法………………………………………………………… 130
5.1　吸附材料处理空气的原理和方法 ……………………………………………………………… 130
5.2　吸收剂处理空气的原理和方法 ………………………………………………………………… 152
思考题…………………………………………………………………………………………………… 161
第6章　间壁式热质交换设备的热工计算…………………………………………………………… 162
6.1　间壁式热质交换设备的形式与结构 …………………………………………………………… 162
6.2　间壁两侧流体传热过程分析 …………………………………………………………………… 163
6.3　总传热系数与总传热热阻 ……………………………………………………………………… 164
6.4　间壁式热质交换设备热工计算常用计算方法 ………………………………………………… 166
6.5　表面式冷却器的热工计算 ……………………………………………………………………… 173
6.6　其他间壁式热质交换设备的热工计算 ………………………………………………………… 184

思考题……186
第7章 混合式热质交换设备的热工计算……188
7.1 混合式换热器的形式与结构……188
7.2 影响混合式设备热质交换效果的主要因素……195
7.3 混合式设备发生热质交换的特点……196
7.4 喷淋室的热工计算……197
7.5 冷却塔的热工计算……205
7.6 其他混合式热质交换设备的热工计算……211
思考题……219
第8章 复合式热质交换设备的热工计算……220
8.1 影响复合式设备热质交换效果的主要因素……220
8.2 蒸发冷却式空调系统的热工计算……221
8.3 温湿度独立调节空调系统……239
思考题……253
第9章 热质交换设备的优化设计及性能评价……254
9.1* 热质交换设备仿真建模方法……254
9.2 热质交换设备的优化设计与分析……262
9.3 热质交换设备的性能评价……265
9.4 热质交换设备的发展趋势……270
思考题……271
附录……272
附录2-1 干饱和水蒸气的热物理性质……272
附录2-2 饱和水的热物理性质……274
附录3-1 空气的热物理性质……276
附录3-2 扩散系数……277
附录4-1 湿空气焓湿图……插页
附录6-1 有代表性流体的污垢热阻 R_f……279
附录6-2 总传热系数的有代表性的数值……279
附录6-3 部分水冷式表面冷却器的传热系数和阻力实验公式……280
附录6-4 水冷式表面冷却器的 ε_2 值……281
附录6-5 JW型表面冷却器技术数据……281
附录6-6 部分空气加热器的传热系数和阻力计算公式……281
附录6-7 部分空气加热器的技术数据……282
附录7-1 喷淋室热交换效率实验公式的系数和指数……283
附录7-2 湿空气的密度、水蒸气压力、含湿量和焓……284
参考文献……285

基本符号表

符号	物理量，常用单位
A	面积，米^2（m^2）
a	导温系数（热扩散系数），米^2/秒（m^2/s）
a_A	组分A的质量分数
B	大气压强，巴(bar)，牛顿/米^2（N/m^2），千克/(米·秒^2)[$kg/(m \cdot s^2)$]
C	摩尔浓度，千摩尔/米^3（$kmol/m^3$）
c	比热，焦耳/(千克·度)[J/(kg·℃)]
C_A	组分A的量浓度（摩尔浓度），$kmol/m^3$
D	质扩散系数，米^2/秒（m^2/s）
d	直径或含湿量，米(m)或千克/千克干空气(kg/kg干空气)
f	摩擦系数
G	质流量，千克/秒(kg/s)
G_A	组分A的传质速率（流量），千克/秒（kg/s）
H	高度，米（m）
h	对流换热系数，瓦/(米^2·度)[$W/(m^2 \cdot ℃)$]
h_m	对流传质系数，米/秒（m/s）
h_{md}	对流传质系数（以空气含湿量差为基准），千克/(米^2·秒)[$kg/(m^2 \cdot s)$]
h_{mp}	对流传质系数（以空气水蒸气分压力差为基准），米千克/(牛·秒)[kg/(N·s)]
h_w	冷却剂侧的对流换热系数，瓦/(米^2·度)[$W/(m^2 \cdot ℃)$]
i	焓，焦耳/千克（J/kg）
j	质量通量，千克/(米^2·秒)[$kg/(m^2 \cdot s)$]
J	摩尔通量，摩尔/(米^2·秒)[$mol/(m^2 \cdot s)$]
j_A	组分A的质量通量,千克/(米^2·秒)[$kg/(m^2 \cdot s)$]
J_A	组分A的摩尔通量，千摩尔/(米^2·秒)[$kmol/(m^2 \cdot s)$]
K	传热系数，瓦/(米^2·度)[$W/(m^2 \cdot ℃)$]
l	长度，米（m）

符号	物理量，常用单位
M	质量，千克（kg）
M_A	组分A的质量，千克（kg）
M_A^*	组分A的摩尔质量，千克/千摩尔（kg/kmol）
m_A	组分A的质量通量,千克/(米^2·秒)[$kg/(m^2 \cdot s)$]
m	混合物的总质量通量，千克/(米^2·秒)[$kg/(m^2 \cdot s)$]
n	物质的量（以摩尔计），千摩尔（kmol）
n_A	组分A物质的量(以千摩尔计)，千摩尔（kmol）
N_A	组分A的摩尔通量，千摩尔/(米^2·秒)[$kmol/(m^2 \cdot s)$]
N	混合物的总摩尔通量，千摩尔/(米^2·秒)[$kmol/(m^2 \cdot s)$]
p	压力，帕（Pa），巴（bar），牛顿/米^2（N/m^2）
Q	热流量，焦耳/秒（J/s）
q	热流通量，瓦/米^2（W/m^2）
R	热阻，米^2·度/瓦（$m^2 \cdot ℃/W$）
r	半径，米（m）
r	汽化潜热，焦耳/千克（J/kg）
S	距离，米（m）
S_p	颗粒表面积，米^2（m^2）
s_v	单位体积表面积，米^2/米^3（m^2/m^3）
T	热力学温度，开尔文（K）
t	摄氏温度，度（℃）
U	周边长度，米（m）
u	速度，米/秒（m/s）
V	容积，米^3（m^3）
v	速度，米/秒（m/s）
w	速度，米/秒（m/s）
W	水流量，千克/秒（kg/s）
w	冷却剂的质量流量，千克/秒（kg/s）
x_A	组分A的摩尔分数

续表

符号	物理量，常用单位	符号	物理量，常用单位
φ	相对湿度	λ	导热系数，瓦/(米·度)［W/(m·℃)］
β	肋化系数	μ	分子量
β	容积膨胀系数，1/开（1/K）	μ	动力黏度，牛顿·秒/米^2（N·s/m^2）
δ	厚度，米（m）	ν	运动黏度，米^2/秒（m^2/s）
ε	换热器效能	ρ	密度，千克/米^3（kg/m^3）
Δ	差值	ρ_A	组分A的质量浓度，千克/米^3（kg/m^3）
η	效率	τ	时间，秒(s)，时(h)
θ	过余温度，度（℃）	τ	剪切应力，巴(bar)，牛顿/米^2(N/m^2)

第1章　绪　　论

动量、热量和质量的传递现象，在自然界和工程技术领域中是普遍存在的。在建筑环境与能源应用工程专业领域里也是这样，亦存在着大量动量、热量和质量的传递现象。它们有时以一种形式出现，有时三种形式同时出现，且相互作用，相互影响。“热质交换原理与设备”这门课程，就是重点研究发生在建筑环境与能源应用工程领域里的动量、热量和质量的传递现象，探讨它们传递的规律，以指导在实际工程里的应用。

在以往的教学中，大多数工程专业都开设动量传递（流体力学）和热量传递（传热学）课程，而质量传递课程的开设则主要在化工专业。但是近年来，许多工程领域，例如动力机械工程、制冷工程、冶金工程、生化工程、环境工程及建筑环境与能源应用工程等对于气体、液体和固体的传质过程的研究日益增大。因此现在许多工程专业都分别开设动量传递、热量传递和质量传递这三门课程。

对于学生来说，分别学习这三门课程时，往往难于理解上述三种传递过程之间的内在联系，应该说这是一个较大的缺陷。同时，正如 R. B. 伯德（R. B. Bird）等人[1] 1960 年在其《传递现象》（*Transport Phenomena*）一书中所说的，在当前的工科教育中，愈来愈倾向于着重基本物理原理的理解，而不是盲目地套用经验结论。于是，基于这样的考虑，伯德等人对这三种传递现象用统一的方法进行了讨论，力图阐明这三种传递过程之间在定性和定量描述以及计算上的相似性。这对于学生更深入的理解传递过程的机理是十分有益的。自此，统一研究这三种传递现象的课程越来越受到人们的重视，它已成为许多工程专业必修的专业基础课。本门课程就是将这一专业基础课与其在本专业上的应用结合起来，架设起专业基础课与技术课的桥梁。

1.1　建筑环境与能源应用专业涉及的热质交换现象及其设备分类

如前所述，不论在自然界还是在本专业领域里，亦存在着大量的动量、热量和质量传递现象，我们首先看一下这三种传递现象的联系。

1.1.1　三种传递现象的联系[2]

当物系中存在速度、温度和浓度的梯度时，则分别发生动量、热量和质量的传递现象。动量、热量和质量的传递，既可以是由分子的微观运动引起的分子扩散，也可以是由旋涡混合造成的流体微团的宏观运动引起的湍流传递。

以分子传递为例，从微观的角度来看，当流场中速度分布不均匀时，从流体力学的知识可知，分子传递的结果产生了切应力，用牛顿黏性定律描述如下：

$$\tau = -\mu \frac{\mathrm{d}u}{\mathrm{d}y} \tag{1-1}$$

式中　τ——切应力，表示单位时间内通过单位面积传递的动量，又称动量通量密度，N/m^2；

μ——流体的动力黏性系数，Pa·s；

u——流体沿 x 方向的运动速度，m/s；

y——垂直于运动方向的坐标，m；

$\frac{du}{dy}$——速度梯度，或称速度的变化率，表示速度沿垂直于速度方向 y 的变化率，1/s。

式(1-1)表示两个作直线运动的流体层之间的切应力正比于垂直于运动方向的速度变化率。负号表示黏性动量通量的指向是速度梯度的负方向，或者说动量是朝速度减小的方向传递的。

式(1-1)还可从另外一个方面解释。在与 $y=0$ 处运动着的固体表面十分邻近的区域中，流体获得一定数量的 x 方向动量，而该部分流体又把其一部分动量传给其邻近的一"层"流体，并使后者在 x 方向运动。因此，x 方向动量是通过流体在 y 方向上进行传递的。所以切应力 τ 就可以解释为 x 方向的黏性动量在 y 方向上的通量了。不同的流体有不同的传递动量的能力，这种性质用流体的动力黏性系数 μ 来反映，其物理意义可以理解为，它表征了单位速度梯度作用的切应力，反映了流体黏滞性的动力性质，因此称它为"动力"黏性系数。

同样，当温度分布不均匀时，从传热学的知识可知，分子传递的结果产生了热传导，它可用傅立叶定律描述如下。傅立叶定律指出，在均匀的各向同性材料内的一维温度场中，通过热传导方式传递的热量通量密度为：

$$q = -\lambda \frac{dt}{dy} \tag{1-2}$$

式中　q——热量通量密度，或能量通量密度，表示单位时间内通过单位面积传递的热量，$J/(m^2 \cdot s)$；

λ——导热系数，W/(m·℃)；

t——流体的温度，℃；

y——温度发生变化方向的坐标，m；

$\frac{dt}{dy}$——温度梯度，表示温度沿垂直于 y 方向的变化率，℃/m。

式(1-2)表示物体之间的热量传递正比于其温度梯度。负号表示热量传递的方向是温度梯度的负方向，或者说热量是朝温度降低的方向传递的。同样，不同的物体有不同的这种传递热量的能力，这种性质用物体的导热系数来反映。

再看看浓度分布不均匀的情况。在多组分的混合流体中，如果某种组分的浓度分布不均匀，分子传递的结果便引起该组分的质量扩散。从本书后面要介绍的传质学的知识可知，表示这种质量扩散传递性质的数学关系可用斐克定律描述。它是指在无总体流动或静止的双组分混合物中，若组分 A 的质量分数 ρ_A 的分布为一维的，则通过分子扩散传递的组分 A 的质量通量密度为：

$$j_A = -D_{AB} \frac{d\rho_A}{dy} \tag{1-3}$$

式中　j_A——组分 A 的质量通量密度，表示单位时间内，通过单位面积传递的组分 A 的质量，$kg/(m^2 \cdot s)$；

D_{AB}——组分 A 在组分 B 中的扩散系数，m^2/s；

ρ_A——扩散组分 A 在某空间位置上的质量浓度，kg/m^3；

y——组分 A 在密度发生变化的方向上的坐标，m；

$\frac{d\rho_A}{dy}$——组分 A 的质量浓度梯度，$kg/(m^3 \cdot m)$。

式（1-3）表示质量传递正比于其浓度梯度。负号表示质量传递的方向是浓度梯度的负方向，或者说质量是朝浓度降低的方向传递的。同样，不同的物体有不同的传递质量的能力，这种性质用物体的分子扩散系数来反映。

由式（1-1）~（1-3）可见，表示三种分子传递性质的数学关系式是类似的，因而这三个传递公式可以用如下的统一公式来表示：

$$FD\phi' = -C\frac{d\phi}{dy} \tag{1-4}$$

其中，$FD\phi'$表示 ϕ'的通量密度，$d\phi/dy$ 表示 ϕ 的变化率，C 为比例常数。ϕ'可分别表示质量、动量和热量，而 ϕ 可分别表示质量浓度（单位体积的质量）、动量浓度（单位体积的动量）和能量浓度（单位体积的能量）。

若令式（1-4）中的 $FD\phi' = j_A$，$\phi = \rho_A$，$C = D_{AB}$，则得质量传递公式（1-3）。

若令式（1-4）中的 $FD\phi' = q$，$\phi = t$，$C = \lambda$，则得能量传递公式（1-2）。

若令式（1-4）中的 $FD\phi' = \tau$，$\phi = u$，$C = \mu$，则得动量传递公式（1-1）。

这些表达式说明动量交换、热量交换、质量交换的规律可以类比。动量交换传递的量是运动流体单位容积所具有的动量；热量交换传递的量是物质每单位容积所具有的能量；质量交换传递的量是扩散物质每单位容积所具有的质量也就是浓度。显然，这些量的传递速率都分别与各量的梯度成正比。比例系数均表示了物体具有的扩散性质。

前面我们以分子传递为例，从微观的角度考察了当流场中速度、温度、浓度分布不均匀时，它们动量交换、热量交换、质量交换的规律可以类比。现在我们再简单考察一下流体湍流中的传递现象，也可以发现这三种传递现象存在着这样的类比关系。

在湍流流动中，除分子传递现象外，宏观流体微团的不规则混掺运动也引起动量、热量和质量的传递，其结果从表象上看起来，相当于在流体中产生了附加的“湍流切应力”、“湍流热传导”和“湍流质量扩散”。由于流体微团的质量比分子的质量大得多，所以湍流传递的强度自然要比分子传递的强度大得多。由流体力学的知识我们知道，可用湍流动量传递时均化变化方程描述它们的动量传递规律，相应地，可用湍流黏度系数表示流体的这种湍流动量传递性质。同样，由传热学的知识我们知道，可用湍流能量传递时均化变化方程描述它们的能量传递规律，相应地，可用湍流导热系数表示流体的这种湍流能量传递性质。同样，由后面介绍的传质学的知识我们知道，可用湍流质量传递时均化变化方程描述它们的质量传递规律，相应地，可用湍流扩散系数表示流体的这种湍流质量传递性质。

如果再来考察两相间的传递现象，仍可发现这三种传递现象存在这样的类比关系。由流体力学的知识可知，可用相际动量传递来描述两相间的动量传递规律，相应地，引入摩擦因子来表示这种相际间的动量传递性质。同样，由传热学知识知道，可用相际能量传递来描述两相间的能量传递规律，相应地，用传热系数来表示这种相际间的能量传递性质。

同样，由传质学知识知道，可用相际质量传递来描述两相间的质量传递规律，相应地，用传质系数来反映这种相际间的质量传递性质。

上述传递现象的组织系统关系可归纳为表1-1所示。

几种典型的传递现象组织系统类比关系[1] 表1-1

传递类型	动 量	能 量	质 量
分子传递	黏度 牛顿黏性定律 黏度与温度、压强、组成的关系 黏度的分子运动论	导热系数 傅立叶导热定律 导热系数与温度、压强、组成的关系 导热系数的分子运动论	扩散系数 斐克扩散定律 扩散系数与温度、压强、组成的关系 扩散系数的分子运动论
湍流中的传递	湍流动量传递时均化变化方程 湍流黏度系数 湍流速度分布	湍流能量传递时均化变化方程 湍流导热系数 湍流温度分布	湍流质量传递时均化变化方程 湍流扩散系数 湍流浓度分布
两相间的传递	相际动量传递 摩擦因子 无因次关联式	相际能量传递 传热系数 无因次关联式（强制和自然对流）	相际质量传递 传质系数 无因次关联式（强制和自然对流）

以后我们将会看到，正是由于这三种传递现象基本传递公式的类似性，将导致它们传递过程具有一系列类似的特性。

1.1.2 本专业中的典型热质交换现象

建筑环境与能源应用工程专业主要是研究供热、供燃气、通风与空调工程及城市燃气工程的设计、施工、监理及设备研制等相关理论、方法和工艺的学科。其内容包括民用与工业建筑、运载工具及人工气候室中的温湿度、清洁度及空气质量的控制，为实现此环境控制的采暖通风和空调系统，与之相应的冷热源及能量转换设备，以及燃气、蒸汽及冷热水输送系统。它涉及建筑、热工、机械、环境、能源、自控等多个领域，无论是在专业理论的广度还是在专业技能的多样化上，都具有一定的特殊性。

然而在本专业广泛的专业方向上，如供暖工程、区域供热、工业通风、空气调节、制冷技术、锅炉及锅炉房设备、燃气燃烧与输配等，均伴随有热质交换现象的存在，有大量的内容涉及热质传递原理及其应用。比如制冷工程里制冷剂在冷凝器里的冷凝过程，空调工程中空气的热质处理方法，冷却塔中水与空气间的热质交换，甚至房间里污染物的散发与扩散……这些都是本专业典型的同时也是引起人们极大关注的热质交换现象。

图1-1所示为制冷设备中常用的卧式冷凝器中制冷剂氟利昂的冷凝过程[3]。图中氟利昂蒸气在管外凝结，管内流着冷却水，制冷剂蒸气凝结时所放出的热量穿过管壁而传到冷却水中被带走，从而实现热量的转移。

图 1-1 所述情况是参与换热的两种介质没有发生接触的例子。工程中还有一种叫做混合式热质交换设备，它里面发生的过程也是一种非常典型的热质交换现象。此类设备，如喷淋室和冷却塔等，最主要的特征就是参与换热的两种介质（空气和水）的直接接触和相互渗混。这时，空气与水表面之间不但有热量交换，而且一般同时还有质量交换。在喷淋室里面，根据喷水温度的不同，二者之间可能仅有显热交换；也可能既有显热交换，又有质量交换引起的潜热交换，显热交换与潜热交换之和构成它们之间的总热交换。尽管喷淋室的主要目的是用水来处理空气，而冷却塔则主要是用空气来冷却水，它们的处理对象虽然不同，但都是通过空气和水的直接接触从而进行热质交换来达到目的的。

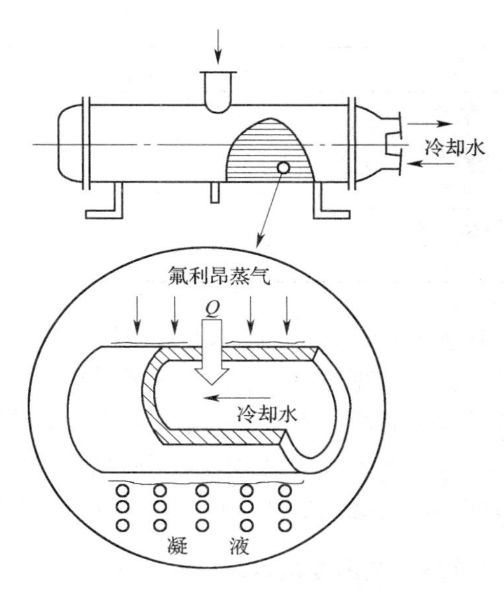

图 1-1 冷凝器中的热量传递过程

又如锅炉中的一些受热面（水冷壁等），在燃料燃烧时直接与之进行大量的能量交换，同时它的其他设备，如过热器、省煤器和空气预热器等，运行时都发生着热量传递现象。还有，散热器、加湿器、暖风机、蒸发器、风机盘管、转轮除湿机以及蓄冷设备、吸收吸附设备等，都是本专业常用的进行能量交换的设备。表 1-2 所示是本专业中常见的热质交换设备及其形式、其典型的应用领域与设备内流体的传热机理。

建筑环境与能源应用专业常见的热质交换设备形式与传热机理 **表 1-2**

名称	典型应用领域	形 式	传 热 机 理
表冷器	空调	间壁式	对流－导热－对流
喷淋室	空调	直接接触式	接触传热、传质
蒸发器	锅炉	间壁式	辐射－导热－两相传热
蒸发器	制冷	间壁式	对流－导热－蒸发
过热器	锅炉	间壁式	辐射＋对流－导热－对流
省煤器	锅炉	间壁式	对流（辐射份额少）－导热－对流
空气预热器	锅炉	间壁式或蓄热式	对流－导热－对流
蒸汽喷射泵	锅炉、供热	直接接触式	接触传热、传质
冷凝器	制冷、锅炉	间壁式	凝结－导热－对流
冷却塔	制冷、锅炉	直接接触式	接触传热、传质
蒸汽加热器	供暖、通风	间壁式	凝结－导热－对流
热水加热器	供暖、通风	间壁式	对流－导热－对流
除氧器	锅炉	直接接触式	接触传热、传质
蒸汽加湿器	空调	直接接触式	接触传热、传质

续表

名称	典型应用领域	形 式	传 热 机 理
散热器	供暖	间壁式	对流－导热－对流＋辐射
暖风机	供暖	间壁式	对流（或凝结）－导热－对流
吸收、吸附设备	制冷、空调	直接接触式	接触传热、传质
转轮除湿机	空调	直接接触式	接触传热、传质
风机盘管	空调	间壁式	对流（或凝结）－导热－对流

从表1-2可看到，在本专业中存在着大量的热质交换设备，它们的流动形式、布置与安排、分析计算与设计，均以热质交换原理为其理论基础。这些设备设计选用得如何、传热传质效率怎样，不但直接影响到室内要创造和控制的环境，而且还对能量消费也有重大的影响。例如，公共建筑的全年能耗中，大约50%～60%消耗于空调制冷与采暖系统中，而目前的建筑能耗也已占到总能耗的约1/3之多了。

1.1.3 热质交换设备的分类

在暖通空调等许多工程应用中，经常需要在系统和它的周围环境之间或在同一系统的不同部分之间传递热量和质量，这种以在两种流体之间传递热量和质量为基本目的的设备称为热质交换设备。热质交换设备的分类方法很多，可以按工作原理、流体流动方向、设备用途、传热传质表面结构、制造材质等分为各种类型。在各种分类方法中，最基本的是按工作原理分类。

（1）按工作原理分类

按不同的工作原理可以把热质交换设备分为：间壁式、直接接触式、蓄热式和热管式等类型。

间壁式又称表面式，在此类换热器中，热、冷介质在各自的流道中连续流动完成热量传递任务，彼此不接触，不掺混。凡是生产中介质不容掺混的场合都使用此类型换热器，它是应用最广泛、使用数量最大的一类。本专业中的表面式冷却器、过热器、省煤器、散热器、暖风机、燃气加热器、冷凝器、蒸发器等均属此类。

直接接触式又称为混合式，在此类热质交换设备中，两种流体直接接触相互掺混，传递热量和质量后，在理论上应变成同温同压的混合介质流出，因而传热传质效率高。本专业中的喷淋室及蒸汽喷射泵、冷却塔、蒸汽加湿器、热力除氧器等均属此类。

蓄热式又称回热式或再生式换热器，它借助由固体构件（填充物）组成的蓄热体传递热量。在此类换热器中，热、冷流体依时间先后交替流过由蓄热体组成的流道，热流体先对其加热，使蓄热体壁温升高，把热量储存于固体蓄热体内，随即冷流体流过，吸收蓄热体通道壁放出的热量。在蓄热式换热器里所进行的热传递过程不是稳态过程，蓄热体壁不停地、周而复始地被加热和冷却，壁面和壁内部的温度均处于不停的变化之中。炼铁厂的热风炉、锅炉的回转式空气预热器及全热回收式空气处理机组等均属此类。

热管换热器是以热管为换热元件的换热器。由若干支热管组成的换热管束通过中隔板置于壳体内，中隔板与热管加热段、冷却段及相应的壳体内腔分别形成热、冷流体通道，热、冷流体在通道中横掠热管束连续流动实现传热。当前该类换热器多用于各种余热回收工程。

在间壁式、混合式和蓄热式三种主要热质交换设备类型中，间壁式的生产经验、分析研究和计算方法比较丰富和完整，因而在对混合式和蓄热式进行分析和计算时，也常采用一些源于间壁式热交换器的方法。

(2) 按照热流体与冷流体的流动方向分类

热质交换设备按照其内热流体与冷流体的流动方向，可分为：顺流式、逆流式、叉流式和混合式等类型。

顺流式或称并流式，其内冷、热两种流体平行地向着同一方向流动，如图 1-2 (*a*) 所示。冷、热流体同向流动时，可以用平壁隔开，但是更通常的是用同心管（或是双层管）隔开，其布置简图示于图 1-2 (*b*)。在这样的顺流布置中，冷、热流体由同一端进入换热器，向着同一方向流动，并由同一端离开换热器。

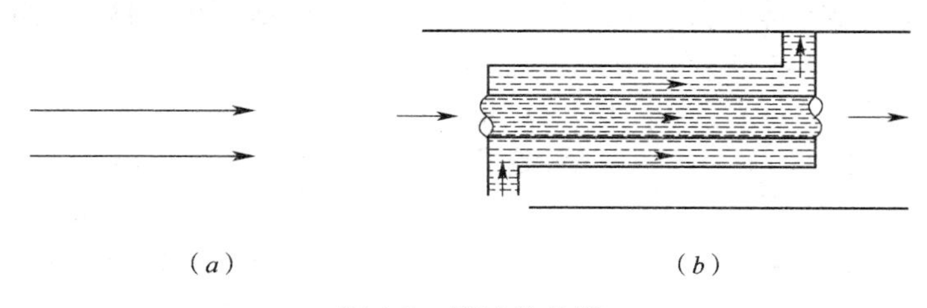

(*a*) (*b*)

图 1-2 顺流换热器

(*a*) 示意图；(*b*) 同心管

逆流式，两种流体也是平行流动，但它们的流动方向相反，如图 1-3 (*a*) 所示。冷、热流体逆向流动，由相对的两端进入换热器，向着相反的方向流动，并由相对的两端离开换热器，其布置简图示于图 1-3 (*b*)。

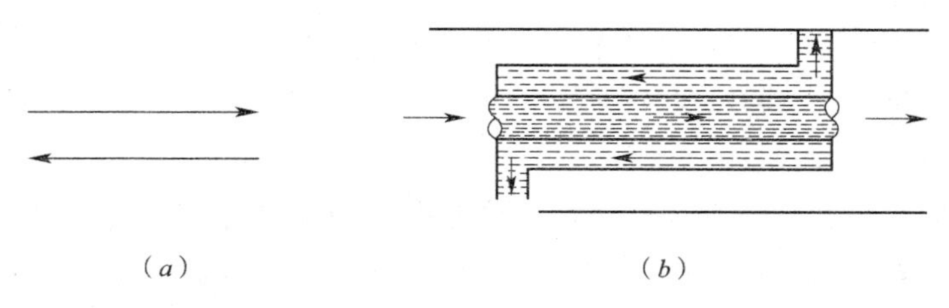

(*a*) (*b*)

图 1-3 逆流换热器

(*a*) 示意图；(*b*) 同心管

叉流式又称错流式，两种流体的流动方向互相垂直交叉，示意图如图 1-4 (*a*) 所示。这种布置通常是用在气体受迫流过一个管束而管内则是被泵输送的液体，图 1-4 (*b*)、(*c*) 表示了两种常见的布置方式。对于像图 1-4 (*b*) 那样的带肋片的管束，气体流是不混合的，因为它不能在横向（垂直于流动方向）自由运动。类似地，因为液体被约束在互相隔开的管子中，所以液体在流过管子时也是不混合的。这一类肋片管叉流换热器被广泛应用于空调装置中。与之相反，如果管子是不带肋片的，那么气体就有可能一边向前流动，一边横向混合，像图 1-4 (*c*) 那样的布置，气流是混合的。应当注意，在不混合时，流体应表示为二维的温度分布，即其温度在流动方向上和垂直于流动的方向上都是变化的。然而，在有横向混合流动的条件下，温度虽然主要是在流动方向上发生变化，但混合情况对于换热器总的传热会有重要的影响。

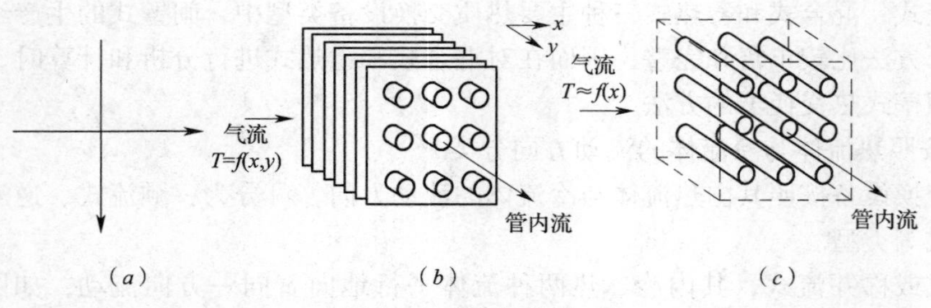

图 1-4　叉流换热器

（a）示意图；（b）两种流体均不混合；（c）一种流体混合，另一种不混合

混流式，两种流体在流动过程中既有顺流部分，又有逆流部分，图 1-5（a）、（b）所示就是一例。当冷、热流体交叉次数在四次以上时，可根据两种流体流向的总趋势，将其看成逆流或顺流，如图 1-5（c）、（d）所示。

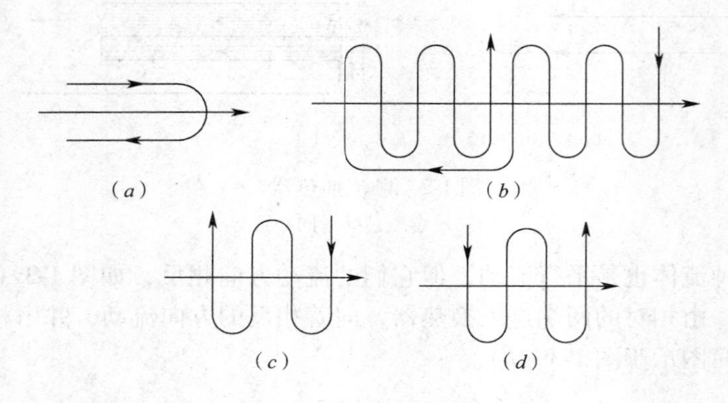

图 1-5　混流换热器示意图

（a）先顺后逆的平行混流；（b）先逆后顺的串联混流；（c）总趋势为逆流的混合流；（d）总趋势为顺流的混合流

下面对各种流动形式作一比较。

在各种流动形式中，顺流和逆流可以看作是两个极端情况。在进出口温度相同的条件下，逆流的平均温差最大，顺流的平均温差最小；顺流时，冷流体的出口温度总是低于热流体的出口温度，而逆流时冷流体的出口温度却可能超过热流体的出口温度。这方面内容详见后面章节论述。从这些方面来看，热质交换设备应当尽量布置成逆流，而尽可能避免布置成顺流。但逆流布置也有一个缺点，即冷流体和热流体的最高温度发生在换热器的同一端，使得此处的壁温较高，对于高温换热器来说，这是要注意的。为了降低这里的壁温，有时有意改用顺流，锅炉的高温过热器中就有这种情况。

当冷、热流体中有一种发生相变时，冷、热流体的温度变化就如图 1-6 所示。其中图 1-6（a）表示冷凝器中的温度变化；图 1-6（b）表示蒸发器中的温度变化，布置这类换热器时就无所谓顺流、逆流了。同样，当两种流体的热容量 C 相差较大，或者冷、热流体之间的温差比冷、热流体本身的温度变化大得多时，顺流、逆流的差别就不显著了。纯粹的逆流和顺流，只有在套管换热器或螺旋板式换热器中才能实现。但对工程计算来说，混合流，如图 1-7 所示的流经管束的流动，只要管束曲折的次数超过 4 次，就可作为纯逆流和纯顺流来处理了。

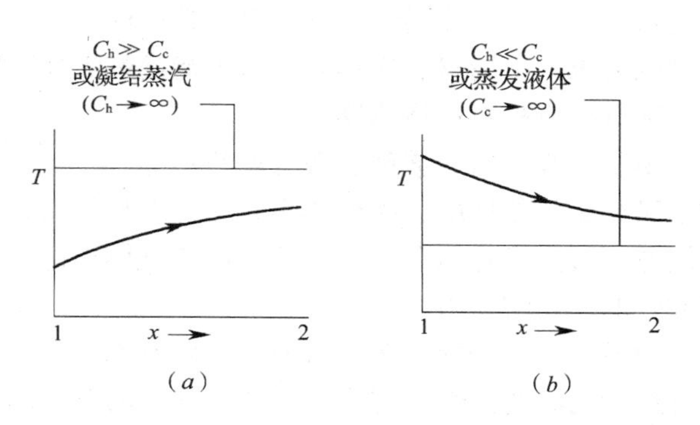

图 1-6 发生相变时冷、热流体的温度变化图

(a) 冷凝器中的温度变化；(b) 蒸发器中的温度变化

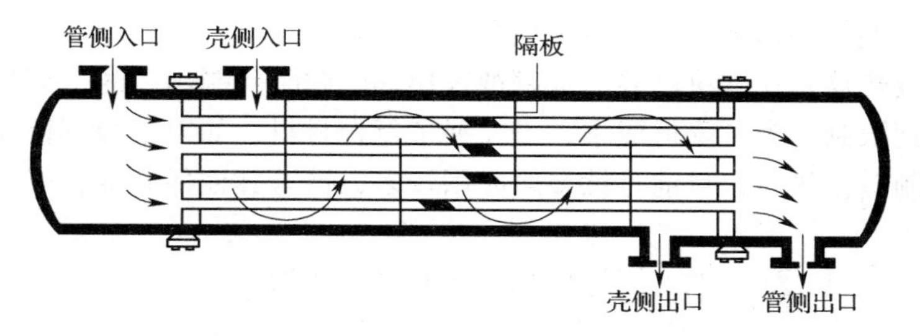

图 1-7 可作为纯顺流的实际工程中的混合流

(3) 按用途分类

热质交换设备按照用途来分有：表冷器、预热器、加热器、喷淋室、过热器、冷凝器、蒸发器、加湿器、暖风机等。

1) 表冷器 用于把流体冷却到所需温度，被冷却流体在冷却过程中不发生相变，但其内某种成分，如空气中的水蒸气，可能出现凝结现象；

2) 加热器 用于把流体加热到所需温度，被加热流体在加热过程中不发生相变；

3) 预热器 用于预先加热流体，以使整套工艺装置效率得到改善；

4) 喷淋室 通过向被处理流体喷射液体，以直接接触的方式实现对被处理流体的加热、冷却、加湿、减湿等处理过程；

5) 过热器 用于加热饱和蒸汽到其过热状态；

6) 蒸发器 用于加热液体使之蒸发汽化，或利用低压液体蒸发汽化以吸收另一种流体的热量；

7) 冷凝器 用于冷却凝结性饱和蒸汽，使之放出潜热而凝结液化；

8) 加湿器 用于增加被处理对象的湿度；

9) 暖风机 用于加热空气，以向被供暖房间提供热量。

(4) 按制造材料分类

热质交换设备按制造材料可分为金属材料、非金属材料及稀有金属材料等类型。

在生产中使用最多的是用普通金属材料，如碳钢、不锈钢、铝、铜、镍及其合金等制造的热质交换设备。

由于石油、化学、冶金、核动力等工业中的许多工艺过程多在高温、高压、高真空或深冷、剧毒等条件下进行，而且常常伴随着极强的腐蚀性，因而对热质交换设备的材料提出了许多特殊甚至苛刻的要求。金属材料换热器已远不能满足需要，因此有些企业已开始研制和生产了非金属及稀有金属材料的换热器。

非金属换热器有石墨、工程塑料、玻璃、陶瓷换热器等。

石墨具有优良的耐腐蚀及传热性能，线膨胀系数小，不易结垢，机械加工性能好，但易脆裂、不抗拉、不抗弯。石墨换热器在强腐蚀性液体或气体中应用最能发挥其优点，它几乎可以处理除氧化酸外的一切酸碱溶液。

用于制造热质交换设备的工程塑料很多，目前以聚四氟乙烯为最佳，其性能可与金属换热器相比，但却具有特殊的耐腐蚀性。它主要用于硫酸厂的酸冷却，用以代替原有冷却器，可以获得显著的经济效益。

玻璃换热器能抗化学腐蚀，且能保证被处理介质不受或少受污染。它广泛应用于医药、化学工业，例如香精油及高纯度硫酸蒸馏等工艺过程。

稀有金属换热器是在解决高温、强腐蚀等换热问题时研制出来的，但材料价格昂贵使其应用范围受到限制。为了降低成本，已发展了复合材料，如以复合钢板和衬里等形式提供使用。对于制造换热器，目前是钛金属应用较多，锆等其他稀有金属应用较少。

1.2　本门课程在专业中的地位与作用

建筑环境与能源应用工程专业是以创造和控制建筑和其他人工气候室中的温湿度及空气质量环境为目标的。其专业面看起来较宽，供热、采暖、空调、制冷、锅炉房、工业通风、洁净、燃气等，都属于专业范围。但仔细归纳一下发现，它主要包括以下四个部分：

（1）研究对象及目标，主要指被处理对象的物理要求、热工性质与人体的需求；

（2）能源供给，主要指为创造和控制被处理对象的人工环境所需要的冷源与热源；

（3）输配方式，主要指高效、经济地将所需要的能源送达被处理对象；

（4）能源转换设备，主要指利用能源转换设备实现创造和控制被处理对象的人工环境的目标。

我们的参考性教学计划就是根据这个思路来重新组合课程的。为此，要求把存在于专业中各个方向的共同的理论内容整理、组合成新的课程。目前的三门专业基础课就对应着上述几个部分，其中“热质交换原理与设备”这门课程对应着第四部分。当然，围绕这三门课，原有的专业基础与专业课也都需要进行相应的调整。

“热质交换原理与设备”是将原专业中的“供暖工程”、“区域供热”、“工业通风”、“空气调节”、“空调用制冷技术”、“锅炉及锅炉房设备”、“燃气燃烧”等课程中牵涉到流体热质交换原理及相应设备的内容抽出，在专业基础课“传热学”、“流体力学”和“工程热力学”的基础上，经综合、充实、整理、加工而形成的一门课程。其目的是建立专业平台基础理论模块，反映专业共性，减少专业重复内容。如果我们审视专业中原主要课程内容，从中不难发现有一些内容是以不同形式反复出现的。例如关于换热器知识点的介绍，在专业的各个方向都要介绍，如“空调工程”中的表冷器、“供热工程”中的加热器、“制冷技术”中的蒸发器、冷凝器以及“燃气设备”等的计算中都占有一定的篇幅。其内容在原来各门课里都要讲，又因学时关系都讲不深、讲不透。重要的是，在各门课程里分散地讲缺少系统性，缺乏共性的归纳。因为各个设备在各个专业方向上以不同的名字单独介绍，使学生始终处于“庐山”之中，不能了解这些设备的共性的“真面目”。现在把它们放在“热质交换原理与设备”课中集中讲授，不仅可以讲得更细一点，而且有利于学生建立对知识的整体观念，融会贯通，举一反三。

本门课程定位于专业基础课，它侧重于科学原理的介绍。科学原理有一定的相对稳定性，同时其理论体系也有一定的相对独立性和完整性。通过共性的基础知识的介绍，就可以在专业课中根据现有的技术，应用专业的基础知识来解决专业中的实际工程问题。即希望本课程能成为运用基础科学理论来解决专业领域实际问题的载体，使学生远不止是学习了几门专业课程，而是能举一反三，掌握解决此类问题的基本方法，将来走出校门也具备了一定的解决本领域问题的能力和继续学习提高的能力。因此，从这个意义上讲，本课程与其他基础课的目的不仅是为了后续专业课程服务，更重要的是为学生适应今后的工作和继续提高打下宽厚的基础，使其拓展知识面、适应新技术、处理新问题成为可能。

因此，“热质交换原理与设备”课程是建筑环境与能源应用工程专业一门平台课，它是将专业中相关的专业基础课和多门专业课程中涉及的大量的热质交换原理与设备的共性内容抽取出来，经过充实整理而形成的一门新课程。在本课程中，既有热质交换基本原理的详细讲解，又有发生热质交换设备的介绍，将理论与实际紧密结合，使教学上既不会脱离实际的讲授理论，又不会离开理论只讲设备。并且在联系理论讲实际设备时，尽量涵盖专业中所有的使用场合，较好的实现拓宽专业面的目的。它既非等同于一般的基础课，也非等同于具体的专业课。它的理论基础是以动量传输、热量传输和质量传输共同构成的传输理论（Transport Theory）。这一理论尽管与专业基础课中传热传质学等理论密切相关，但这一理论的归纳、提升以及与专业课相关内容的密切结合是不能被传热传质学等理论所替代的。同样，本门课程也提供了一个平台，使得原先分散在不同的专业课程中的各种热质交换设备能以其内在的规律性有机的联系起来，从而使得众多的热质交换设备之间的结构特点和性能的异同比较容易地在这一门课程中搞清楚，有助于知识点的融会贯通和概括总结，有助于实现发散性思维与抓住事物本质的统一。

建筑环境与能源应用工程专业的毕业生，要能够从事工业与民用建筑中环境控制技术领域的工作，具有暖通空调、燃气供应、建筑给排水等公共设施系统和建筑热能供应系统的设计、安装、调试、运行能力，具有制定建筑自动化系统方案的能力，并具有初步的应用研究与开发能力。从上述本专业培养目标不难看出，在专业的各个方向上，为实现室内人工环境的创造与控制，要牵涉到大量的能量转换及与实现这些能量转换相应的设备知识。而本课程是创造室内人工环境所用热质交换方法的理论知识与设备知识同时兼顾的一门课程，它是建筑环境与能源应用工程专业的一门主干专业基础理论课，起着连接本专业基础课与技术课的桥梁作用。因此，本课程所建立的理论平台将为学生进一步学习创造良好的室内人工环境打下基础。同时，它也体现了本专业教学内容和课程体系的改革和创新，也为专业基础课、专业课的拆分和重组奠定了基础。

1.3　本门课程的主要研究内容与方法

如前所述，“热质交换原理与设备”这门课程是将本专业有关课程中涉及热质交换原理及相应设备的内容抽出，将不同的内容整合、充实编成相应的章节，所以，课程显得涉及面广、综合性高、理论性强、难度大。如果处理不好，整个教材就容易给人造成系统性不强、逻辑性较差的印象。

“热质交换原理与设备”课程主要是由本专业涉及的热质交换的原理部分与热质交换的设备部分组成。原理部分在介绍了热质交换过程描述的传质学的基础知识的基础上，介绍了传热与传质的类比的分析和计算方法，以及对空气进行热质处理的方法。其中对空气进行热质处理的原理与常用方法的介绍是本课程的重点。这部分不但对空气与固体表面和空气与水直接接触时的热质交换原理进行了深入详尽的阐述，而且对吸收、吸附法处理空气的基本知识也做了介绍。在上述原理的基础上，设备部分重点突出的是热质交换原理在设备中的应用和对本专业各个方向不同设备共性知识的提炼，侧重于其热工计算基本方法的阐述。设备部分是按间壁式和混合式这两种典型的热质交换设备分类方式分别展开的。其中间壁式换热器在对总传热系数充分分析的基础上，提炼了此类换热器热工计算的常用计算方法，以最常用的表冷器为例进行了详尽的阐述，对空气加热器等其他间壁式换热器也做了介绍。混合式换热器也是类似的，在归纳了影响此类设备热质交换效果的主要因素后，对设备内部发生的热质交换的特点做了介绍，然后以喷淋室和冷却塔的热工计算为例进行了详尽的阐述，对喷射泵等其他混合式换热器也做了较为详细的介绍。在此基础上，对同时具有间壁式和混合式设备两者特点的复合式热质交换设备的热工计算进行了详尽介绍。在设备部分的最后，对热质交换设备的仿真建模方法及其性能评价与优化设计，给予了介绍。

因此，本门课程主要由热质交换过程、空气热质处理方法和热质交换设备等内容组成。它是以动量传输、热量传输及质量传输共同构成的传输理论为基础，重点研究为创造和控制建筑及其他室内人工环境时发生的热质交换现象与规律，及相应的能源转换设备的分析计算方法。在各部分内容中：

热质交换过程部分，主要涉及传质的基本概念、扩散传质、对流传质、热质传递模型及动量、热量和质量的传递类比。

空气的热质处理方法部分，主要包括空气处理的各种途径，空气与水/固体表面之间的热质交换，用吸收剂处理空气和用吸附材料处理空气的机理与方法。

热质交换设备部分，主要介绍本专业中常见的热质交换设备的形式与结构，热质交换设备的基本性能参数，间壁式热质交换设备的热工计算，混合式热质交换设备的热工计算和复合式热质交换设备的热工计算，同时对热质交换设备的仿真建模方法及其性能评价与优化设计也给予了介绍。

由于本课程涉及面广、理论性强，同时公式多、符号杂，所以学生学习时，特别是一开始接触关于传质方面的知识时，容易感到内容枯燥乏味，影响对课程学习的效果。为此，在教学中首先要了解本门课程在专业中的地位与作用，掌握其内在的体系结构。然后要认识到，本门课程不像数学、物理等基础课，甚至与工程热力学、传热学等专业基础课也不太一样了，其工程背景的概念更强，更注重方法论的总结。因此，进行相关内容讲解时，教师最好能例举实际生活中常见的类似现象及其相应的设备，并告诉学生这些设备在后续的哪些专业课程里又会提及，同时，对这些现象和知识进行归纳和总结，对学生进行举一反三能力的训练。这样，让学生一方面感觉到所学习的课程是相互联系相互支持的，另一方面又能认识到所学知识是与工程实际紧密联系的，同时对解决实际工程类似问题的能力有所锻炼，从而激发学生的学习兴趣。

总之，通过对本课程的学习，要求学生了解本课程在专业中的地位与重要性；在掌握了传热学知识的基础上，进一步掌握传质学的相关理论，并掌握动量、能量及质量传递间的类比方法；熟悉对空气进行处理的各种方案，掌握空气与水表面间热质交换的基本理论和基本方法，熟悉用固体吸附和液体吸收对空气处理的机理与方法；了解本专业常用热质交换设备的形式与结构，掌握其热工计算方法，并具有对其进行性能评价和优化设计的初步能力。最终通过本课程的系统学习，达到掌握在传热传质同时进行时发生在建筑环境与能源应用工程领域内的热质交换的基本理论，掌握对空气进行各种处理的基本方法及相应的设备热工计算方法，并具有对其进行性能评价和优化设计的初步能力，为进一步学习创造和控制良好的室内人工环境打下基础。

思　考　题

1. 分子传递现象可以分为几类？各自是由什么原因引起？
2. 热质交换设备按照工作原理分为哪几类？它们各自的特点是什么？
3. 简述顺流、逆流、叉流和混合流各自的特点，并对顺流和逆流做一比较和分析。
4. 学习了本章的内容后，你认为本课程的主线是什么？请说出你对本课程的系统体系结构的理解。
5. 通过对本章的学习，谈一谈你对本课程的初步认识。

第 2 章　传质的理论基础

在传热学中已经分析过流体和壁面间的对流换热过程，所涉及的流体是单一物质或称一元体系。而在某些实际情况下，流体可能是二元体系（或称二元混合物），并且其中各组分的浓度不均匀，物系中的某组分存在浓度梯度，将发生该组分由高浓度区向低浓度区的迁移过程，就会有质量传递或质交换发生。日常生活中遇到的水分蒸发和煤气在空气中的弥散以及室内装修造成的室内空气污染等都是传质现象。同样，在自然界和工程实际中，海洋的水面蒸发并在潮湿的大气层中形成云雨；生物组织对营养成分的吸收；油池起火和火焰的扩散；冷却塔、喷气雾化干燥、填充吸收塔等的工作过程都是传质过程的具体体现[1]。

传质过程又常和传热过程复合在一起，例如空调工程中常用的表面式空气冷却器在冷却去湿工况下，除了热交换外还有水分在冷表面凝结析出；还有在吸收式制冷装置的吸收器中发生的吸收过程等，均是既有热交换又有质交换的现象。在测量湿空气参数时所用的干湿球温度计，湿球温度也是由湿球纱布与周围空气的热交换和质交换条件所决定的。

本章将首先介绍涉及传质过程的基本概念及基本定律，详细讨论扩散传质和对流传质的基本机理和规律，重点介绍对流传质的基本分析和准则关联式。

2.1　传 质 概 论

本节首先讨论传质的一些基本概念，包括混合物组成的表示方法、浓度的概念、传质速度、扩散通量的概念，详细介绍传质的基本方式。

2.1.1　混合物构成成分的表达

传质过程主要发生在二元或多元混合物的组成的系统中，各组分含量的多少和其组分的不均匀程度是影响传质的基本因素。在多组分混合物系统中，各组分的组成有不同的表示方法，工程中常用的主要有以下几种。

2.1.1.1　质量浓度与物质的量浓度

(1) 质量浓度

单位体积混合物中某组分的质量称为该组分的质量浓度，以符号 ρ 表示。组分 A 的质量浓度定义式为

$$\rho_A = \frac{M_A}{V} \tag{2-1}$$

式中　ρ_A——组分 A 的质量浓度，kg/m^3；

M_A——混合物中组分 A 的质量，kg；

V——混合物的体积，m^3。

设混合物由 N 个组分组成，则混合物的总质量浓度为

$$\rho = \sum_{i=1}^{N} \rho_i \tag{2-2}$$

（2）物质的量浓度

摩尔，物质的量的单位，简称摩，单位符号是 mol。摩尔质量即单位摩尔物质所具有的质量，用符号 M^* 表示，数量上等于该物质的原子质量或分子质量。

单位体积混合物中某组分的物质的量称为该组分的物质的量浓度，简称浓度，以符号 C 表示。组分 A 的物质的量浓度定义式为

$$C_A = \frac{n_A}{V} \tag{2-3}$$

式中　C_A——组分 A 的物质的量浓度，$kmol/m^3$；

n_A——混合物中组分 A 的物质的量，kmol。

设混合物由 N 个组分组成，则混合物的总物质的量浓度为

$$C = \sum_{i=1}^{N} C_i \tag{2-4}$$

组分 A 的质量浓度与物质的量浓度的关系为

$$C_A = \frac{\rho_A}{M_A^*} \tag{2-5}$$

式中　M_A^*——组分 A 的摩尔质量，以 kg 来计，数量等于该组分的分子量，kg/kmol。

2.1.1.2　质量分数与摩尔分数

（1）质量分数

混合物中某组分的质量与混合物总质量之比称为该组分的质量分数，以符号 a 表示。组分 A 的质量分数定义式为

$$a_A = \frac{M_A}{M} \tag{2-6}$$

式中　a_A——组分 A 的质量分数；

M——混合物的总质量，kg。

设混合物由 N 个组分组成，则有

$$\sum_{i=1}^{N} a_i = 1 \tag{2-7}$$

（2）摩尔分数

混合物中某组分的物质的量与混合物的总物质的量之比称为该组分的摩尔分数，以符号 x 表示。组分 A 的摩尔分数定义式为

$$x_A = \frac{n_A}{n} \tag{2-8}$$

式中　x_A——组分 A 的摩尔分数；

n——混合物总物质的量，kmol。

设混合物由 N 个组分组成，则有

$$\sum_{i=1}^{N} x_i = 1 \tag{2-9}$$

应当指出，当混合物为气液两相系时，常以 x 表示液相中的摩尔分数，y 表示气相中的摩尔分数。组分 A 的质量分数与摩尔分数的互换关系为

$$x_A = \frac{\frac{a_A}{M_A^*}}{\left(\frac{a_A}{M_A^*} + \frac{a_B}{M_B^*}\right)} \tag{2-10}$$

$$a_A = \frac{x_A M_A^*}{(x_A M_A^* + x_B M_B^*)} \tag{2-11}$$

2.1.2　传质速率的度量

2.1.2.1　传质的速度

在多组分系统的传质过程中，各组分均以不同的速度运动。设系统由 A、B 两部分组成，组分 A、B 通过系统内任一静止平面的速度为 u_A、u_B，该二元混合物通过此平面的速度为 u 或 u_m（u 以质量为基准，u_m 以摩尔为基准），它们之间的差值为 $u_A - u$、$u_B - u$ 或 $u_A - u_m$、$u_B - u_m$，如图 2-1 所示。

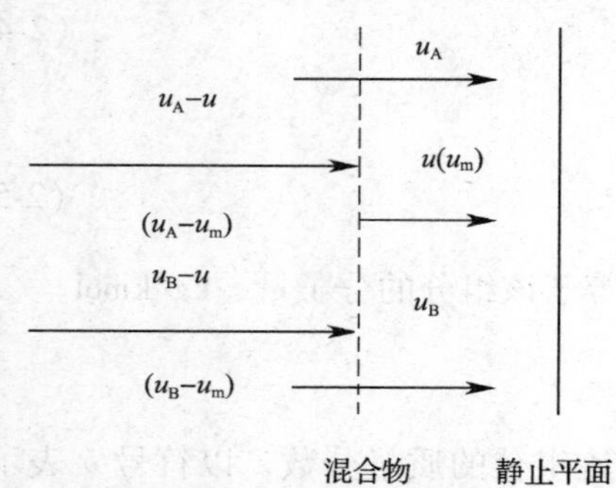

图 2-1　传质的速度

在上述的各速度中，u_A、u_B 代表组分 A、B 的实际速度，称为绝对速度；u 或 u_m 代表混合物的移动速度，称为主体流动速度或平均速度（其中 u 为质量平均速度，u_m 为摩尔平均速度）；而 $u_A - u$、$u_B - u$ 或 $u_A - u_m$、$u_B - u_m$ 代表相对主体流动速度的移动速度，称为扩散速度。由于

$$u_A = u + (u_A - u)$$

或　$$u_A = u_m + (u_A - u_m)$$

因此可得，“绝对速度 = 主体流动速度 + 扩散速度”，该式表达了各传质速度之间的关系。

2.1.2.2　传质的通量

单位时间通过垂直于传质方向上单位面积的物质的量称为传质通量。传质通量等于传质速度与浓度的乘积，由于传质的速度表示方法不同，故传质的通量亦有不同的表达形式。

（1）以绝对速度表示的质量通量

设二元混合物的总质量浓度为 ρ，组分 A、B 的质量浓度分别为 ρ_A、ρ_B，则以绝对速度表示的质量通量为

$$m_A = \rho_A u_A \tag{2-12}$$

$$m_B = \rho_B u_B \tag{2-13}$$

混合物的总质量通量为

$$m = m_A + m_B = \rho_A u_A + \rho_B u_B = \rho u$$

因此得

$$u = \frac{1}{\rho}(\rho_A u_A + \rho_B u_B) \tag{2-14}$$

式中　m_A——以绝对速度表示的组分 A 的质量通量，$kg/(m^2 \cdot s)$；

m_B——以绝对速度表示的组分 B 的质量通量，kg/(m^2·s)；

m——以绝对速度表示的混合物的总质量通量，kg/(m^2·s)。

上式为质量平均速度的定义式。同理，设二元混合物的总物质的量浓度为 C，组分 A、B 的物质的量浓度分别为 C_A、C_B，则以绝对速度表示的摩尔通量为

$$N_A = C_A u_A \tag{2-15}$$

$$N_B = C_B u_B \tag{2-16}$$

混合物的总摩尔通量为

$$N = N_A + N_B = C_A u_A + C_B u_B = C u_m$$

因此得

$$u_m = \frac{1}{C}(C_A u_A + C_B u_B) \tag{2-17}$$

式中 N_A——以绝对速度表示的组分 A 的摩尔通量，kmol/(m^2·s)；

N_B——以绝对速度表示的组分 B 的摩尔通量，kmol/(m^2·s)；

N——以绝对速度表示的混合物的总摩尔通量，kmol/(m^2·s)。

上式为摩尔平均速度的定义式。

(2) 以扩散速度表示的质量通量

扩散速度与浓度的乘积称为以扩散速度表示的质量通量，即

$$j_A = \rho_A(u_A - u) \tag{2-18}$$

$$j_B = \rho_B(u_B - u) \tag{2-19}$$

$$J_A = C_A(u_A - u_m) \tag{2-20}$$

$$J_B = C_B(u_B - u_m) \tag{2-21}$$

式中 j_A——以扩散速度表示的组分 A 的质量通量，kg/(m^2·s)；

j_B——以扩散速度表示的组分 B 的质量通量，kg/(m^2·s)；

J_A——以扩散速度表示的组分 A 的摩尔通量，kmol/(m^2·s)；

J_B——以扩散速度表示的组分 B 的摩尔通量，kmol/(m^2·s)。

对于两组分系统，有

$$j = j_A + j_B \tag{2-22}$$

$$J = J_A + J_B \tag{2-23}$$

式中 j——以扩散速度表示的混合物的总质量通量，kg/(m^2·s)；

J——以扩散速度表示的混合物的总摩尔通量，kmol/(m^2·s)。

(3) 以主体流动速度表示的质量通量

主体流动速度与浓度的乘积称为以主体流动速度表示的质量通量，即

$$\rho_A u = \rho_A\left[\frac{1}{\rho}(\rho_A u_A + \rho_B u_B)\right] = a_A(m_A + m_B) \tag{2-24}$$

$$\rho_B u = a_B(m_A + m_B) \tag{2-25}$$

$$C_A u_m = C_A\left[\frac{1}{C}(C_A u_A + C_B u_B)\right] = x_A(N_A + N_B) \tag{2-26}$$

$$C_B u_m = x_B(N_A + N_B) \tag{2-27}$$

式中 $\rho_A u$——以主体流动速度表示的组分 A 的质量通量，kg/(m^2·s)；

$\rho_B u$——以主体流动速度表示的组分 B 的质量通量，kg/(m²·s)；

$C_A u_m$——以主体流动速度表示的组分 A 的摩尔通量，kmol/(m²·s)；

$C_B u_m$——以主体流动速度表示的组分 B 的摩尔通量，kmol/(m²·s)。

【例 2-1】　由 O_2（组分 A）和 CO_2（组分 B）构成的二元系统中发生一维稳态扩散。已知 $C_A=0.0207\text{kmol/m}^3$，$C_B=0.0622\text{kmol/m}^3$，$u_A=0.0017\text{m/s}$，$u_B=0.0003\text{m/s}$，试计算：（1）$u$、$u_m$；（2）$N_A$、$N_B$、$N$；（3）$m_A$、$m_B$、$m$。

【解】　（1）$\rho_A=C_A M_A^*=0.0207\times32=0.662\text{kg/m}^3$

$$\rho_B=C_B M_B^*=0.0622\times44=2.737\text{kg/m}^3$$

$$\rho=\rho_A+\rho_B=0.662+2.737=3.399\text{kg/m}^3$$

$$C=C_A+C_B=0.0207+0.0622=0.0829\text{kmol/m}^3$$

$$u=\frac{1}{\rho}(\rho_A u_A+\rho_B u_B)=\frac{1}{3.399}(0.662\times0.0017+2.737\times0.0003)$$

$$=5.727\times10^{-4}\text{m/s}$$

$$u_m=\frac{1}{C}(C_A u_A+C_B u_B)=\frac{1}{0.0829}(0.0207\times0.0017+0.0622\times0.0003)$$

$$=6.496\times10^{-4}\text{m/s}$$

（2）$N_A=C_A u_A=0.0207\times0.0017=3.519\times10^{-5}\text{kmol/(m}^2\cdot\text{s)}$

$$N_B=C_B u_B=0.0622\times0.0003=1.866\times10^{-5}\text{kmol/(m}^2\cdot\text{s)}$$

$$N=N_A+N_B=3.519\times10^{-5}+1.866\times10^{-5}=5.385\times10^{-5}\text{kmol/(m}^2\cdot\text{s)}$$

（3）$m_A=\rho_A u_A=0.662\times0.0017=1.125\times10^{-3}\text{kg/(m}^2\cdot\text{s)}$

$$m_B=\rho_B u_B=2.737\times0.0003=8.211\times10^{-3}\text{kg/(m}^2\cdot\text{s)}$$

$$m=m_A+m_B=1.125\times10^{-3}+8.211\times10^{-3}=9.336\times10^{-3}\text{kg/(m}^2\cdot\text{s)}$$

2.1.3　质量传递的基本方式

与热量传递中的导热和对流传热类似，质量传递的方式亦分为分子传质和对流传质。

2.1.3.1　分子传质

分子传质又称为分子扩散，简称为扩散，它是由于分子的无规则热运动而形成的物质传递现象。如图 2-2 所示，用一块隔板将容器分为左右两室，两室中分别充入温度和压力相同而浓度不同的 A、B 两种气体。设在左室中，组分 A 的浓度高于右室，而组分 B 的浓度低于右室。当隔板抽出后，由于气体分子的无规则热运动，左室中的 A、B 分子会窜入右室，同时，右室中的 A、B 分子亦会窜入左室。左右两室交换的分子数虽相等，但因左室 A 的浓度高于右室，故在同一时间内 A 分子进入右室较多而返回左室较少。同理，B 分子进入左室较多而返回右室较少，其净结果必然是物质 A 自左向右传递，而物质 B 自右向左传递，即两种物质沿其

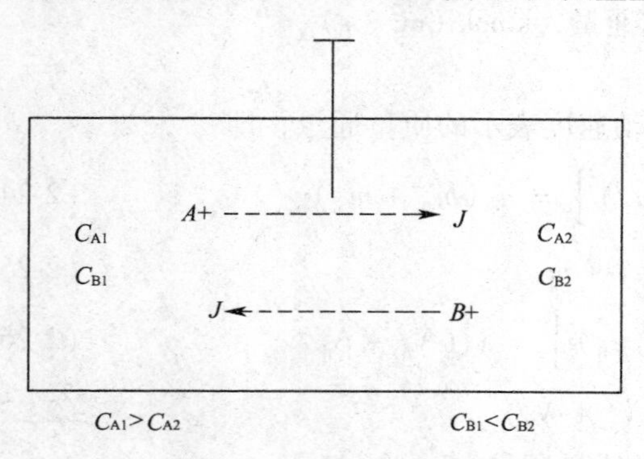

图 2-2　分子扩散现象示意图

浓度降低的方向传递。

上述扩散过程将一直进行到整个容器中 A、B 两种物质的浓度完全均匀为止，此时，通过任一界面物质 A、B 的净扩散通量为零，但扩散仍在进行，只是左右两物质的扩散通量相等，系统处于扩散的动态平衡中。

分子扩散可以因浓度梯度、温度梯度或压力梯度而产生，或者是因对混合物施加一个有向的外加电势或其他势而产生。在没有浓度差的二元体系（即均匀混合物）中，如果各处存在温度差或总压力差，也会产生扩散，前者为热扩散，又称索瑞特效应，后者称为压力扩散。扩散的结果会导致浓度变化并引起浓度扩散，最后温度扩散或压力扩散与浓度扩散相互平衡，建立一稳定状态。为简化起见，在工程计算中当温差或总压差不大的条件下，可不计热扩散和压力扩散，只考虑均温、均压下的浓度扩散。另外，与热扩散相对应，还有“扩散热”一说，即由于扩散传质引起的热传递，这种现象称为杜弗尔效应[2]。

2.1.3.2 对流传质

（1）对流传质

对流传质是具有一定浓度的混合物流体流过不同浓度的壁面时，或两个有限互溶的流体层发生运动时的质量传递。流体做对流运动，当流体中存在浓度差时，对流扩散亦必同时伴随分子扩散，分子扩散与对流扩散两者的共同作用称为对流质交换，这一机理与对流换热相类似，单纯的对流扩散是不存在的。对流质交换是在流体与液体或固体的两相交界面上完成的，例如，空气掠过水表面时水的蒸发；空气掠过固态或液态萘表面时萘的升华或蒸发等。通风和空调系统多发生在流体湍流的情况下，此时的对流传质就是湍流主体与相界面之间的紊流扩散与分子扩散传质作用的总和。

（2）对流传质的机理

在不同的流动状态下，对流传热和对流传质的机理是不同的。在层流流动中，由于流体微团是一层层平行流动的，因而对流传质主要依靠层与层之间的分子扩散来实现的。而在湍流流体中，由于存在大大小小的漩涡运动，而引起各部位流体间的剧烈混合，在有浓度差存在的条件下，物质便朝着浓度降低的方向进行传递。这种凭借流体质点的湍流和漩涡来传递物质的现象，称为紊流扩散。显然，在湍流流体中，虽然有强烈的紊流扩散，但分子扩散是时刻存在的。由于紊流扩散的通量远大于分子扩散的通量，一般可忽略分子扩散的影响。

2.2 扩 散 传 质

扩散传质是多组分系统中发生的基本过程，了解描述扩散传质的基本规律是我们分析和掌握传质过程的基础。本节在介绍斐克定律的基础上，进一步描述在气体、液体和固体中的稳态扩散传质过程。

2.2.1 斐克定律

在一个二元系统中，在浓度场不随时间而变化的稳态扩散条件下，当无整体流动时，组成二元混合物中组分 A 和组分 B 将发生互扩散。其中组分 A 向组分 B 的扩散通量（质量通量 j 或摩尔通量 J）与组分 A 的浓度梯度成正比，这就是扩散基本定律——斐克[4]

（Adolf Fick，德国科学家，1855 年，他认为盐分在溶液中的扩散现象可以与热传导比拟）定律，其表达式为：

$$j_A = -D_{AB}\frac{d\rho_A}{dz} \tag{2-28}$$

及

$$j_B = -D_{BA}\frac{d\rho_B}{dz} \tag{2-28a}$$

式中　j_A、j_B——组分 A、B 的质量扩散通量，kg/(m^2·s)；

$\frac{d\rho_A}{dz}$、$\frac{d\rho_B}{dz}$——组分 A、B 在扩散方向的质量浓度梯度，(kg/m^3)/m；

D_{AB}——组分 A 在组分 B 中的扩散系数，m^2/s；

D_{BA}——组分 B 在组分 A 中的扩散系数，m^2/s。

上两式表示在总质量浓度 ρ 不变的情况下，由组分 A、B 的质量浓度梯度 $\frac{d\rho_A}{dz}$、$\frac{d\rho_B}{dz}$ 所引起的分子扩散通量，负号表明扩散方向与浓度梯度方向相反，即分子扩散朝着浓度降低的方向进行。

以摩尔为基准的斐克定律，则可表达成以下形式

$$J_A = -D_{AB}\frac{dC_A}{dz} \tag{2-29}$$

及

$$J_B = -D_{BA}\frac{dC_B}{dz} \tag{2-29a}$$

式中　J_A、J_B——组分 A、B 的摩尔扩散通量，kmol/(m^2·s)；

$\frac{dC_A}{dz}$、$\frac{dC_B}{dz}$——组分 A、B 在扩散方向的浓度梯度，(kmol/m^3)/m。

对于两组分扩散系统，由于

$$j_A = -j_B \text{ 及 } J_A = -J_B$$

故得

$$D_{AB} = -D_{BA} \tag{2-30}$$

上式表明，在两组分扩散系统中，组分 A 在组分 B 中的扩散系数等于组分 B 在组分 A 中的扩散系数，故后面对两组分系统，其扩散系数均简写为 D。

应予指出，斐克定律只适用于由于分子无规则热运动引起的扩散过程，其传递的速度即为扩散速度 u_A-u（或 u_A-u_m）。实际上，在分子扩散的同时经常伴有流体的主流运动，如用液体吸收气体混合物中溶质组分的过程。设由 A、B 组成的二元气体混合物，其中 A 为溶质，可溶解于液体中，而 B 不能在液体中溶解。这样，组分 A 可以通过气液相界面进入液相，而组分 B 不能进入液相。由于 A 分子不断通过相界面进入液相，在相界面的气相一侧会留下"空穴"，根据流体连续性原则，混合气体就会自动地向界面递补，这样就发生了 A、B 两种分子并行向相界面递补的运动，这种递补运动就形成了混合物的主体流动。很显然，通过气液相界面组分 A 的通量应等于由于分子扩散所形成的组分 A 的通量与由于主体流动所形

成的组分 A 的通量的和。此时，由于组分 B 不能通过相界面，当组分 B 随主体流动运动到相界面后，又以分子扩散形式返回气相主体中，该过程如图 2-3 所示。

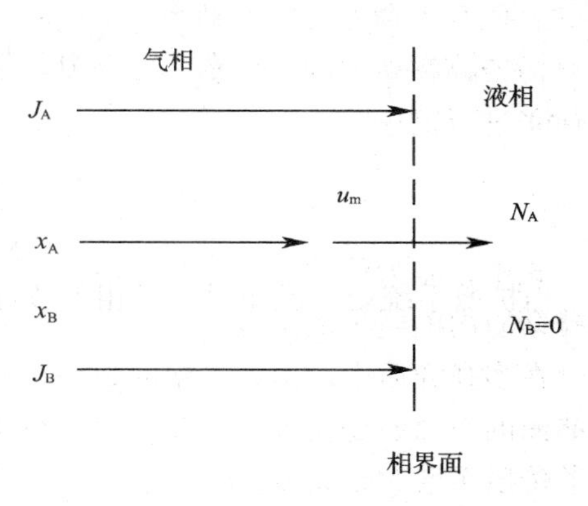

图 2-3 吸收过程各通量的关系

若在扩散的同时伴有混合物的主体流动，则物质实际传递的通量除分子扩散通量外，还应考虑由于主体流动而形成的通量。

由通量定义及斐克定律可知

$$j_A = \rho_A(u_A - u) = -D\frac{d\rho_A}{dz}$$

$$\rho_A u_A = -D\frac{d\rho_A}{dz} + \rho_A u$$

因此，得

$$m_A = -D\frac{d\rho_A}{dz} + a_A(m_A + m_B) \tag{2-31}$$

同理

$$N_A = -D\frac{dC_A}{dz} + x_A(N_A + N_B) \tag{2-32}$$

上两式为斐克定律的普遍表达形式，由此可得出以下结论：

组分的实际传质通量 = 分子扩散通量 + 主体流动通量

2.2.2 气体中的扩散过程

在气体扩散过程中，分子扩散有两种形式，即双向扩散（反方向扩散）和单向扩散（一组分通过另一停滞组分的扩散）。

2.2.2.1 等分子反方向扩散

设由 A、B 两组分组成的二元混合物中，组分 A、B 进行反方向扩散，若二者扩散的通量相等，则成为等分子反方向扩散。等分子反方向扩散的情况多在二组分的摩尔潜热相等的蒸馏操作中遇到，此时在气相中，通过与扩散方向垂直的平面，若有 1mol 的难挥发组分向液体界面方向扩散，同时必有 1mol 的易挥发组分由界面向气相主体方向扩散。

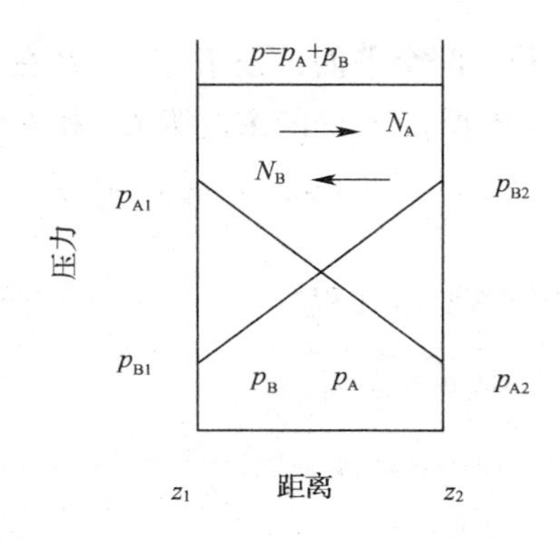

图 2-4 等分子反方向扩散

由式（2-32），对于等分子反方向扩散，$N_A = -N_B$，因此得

$$N_A = J_A = -D\frac{dC_A}{dz} \tag{2-33}$$

在系统中取 z_1 和 z_2 两个平面，设组分 A、B 在平面 z_1 处的浓度为 C_{A1} 和 C_{B1}，z_2 处的浓度为 C_{A2} 和 C_{B2}，且 $C_{A1} > C_{A2}$，$C_{B1} < C_{B2}$，系统的总浓度 C 恒定，如图 2-4 所示。

式（2-33）经分离变量并积分

$$N_A\int_{z_1}^{z_2} dz = -D\int_{C_{A1}}^{C_{A2}} dC_A$$

得

$$N_A = \frac{D}{\Delta z}(C_{A1} - C_{A2}) \tag{2-34}$$

$$\Delta z = z_2 - z_1$$

当扩散系统处于低压时，气相可按理想气体混合物处理，于是，

$$C = \frac{p}{RT}$$

$$C_A = \frac{p_A}{RT}$$

式中，R 为通用气体常数。

将上述关系式代入式（2-34）得

$$N_A = J_A = \frac{D}{RT\Delta z}(p_{A1} - p_{A2}) \tag{2-35}$$

式（2-34）、式（2-35）即为 A、B 两组分作等分子反方向稳态扩散时的扩散通量表达式，依此式可计算出组分 A 的扩散通量。

2.2.2.2　组分 A 通过停滞组分 B 的扩散（单向扩散）

设组分 A、B 两组分组成的混合物中，组分 A 为扩散组分，组分 B 为不扩散组分（称为停滞组分），组分 A 通过停滞组分 B 进行扩散。例如水面上的饱和蒸汽向空气中的扩散以及化工吸收过程中水吸收空气中的氨。用水吸收空气中氨的过程，气相中氨（组分 A）通过不扩散的空气（组分 B）扩散至气液相界面，然后溶于水中，而空气在水中可认为是不溶解的，故它并不能通过气液相界面，而是"停止"不动的。

由式（2-32），组分 B 为不扩散组分，$N_B = 0$，由此得

$$N_A = -D\frac{dC_A}{dz} + x_A N_A = -D\frac{dC_A}{dz} + \frac{C_A}{C}N_A$$

整理得

$$N_A = -\frac{DC}{C - C_A}\frac{dC_A}{dz} \tag{2-36}$$

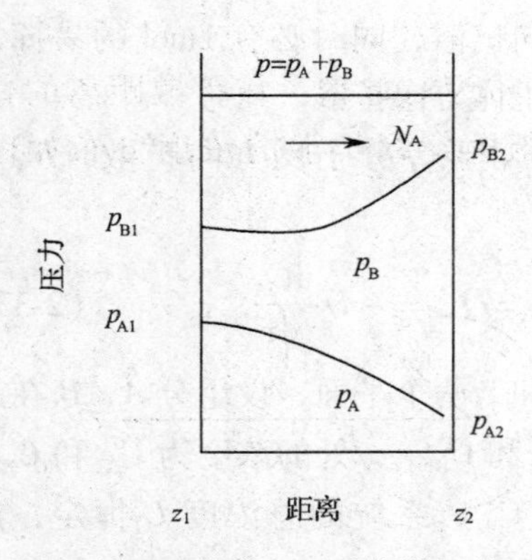

图 2-5　组分 A 通过停滞组分 B 的扩散

在系统中取 z_1 和 z_2 两个平面，设组分 A、B 在平面 z_1 处的浓度为 C_{A1} 和 C_{B1}，z_2 处的浓度为 C_{A2} 和 C_{B2}，且 $C_{A1} > C_{A2}$，$C_{B1} < C_{B2}$，系统的总浓度 C 恒定，如图 2-5 所示。

式（2-36）经分离变量并积分

$$N_A\int_{z_1}^{z_2} dz = -DC\int_{C_{A1}}^{C_{A2}} \frac{dC_A}{C - C_A}$$

得

$$N_A = \frac{DC}{\Delta z}\ln\frac{(C - C_{A2})}{(C - C_{A1})} \tag{2-37}$$

$$N_A = \frac{Dp}{RT\Delta z}\ln\frac{(p-p_{A2})}{(p-p_{A1})} \tag{2-38}$$

式（2-37）、式（2-38）即为组分 A 通过停滞组分 B 的稳态扩散时的扩散通量表达式，依此可计算出组分 A 的扩散通量。

式（2-38）可变形如下：

由于扩散过程中总压力 p 不变，故得

$$p_{B2} = p - p_{A2}$$

$$p_{B1} = p - p_{A1}$$

因此

$$p_{B2} - p_{B1} = p_{A1} - p_{A2}$$

于是

$$N_A = \frac{Dp}{RT\Delta z} \times \frac{p_{A1} - p_{A2}}{p_{B2} - p_{B1}}\ln\frac{p_{B2}}{p_{B1}}$$

令

$$p_{BM} = \frac{p_{B2} - p_{B1}}{\ln\dfrac{p_{B2}}{p_{B1}}}$$

p_{BM}称为组分的对数平均分压。据此，得

$$N_A = \frac{Dp}{RT\Delta z p_{BM}} \times (p_{A1} - p_{A2}) \tag{2-39}$$

比较式（2-39）与式（2-35）可得

$$N_A = J_A\frac{p}{p_{BM}}$$

p/p_{BM}反映了主体流动对传质速率的影响，定义为“漂流因数”。因 $p > p_{BM}$，所以漂流因数 $p/p_{BM} > 1$，这表明由于主体流动而使物质 A 的传递速率较之单纯的分子扩散要大一些。当混合气体中组分 A 的浓度很低时，$p_{BM} = p$，因而 $p/p_{BM} = 1$，式（2-39）即可简化为式（2-35）。

研究表明，组分 A 通过停滞组分 B 扩散时，浓度分布为对数型，在扩散距离的任一点处，p_A与 p_B之和为系统总压力 p。组分 A 通过停滞组分 B 扩散的浓度分布如图2-5所示。

【例 2-2】 如图所示，直径为 10mm 的萘球在空气中进行稳态扩散。空气的压力为 101.3kPa，温度为318K，萘球表面温度也维持在 318K。在此条件下，萘在空气中的扩散系数为$6.92 \times 10^{-6}\ m^2/s$，萘的饱和蒸气压为 0.074kPa。试计算萘球表面的扩散通量 N_A。

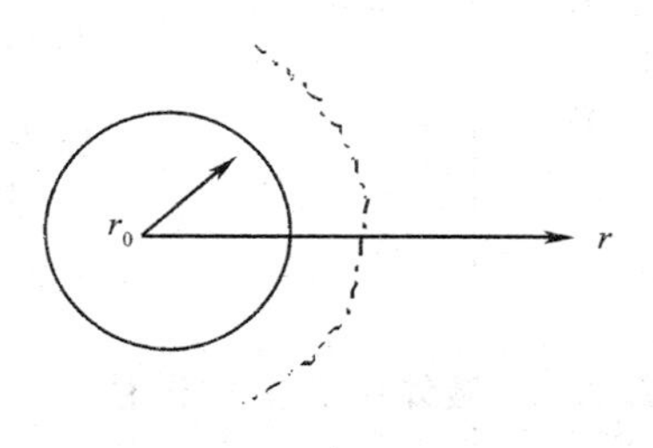

例题 2-2 图

【解】 该扩散为组分通过停滞组分的扩

散过程。

由

$$N_A = -D\frac{dC_A}{dr} + x_A(N_A + N_B)$$

$$N_B = 0$$

得

$$N_A = -D\frac{dC_A}{dr} + x_A N_A$$

因为

$$C_A = \frac{p_A}{RT} \quad x_A = \frac{p_A}{p}$$

所以

$$N_A = -\frac{D}{RT}\frac{dp_A}{dr} + \frac{p_A}{p}N_A$$

整理得

$$N_A = -\frac{Dp}{RT(p - p_A)}\frac{dp_A}{dr}$$

依题意，该扩散过程虽为稳态扩散，但扩散面积是变化的，故扩散通量为变量，此时扩散速率（kmol/s）为常量。其扩散速率为

$$G_A = N_A A_r = \text{常数}$$

扩散面积

$$A_r = 4\pi r^2$$

从而

$$\frac{G_A}{4\pi r^2} = -\frac{Dp}{RT(p - p_A)}\frac{dp_A}{dr}$$

分离变量，并积分

$$\frac{G_A RT}{4\pi Dp}\int_{r_0}^{\infty}\frac{dr}{r^2} = -\int_{p_{AS}}^{0}\frac{dp_A}{p - p_A}$$

得

$$G_A = -\frac{4\pi Dpr_0}{RT}\ln\frac{p - p_{AS}}{p}$$

$$N_{A|r=r_0} = \frac{G_A}{4\pi r_0^2} = \frac{Dp}{RTr_0}\ln\frac{p - p_{AS}}{p}$$

$$= \frac{6.92 \times 10^{-6} \times 101.3}{8.314 \times 318 \times 0.005}\ln\frac{101.3 - 0.074}{101.3}$$

$$= 3.88 \times 10^{-8}\text{kmol/(m}^2 \cdot \text{s)}$$

2.2.3 液体中的扩散过程

液体中的分子扩散速率远远低于气体中的分子扩散速率，其原因是液体分子之间的距

离较近，扩散物质 A 的分子运动容易与邻近液体 B 的分子相碰撞，使本身的扩散速率减慢。

2.2.3.1 液体中的扩散通量方程

组分 A 在液体中的扩散通量仍可用斐克定律来描述，当含有主体流动时，扩散通量方程可表示为

$$N_A = -D\frac{\mathrm{d}C_A}{\mathrm{d}z} + \frac{C_A}{C}(N_A + N_B)$$

在稳态扩散时，气体扩散系数 D 及总浓度 C 均为常数，求解很方便；而液体中的扩散则不然，组分 A 的扩散系数随浓度而变，且总浓度在整个液相中也并非到处保持一致。因此，上式求解非常困难。由于目前液体中的扩散理论还不够成熟，仍需用斐克定律求解，但在使用过程中需作如下处理：上式中的扩散系数应以平均扩散系数、总浓度应以平均总浓度代替。因此有

$$N_A = -D\frac{\mathrm{d}C_A}{\mathrm{d}z} + \frac{C_A}{C_{av}}(N_A + N_B) \tag{2-40}$$

其中，

$$C_{av} = \left(\frac{\rho}{M^*}\right)_{av} = \frac{1}{2}\left(\frac{\rho_1}{M_1^*} + \frac{\rho_2}{M_2^*}\right) \tag{2-41}$$

$$D = \frac{1}{2}(D_1 + D_2) \tag{2-42}$$

式中 C_{av}——混合物的总平均物质的量浓度，$\mathrm{kmol/m^3}$；

D——组分 A 在溶剂 B 中的平均扩散系数，$\mathrm{m^2/s}$；

ρ_1、ρ_2——溶液在点 1 及点 2 处的平均密度，$\mathrm{kg/m^3}$；

M_1^*、M_2^*——溶液在点 1 及点 2 处的平均摩尔质量，kg/kmol；

D_1、D_2——在点 1 及点 2 处，组分 A 在溶剂 B 中的扩散系数，$\mathrm{m^2/s}$；

ρ——溶液的总密度，$\mathrm{kg/m^3}$；

M^*——溶液的总平均摩尔质量，kg/kmol。

式（2-40）为液体中组分 A 在组分 B 中进行稳态扩散时扩散通量方程的一般形式。与气体扩散情况一样，液体扩散也有常见的两种情况，即组分 A 与组分 B 的等分子反方向扩散及组分 A 通过停滞组分 B 的扩散，下面分别予以讨论。

2.2.3.2 等分子反方向扩散

液体中的等分子反方向扩散发生在摩尔潜热相等的二元混合物蒸馏时的液相中，此时，易挥发组分 A 向气液相界面方向扩散，而难挥发组分 B 则向液相主体的方向扩散。与气体中的等分子反方向扩散求解过程类似，可解出液体中进行等分子反方向扩散时的扩散通量方程及浓度分布方程如下：

扩散通量方程

$$N_A = J_A = \frac{D}{\Delta z} \times (C_{A1} - C_{A2}) \tag{2-43}$$

浓度分布方程

$$\frac{C_A - C_{A1}}{C_{A1} - C_{A2}} = \frac{z - z_1}{z_1 - z_2} \tag{2-44}$$

2.2.3.3　组分 A 通过停滞组分 B 的扩散

溶质 A 在停滞溶剂 B 中的扩散是液体扩散中最重要的方式，在化工过程中经常会遇到。例如，用苯甲酸的水溶液与苯接触时，苯甲酸（A）会通过水（B）向相界面扩散，越过相界面进入苯相中去，在相界面处，水不扩散，故 $N_A=0$。与气体中的组分 A 通过停滞组分 B 的扩散求解过程类似，可解出液体中组分 A 通过停滞组分 B 的扩散通量方程及浓度分布方程如下：

扩散通量方程

$$N_A = \frac{D}{\Delta z} C_{av} \ln \frac{(C_{av} - C_{A2})}{(C_{av} - C_{A1})} \tag{2-45}$$

或

$$N_A = \frac{D}{\Delta z C_{BM}} C_{av}(C_{A1} - C_{A2}) \tag{2-46}$$

式中，C_{BM} 为停滞组分 B 的对数平均浓度，由下式定义

$$C_{BM} = \frac{C_{B2} - C_{B1}}{\ln \dfrac{C_{B2}}{C_{B1}}}$$

当液体为稀溶液时，$C_{av}/C_{BM}=1$，于是式（1-68）可简化为

$$N_A = \frac{D}{\Delta z}(C_{A1} - C_{A2})$$

浓度分布方程

$$\frac{C_{av} - C_A}{C_{av} - C_{A1}} = \left(\frac{C_{av} - C_{A2}}{C_{av} - C_{A1}}\right)^{\frac{z-z_1}{z_2-z_1}} \tag{2-47}$$

或

$$\frac{1 - x_A}{1 - x_{A1}} = \left(\frac{1 - x_{A2}}{1 - x_{A1}}\right)^{\frac{z-z_1}{z_2-z_1}} \tag{2-47a}$$

2.2.4　固体中的扩散过程

固体中的扩散，包括气体、液体和固体在固体内部的分子扩散。固体中的扩散在暖通空调工程中经常遇到，例如固体物料的干燥、固体吸附、固体除湿等过程，均属固体中的扩散。

一般来说，固体中的扩散分为两种类型，一种是与固体内部结构基本无关的扩散；另一种是与固体内部结构基本有关的多孔介质中的扩散。下面分别介绍这两种扩散。

2.2.4.1　与固体内部结构无关的稳态扩散

当流体或扩散溶质溶解于固体中，并形成均匀的溶液，此种扩散即为与固体内部结构无关的扩散。这类扩散过程的机理比较复杂，并且因物系而异，但其扩散方式与物质在流体内的扩散方式类似，仍遵循斐克定律，可采用其通用表达式为式（2-32）

$$N_A = -D\frac{dC_A}{dz} + \frac{C_A}{C}(N_A + N_B)$$

由于固体扩散中，组分 A 的浓度一般都很低，C_A/C 很小可忽略，则上式变为

$$N_A = J_A = -D\frac{dC_A}{dz}$$

溶质 A 在距离为（z_2-z_1）的两个固体平面之间进行稳态扩散时，积分上式可得

$$N_A = \frac{D}{z_2 - z_1}(C_{A1} - C_{A2}) \tag{2-48}$$

式（2-48）只适用于扩散面积相等的平行平面间的稳态扩散，若扩散面积不等时，如组分 A 通过柱形面或球形面的扩散，沿半径方向上的表面积是不相等的，在此情况下，可采用平均截面积作为传质面积。通过固体界面的分子传质速率 G_A 可写成：

$$G_A = N_A A_{av} = \frac{DA_{av}}{\Delta z}(C_{A1} - C_{A2}) \tag{2-49}$$

式中　A_{av}——平均扩散面积，m^2。

当扩散沿着图 2-6 所示的圆筒的径向进行时，其平均扩散面积为

$$A_{av} = \frac{2\pi L(r_2 - r_1)}{\ln\dfrac{r_2}{r_1}}$$

式中　r_1、r_2——圆筒的内、外半径，m；

　　　L——圆筒的长度，m。

当扩散沿着图 2-7 所示的球面的径向进行时，其平均扩散面积为

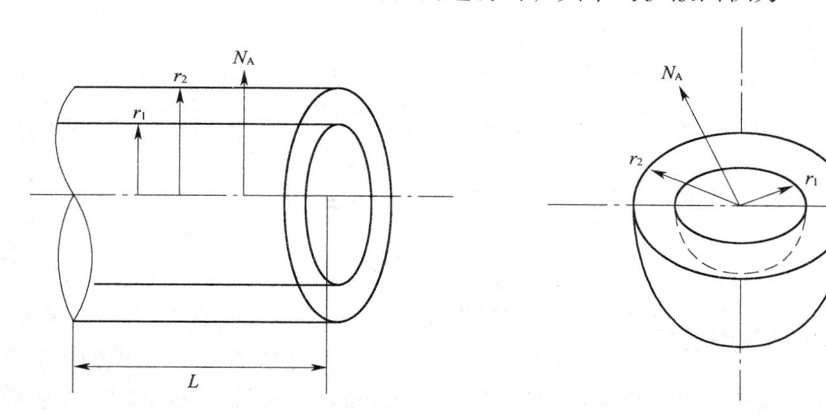

图 2-6　沿圆筒径向的扩散

图 2-7　沿球面径向的扩散

$$A_{av} = 4\pi r_1 r_2$$

式中　r_1、r_2——球体的内、外半径，m。

应予指出，当气体在固体中扩散时，溶质的浓度常用溶解度 S 表示。其定义为，单位体积固体、单位溶质分压所能溶解的溶质 A 的体积，单位为 m^3（溶质 A）(STP)/[kPa · m^3(固体)]，(STP) 表示标准状态，即 273K 及 101.3kPa。溶解度 S 与浓度 C_A 的关系为

$$C_A = \frac{S}{22.4}p_A \tag{2-50}$$

2.2.4.2　与固体内部结构有关的多孔固体中的稳态扩散

前面讨论与固体内部结构无关的扩散时，将固体按均匀物质处理，没有涉及实际固体内部的结构。现在讨论多孔固体中的扩散问题。在多孔固体中充满了空隙和孔

道，当扩散物质在孔道内进行扩散时，其扩散通量除与扩散物质本身的性质有关外，还与孔道的尺寸密切相关。因此，按扩散物质分子运动的平均自由程 λ 与孔道直径 d 的关系，常将多孔固体中的扩散分为斐克型扩散、克努森扩散及过渡区扩散等几种类型，下面分别予以讨论。

（1）斐克型扩散

如图 2-8 所示，当固体内部孔道的直径 d 远大于流体分子运动自由程 λ 时，一般 $\frac{d}{\lambda} \geqslant 100$，则扩散时扩散分子之间的碰撞机会远大于分子与壁面之间的碰撞，扩散仍遵循斐克定律，故称多孔固体中的扩散为斐克型扩散。

分子运动的平均自由程 λ 表示分子运动时与另一分子碰撞以前所走过的平均距离。根据分子运动学说，平均自由程可用下式计算：

$$\lambda = \frac{3.2\mu}{p}\left(\frac{RT}{2\pi M_A^*}\right)^{\frac{1}{2}} \tag{2-51}$$

式中　λ——分子平均自由程，m；

μ——黏度，Pa·s；

p——压力，Pa；

T——热力学温度，K；

M_A^*——摩尔质量，kg/kmol；

R——气体常数，8.314×10^3 N·m/(kmol·K)。

由式（2-51）可知，压力越大（密度越大），λ 值越小。高压下的气体和常压下的液体，由于其密度较大，因而 λ 很小，故密度大的气体和液体在多孔固体中的扩散时，一般发生斐克型扩散。

多孔固体中斐克型扩散的扩散通量方程可用下式表达：

$$N_A = \frac{D_p}{z_2 - z_1}(C_{A1} - C_{A2}) \tag{2-52}$$

与一般固体中的扩散不同之处是二者扩散系数表达方式不同。D_p 称为“有效扩散系数”，它与一般双组分中组分 A 的扩散系数 D 不等，若仍使用 D 描写多孔固体内部的分子扩散，需要对 D 进行校正。图 2-9 为典型的多孔固体示意图。假设在固体空隙中充满食盐水溶液，在边界 1 处水中食盐的浓度为 C_{A1}，边界 2 处食盐水的浓度为 C_{A2}，且 $C_{A1} > C_{A2}$，因而食盐分子将由边界 1 通过水向边界 2 处扩散。与一般固体中扩散不同的是，在扩散过程中，食盐分子必须通过曲折路线，该路径大于 $z_1 - z_2$。假设曲折路径为 $z_1 - z_2$ 的 τ 倍，τ 称为曲折因数，式（2-52）中的 $z_1 - z_2$ 应以 $\tau(z_1 - z_2)$ 来代替；另外，组分在多孔固体内部扩散时，扩散的面积为孔道的截面积而非固体介质的总截面积，设固体的空隙率为 ε，则需采用空隙率 ε 校正扩散面积的影响。于是可得 D 与 D_p 的关系如下：

$$D_p = \frac{\varepsilon D}{\tau} \tag{2-53}$$

式中　ε——多孔固体的空隙率或自由截面积，m^3/m^3；

τ——曲折因数；

D_p——有效扩散系数，m^2/s。

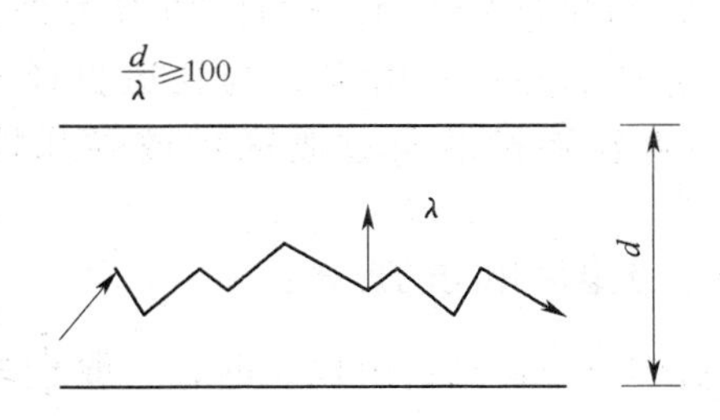

图 2-8　多孔固体中的斐克型扩散

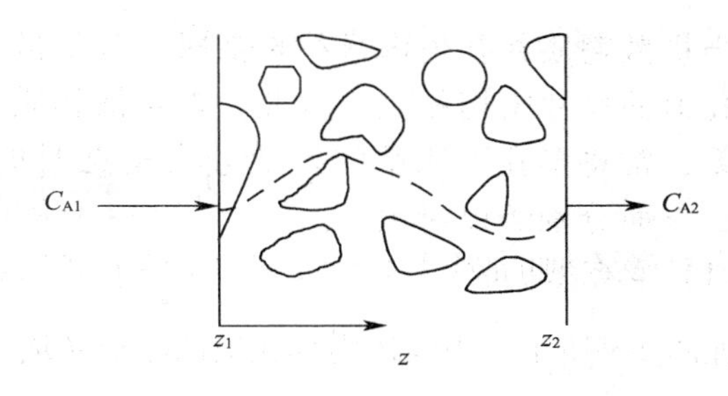

图 2-9　多孔固体示意图

将式（2-53）代入式（2-52）得

$$N_A = \frac{D\varepsilon}{\tau(z_2 - z_1)}(C_{A1} - C_{A2}) \tag{2-54}$$

式（2-54）即为多孔固体中进行斐克型扩散的扩散通量方程。

曲折因数τ的值，不仅与曲折路径长度有关，并且与固体内部毛细孔道的结构有关，其值一般由实验确定。对于惰性固体，τ值大约在1.5～5的范围内；对于某些多孔介质层床，如玻璃球床、沙床、盐床等，在不同的ε下，曲折因数τ的近似值可分别取为：$\varepsilon=0.2$，$\tau=2.0$；$\varepsilon=0.4$，$\tau=1.75$；$\varepsilon=0.6$，$\tau=1.65$。

（2）克努森（Kundsen）扩散

如图2-10所示，当固体内部的孔道直径d小于气体分子运动的平均自由程λ时，一般$\frac{d}{\lambda}\leqslant 0.1$则气体分子与孔道壁面之间的碰撞机会将多于分子与分子之间的碰撞，在此种情况下，扩散物质A通过孔道的扩散阻力将主要取决于分子与壁面的碰撞阻力，而分子之间的碰撞阻力可忽略不计。此种扩散现象称为克努森扩散。很明显，克努森扩散不遵循斐克定律。

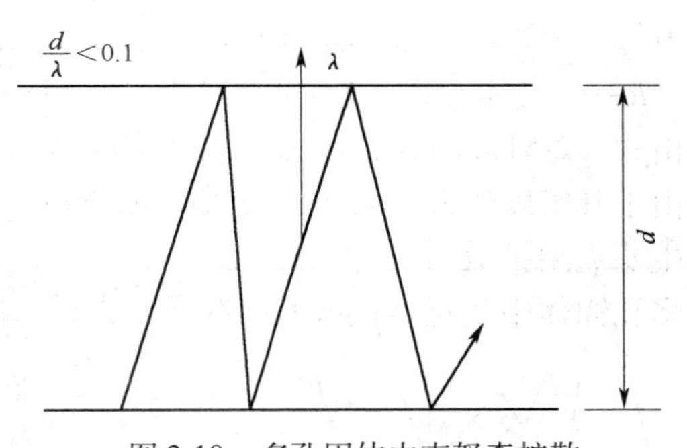

图 2-10　多孔固体中克努森扩散

根据气体分子运动学说，克努森扩散的通量可采用下式描述：

$$N_A = -\frac{2}{3}\bar{r}\,\bar{u}_A\frac{dC_A}{dz} \tag{2-55}$$

式中　$\bar{r}$——孔道的平均半径，m；

$\bar{u}_A$——组分A的分子平均速度，m/s。

又依分子运动学说，分子平均速度为

$$\bar{u}_A = \left(\frac{8RT}{\pi M_A^*}\right)^{\frac{1}{2}} \tag{2-56}$$

将式（2-56）代入式（2-55）可得

$$N_A = -97.0\bar{r}\left(\frac{T}{M_A^*}\right)^{\frac{1}{2}}\frac{dC_A}{dz} \tag{2-57}$$

式（2-57）称为克努森扩散通量方程。

令

$$D_{KA} = 97.0\bar{r}\left(\frac{T}{M_A^*}\right)^{\frac{1}{2}}$$

D_{KA}称为克努森扩散系数，于是式（2-57）可写成与斐克定律相同的形式：

$$N_A = -D_{KA}\frac{dC_A}{dz} \tag{2-58}$$

在 $z=z_1$，$C_A=C_{A1}$及 $z=z_2$，$C_A=C_{A2}$范围内积分，得

$$N_A = \frac{D_{KA}}{z_2 - z_1}(C_{A1} - C_{A2}) \tag{2-59}$$

或

$$N_A = \frac{D_{KA}}{RT(z_2 - z_1)}(p_{A1} - p_{A2}) \tag{2-60}$$

由式（2-51）可知，气体在低压下，λ 值较大。故处于低压下的气体在多孔固体中扩散时，一般发生克努森扩散。气体在多孔固体内是否为克努森扩散，可采用克努森数 Kn 判断，Kn 的定义为

$$Kn = \frac{\lambda}{2\bar{r}} \tag{2-61}$$

当 $Kn>10$ 时，扩散主要为克努森扩散，此时用式（2-59）计算通量，误差在10%以内。

（3）过渡区扩散

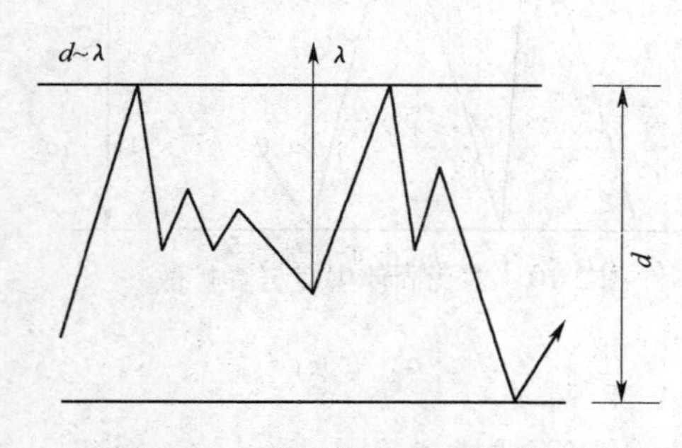

图 2-11　多孔固体中的过渡区扩散

如图 2-11 所示，当固体内部孔道直径 d 与流体分子运动的平均自由程 λ 相差不大时，则气体分子间的碰撞和分子与孔道壁面之间的碰撞同时存在，此时既有斐克型扩散，也有克努森扩散，两种扩散影响同样重要，此种扩散称为过渡区扩散。

过渡区扩散的通量方程可根据推动力叠加的原理进行推导，详细的推导过程可参考有关书籍。推导可得

$$N_A = -D_{NA}\frac{dC_A}{dz} \tag{2-62}$$

或

$$N_A = -D_{NA}\frac{p}{RT}\frac{dx_A}{dz} \tag{2-63}$$

其中

$$D_{NA} = \frac{1}{\dfrac{1-\alpha x_A}{D}} + \frac{1}{D_{KA}} \tag{2-64}$$

$$\alpha = \frac{N_A + N_B}{N_A} \tag{2-65}$$

式（2-62）即为过渡区通量方程，D_{NA}称为过渡区扩散系数。

在 $z = z_1$，$x_A = x_{A1}$及 $z = z_2$，$x_A = x_{A2}$范围内积分：

$$\frac{N_A RT}{p}\int_{z_1}^{z_2} dz = -\int_{x_{A1}}^{x_{A2}} \frac{dx_A}{\frac{1-\alpha x_A}{D} + \frac{1}{D_{KA}}}$$

得

$$N_A = \frac{Dp}{\alpha RT(z_2 - z_1)} \ln \frac{1 - \alpha x_{A2} + \frac{D}{D_{KA}}}{1 - \alpha x_{A1} + \frac{D}{D_{KA}}} \tag{2-66}$$

式（2-66）即为求过渡区扩散通量的方程，当 $0.01 \leqslant Kn \leqslant 10$ 时，为过渡区扩散，此时可用式（2-66）计算组分 A 的扩散通量。

【例 2-3】 在总压力为 10.13kPa、温度为 298K 的条件下，由 N_2（A）和 He（B）组成的气体混合物通过长为 0.02m、平均直径为 5×10^{-6}m 的毛细管进行扩散。已知其一端的摩尔分数为 $x_{A1} = 0.8$，另一端的摩尔分数为 $x_{A2} = 0.2$，该系统的通量比 $N_A/N_B = -\sqrt{M_B^*/M_A^*}$。在扩散条件下，$N_2$的平均扩散系数 $D = 6.98 \times 10^{-5}$m²/s，黏度为 1.8×10^{-5} Pa·s。试计算 N_2 的扩散通量 N_A。

【解】 先判断扩散的类型。由 $Kn = \frac{\lambda}{2\bar{r}}$

$$\bar{r} = \frac{5 \times 10^{-6}}{2} = 2.5 \times 10^{-6}\text{m}$$

$$\lambda = \frac{3.2\mu}{p}\left(\frac{RT}{2\pi M_A^*}\right)^{1/2} = \frac{3.2 \times 1.8 \times 10^{-5}}{10.13 \times 10^3}\left(\frac{8.314 \times 10^3 \times 298}{2\pi \times 28}\right) = 6.75 \times 10^{-7}\text{m}$$

$$Kn = \frac{6.75 \times 10^{-7}}{2 \times 2.5 \times 10^{-6}} = 0.135 \qquad 0.01 \leqslant Kn \leqslant 10,\text{为过渡区扩散。}$$

$$D_{KA} = 97.0\bar{r}\left(\frac{T}{M_A^*}\right)^{1/2} = 97.0 \times 2.5 \times 10^{-6}\left(\frac{298}{28}\right)^{1/2} = 7.91 \times 10^{-4}\text{m}^2/\text{s}$$

$$\alpha = \frac{N_A + N_B}{N_A} = 1 + \frac{N_B}{N_A} = 1 - \sqrt{\frac{M_A^*}{M_B^*}} = 1 - \sqrt{\frac{28}{4}} = -1.646$$

$$N_A = \frac{DP}{\alpha RT(z_2 - z_1)} \ln \frac{1 - \alpha x_{A2} + \frac{D}{D_{KA}}}{1 - \alpha x_{A1} + \frac{D}{D_{KA}}}$$

$$= \frac{6.98 \times 10^{-5} \times 10.13 \times 10^3}{-1.646 \times 8314 \times 298 \times 0.02} \ln \frac{1 + 1.646 \times 0.2 + \frac{6.98 \times 10^{-5}}{7.91 \times 10^{-4}}}{1 + 1.646 \times 0.8 + \frac{6.98 \times 10^{-5}}{7.91 \times 10^{-4}}}$$

$$= 4.58 \times 10^{-5}\text{kmol}/(\text{m}^2 \cdot \text{s})$$

2.2.5　扩散系数及其测量

到目前为止，我们一直把扩散系数当做一比例常数，即斐克定律中的未知参数。如果把扩散系数作为一个可变参数，可用斐克定律对多种情况求得质量通量和浓度分布。

现在要计算通量和浓度分布的具体值，为此需要知道特定情况下的扩散系数。扩散系数的获得主要依靠于实验测量，因为没有通用的理论可以进行准确的计算。但实验测量常是较困难的，测量结果也不一定准确。

如前所述，扩散过程可发生在气体中，也可以发生在液体和固体中，在不同介质中扩散系数值有很大的不同。气体中的扩散系数约为 $0.1\times10^{-4}\mathrm{m^2/s}$，此值也可由理论估算出。液体中的扩散系数约在 $0.1\times10^{-8}\mathrm{m^2/s}$ 的范围，这时理论估算不再那么可靠。固体中的扩散系数更低，约为 $0.1\times10^{-13}\mathrm{m^2/s}$，并强烈地受温度的影响。聚合物及玻璃中的扩散系数介于固体和液体之间，比如说 $0.1\times10^{-11}\mathrm{m^2/s}$，且可强烈地随溶质浓度而变化。

物质的分子扩散系数表示它的扩散能力，是物质的物理性质之一。根据斐克定律，扩散系数是沿扩散方向，在单位时间每单位浓度降的条件下，垂直通过单位面积所扩散某物质的质量或摩尔数，即

$$D=\frac{j_{\mathrm{A}}}{-\dfrac{\mathrm{d}\rho_{\mathrm{A}}}{\mathrm{d}y}}=\frac{J_{\mathrm{A}}}{-\dfrac{\mathrm{d}C_{\mathrm{A}}}{\mathrm{d}y}}\quad(\mathrm{m^2/s})\tag{2-67}$$

可以看出，质量扩散系数 D 和动量扩散系数 ν 及热量扩散系数 a 具有相同的单位（$\mathrm{m^2/s}$）或（$\mathrm{cm^2/s}$），扩散系数的大小主要取决于扩散物质和扩散介质的种类及其温度和压力。质量扩散系数一般要由实验测定。某些气体与气体之间和气体在液体中扩散系数的典型值如表 2-1 所示。

气－气质扩散系数和气体在液体中的质扩散系数 D（$\mathrm{m^2/s}$）[6]　　**表 2-1**

气体在空气中的 D，25℃，$p=1\mathrm{atm}$			
氨-空气	2.81×10^{-5}	苯蒸气-空气	0.84×10^{-5}
水蒸气-空气	2.55×10^{-5}	甲苯蒸气-空气	0.88×10^{-5}
CO_2-空气	1.64×10^{-5}	乙醚蒸气-空气	0.93×10^{-5}
O_2-空气	2.05×10^{-5}	甲醇蒸气-空气	1.59×10^{-5}
H_2-空气	4.11×10^{-5}	乙醇蒸气-空气	1.19×10^{-5}
液相，20℃，稀溶液			
氨-水	1.75×10^{-9}	氯化氢-水	2.58×10^{-9}
CO_2-水	1.78×10^{-9}	氯化钠-水	2.58×10^{-9}
O_2-水	1.81×10^{-9}	乙烯醇-水	0.97×10^{-9}
H_2-水	5.19×10^{-9}	CO_2-乙烯醇	3.42×10^{-9}

其中，液相质扩散，如气体吸收，溶剂萃取以及蒸馏操作等的 D 比气相质扩散的 D 低一个数量级以上，这是由于液体中分子间的作用力强烈地束缚了分子活动的自由程，分

子移动的自由度缩小的缘故。

二元混合气体作为理想气体用分子动力理论可以得出 $D \propto p^{-1}T^{3/2}$ 的关系。不同物质之间的分子扩散系数是通过实验来测定的。表 2-2 列举了在压力 $p_0 = 1.013 \times 10^5$Pa、温度 $T_0 = 273$K 时各种气体在空气中的扩散系数 D_0，在其他 p、T 状态下的扩散系数可用下式换算

$$D = D_0 \frac{p_0}{p} \left(\frac{T}{T_0}\right)^{\frac{3}{2}} \tag{2-68}$$

气体在空气中的分子扩散系数 D_0（m^2/s） **表 2-2**

（$p_0 = 1.013 \times 10^5$Pa，$T_0 = 273$K）

气体	$D_0 \times 10^4$	气体	$D_0 \times 10^4$
H_2	0.511	SO_2	0.103
N_2	0.132	NH_3	0.20
O_2	0.178	H_2O	0.22
CO_2	0.138	HCl	0.13

两种气体 A 与 B 之间的分子扩散系数可用吉利兰（Gilliland）[7] 提出的半经验公式估算

$$D = \frac{435.7T^{3/2}}{p\left(V_A^{1/3} + V_B^{1/3}\right)^2}\sqrt{\frac{1}{\mu_A} + \frac{1}{\mu_B}} \quad (cm^2/s) \tag{2-69}$$

式中 T——热力学温度，K；

p——总压力，Pa；

μ_A、μ_B——气体 A、B 的分子量；

V_A、V_B——气体 A、B 在正常沸点时液态摩尔容积，$cm^3/(mol)$。几种常见气体的液态摩尔容积可查表 2-3。

按式（2-68），扩散系数 D 与气体的浓度无直接关系，它随气体温度的升高及总压力的下降而加大。这可以用气体的分子运动论来解释。随着气体温度的升高，气体分子的平均运动动能增大，故扩散加快，而随着气体压力的升高，分子间的平均自由行程减小，故扩散就减弱。当然，按状态方程，浓度与压力、温度是相互关联的，所以质扩散系数与浓度是有关的，就像导热系数与温度有关一样。式（2-69）中 D 的单位是"cm^2/s"，它和动量扩散系数 $\upsilon = \mu/\rho$ 以及热扩散系数 $a = \frac{\lambda}{c_p\rho}$ 的单位相同，在计算质扩散通量或摩尔扩散通量时，D 的单位要换算为"m^2/s"。

在正常沸点下液态克摩尔容积 **表 2-3**

气体	摩尔容积[$cm^3/(mol)$]	气体	摩尔容积[$cm^3/(mol)$]
H_2	14.3	CO_2	34
O_2	25.6	SO_2	44.8
N_2	31.1	NH_3	25.8
空气	29.9	H_2O	18.9

分子扩散传质不只是在气相和液相内进行，同样可在固相内存在，如渗碳炼钢、材料的提纯等。在固相中的质扩散系数比在液相中还降低大约一个数量级，这可用分子力场对

过程的影响越大使分子移动的自由度越小作为合理的定性解释。

二元混合液体的扩散系数以及气-固、液-固之间的扩散系数，比气体之间的扩散系数要复杂得多，只有用实验来确定[8]，可参考相关资料。

【例 2-4】　有一直径为 30mm 的直管，底部盛有 20℃的水，水面距管口为 200mm。当流过管口的空气温度为 20℃，相对湿度 $\varphi = 30\%$，总压力 $p = 1.013 \times 10^5$Pa 时，试计算(1) 水蒸气往空气中的扩散系数 D；(2) 水的质扩散通量（即蒸发速率）；(3) 通过此管每小时的蒸发水量 G。

【解】　(1) 查表 2-2 可得 $D_0 = 0.22 \times 10^{-4}\mathrm{m^2/s}$，换算到 20℃时的 D 值为

$$D = D_0 \frac{p_0}{p}\left(\frac{T}{T_0}\right)^{\frac{3}{2}} = 0.22 \times 10^{-4}\left(\frac{293}{273}\right)^{1.5} = 0.245 \times 10^{-4}\ \mathrm{m^2/s}$$

如用式 (2-69) 计算 D 值，可查表 2-3，得

水蒸气的分子容积　　$V_A = 18.9$

水蒸气的分子量　　$\mu_A = 18$

空气的分子容积　　$V_B = 29.9$

空气的分子量　　$\mu_B = 28.9$

则，

$$D = \frac{435.7 \times (293)^{1.5}}{1.013 \times 10^5 \times (18.9^{1/3} + 29.9^{1/3})^2}\sqrt{\frac{1}{18} + \frac{1}{28.9}} \times 10^{-4}$$

$$= 0.195 \times 10^{-4}\mathrm{m^2/s}$$

可以看到，用式 (2-69) 计算的 D 值与表 2-2 查得的数据经修正得到的 D 值相差 20% 左右，在没有实验数据的情况下，用式 (2-69) 做估算是可以信赖的。

(2) 水表面的蒸汽分压力相当于水温 20℃时的饱和压力，查水蒸气表可得 $p_{A,1} = 2337$Pa，管口的水蒸气分压力 $p_{A,2} = 0.3 \times 2337 = 701$Pa；相应的空气分压力为

$$p_{B,1} = 101300 - 2337 = 98963\mathrm{Pa}$$

$$p_{B,2} = 101300 - 701 = 100599\mathrm{Pa}$$

平均分压力

$$p_{B,m} = \frac{100599 - 98963}{\ln(100599/98963)} = 99778.8\ \mathrm{Pa}$$

应用式 (2-39) 计算质扩散通量

$$m'_A = \frac{D}{R_A \mathrm{T}} \frac{p_{A,1} - p_{A,2}}{p_{B,m}} \frac{p}{h} = \frac{0.245\,(2337 - 701)}{\frac{8314}{18} \times 293 \times 0.2} \times \frac{101300}{99778.8} \times 10^{-4}$$

$$= 1.5 \times 10^{-6}\ \mathrm{kg/(m^2 \cdot s)} = 5.41 \times 10^{-3}\ \mathrm{kg/(m^2 \cdot h)}$$

(3) $G = m'_A \cdot \frac{1}{4}\pi d^2 = 5.41 \times 10^{-3} \times \frac{\pi}{4} 0.03^2 = 0.003822\ \mathrm{kg/h} = 3.82\ \mathrm{g/h}$

2.2.6* 典型扩散传质问题分析

2.2.6.1 室内 VOC 的扩散传质问题

室内空气污染来源主要是建筑装饰材料的广泛使用引起的室内挥发性有机物污染。近年随着空调采暖的应用越来越广泛，而住宅、办公室、商场和宾馆等非工业建筑的装饰越来越“豪华”，由此产生的室内挥发性有机物污染可能超过世界卫生组织的标准。因此，

在注重非工业建筑室内环境美观的同时，室内空气品质这一时刻影响居住者生活、工作和身心健康的问题也应受到研究人员和公众的高度重视。室内空气品质的重要衡量指标是室内污染状况，其中包括污染物强度、危害程度和作用时间等。

室内污染物的种类很多，包括物理的、化学的和辐射的等等，影响因素也从室外到室内涉及很多方面。建筑装饰材料是挥发性有机物（VOC）的最重要来源，建筑装饰材料VOC的释放散发机理的研究是改善室内空气质量的重要基础。

污染物散发源为室内干性多孔材料，包括地毯、聚乙烯地板、人造板等，其散发出来的各类VOC气体（如苯系物、甲醛、酮类、胺类、烷类、烯类等）具有强毒性、甚至神经毒性。该类干性材料内部污染物的传递主要受质扩散过程控制，而扩散过程主要由扩散系数决定。

室内有机污染物的传递是一个典型的非稳态扩散过程，其中包括材料内部通过多孔体的固态扩散过程，材料表面向室内的扩散过程等环节，扩散的质量通量将受到材料本身污染物含量、材料本身结构、材料表面结构、环境温度、环境湿度等因素的影响。在分析过程中，为简化问题起见，可假设干性多孔材料内部材质均匀，污染物初始浓度相同，材料内部污染物散发过程为纯物理现象，没有化学反应，材料内部污染物单一，或者至少扩散过程不相互干扰，材料内部扩散为一维扩散，并遵循斐克定律，空气和材料交界面始终保持平衡状态，动态平衡很快建立，室内污染物分布均匀，或者很快达到均匀一致等条件。对于干性多孔材料，在满足上述假设条件的情况下，污染物的控制方程可表述为：

$$\frac{\partial \rho_{m,i}}{\partial \tau} = D_{m,i}\frac{\partial^2 \rho_{m,i}}{\partial y^2} \tag{2-70}$$

式中 $\rho_{m,i}$——材料内部污染物浓度，kg/m^3；

$D_{m,i}$——材料内部污染物扩散系数，m^2/s；

τ——时间变量，s；

y——扩散一维方向上空间变量，m。

2.2.6.2 地下水污染中的扩散传质问题

地下水是水资源的重要组成部分，就水体污染而言，地下水的污染与地表水的污染相比更具有隐蔽性和难以逆转性。即地下水受某些组分严重污染，往往是无色、无味的，即使人类饮用了有害或有毒组分污染的地下水，对人体的影响也只是慢性的长期效应，不易觉察，且地下水一旦受污染，便很难治理及恢复。

当可溶解物质进入地下水系统后，随即有沿着地下水流动方向扩展的纵向弥散和垂直于地下水流动方向扩展的横向弥散，同时还有在地下水系统内上、下扩展的垂向弥散。在流速甚小的情况下，甚至出现沿与地下水流向相反方向扩展的逆弥散。地下水中这种不同方向的弥散，通常被统称为水动力弥散。

所谓分子扩散就是污染物质从高浓度区向低浓度区迁移的过程。它是由化学势梯度所引起的，而化学势则与浓度有关。即因液相中所含污染物质的浓度不均一，浓度梯度使得高浓度处的物质向低浓度处运移，以求浓度趋于均一，所以分子扩散作用是一种使地下水系统各部分的浓度均匀化的过程。它取决于时间，并且可以在静止的流体中单独存在，故在地下水流速较小的情况下，研究其污染时，不仅要考虑可溶污染质的被吸附，同时，分子扩散将成为水动力弥散中的重要组成部分。实际上，在弥散中分子扩散，是每时每刻发生的。就其本身而言，水动力弥散中的分子扩散亦具有方向性，是向各个方向扩展的。

污染物在地下的扩散，实际上是污染物在多孔介质内的扩散传质问题。一般常用斐克定律来进行描述：

$$m = -D_s A \frac{dC}{dz} \tag{2-71}$$

式中，m 为传质通量，A 为截面积，C 为扩散物质的浓度，dC/dz 为浓度梯度，D_s 为多孔介质内的质扩散系数。

在多孔介质中，由于骨架的阻挡，使得传质过程的截面积变小了，而传质路径因为弯弯曲曲的空隙而变长了。因此，多孔介质中的传质变得更慢了，其与开放的空气和水中的扩散传质系数关系如下：

$$D_s = a t_s D \tag{2-72}$$

式中，D_s 为污染物质在多孔介质中的传质扩散系数，a 为污染物质在多孔介质中的体积比例，t_s 为孔隙弯曲度，D 为在相应开放介质中的扩散系数。

根据 millington 和 quirk 于 1961 年提出的模型，多孔介质的弯曲度与污染物质在孔隙中所占的体积比例以及空隙率有关：$t_s = \frac{a^{\frac{7}{3}}}{\zeta^2}$

式中，t_s 为孔隙弯曲度，a 为污染物质在多孔介质中的体积比例，ζ 为孔隙率。综合以上两式可以得到以下方程：

$$D_s = \frac{a^{\frac{10}{3}}}{\zeta^2} D \tag{2-73}$$

根据这个关系式，已知污染物质在孔隙中所占的体积比例、介质的孔隙率和污染物质在开放介质中的扩散系数，就可以求得该污染物质在多孔介质中的扩散传质系数。

2.3 对流传质

扩散传质研究的是物质间的无规则分子运动产生的质量传递，对流传质则是研究流体流过物体表面时发生的传质行为。在暖通空调工程中，流体多处于运动状态，对流传质所涉及的内容即为运动着的流体之间或流体与界面之间的物质传递问题。例如，空气流过水面，水气两相之间的传质这一经常发生的物理现象即属此类。这种过程既包括由流体运动所产生的对流作用，同时也包括流体分子间的扩散作用。这种分子扩散和对流扩散的总作用称为对流传质[9]。

对流传质是在流体流动条件下的质量传输过程，其中包含着由对流扩散和分子扩散两因素决定的传质过程。与对流传热相类似，在对流传质过程中，虽然分子扩散起着重要的组成作用，但流体的流动却是其存在的基础。因此，对流传质过程与流体的运动特性密切相关，如流体流动的起因、流体的流动性质以及流动的空间条件等。

对流传质过程不仅与动量和热量传输过程相类似，而且还存在着密切的依存关系。由于对流传质现象与对流传热现象存在类似，故本章所讨论的许多问题均可采用与传热过程类比的方法处理。

2.3.1 对流传质系数

对流传质问题可以用求解对流换热的方法得到类似的结果。对于二元混合流体系统如果组分摩尔浓度为 $C_{A\infty}$ 的流体流过一固体表面，而在该表面处的组分浓度保持在 $C_{As}\neq C_{A\infty}$ 时，如图 2-12 所示，将发生因对流引起的该组分的传质。典型的情况是组分 A 的蒸汽，它分别由液体表面的蒸发或固体表面的升华而传入气流。要计算这种传质速率，如同传热的情况一样，可以建立类似于对流换热系数的概念，即建立质量流密度和传递系数及浓度差之间的关系。

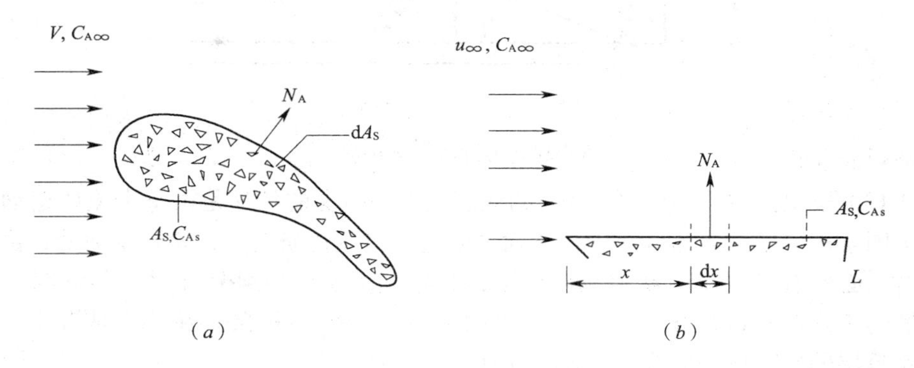

图 2-12 局部和总体的对流传质系数

(a) 任意形状表面；(b) 平面

固体壁面与流体之间的对流传质速率可定义为

$$N_{A}=h_{m}(C_{As}-C_{A\infty}) \tag{2-74}$$

式中 N_A——对流传质速率，kmol/(m^2·s)；

C_{As}——壁面浓度，kmol/m^3；

$C_{A\infty}$——流体的主体浓度或平均浓度，kmol/m^3；

h_m——对流传质系数，m/s。

式（2-74）即为对流传质系数的定义式。由此可见，计算对流传质速率 N_A 的关键在于确定对流传质系数 h_m，但 h_m 的确定是一项复杂的问题，它与流体的性质、壁面的几何形状和粗糙度、流体的速度等因素有关。

2.3.2 浓度边界层概念及其对传质问题求解的意义

2.3.2.1 浓度边界层的概念

当流体流过固体壁面进行质量传递时，由于溶质组分 A 在流体主体中与壁面的浓度不同，故壁面附近的流体将建立组分 A 的浓度梯度，离壁面一定距离的流体中，组分 A 的浓度是均匀的。因此，可以认为质量传递的全部阻力集中于固体表面上一层具有浓度梯度的流体层中，该流体层即称为浓度边界层（亦称为扩散边界层或传质边界层）。由此可知，流体流过壁面进行传质时，在无温差情况下，在壁面上会形成两种边界层，即速度边界层与浓度边界层。

正如速度边界层和热边界层决定壁面摩擦和对流换热一样，浓度边界层决定了对流传质。如果在表面处流体中的组分 A 的浓度 C_{As} 和自由流中的 $C_{A\infty}$ 不同（图 2-13），就将产生浓度边界层。浓度边界层厚度为 δ_c，其定义通常规定为 $(C_A - C_{As})/(C_{A\infty} - C_{As}) = 0.99$ 时与壁面的垂直距离，它是存在较大浓度梯度的流体区域。在表面和自由流的流体之间的对流传质是由这个边界层中的条件决定的。

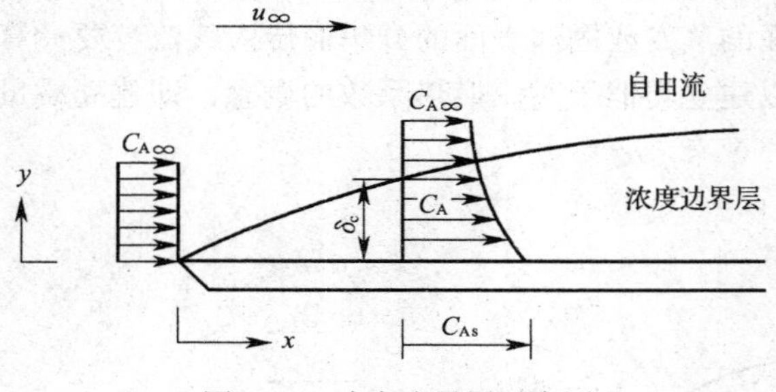

图 2-13　浓度边界层示意图

图 2-13 的浓度边界层中，在 $y>0$ 的任意点上，组分的传递是由整个流体运动和分子扩散两个因素决定的。当流体与固体壁面之间进行对流传质时，在紧贴壁面处，由于流体具有黏性，必然有一层流体粘附在壁面上，其速度为零。当组分 A 进行传递时，首先以分子扩散的方式通过该静止流层，然后再向流体主体对流扩散。在稳态情况下，组分 A 通过静止流层的传质速率应等于对流传质速率，因此，有

$$N_A = -D_{AB}\left.\frac{\partial C_A}{\partial y}\right|_{y=0} = h_m(C_{As} - C_{A\infty}) \tag{2-75}$$

合并整理可得

$$h_m = \frac{-D_{AB}\left.\frac{\partial C_A}{\partial y}\right|_{y=0}}{C_{As} - C_{A\infty}} \tag{2-76}$$

因此，浓度边界层的流动状况对表面的浓度梯度 $\left.\frac{\partial C_A}{\partial y}\right|_{y=0}$ 有很强的影响，进而将影响对流传质系数。

上述结果也可以质量浓度为基准来表示，结果为：

$$h_m = \frac{-D_{AB}\left.\frac{\partial \rho_A}{\partial y}\right|_{y=0}}{\rho_{As} - \rho_{A\infty}} \tag{2-77}$$

采用式（2-76）求解对流传质系数时，关键在于壁面浓度梯度 $\left.\frac{\partial C_A}{\partial y}\right|_{y=0}$ 的计算，而要求得浓度梯度，就必须求得浓度分布，因而必须先求解传质微分方程。在传质微分方程中，因包括速度分布，这又要求解运动方程和连续性方程。

由此可知，用式（2-76）求解对流传质系数的步骤如下：

1）求解运动方程和连续性方程，得出速度分布；

2）求解传质微分方程，得出浓度分布；

3）由浓度分布，得出浓度梯度；

4）由壁面处的浓度梯度，求得对流传质系数。

应予指出，上述求解步骤只是一个原则。实际上，由于各方程（组）的非线性特点及边界条件的复杂性，利用该方法仅能求解一些较为简单的问题，如层流传质问题，而对实际工程中常见的湍流传质问题，尚不能用此方法进行求解。

【例 2-5】 在水表面上方，测得了水蒸气的分压 p_A（atm）和离开表面的距离 y 之间的关系，测量结果图示如下，试求这个位置上的对流传质系数。

【解】 已知：在水层表面特定位置上水蒸气的分压 p_A 和距离 y 的函数关系。

求：规定位置上的对流传质系数。

假定：（1）水蒸气可以作为近似的理想气体；

（2）等温条件。

物性参数：水蒸气—空气（298K）：$D_{AB}=0.26\times10^{-4}\text{m}^2/\text{s}$

示意图为例题 2-5 图。

分析：由式（2-77），局部对流传质系数为

$$h_{m,x}=\frac{-D_{AB}\left.\dfrac{\partial\rho_A}{\partial y}\right|_{y=0}}{\rho_{As}-\rho_{A\infty}}$$

或把蒸汽近似地当做理想气体，即

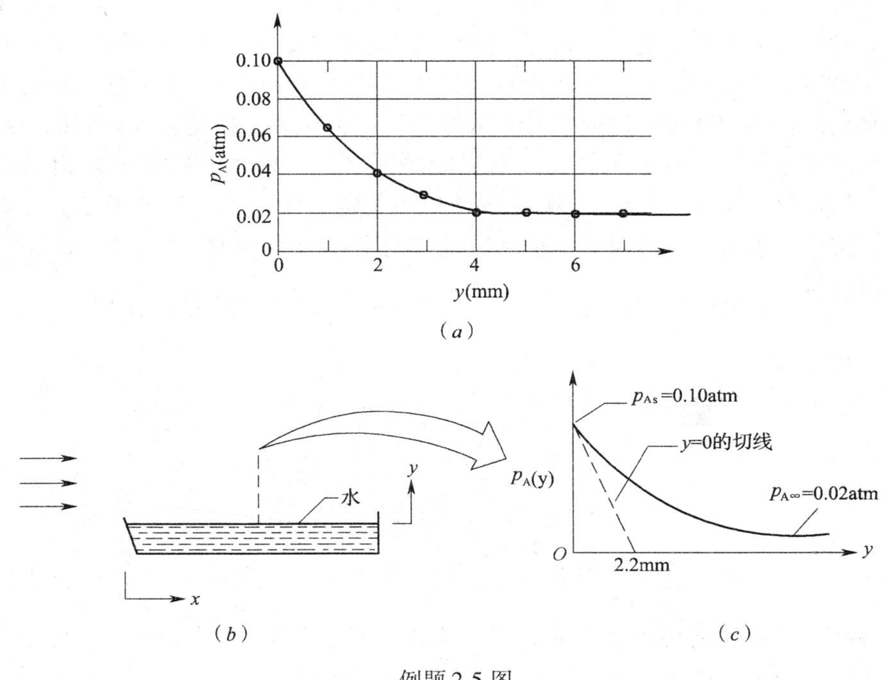

例题 2-5 图

（a）水蒸气分压力的测量结果；（b）水分蒸发；（c）水蒸气分压力分布

$$p_A=\rho_A R_A T$$

由于温度 T 为常数（等温条件），故

$$h_{m,x}=\frac{-D_{AB}\left.\frac{\partial p_A}{\partial y}\right|_{y=0}}{p_{As}-p_{A\infty}}$$

据测量的蒸汽压力分布，图（c）中 $y=0$ 的切线即为水面处的压力梯度，经几何作图可知，切线在 $y=2.2$mm 处与横坐标相交。则压力梯度可计算如下：

$$\left.\frac{\partial p_A}{\partial y}\right|_{y=0}=\frac{(0-0.1)\,\text{atm}}{(0.0022-0)\,\text{m}}=-45.5\,\text{atm/m}$$

因此

$$h_{m,x}=\frac{-0.26\times10^{-4}\ \text{m}^2/\text{s}(-45.5\ \text{atm/m})}{(0.1-0.02)\ \text{atm}}=0.0148\ \text{m/s}$$

说明：要注意的是，由于液体—蒸汽交界面上存在热力学平衡，故可从附录 2-1、2-2 查得该交接面上的温度。据 $p_{A,S}=0.1\text{atm}=0.101\text{bar}$，可得 $T_s=319\text{K}$；另外还要注意的是蒸发冷却效应可能引起 T_s 值低于 T_∞。

2.3.2.2　边界层的重要意义

可以说，速度边界层的范围是 δ（x），并且是以存在速率梯度和较大切应力为特征的；热边界层的范围是 δ_t（x），它是以存在温度梯度和传热为特征；而浓度边界层的范围是 δ_c（x），是以存在浓度梯度及组分传递为特征。对于我们来说，特别关心的是三种边界层的主要的表现形式：表面摩擦、对流换热以及对流传质。于是，重要的边界层参数分别是摩擦系数 C_f、对流换热系数 h 以及对流传质系数 h_m。

对于流过任意表面的流动，总是存在速度边界层，因而存在表面摩擦。但只有当表面与自由流的温度不相同时，才存在热边界层，从而存在对流换热。类似地，只有当表面的组分浓度和它的自由流浓度不同时才存在浓度边界层，从而存在对流传质。最一般的情形是可能发生三种边界层都存在的情况。这样的情况下，三种边界层很少以相同的速率增大，而在一给定的 x 位置上，δ、δ_t 和 δ_c 的值也不一定一样，如图 2-14 所示。其中三种边界层厚度的相对大小与三种传递的扩散系数的相对大小有直接的关系，扩散系数较大者，其边界层厚度越大。

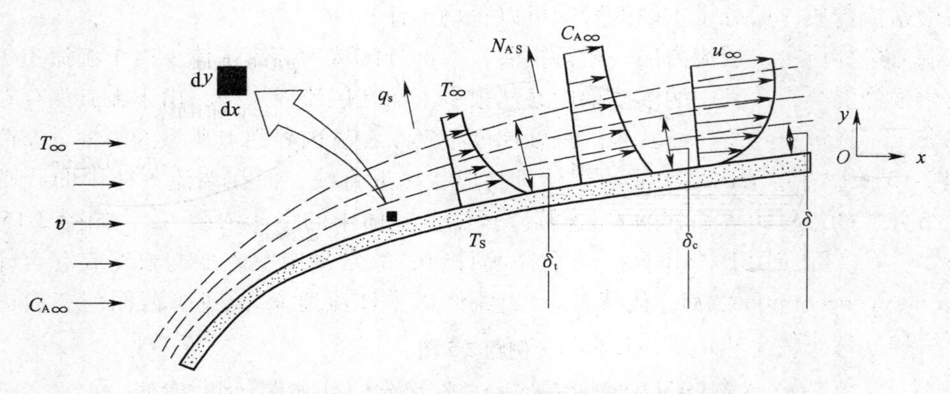

图 2-14　任意表面的速度、热和浓度边界层的发展

由于边界层的引入，可以大大简化讨论问题的难度。我们可以将整个的求解区域划分为主流区和边界层区。在主流区内，为等温、等浓度的势流，各种参数视为常数；在边界层内

部具有较大的速度梯度、温度梯度和浓度梯度，其速度场、温度场和浓度场需要专门来讨论求解。而在边界层内的连续性方程、动量方程和能量方程可以根据边界层的特性给予简化。

与速度边界层和温度边界层的特性相类似，浓度边界层也具有尺寸极小（几米长的平板上的浓度边界层仅为几毫米）、法线方向浓度梯度大的特点，边界层理论引入的重要意义在于把描述主流区和边界层区的控制方程简化至较易求解的形式。当流体与它所流过的固体表面之间，因浓度差而发生质量传递时，在固体表面附近形成具有浓度梯度的薄层，这是对流传质过程阻力所在的区域。传质边界层之外，浓度梯度可以忽略，可视为浓度均匀，不存在传质阻力。浓度边界层是流动边界层概念在流体组成非均匀情况下的推广，运用浓度边界层的特性，可简化对流扩散方程，确立浓度分布，求得对流传质系数，以方便对流传质的计算。浓度边界层概念是研究对流传质的理论基础。

2.3.3 紊流传质的机理

研究对流传质问题首先需要弄清对流传质的机理。在实际工程中，以湍流传质最为常见，下面以流体强制湍流流过固体壁面时的传质过程为例，探讨对流传质的机理，对于有固定相界面的相际间的传质，其传质机理与之相似。

当流体湍流流过壁面时，速度边界层最终发展成为湍流边界层。湍流边界层由三部分组成：靠近壁面处为层流内层，离壁面稍远处为缓冲层，最外层为湍流主体。在湍流边界层中，物质在垂直于壁面的方向上与流体主体之间发生传质时，通过上述三层流体的传质机理差别较大。

在层流内层中，流体沿壁面平行流动，在与流体流动方向相垂直的方向，只有分子无规则的微观运动，故壁面与流体之间的质量传递是通过分子扩散进行的，此情况下的传质速率可用斐克定律描述。

在缓冲层中，流体一方面沿壁面方向作层流流动，另一方面又出现一些流体的旋涡运动，故该层内的质量传递既有分子扩散存在，也有紊流扩散存在。在接近层流内层的边缘处主要发生分子扩散，而接近湍流主体的边缘处则主要发生紊流扩散。

在湍流主体中，有大量旋涡存在，这些大大小小的旋涡运动十分激烈。因此，在该处主要发生紊流传质，而分子扩散的影响可以忽略不计。

在湍流边界层中，层流内层一般都很薄，大部分区域为湍流主体。由于湍流主体中的旋涡发生强烈混合，故其中的浓度梯度必然很小。而在层流内层中，由于无旋涡存在，而仅依靠分子扩散进行传质，故其中的浓度梯度很大。在管内界面上典型的浓度分布曲线表示于图 2-15 中。在层流内层中曲线很陡，其形状接近直线，而在湍流主体中曲线则较为平坦。组分 A 的浓度由界面处的 C_{As}连续降至湍流主体中的主体浓度 C_{Af}，如图 2-15 中的实线所示。在实际应用上，由于 C_{Af}变化不易计算，故常采用主体平均浓度或混合杯浓度（mixing cup concentration）$C_{A\infty}$ 代替 C_{Af}。当流体以主体流速 u_b 流过管截面与壁面进行传质时，组分 A 的主体平均浓度 $C_{A\infty}$ 的定义为

$$C_{A\infty} = \frac{1}{u_b A}\iint_A u_z C_A \mathrm{d}A$$

式中，A 为截面积；u_z、C_A表示截面上任一点处的流速和组分 A 的浓度。

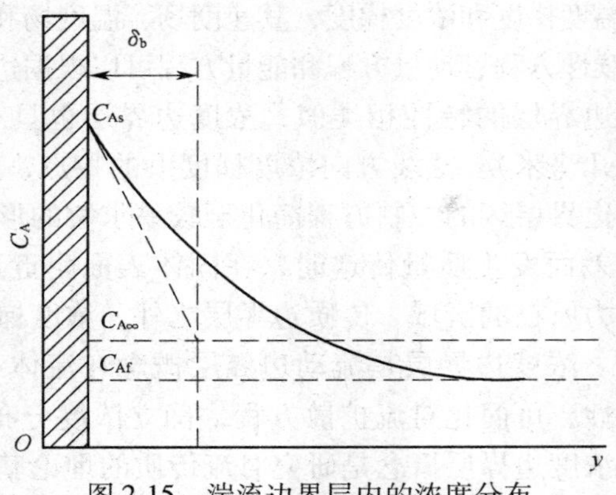

图 2-15　湍流边界层内的浓度分布

2.3.4　对流传质的数学描述

在多组分系统中，当进行多维、非稳态、伴有化学反应的传质时，必须采用传质微分方程才能全面描述此情况下的传质过程。多组分传质微分方程的推导原则与单组分连续性方程的推导相同，即进行微分质量衡算，故多组分系统的传质微分方程，亦称为多组分系统的连续性方程。

2.3.4.1　传质微分方程的推导

下面以双组分系统为例，对传质微分方程进行推导。

(1) 质量守恒定律表达式

根据欧拉（Euler）观点，在流体中取一边长为 dx、dy、dz 的流体微元，该流体微元的体积为 $dxdydz$，如图 2-16 所示。以该流体微元为物系，周围流体作为环境，进行微分质量衡算。衡算所依据的定律是质量守恒定律。根据质量守恒定律，可得出以下衡算式

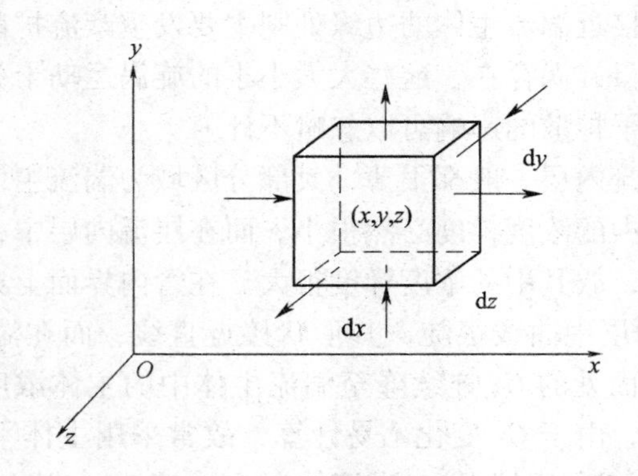

图 2-16　微分质量衡算

（输入流体微元的质量速率）+（反应生成的质量速率）

=（输出流体微元的质量速率）+（流体微元内累积的质量速率）

或　　（输出 − 输入）+（累积）−（生成）= 0

上述关系即为质量守恒表达式，若把表达式中各项质量速率分析清楚，即可得出传质

微分方程。

(2) 各项质量速率的分析

1) 输出与输入微元的质量流量差

设在点(x、y、z)处，流体速度为 u(质量平均速度)，它在直角坐标系中的分量为 u_x、u_y、u_z，则在三个坐标方向上，组分 A 因流动所形成的质量通量为 $\rho_A u_x$、$\rho_A u_y$、$\rho_A u_z$。令组分 A 在三个坐标方向上的扩散质量通量为 j_{AX}、j_{AY}、j_{AZ}。由此可得组分 A 沿 x 方向输入流体微元的总质量流量为

$$(\rho_A u_x + j_{Ax})\mathrm{d}y\mathrm{d}z$$

而由 x 方向输出流体微元的质量流量为

$$(\rho_A u_x + j_{Ax})\mathrm{d}y\mathrm{d}z + \frac{\partial\left[(\rho_A u_x + j_{Ax})\mathrm{d}y\mathrm{d}z\right]}{\partial x}\mathrm{d}x = \left[(\rho_A u_x + j_{Ax}) + \frac{\partial(\rho_A u_x + j_{Ax})}{\partial x}\mathrm{d}x\right]\mathrm{d}y\mathrm{d}z$$

于是可得，组分 A 沿 x 方向输出与输入流体微元的质量流量差为

$$(\text{输出}-\text{输入})_x = \left[(\rho_A u_x + j_{Ax}) + \frac{\partial(\rho_A u_x + j_{Ax})}{\partial x}\mathrm{d}x\right]\mathrm{d}y\mathrm{d}z - (\rho_A u_x + j_{Ax})\mathrm{d}y\mathrm{d}z$$

$$= \left[\frac{\partial(\rho_A u_x)}{\partial x} + \frac{\partial j_{Ax}}{\partial x}\right]\mathrm{d}x\mathrm{d}y\mathrm{d}z$$

同理，组分 A 沿 y 方向输出与输入流体微元的质量流量差为

$$(\text{输出}-\text{输入})_y = \left[\frac{\partial(\rho_A u_y)}{\partial y} + \frac{\partial j_{Ay}}{\partial y}\right]\mathrm{d}x\mathrm{d}y\mathrm{d}z$$

及组分 A 沿 z 方向输出与输入流体微元的质量流量差为

$$(\text{输出}-\text{输入})_z = \left[\frac{\partial(\rho_A u_z)}{\partial z} + \frac{\partial j_{Az}}{\partial z}\right]\mathrm{d}x\mathrm{d}y\mathrm{d}z$$

在三个方向上输出与输入流体微元的总质量流量差为

$$(\text{输出}-\text{输入}) = \left[\frac{\partial(\rho_A u_x)}{\partial x} + \frac{\partial(\rho_A u_y)}{\partial y} + \frac{\partial(\rho_A u_z)}{\partial z} + \frac{\partial j_{Ax}}{\partial x} + \frac{\partial j_{Ay}}{\partial y} + \frac{\partial j_{Az}}{\partial z}\right]\mathrm{d}x\mathrm{d}y\mathrm{d}z \tag{2-78}$$

2) 流体微元内累积的质量流量

设组分 A 的质量浓度为 ρ_A，且 $\rho_A = f(x, y, z, \tau)$，则流体微元中任一瞬时组分 A 的质量为

$$M_A = \rho_A \mathrm{d}x\mathrm{d}y\mathrm{d}z$$

质量累积速率为

$$\frac{\partial M_A}{\partial \tau} = \frac{\partial \rho_A}{\partial \tau}\mathrm{d}x\mathrm{d}y\mathrm{d}z \tag{2-79}$$

3) 反应生成的质量流量

设系统内有化学反应发生，单位体积流体中组分 A 的生成质量速率为 $\dot{r}_A$，当 A 为生成物时，$\dot{r}_A$ 为正，当 A 为反应物时，$\dot{r}_A$ 为负。由此可得，流体微元内由于化学反应生成的组分 A 的质量速率为

$$\text{反应生成的质量流量} = \dot{r}_A \mathrm{d}x\mathrm{d}y\mathrm{d}z \tag{2-80}$$

2.3.4.2　传质微分方程

将式（2-78）~式（2-80）代入质量守恒定律表达式中，得

$$\frac{\partial(\rho_{A}u_{x})}{\partial x}+\frac{\partial(\rho_{A}u_{y})}{\partial y}+\frac{\partial(\rho_{A}u_{z})}{\partial z}+\frac{\partial j_{Ax}}{\partial x}+\frac{\partial j_{Ay}}{\partial y}+\frac{\partial j_{Az}}{\partial z}+\frac{\partial\rho_{A}}{\partial\tau}-\dot{r}_{A}=0$$

展开可得

$$\rho_{A}\left(\frac{\partial u_{x}}{\partial x}+\frac{\partial u_{y}}{\partial y}+\frac{\partial u_{z}}{\partial z}\right)+u_{x}\frac{\partial\rho_{A}}{\partial x}+u_{y}\frac{\partial\rho_{A}}{\partial y}+u_{z}\frac{\partial\rho_{A}}{\partial z}+\frac{\partial\rho_{A}}{\partial\tau}+\frac{\partial j_{Ax}}{\partial x}+\frac{\partial j_{Ay}}{\partial y}+\frac{\partial j_{Az}}{\partial z}-\dot{r}_{A}=0$$

由随体导数的定义式

$$\frac{D\rho_{A}}{D\tau}=\frac{\partial\rho_{A}}{\partial\tau}+u_{x}\frac{\partial\rho_{A}}{\partial x}+u_{y}\frac{\partial\rho_{A}}{\partial y}+u_{z}\frac{\partial\rho_{A}}{\partial z}$$

因此，得

$$\rho_{A}\left(\frac{\partial u_{x}}{\partial x}+\frac{\partial u_{y}}{\partial y}+\frac{\partial u_{z}}{\partial z}\right)+\frac{D\rho_{A}}{D\tau}+\frac{\partial j_{Ax}}{\partial x}+\frac{\partial j_{Ay}}{\partial y}+\frac{\partial j_{Az}}{\partial z}-\dot{r}_{A}=0 \tag{2-81}$$

式中的扩散质量通量可由斐克定律给出，即

$$j_{Ax}=-D\frac{\partial\rho_{A}}{\partial x}$$

$$j_{Ay}=-D\frac{\partial\rho_{A}}{\partial y}$$

$$j_{Az}=-D\frac{\partial\rho_{A}}{\partial z}$$

将其代入式（2-81）中，可得

$$\rho_{A}\left(\frac{\partial u_{x}}{\partial x}+\frac{\partial u_{y}}{\partial y}+\frac{\partial u_{z}}{\partial z}\right)+\frac{D\rho_{A}}{D\tau}=D\left(\frac{\partial^{2}\rho_{A}}{\partial x^{2}}+\frac{\partial^{2}\rho_{A}}{\partial y^{2}}+\frac{\partial^{2}\rho_{A}}{\partial z^{2}}\right)+\dot{r}_{A} \tag{2-82}$$

写成向量形式

$$\rho_{A}(\nabla\cdot u)+\frac{D\rho_{A}}{D\tau}=D\,\nabla^{2}\rho_{A}+\dot{r}_{A} \tag{2-82a}$$

式（2-82*a*）即为通用的传质微分方程。该式是以质量为基准推导的，若以摩尔基准推导，同样可得

$$C_{A}\left(\frac{\partial u_{mx}}{\partial x}+\frac{\partial u_{my}}{\partial y}+\frac{\partial u_{mz}}{\partial z}\right)+\frac{DC_{A}}{D\tau}=D\left(\frac{\partial^{2}C_{A}}{\partial x^{2}}+\frac{\partial^{2}C_{A}}{\partial y^{2}}+\frac{\partial^{2}C_{A}}{\partial z^{2}}\right)+\dot{R}_{A} \tag{2-83}$$

写成向量形式

$$C_{A}(\nabla\cdot u_{m})+\frac{DC_{A}}{D\tau}=D\,\nabla^{2}C_{A}+\dot{R}_{A} \tag{2-83a}$$

式中　u_{mx}、u_{my}、u_{mz}——摩尔平均速度 u_{m} 在 x、y、z 三个方向上的分量，m/s；

$\dot{R}_{A}$——单位体积流体中组分 A 的摩尔生成速率，kmol/(m^{3}·s)。

式（2-83*a*）为通用的传质微分方程的另一表达式。

2.3.4.3　传质微分方程的特定形式

在实际传质过程中，可根据具体情况将传质微分方程简化。

（1）不可压缩流体的传质微分方程

对于不可压缩流体，混合物总质量浓度 ρ 恒定，由连续性方程 $\nabla\cdot u=0$，式（2-82）

即简化为

$$\frac{D\rho_A}{D\tau} = D\left(\frac{\partial^2\rho_A}{\partial x^2} + \frac{\partial^2\rho_A}{\partial y^2} + \frac{\partial^2\rho_A}{\partial z^2}\right) + \dot{r}_A \tag{2-84}$$

写成向量形式

$$\frac{D\rho_A}{D\tau} = D\,\nabla^2\rho_A + \dot{r}_A \tag{2-84a}$$

同样，若混合物总浓度 C 恒定，则式（2-83）即可简化为

$$\frac{DC_A}{D\tau} = D\left(\frac{\partial^2 C_A}{\partial x^2} + \frac{\partial^2 C_A}{\partial y^2} + \frac{\partial^2 C_A}{\partial z^2}\right) + \dot{R}_A \tag{2-85}$$

写成向量形式

$$\frac{DC_A}{D\tau} = D\,\nabla^2 C_A + \dot{R}_A \tag{2-85a}$$

式（2-84）、式（2-85）即为双组分系统不可压缩流体的传质微分方程，或称对流传质方程。该式适用于总浓度为常数，由分子扩散并伴有化学反应的非稳态三维对流传质过程。

（2）分子传质微分方程

对于固体或停滞流体的分子扩散过程，由于 u（或 u_m）为零，则可进一步简化为

$$\frac{\partial\rho_A}{\partial\tau} = D\left(\frac{\partial^2\rho_A}{\partial x^2} + \frac{\partial^2\rho_A}{\partial y^2} + \frac{\partial^2\rho_A}{\partial z^2}\right) + \dot{r}_A$$

$$\frac{\partial C_A}{\partial\tau} = D\left(\frac{\partial^2 C_A}{\partial x^2} + \frac{\partial^2 C_A}{\partial y^2} + \frac{\partial^2 C_A}{\partial z^2}\right) + \dot{R}_A$$

若系统内部不发生化学反应，$r_A = 0$ 及 $\dot{R}_A = 0$，则有

$$\frac{\partial\rho_A}{\partial\tau} = D\left(\frac{\partial^2\rho_A}{\partial x^2} + \frac{\partial^2\rho_A}{\partial y^2} + \frac{\partial^2\rho_A}{\partial z^2}\right) \tag{2-86}$$

$$\frac{\partial C_A}{\partial\tau} = D\left(\frac{\partial^2 C_A}{\partial x^2} + \frac{\partial^2 C_A}{\partial y^2} + \frac{\partial^2 C_A}{\partial z^2}\right) \tag{2-87}$$

式（2-86）及式（2-87）为无化学反应时的分子传质方程，它们适用于总质量浓度 ρ（或总浓度 C）不变时，在固体或停滞流体中进行分子传质的场合。

（3）柱坐标系与球坐标系的传质微分方程

在某些实际场合，应用柱坐标系或球坐标系来表达传质微分方程要比直角坐标系简便。例如在研究圆管内的传质时，应用柱坐标系传质微分方程较为简便；而研究沿球面的传质时，则用球坐标系传质微分方程较为简便。

柱坐标系和球坐标系传质微分方程的推导，原则上与直角坐标系类似，其详细的推导过程可参考有关书籍。下面以对流传质方程式为例，写出与之对应的柱坐标系与球坐标系的方程。

1）柱坐标系的对流传质方程：

$$\frac{\partial\rho_A}{\partial\tau} + u_r\frac{\partial\rho_A}{\partial r} + \frac{u_\theta}{r}\frac{\partial\rho_A}{\partial\theta} + u_z\frac{\partial\rho_A}{\partial z} = D\left[\frac{1}{r}\frac{\partial}{\partial r}\left(r\frac{\partial\rho_A}{\partial r}\right) + \frac{1}{r^2}\frac{\partial^2\rho_A}{\partial\theta^2} + \frac{\partial^2\rho_A}{\partial z^2}\right] + \dot{r}_A \tag{2-88}$$

式中　τ——时间；

r——径向坐标；

z ——轴向坐标；

θ ——方位角；

u_r、u_θ、u_z——分别为流体的质量平均速度 u 在柱坐标系（r，θ，z）三个方向上的分量。

2）球坐标系的对流传质方程：

$$\frac{\partial \rho_A}{\partial \tau} + u_r \frac{\partial \rho_A}{\partial r} + \frac{u_\theta}{r}\frac{\partial \rho_A}{\partial \theta} + \frac{u_\phi}{r\sin\theta}\frac{\partial \rho_A}{\partial \phi}$$

$$= D\left[\frac{1}{r^2}\frac{\partial}{\partial r}\left(r^2\frac{\partial \rho_A}{\partial r}\right) + \frac{1}{r^2\sin\theta}\frac{\partial}{\partial \theta}\left(\sin\theta\frac{\partial \rho_A}{\partial \theta}\right) + \frac{1}{r^2\sin^2\theta}\frac{\partial^2 \rho_A}{\partial \phi^2}\right] + \dot{r}_A \tag{2-89}$$

式中 τ 为时间；r 为矢径；θ 为余纬度；ϕ 为方位角；u_r、u_ϕ 和 u_θ 分别为流体的质量平均速度 u 在球坐标系（r，ϕ，θ）三个方向上的分量。

【例 2-6】　有一含有可裂变物质的圆柱形核燃料长棒，其内部中子生成的速率正比于中子的浓度，试写出描述该情况的传质微分方程。

【解】　由柱坐标的传质微分方程：

$$\frac{\partial C_A}{\partial \tau} + u_{mr}\frac{\partial C_A}{\partial r} + \frac{u_{m\theta}}{r}\frac{\partial C_A}{\partial \theta} + u_{mz}\frac{\partial C_A}{\partial z} = D\left[\frac{1}{r}\frac{\partial}{\partial r}\left(r\frac{\partial C_A}{\partial r}\right) + \frac{1}{r^2}\frac{\partial^2 C_A}{\partial \theta^2} + \frac{\partial^2 C_A}{\partial z^2}\right] + \dot{R}_A$$

固体中传质

$$u_{mr} = u_{m\theta} = u_{mz} = 0;$$

圆棒细长 $\frac{\partial C_A}{\partial z} \ll \frac{\partial C_A}{\partial r}$，即 $\frac{\partial^2 C_A}{\partial z^2} \approx 0$；

圆柱体轴对称 $\frac{\partial C_A}{\partial \theta} = 0$，因此，$\frac{\partial^2 C_A}{\partial \theta^2} = 0$；

摩尔生成速率 $\dot{R}_A = kC_A$（k 为比例常数）

所以，方程简化为

$$\frac{\partial C_A}{\partial \tau} = D\left[\frac{1}{r}\frac{\partial}{\partial r}\left(r\frac{\partial C_A}{\partial r}\right)\right] + kC_A$$

2.3.4.4　对流传质方程的边界层近似

对流换热微分方程以及对流传质微分方程对物理过程提供了完整的说明，这些物理过程可以影响速度、热量和浓度边界层中的条件。然而，需要考虑所有有关项的情况是很少的，通常根据具体情况可以大大简化方程的形式，例如对暖通空调专业的许多有关的物理现象方程可化简为二维稳态情形。通常的情况，二维边界层可描写为：稳态（和时间无关），流体物性是常数（λ、μ、D_{AB} 等），不可压缩（ρ 是常数），体积力忽略不计（$X = Y = 0$），无化学反应（$\dot{r}_A = 0$）及没有能量产生（$\dot{q} = 0$）。

通过采用所谓的边界近似可以作进一步的简化。因为边界层厚度一般是很小的，所以可利用下面的不等式

$$\left.\begin{array}{l} u_x \gg u_y \\ \dfrac{\partial u_x}{\partial y} \gg \dfrac{\partial u_x}{\partial x}, \dfrac{\partial u_y}{\partial y}, \dfrac{\partial u_y}{\partial x} \end{array}\right\}\text{速度边界层}$$

$$\left.\frac{\partial T}{\partial y} \gg \frac{\partial T}{\partial x}\right\}\text{温度边界层}$$

$$\left.\frac{\partial C_A}{\partial y} \gg \frac{\partial C_A}{\partial x}\right\}\text{浓度边界层}$$

即在沿表面方向上的速度分量要比垂直于表面方向的大得多，垂直于表面的梯度要比沿表面的大得多。

组分传递对速度边界层的影响需要给予特别的注意。我们知道，与壁面无质量交换时，表面上的流体速度是为零的，包括 $u_x=0$ 和 $u_y=0$。但是，如果同时存在向壁面或离开壁面的传质，显然，在壁面处的 u_y 不能再为零。尽管如此，对本书中讨论的传质问题，假定 $u_y=0$ 将是合理的，它相当于假定传质对速度边界层的影响可以忽略。对于从气—液或气—固交界面分别有蒸发或升华的问题，它也是合理的。但是，对涉及大的表面传质率的传质冷却的问题它是不合理的。这些问题的处理可参考文献［11］。另外，在有传质的情况下，边界层流体是组分 A 和 B 的二元混合物，它的物性应该是这种混合物的物性。但是，在所有讨论的问题中，$C_A \ll C_B$，假定边界层的物性（例如 λ、μ、c_p等）就是组分 B 有关的物性是合理的。

利用上述的简化和近似，总的连续性方程及 x 方向动量方程可简化为

$$\frac{\partial u_x}{\partial x}+\frac{\partial u_y}{\partial y}=0 \tag{2-90}$$

$$u_x\frac{\partial u_x}{\partial x}+u_y\frac{\partial u_x}{\partial y}=-\frac{1}{\rho}\frac{\partial p}{\partial x}+\upsilon\frac{\partial^2 u_x}{\partial y^2} \tag{2-91}$$

另外，根据利用速度边界层近似的量级分析，可以表明 y 动量方程可简化为

$$\frac{\partial p}{\partial y}=0 \tag{2-92}$$

这就是说，在垂直于表面的方向上压力是不变的。所以，边界层内的压力只随 x 变化，且等于边界层外的自由流中的压力。因此，和表面的几何形状有关的压力 p（x）的形式可以从单独讨论自由流中的流动条件求得。就方程（2-91）而论，$(\partial p/\partial x)=(\mathrm{d}p/\mathrm{d}x)$，而且压力梯度可以当作已知量来处理。

通过上述方法，能量方程可简化为

$$u_x\frac{\partial T}{\partial x}+u_y\frac{\partial T}{\partial y}=a\frac{\partial^2 T}{\partial y^2} \tag{2-93}$$

且组分 A 的对流传质方程变成

$$u_x\frac{\partial C_A}{\partial x}+u_y\frac{\partial C_A}{\partial y}=D_{AB}\frac{\partial^2 C_A}{\partial y^2} \tag{2-94}$$

尽管作了很大的简化，但最终得到的守恒方程（2-90）~（2-94）还是很难求解的。然而，很明显的是从这样的解中可以确定不同边界层中的条件。对于速度边界层，方程（2-90）和（2-91）的解提供了作为（x，y）函数的速度分布 u_x（x，y）和 u_y（x，y）。从u_x（x，y）可以算出速度梯度$(\partial u_x/\partial y)_{y=0}$，因而就可得到壁面的切应力。用已知的 u_x（x，y）和 u_y（x，y）就可求解方程（2-93）和（2-94），以得到作为（x，y）函数的温度和浓度分布 T（x，y）和 C_A（x，y），从这些分布就可求得对流换热系数和传质系数[12]。

边界层分析的主要目的是通过求解上述守恒方程来确定速度、温度和浓度分布。这些

解是很复杂的，涉及的数学知识一般超出了本书的范围。但是建立那些方程的目的不是为了得到解，其主要动机是培养对在边界层中发生的不同物理过程的鉴别能力。当然，这些过程会影响壁面摩擦，以及穿过边界层的能量和组分的传递。更为重要的是，我们可以利用这些方程来提出一些关键的边界层相似参数，及由对流引起的动量、热量和质量传递之间的重要类比关系。

2.3.5　对流传质过程的相关准则数

对流传质与动量传输密切相关。多数情况是流体在强制流动下的对流传质过程，其质传递强度必然与雷诺准则数（Re）有关。

对流传质与对流传热相类似，表征对流传质过程的相似准则数，与对流传热有相类似的组成形式。根据对流传热的相关准则数，改换组成准则数的各相应物理量及几何参数，则可导出对流传质的相关准则数。

（1）施密特准则数（Sc）对应于对流传热中的普朗特准则数（Pr）

Pr 准则数为联系动量传输与热量传输的一种相似准则，由流体的运动黏度（即动量传输系数）ν，与物体的导温系数（即热量传输系数）a 之比构成，即$Pr=\dfrac{\nu}{a}$。

与 Pr 准则数相对应的 Sc 准则数则相应为联系动量传输与质量传输的相似准则，其值由流体的运动黏度（ν）与物体的扩散系数（D_i）之比构成，即

$$Sc=\frac{\nu}{D_i} \tag{2-95}$$

（2）宣乌特（Sherwood）准则数（Sh）对应于对流传热中的努谢尔特（Nusselt）准则数（Nu）

Nu 准则数由对流换热系数（h），物体的导热系数（λ）和定型尺寸系数（l）组成，即 $Nu=\dfrac{hl}{\lambda}$，它是以边界导热热阻与对流换热热阻之比来标志过程的相似特征。

与 Nu 准则数相对应的 Sh 准则数则相应为，以流体的边界扩散阻力与对流传质阻力之比来标志过程的相似特征，其值由对流传质系数（h_m），物体的互扩散系数（D_i）和定型尺寸（l）组成，即

$$Sh=\frac{h_m\cdot l}{D_i} \tag{2-96}$$

（3）传质的斯坦登（Stanton）准则数（St_m）对应于对流传热中的斯坦登准则数 St

St 准则数是对流换热的 Nu 数、Pr 数以及 Re 数的三者的综合准则，即 $St=\dfrac{Nu}{Re\cdot Pr}$，将各准则数的定义代入，就可得到 $St=\dfrac{h}{\rho c_p u}$。

与 St 准则数相对应的 St_m 数为，

$$St_m=\frac{Sh}{Re\cdot Sc}=\frac{h_m}{u} \tag{2-97}$$

St_m 是对流传质的无量纲度量参数。

2.3.6 对流传质问题的分析求解

2.3.6.1 平板壁面上层流传质的精确解

与平板壁面对流传热类似，平板壁面对流传质也是所有几何形状壁面对流传质中最简单的情形。本节将参照平板壁面对流传热的研究方法，对平板壁面对流传质问题进行讨论，主要探讨平板壁面上层流传质的精确解。

有一平板，当流体的均匀浓度 C_{A0} 及壁面浓度 C_{As} 都保持恒定时，设为等分子反方向扩散，并由于传质系数随流动距离 x 而变，故由式（2-76）可得到壁面局部对流传质系数 h_{mx}

$$h_{mx} = D_{AB} \left. \frac{d\left(\dfrac{C_{As} - C_A}{C_{As} - C_{A0}}\right)}{dy} \right|_{y=0} \tag{2-98}$$

从式（2-98）可以看出，采用该式求解传质系数时，关键在于求出壁面浓度梯度，浓度梯度则需要浓度分布确定，而浓度分布又需要运用纳维—斯托克斯方程和连续性方程求解速度分布。

由此可知，欲求平板壁面上对流传质的传质系数，需同时求解连续性方程、动量方程和对流传质方程。由于质量传递与热量传递的类似性，在整个求解过程中，可以同时引用能量方程的求解过程进行对比。

（1）边界层对流传质方程

平板壁面层流传热边界层能量方程为

$$u_x \frac{\partial t}{\partial x} + u_y \frac{\partial t}{\partial y} = a \frac{\partial^2 t}{\partial y^2} \tag{2-99}$$

类似的，在平板边界层内进行二维流动传质时的边界层对流传质方程则可由对流传质微分方程简化得到，即

$$u_x \frac{\partial C_A}{\partial x} + u_y \frac{\partial C_A}{\partial y} = D_{AB} \frac{\partial^2 C_A}{\partial y^2} \tag{2-100}$$

在平板边界层内进行二维动量传递时，不可压缩流体的连续性方程及 x 方向的动量方程分别为

$$\frac{\partial u_x}{\partial x} + \frac{\partial u_y}{\partial y} = 0 \tag{2-101}$$

$$u_x \frac{\partial u_x}{\partial x} + u_y \frac{\partial u_x}{\partial y} = v \frac{\partial^2 u_x}{\partial y^2} \tag{2-102}$$

式（2-101）、式（2-102）和式（2-100）三式可以描述不可压缩流体在平板边界层内进行二维流动传质时的普遍规律。求解以上各式，即可得出对流传质系数。

（2）边界层对流传质方程的精确解

引入流函数 $\psi = \psi\ (x,\ y)$ 和无量纲位置变量 η

$$\eta(x,y) = y\sqrt{\frac{V_\infty}{vx}}$$

$$f(\eta) = \frac{\psi}{V_\infty vx}$$

通过无因次化，将边界层能量方程变成无因次方程，即

$$\frac{\partial^2 T^*}{\partial \eta^2} + \frac{Pr}{2} f \frac{\mathrm{d}T^*}{\mathrm{d}\eta} = 0 \tag{2-103}$$

其中

$$T^* = \frac{t_{\mathrm{S}} - t}{t_{\mathrm{S}} - t_0} \tag{2-104}$$

$$Pr = \frac{\nu}{a} = \frac{c_{\mathrm{p}} \mu}{\lambda} \tag{2-105}$$

式（2-103）的边界条件为

$$\eta = 0, T^* = 0$$

$$\eta \to \infty, T^* = 1$$

类似地，可参照以上方法，求解边界层传质微分方程，将其化为类似于式（2-103）的无因次的形式，即

$$\frac{\partial^2 C_{\mathrm{A}}^*}{\partial \eta^2} + \frac{Sc}{2} f \frac{\mathrm{d}C_{\mathrm{A}}^*}{\mathrm{d}\eta} = 0 \tag{2-106}$$

式中

$$C_{\mathrm{A}}^* = \frac{C_{\mathrm{As}} - C_{\mathrm{A}}}{C_{\mathrm{As}} - C_{\mathrm{A0}}} \tag{2-107}$$

$$Sc = \frac{\nu}{D_{\mathrm{AB}}} = \frac{\mu}{\rho D_{\mathrm{AB}}} \tag{2-108}$$

比较可知，式（2-103）和式（2-106）的形式类似，但二者的边界条件有所不同。平板壁面层流传热时，壁面处的速度 $u_{\mathrm{xs}}=0$，$u_{\mathrm{ys}}=0$；而平板壁面层流传质时，虽然 $u_{\mathrm{xs}}=0$，但在某些情况下，$u_{\mathrm{ys}} \neq 0$。例如，当流体流过可溶性壁面时，若溶质 A 在流动中的溶解度较大，则溶质 A 溶解过程中带动壁面处的流体沿 y 方向运动，形成了沿 y 方向上的速度 u_{ys}；又如，当暴露在流体中的壁面温度很高，而需将该表面的温度冷却到一个适当的数值时，将需要一个相当大的冷却量。在此情况下，可采用使该表面喷出物质的方法来达到表面冷却的目的。为此可将表面制成多孔平板的形状，令某种冷却流体以速度 u_{ys} 强制通过微孔喷注到表面上的边界层中，此即“发汗冷却”技术，该技术常用于火箭燃烧室、喷射器等装置中。通常称 u_{ys} 为壁面喷出速度。但通常溶质 A 在流体中的溶解度较小，可视 $u_{\mathrm{ys}} \approx 0$，此时式（2-103）和式（2-106）的求解结果可进行类比。在此情况下，式（2-106）的边界条件为

$$\eta = 0, C_{\mathrm{A}}^* = 0$$

$$\eta \to \infty, C_{\mathrm{A}}^* = 1$$

无因次边界层对流扩散方程（2-106）的解，可根据边界条件及方程的类似性，与热量传递对比得出，即式（2-103）和式（2-106）应该具有相同形式的特解。于是可以应用平板壁面层流传热的精确解（波尔豪森解）来表达上述式（2-106）的特解。下面写出传热的波尔豪森解与传质的类比解。

热量传递	质量传递
$\frac{\delta}{\delta_{\mathrm{t}}} = Pr^{\frac{1}{3}}$	$\frac{\delta}{\delta_{\mathrm{c}}} = Sc^{\frac{1}{3}}$
$\left.\frac{\mathrm{d}T^*}{\mathrm{d}\eta}\right\|_{y=0} = 0.332\, Pr^{\frac{1}{3}}$	$\left.\frac{\mathrm{d}C_{\mathrm{A}}^*}{\mathrm{d}\eta}\right\|_{y=0} = 0.332\, Sc^{\frac{1}{3}}$

$$\left.\frac{\mathrm{d}T^*}{\mathrm{d}y}\right|_{y=0} = 0.332\,\frac{1}{x}\,Re_x^{\frac{1}{2}}\,Pr^{\frac{1}{3}} \qquad \left.\frac{\mathrm{d}C_A^*}{\mathrm{d}y}\right|_{y=0} = 0.332\,\frac{1}{x}\,Re_x^{\frac{1}{2}}\,Sc^{\frac{1}{3}}$$

将上述的传质界面浓度梯度$\left.\frac{\mathrm{d}C_A^*}{\mathrm{d}y}\right|_{y=0}$的表达式代入式（2-98）中，即得

$$h_{mx} = 0.332\,\frac{D_{AB}}{x}\,Re_x^{\frac{1}{2}}Sc^{\frac{1}{3}} \tag{2-109}$$

或

$$Sh_x = \frac{h_{mx}}{D_{AB}} = 0.332\,Re_x^{\frac{1}{2}}Sc^{\frac{1}{3}} \tag{2-110}$$

显然，上两式与对流传热的公式相类似。

式（2-109）中的h_{mx}为局部传质系数，其值随x而变，在实际上使用平均传质系数。长度为L的整个板面的平均传质系数h_m可由下式计算

$$h_m = \frac{1}{L}\int_0^L h_{mx}\mathrm{d}x \tag{2-111}$$

将式（2-109）代入式（2-111）中并积分，得

$$h_m = 0.664\,\frac{D_{AB}}{L}Re_L^{\frac{1}{2}}Sc^{\frac{1}{3}} \tag{2-112}$$

或

$$Sh_m = \frac{h_m L}{D_{AB}} = 0.664Re_L^{\frac{1}{2}}Sc^{\frac{1}{3}} \tag{2-113}$$

式（2-112）和式（2-113）适用于求$Sc>0.6$、平板壁面上传质速率很低、层流边界层部分的对流传质系数。

【例 2-7】 有一块厚度为10mm、长度为200mm的萘板。在萘板的一个面上有0℃的常压空气吹过，流速为10m/s。求经过10h以后，萘板厚度减薄的百分数。

在0℃下，空气—萘系统的扩散系数为$5.14\times10^{-6}\mathrm{m^2/s}$，萘的蒸气压力为0.0059mmHg，固体萘的密度为$1152\mathrm{kg/m^3}$，临界雷诺数$Re_{xc}=3\times10^5$。由于萘在空气中的扩散速率很低，可认为$u_{ys}=0$。

【解】 查常压下和0℃下空气的物性值为

$$\rho = 1.293\mathrm{kg/m^3},\mu = 1.72\times10^{-5}\mathrm{N\cdot s/m^2}$$

$$Sc = \frac{\mu}{\rho D_{AB}} = \frac{1.72\times10^{-5}}{1.293\times(5.14\times10^{-6})} = 2.59$$

计算雷诺数

$$Re_L = \frac{L\rho u_0}{\mu} = \frac{0.2\times1.293\times10}{1.72\times10^{-5}} = 1.503\times10^5 < Re_{xc}$$

由式（2-113）层流公式计算平均传质系数

$$h_m = 0.664\,\frac{D_{AB}}{L}\,Re_L^{1/2}Sc^{\frac{1}{3}} = 0.664\times\frac{5.14\times10^{-6}}{0.2}\times150300^{\frac{1}{2}}\times2.63^{\frac{1}{3}} = 0.0091\mathrm{m/s}$$

可采用下式计算传质通量

$$N_A = h_m(C_{As} - C_{A0})$$

式中 C_{A0}为边界层外萘的浓度，由于该处流动的为纯空气，故$C_{A0}=0$；C_{As}为萘板表面处

气相中萘的饱和浓度，可通过萘的蒸气压 p_{As} 计算

$$y_{As} = \frac{C_{As}}{C} = \frac{p_{As}}{p}$$

上式中的 C 为萘板表面处气相中萘和空气的总浓度：$C = C_{As} + C_{Bs}$。由于 C_{As} 很小，故可近似的认为 $C = C_{Bs}$，于是

$$\frac{p_{As}}{p} = \frac{C_{As}}{C_{Bs}} = \frac{\rho_{As} M_B^*}{M_A^* \rho}$$

$$\rho_{As} = \frac{p_{As} M_A^*}{p M_B^*}\rho = \frac{0.0059}{760} \times \frac{128}{29} \times 1.293 = 4.43 \times 10^{-5}\text{kg/m}^3$$

$$C_{As} = \frac{\rho_{As}}{M_A^*} = \frac{4.43 \times 10^{-5}}{128} = 3.46 \times 10^{-7}\text{kmol/m}^3$$

故　$N_A = 0.0091 \times (3.46 \times 10^{-7} - 0) = 3.15 \times 10^{-9}\text{kmol/(m}^2 \cdot \text{s)}$

设萘板表面积为 A，且由于扩散所减薄的厚度为 b，则有

$$Ab\rho_s = N_A M_A^* A\theta$$

故得

$$b = \frac{N_A M_A^* \theta}{\rho_s} = \frac{(3.15 \times 10^{-9}) \times 128 \times 10 \times 3600}{1152} = 1.26 \times 10^{-5}\text{m}$$

萘板由于向空气中传质而厚度的减薄的百分数为

$$\frac{1.26 \times 10^{-5}}{10^{-3}} \times 100\% = 1.26\%$$

2.3.6.2　管内稳态层流对流传质

在本专业实际工程中，流体多在管内流动，若流体与管壁之间存在浓度差就会发生传质。管内对流传质与管内对流传热类似，本节将参照管内对流传热的研究方法，对管内对流传质问题进行讨论，主要探讨管内层流对流传质的分析求解。

管内流动的流体与管壁之间的传质问题在工程技术领域是经常遇到的。若流体的流速较慢、黏性较大或管道直径较小时，流动呈层流状态，这种情况下的传质即为管内层流传质。

流体与管壁之间进行对流传质时，可能有以下两种情况：

1）流体一进入管中便立即进行传质，在管进口段距离内，速度分布和浓度分布都在发展，如图 2-17（a）所示。

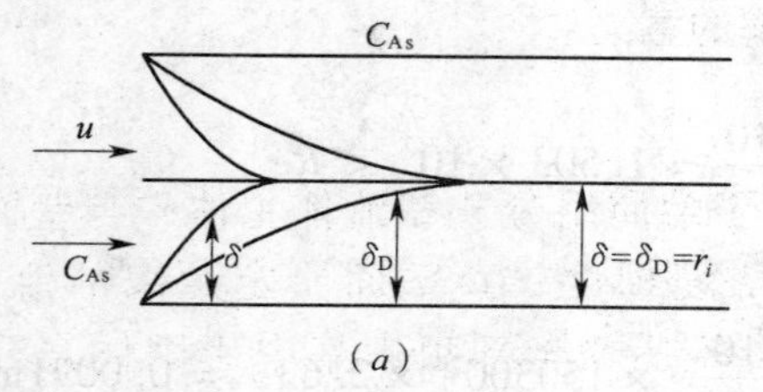

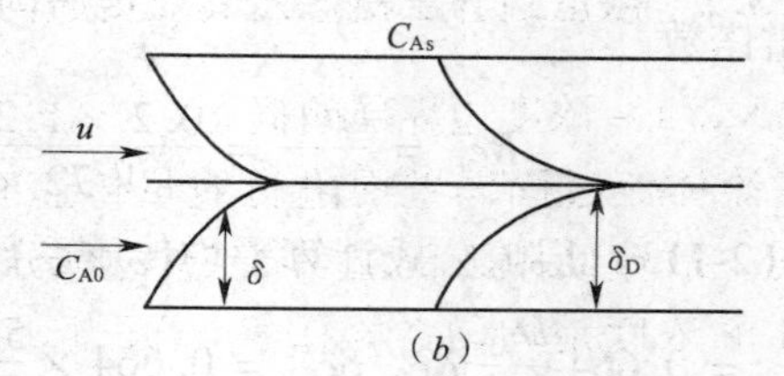

图 2-17　圆管内的稳态传质

2）流体进管后，先不进行传质，待速度分布充分发展后，才进行传质，如图 2-17（b）所示。

对于第一种情况，进口段的动量传递和质量传递规律都比较复杂，问题的求解较为困难。后一种情况则较为简单，研究也比较充分。下面主要讨论后一种情况的求解。

对于管内层流传质，可用柱坐标系的对流传质方程来描述。设流体在管内沿轴向作一维稳态层流流动，且组分 A 沿径向进行轴对称的稳态传质，忽略组分 A 的轴向扩散，在所研究的范畴内速度边界层和浓度边界层均达到充分发展。由柱坐标系的对流传质方程可得：

$$\frac{\partial C_A}{\partial \tau} + u_r \frac{\partial C_A}{\partial r} + \frac{u_\theta}{r}\frac{\partial C_A}{\partial \theta} + u_z \frac{\partial C_A}{\partial z} = D_{AB}\left[\frac{1}{r}\frac{\partial}{\partial r}\left(r\frac{\partial C_A}{\partial r}\right) + \frac{1}{r^2}\frac{\partial^2 C_A}{\partial \theta^2} + \frac{\partial^2 C_A}{\partial z^2}\right]$$

简化可得

$$u_z \frac{\partial C_A}{\partial z} = D_{AB}\left[\frac{1}{r}\frac{\partial}{\partial r}\left(r\frac{\partial C_A}{\partial r}\right)\right] \tag{2-114}$$

由于速度分布已充分发展，则 u_z 和 r 的关系可由流体力学原理导出，即

$$u_z = 2u_b\left[1 - \left(\frac{r}{r_i}\right)^2\right] \tag{2-115}$$

将式（2-114）代入式（2-115）中，即可得表述速度分布已充分发展后的层流传质方程如下

$$\frac{\partial C_A}{\partial z} = \frac{D_{AB}}{2u_b[1-(r/r_i)^2]}\left[\frac{1}{r}\frac{\partial}{\partial r}\left(r\frac{\partial C_A}{\partial r}\right)\right] \tag{2-116}$$

式（2-116）的边界条件可分为以下两类：

1）组分 A 在管壁处的浓度 C_{As} 维持恒定，如管壁覆盖着某种可溶性物质时。

2）组分 A 在管壁处的传质通量 N_{As} 维持恒定。如多孔性管壁，组分 A 以恒定传质速率通过整个管壁进入流体中。

求解式（2-116）所获得的结果与管内层流传热情况相同。当速度分布与浓度分布均已充分发展且传质速率较低时，宣乌特数如下：

1）组分 A 在管壁处的浓度 C_{As} 维持恒定时，与管内恒壁面层流传热类似，为

$$Sh = \frac{hd}{D_{AB}} = 3.66 \tag{2-117}$$

2）组分 A 在管壁处的传质通量 N_{AS} 维持恒定时，与管内恒壁面热通量层流传热的结果类似，为

$$Sh = \frac{hd}{D_{AB}} = 4.36 \tag{2-118}$$

由此可见，在速度分布和浓度分布均充分发展的条件下，管内层流传质时，对流传质系数或宣乌特数为常数。

应予指出，上述结果均是在速度边界层和浓度边界层都已充分发展的情况下求出的。实际上，流体进口段的局部宣乌特数 Sh 并非常数，工程计算中，为了计入进口段对传质的影响，采用以下公式进行修正

$$Sh = Sh_\infty + \frac{k_1\left(\frac{d}{x}ReSc\right)}{1 + k_2\left(\frac{d}{x}ReSc\right)^n} \tag{2-119}$$

式中　Sh——不同条件下的平均或局部宣乌特数；

Sh_{∞}——浓度边界层已充分发展后的宣乌特数；
Sc——流体的施密特数；
d——管道内径；
x——传质段长度；
k_1、k_2、n——常数，其值由表 2-4 查出。

式（2-119）中的各有关参数值　　**表 2-4**

管壁条件	速度分布	Sc	Sh	k_1	k_2	n
C_{As}为常数	抛物线	任意	平均，3.66	0.0668	0.04	2/3
C_{As}为常数	正在发展	0.7	平均，3.66	0.104	0.016	0.8
N_{AS}为常数	抛物线	任意	局部，4.36	0.023	0.0012	1.0
N_{AS}为常数	正在发展	0.7	局部，4.36	0.036	0.0011	1.0

使用式（2-119）计算宣乌特数 Sh 时，需先判断速度边界层和浓度边界层是否已充分发展，故需估算流动进口段长度 L_e 和传质进口段长度 L_D，其估算公式为

$$\frac{L_e}{d} = 0.05Re \tag{2-120}$$

$$\frac{L_D}{d} = 0.05ReSc \tag{2-121}$$

在进行管内层流传质的计算过程中，所用公式中各物理量的定性温度和定性浓度采用流体的主体温度和主体浓度（进出口值的算术平均值），即

$$t_b = \frac{t_1 + t_2}{2}, C_{Ab} = \frac{C_{A1} + C_{A2}}{2}$$

式中，下标 1、2 分别表示进、出口状态。

【例 2-8】　常压下 45℃的空气以 1m/s 的速度预先通过直径为 25mm、长度为 2m 的金属管道，然后进入与该管道连接的具有相同直径的萘管，于是萘由管壁向空气中传质。如萘管长度为 0.6m，试求出口气体中萘的浓度以及针对全萘管的传质速率。45℃及 1atm 下萘在空气中的扩散系数为 6.87×10^{-6} m²/s，萘的饱和浓度为 2.80×10^{-5} kmol/m³。

【解】　1atm 及 45℃下空气的物性值如下

$$\rho = 1.111\text{kg/m}^3, \mu = 1.89 \times 10^{-5}\text{N} \cdot \text{s/m}^2$$

由于萘的浓度很低，故计算 Sc 值时可采用空气物性值

$$Sc = \frac{\mu}{\rho D_{AB}} = \frac{1.89 \times 10^{-5}}{1.111 \times (6.87 \times 10^{-6})} = 2.48$$

计算雷诺数　$$Re = \frac{du_b\rho}{\mu} = \frac{0.025 \times 1 \times 1.111}{1.89 \times 10^{-5}} = 1469$$

故管内空气的流型为层流，流动进口段长度由式（2-120）计算，为

$$L_e = 0.05\,Red = 0.05 \times 1469 \times 0.025 = 1.84\text{m}$$

空气进入萘管前，已经流过 2m 长的金属管，故可认为流动已充分发展，并认为管表面处萘的蒸气压维持恒定，并等于其饱和蒸气压，利用式（2-119）及表 2-4 得

$$Sh_{\mathrm{m}}=3.66+\frac{0.0668\times\left[\dfrac{0.025}{0.6}\times1469\times2.48\right]}{1+0.04\left[\dfrac{0.025}{0.6}\times1469\times2.48\right]^{2/3}}=8.40$$

故得

$$h_{\mathrm{m}}^{0}=\frac{Sh_{\mathrm{m}}D_{\mathrm{AB}}}{d}=\frac{8.40\times(6.87\times10^{-6})}{0.025}=2.31\times10^{-3}\mathrm{m/s}$$

萘向空气中的扩散组分 A 通过停滞组分 B 的扩散（$N_{\mathrm{B}}=0$），但由于萘的浓度很低，故可写成

$$h_{\mathrm{m}}=h_{\mathrm{m}}^{0}=2.31\times10^{-3}\mathrm{m/s}$$

萘的出口浓度 C_{As}，可参照本例附图通过下述步骤求出。

如图所示，在 dx 萘管长度的范围内的传质速率可写成

$$\mathrm{d}G_{\mathrm{A}}=\pi d\ (\mathrm{d}x)\ h_{m}\ (C_{\mathrm{As}}-C_{\mathrm{A}})$$

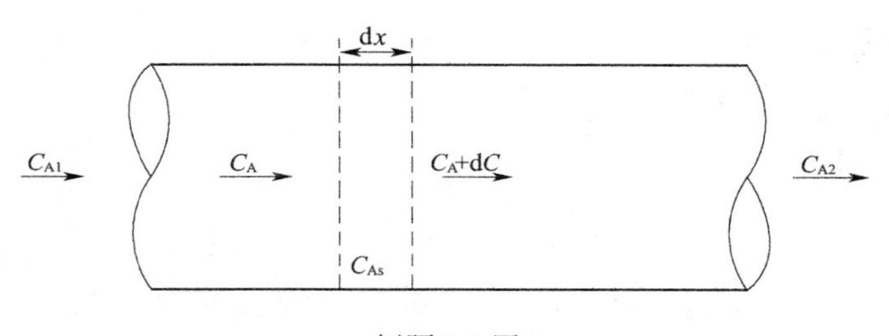

例题 2-8 图

由组分 A 的质量守恒算，得

$$\mathrm{d}G_{\mathrm{A}}=\frac{\pi}{4}\mathrm{d}^{2}u_{\mathrm{b}}\mathrm{d}C_{\mathrm{A}}$$

令上述两式相等，得

$$\pi d(\mathrm{d}x)h_{\mathrm{m}}(C_{\mathrm{As}}-C_{\mathrm{A}})=\frac{\pi}{4}d^{2}u_{\mathrm{b}}\mathrm{d}C_{\mathrm{A}}$$

分离变量积分

$$\frac{4h_{\mathrm{m}}}{du_{\mathrm{b}}}\int_{0}^{L}\mathrm{d}x=\int_{C_{\mathrm{A1}}}^{C_{\mathrm{A2}}}\frac{\mathrm{d}C_{\mathrm{A}}}{C_{\mathrm{As}}-C_{\mathrm{A}}}$$

得
$$\frac{4h_{\mathrm{m}}}{du_{\mathrm{b}}}L=\ln(C_{\mathrm{As}}-C_{\mathrm{A1}})-\ln(C_{\mathrm{As}}-C_{\mathrm{A2}})$$

即
$$\ln(C_{\mathrm{As}}-C_{\mathrm{A2}})=\ln(C_{\mathrm{As}}-C_{\mathrm{A1}})-\frac{4h_{\mathrm{m}}}{du_{\mathrm{b}}}L$$

代入给定值，写成

$$\ln(2.80\times10^{-5}-C_{\mathrm{A2}})=\ln(2.80\times10^{-5}-0)-\frac{4\times2.31\times10^{-3}\times0.6}{0.025\times1}=-10.705$$

因此求得出口气体中萘的浓度为

$$C_{\mathrm{A2}}=0.557\times10^{-5}\mathrm{kmol/m^{3}}$$

全萘管的传质速率，可根据对全管长度作物料衡算而得

$$G_A = \frac{\pi}{4}d^2u_b(C_{A2} - C_{A1}) = \frac{\pi}{4}(0.025)^2(1)(0.557 \times 10^{-5} - 0)$$
$$= 2.73 \times 10^{-9}\text{kmol/s}$$

2.3.6.3　对流强化换热和传质机理诠释

如同传热强化是传热研究的重要内容，并且有许多应用一样，如何强化传质也是建筑环境工程中热质传递的重要内容，并在空气净化器性能改善和膜除湿效果强化等方面有重要应用。我们可以通过传热强化的类比阐述传质强化的机理。

对一二维对流问题，从能量方程出发简单分析如下：

$$\rho c_p\left(u\frac{\partial T}{\partial x} + v\frac{\partial T}{\partial y}\right) = k\frac{\partial^2 T}{\partial y^2} \tag{2-122}$$

设温度边界层的厚度为 δ_t，则沿边界层积分得

$$\int_0^{\delta_t}\rho c_p\left(u\frac{\partial T}{\partial x} + v\frac{\partial T}{\partial y}\right)dy = \int_0^{\delta_t}k\frac{\partial^2 T}{\partial y^2}dy \tag{2-123}$$

当 ρ 和 c_p 均为常数时，则：

$$\int_0^{\delta_t}\rho c_p(\vec{v}\cdot\nabla T)dy = k\frac{\partial T}{\partial y}\bigg|_{y=\delta_t} - k\frac{\partial T}{\partial y}\bigg|_{y=0} = h(T_s - T_\infty) \tag{2-124}$$

由此可得：

$$h = \frac{-k\frac{\partial T}{\partial y}\Big|_{y=0}}{T_s - T_\infty} = \frac{\rho c_p\int_0^{\delta_t}(\vec{v}\cdot\nabla T)dy}{T_s - T_\infty} \tag{2-125}$$

由此可知，增大对流传热系数 h 的方法如下：

（1）增大 ρc_p。由此可解释为什么介质为水时对流换热系数比介质为空气时的约大 10^3 倍；还可解释应用含有相变材料的功能热流体，可增大对流换热系数。

（2）增大 $\vec{v}$ 和 ∇T。

（3）多维效应可以强化传热。这可以解释为什么小尺寸元件的对流换热系数较大。

（4）减小速度 v 和温度梯度 ∇T 的夹角，使之趋于 0，此时，对流传热系数趋于最大值。

定义以下无量纲参数，

$$y^* = \frac{y}{\sigma_t},\quad v^* = \frac{v}{u_\infty},\ \nabla T^* = \frac{\nabla T}{\frac{T_s - T}{\delta_t}} \tag{1}$$

可得：

$$Nu_x = Re_x\cdot Pr\int_0^1(v^*\cdot\nabla T^*)dy^* \tag{2}$$

可见，当 v 和 ∇T 夹角为 0 时，

$$Nu_x(\max) = Re_x\cdot Pr \tag{3}$$

一般情况下，Nu_x 达不到与 Re_x 呈线性关系的水平，而只能达到与 Re_x^n（$0 < n < 1$）呈线性关系的水平。

考虑到对流传质与对流传热的相似性，在很多情况下，对流传质强化也可参考上述分析。对二维对流传质问题，利用和上面类似的推导可得：

$$h_m=\frac{-D_{AB}\left.\frac{\partial C_A}{\partial y}\right|_{y=0}}{C_{A,S}-C_{A,\infty}}=\frac{\int_0^{\delta_m}(v\cdot\nabla C)\mathrm{d}y}{C_{A,S}-C_{A,\infty}} \tag{2-126}$$

同样，要增大对流传质系数，不仅可以增大流速，增大边界层内沿 y 方向的浓度梯度，还需注意控制气流速度和浓度梯度的方向，使其夹角尽量小一些。

2.4　相际间的对流传质模型

质量传递过程涉及的领域很广，如空调工程中空气的处理过程，化学工程中常见的有蒸馏、吸收、萃取和干燥等，质量传递过程还与反应工程、离子交换、反渗透技术和生物工程等过程密切相关。前面所讨论的传质过程只局限于一均匀相内，并假设相内传递过程是连续的。然而，在工程实际中存在着多相流体的传热与传质问题。例如，气体的吸收、液－液萃取、易挥发组分的蒸馏等过程属于多相流体的传热或传质，其共同特点是物质穿越界面而传递。传质机理是说明传质过程的基础，有了正确的传质理论，便可以据此对具体的传质过程及设备进行分析，优化选择合理的操作条件，对设备的强化、新型高效设备的开发作出指导。传质理论一般首先是对传质过程提出一个说明传质机理的数学物理模型，研究该模型的解，讨论影响传质过程的各种因素，以实验验证该传质理论的正确程度，进而可以用实验的结果，修正数学物理模型，最后得到比较切合实际工程问题的传质模型。前已述及，计算对流传质速率的关键是确定对流传质系数，而对流传质系数的确定往往是非常复杂的。为使问题简化，可在对对流传质过程分析的基础上作一些合理的假定，然后根据这些假定建立描述传质过程的数学模型。迄今为止，研究者作了大量的研究工作讨论传质理论，提出了不少传质模型。本节将概括介绍主要模型薄膜理论、溶质渗透理论和表面更新模型的基本理论，并简要介绍固液相变问题。

2.4.1　薄膜理论

薄膜理论又简称为膜理论，最初由能斯特（Nernst）于1904年提出，惠特曼（whiteman）在此基础上于1923年提出了双膜理论。其基本的论点是：当流体靠近物体（如固体或液体）表面流过时，存在着一层附壁的薄膜，在薄膜的流体侧与具有浓度均匀的主流连续接触，并假定膜内流体与主流不相混合和扰动。在此条件下，整个传质过程相当于此薄膜上的扩散作用，而且认为在薄膜上垂直于壁面方向上呈线性的浓度分布，膜内的扩散传质过程具有稳态的特性。如图2-18所示。

根据膜理论，按斐克定律所确定的稳态扩散传质通量为

$$N_A=-D\frac{\mathrm{d}C_A}{\mathrm{d}x}=D\frac{(C_{Aw}-C_{Af})}{\delta}$$

或

$$N_A=h_m(C_{Aw}-C_{Af})$$

由上两式比较可知上式中的传质系数 h_m 为

$$h_m=\frac{D}{\delta} \tag{2-127}$$

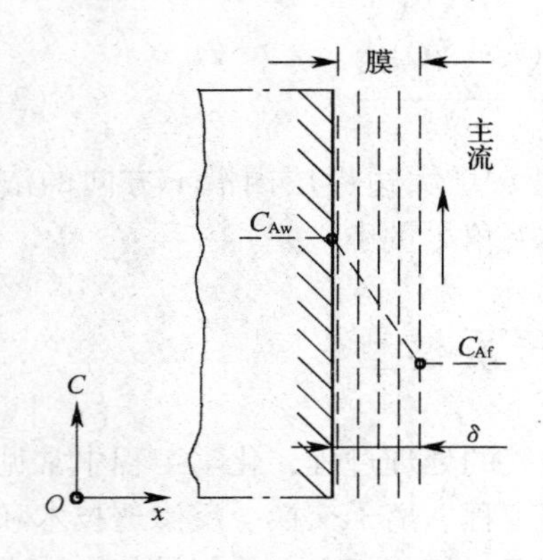

图2-18　传质系数薄膜理论

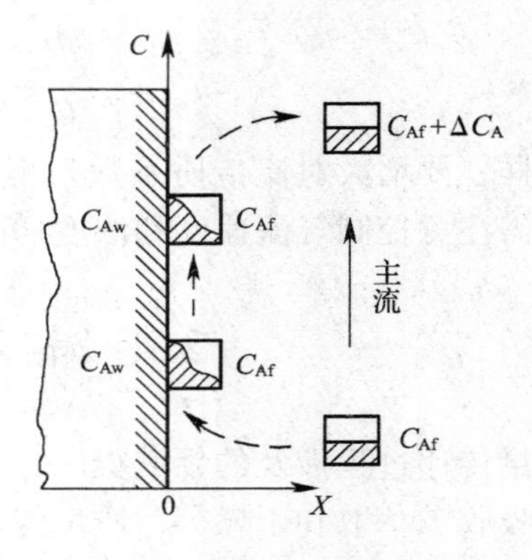

图2-19　传质系数渗透理论

2.4.2　渗透理论

实验表明，对流传质系数 h_m 在大多数情况下，并不像薄膜理论所确定的那样，与扩散系数 D 呈线性关系。因为在靠近表面的流体薄层中，并不是单纯的分子扩散过程，而扩散的浓度也不是线性分布。同时，就流过的流体来说，也并非单纯的稳态传质过程。

基于上述分析，1935 年希格比（Higbie）随之就提出了另一种说明对流传质过程的设想，即传质系数的渗透理论。渗透理论的图解如图 2-19 所示。

渗透理论认为，当流体流过表面时，有流体质点不断地穿过流体的附壁薄层向表面迁移并与之接触，流体质点在与表面接触之际则进行质量的转移过程，此后流体质点又回到主流核心中去。在 $C_{Aw}>C_{Af}$ 的条件下，流体质点经历上述过程又回到主流时，组分浓度由 C_{Af} 增加到 $C_{Af}+\Delta C_A$，如图 2-19 所示。流体质点在很短的接触时间内，接受表面传递的组分过程表现为不稳态特征。从统计的观点，则可将由无数质点群与表面之间的质量转移，视为流体靠壁薄层对表面的不稳态扩散传质过程。

下面依据渗透理论的观点，对近壁流体的不稳态扩散传质过程进行分析，以确定此条件下的传质系数。为简化分析，上述不稳态传质过程被视为一维问题。

对一维不稳态扩散过程，其控制方程为

$$\frac{\partial C}{\partial \tau} = D\frac{\partial^2 C}{\partial x^2} \tag{2-128}$$

过程的初始和边界条件如下：

$$当\tau=0,\ 0\leqslant x\leqslant\infty \quad C=C_{Af} \tag{2-129}$$

$$当\tau>0,\ x=0 \quad C=C_{Aw} \tag{2-130}$$

$$当\tau>0,\ x\to\infty \quad C=C_{Af} \tag{2-131}$$

在式（2-129）～式（2-131）的条件下，对式（2-128）利用积分变换的方法求解，其结果为

$$\frac{C_{Aw}-C(x,\tau)}{C_{Aw}-C_{Af}} = \mathrm{erf}\left(\frac{x}{2\sqrt{D\tau}}\right) \tag{2-132}$$

式中，erf 为高斯误差函数，$\mathrm{erf}(x)=\frac{2}{\sqrt{\pi}}\int_0^x e^{-u^2}\mathrm{d}u$

通过界面上（$x=0$ 处）的质扩散通量，按斐克定律：

$$N_A|_{x=0}=-D\left(\frac{\partial C}{\partial x}\right)_{x=0}$$

对式（2-132）求导，确定出界面上的浓度梯度为

$$\left(\frac{\partial C}{\partial x}\right)_{x=0}=\frac{1}{\sqrt{\pi D\tau}}(C_{Af}-C_{Aw})$$

故

$$N_A|_{x=0}=\sqrt{\frac{D}{\pi\tau}}(C_{Aw}-C_{Af}) \tag{2-133}$$

当传质的时间为 τ 时，则平均扩散通量为

$$\overline{m}_A=\frac{1}{\tau}\int_0^\tau N_A\mathrm{d}\tau$$

将式（2-133）代入，则有

$$\overline{m}_A=\frac{1}{\tau}\int_0^\tau\sqrt{\frac{D}{\pi\tau}}(C_{Aw}-C_{Af})\mathrm{d}\tau$$

$$=2\sqrt{\frac{D}{\pi\tau}}(C_{Aw}-C_{Af}) \tag{2-134}$$

渗透理论认为，所有质点在界面上在有效的暴露时间 t_c 后立即被后续的新鲜质点所置换，则将式（2-134）与传质系数定义式作比较，则知此时的传质系数为

$$h_m=2\sqrt{\frac{D}{\pi t_c}} \tag{2-135}$$

由膜理论确定的对流传质系数与扩散系数呈线性的一次方关系，即 $h_m\propto D$；而按渗透理论则为二次方根关系，即 $h_m\propto D^{1/2}$。实验结果表明，对于大多数的对流传质过程，传质系数与扩散系数的关系如下式

$$h_m\propto D^n,(n=0.5\sim1.0) \tag{2-136}$$

这就是说，一般情况都在膜理论和渗透理论所确定的范围之内。

2.4.3 表面更新理论

溶质渗透理论的有效暴露时间 t_c 不易确定，在十多年里这个理论没有得到很好的应用。1951 年丹克维尔茨（Danckwerts）对希格比的溶质渗透理论进行了研究和修正，提出了表面更新模型，也称为渗透－表面更新模型。该模型以一个表面更新率 s 代替渗透模型中的 t_c，则传质系数为

$$h_m=\sqrt{D_{AB}s} \tag{2-137}$$

式中，s 为表面更新率，与流体动力条件及系统的几何形状有关，是由实验确定的常数，当紊流强烈时，表面更新率必然增大。由此可见，传质系数 h_m 与表面更新率 s 的平方根成正比。

渗透—表面更新模型自从提出后，获得了较快的发展。该模型从最初应用于吸收液相内的传质过程，后来又应用于伴有化学反应的吸收过程，现已应用于液—固和液—液界面

的传质过程。

2.4.4* 一维固液相变问题

利用相变材料储能在建筑节能和暖通空调领域有重要应用。在实行峰谷电价的地区，冰蓄冷空调可利用夜间廉价电运行，不仅可缓解电网负荷峰谷差，而且可节约运行费用，在世界不少发达国家和我国的许多地区已经被广范采用。同样蓄热采暖也正受到重视。此外，在建筑维护结构中采用相变材料，可以减少外界温度波动造成的室内温度波动，减少空调、采暖能耗，提高室内环境热舒适度，其应用也正受到关注。在相变储能应用中，了解固液相变的特点和相变传热规律及其相变传热的分析方法，对有关系统的性能设计和运行优化有指导意义。本节对此作一简要介绍。

2.4.4.1 固液相变简介

物质的存在通常分为三态，固态、液态和气态。物质从一种状态变到另一种状态称为相变。相变形式有以下几种：（1）固-液相变；（2）液-气相变；（3）固-气相变；（4）固-固相变。相变过程一般是等温或近似等温过程，相变过程中伴有能量的吸收和释放，这部分能量称为相变潜热。相变潜热一般比较大，以水为例，水的比热为 c_p = 4.18kJ/（kg·K），其冰融化成水的融解热为334.4kJ/kg（1atm，0℃），水变为水蒸气的汽化热为2253kJ/（kg·K）。相变过程是一伴有较大能量吸收或释放的等温或近似等温的过程，这个特点是其能够广泛应用的原因和基础。

相变贮能在建筑节能和暖通空调领域中有一些重要应用，它是缓解能量供求双方在时间、强度和地点上不匹配的有效方式，是合理利用能源以及减小环境污染的有效途径，是热能系统（广义）优化运行的重要手段。由于固-固相变或固-液相变形式在上述四种相变形式中相变材料体积变化较小，易与运行系统匹配、易控制，因此应用中容易被采用。

2.4.4.2 一维凝固和融解问题

一些相变潜热贮能系统（Latent heat thermal energy storage，简称 LHTES）中的传热问题在周边热损和液相自然对流可忽略的情况下可作简化处理，即可视为一维相变传热问题。人类对相变传热问题的研究最初就是从一维问题着手的（1891 年 Stefan 研究了北极冰层厚度，以后关于相变传热的移动边界问题就被称为 Stefan 问题）。下面简要介绍从实际中抽象出来的几种常见的一维相变传热问题。

（1）一维半无限大物体的相变传热问题

一半无限大相变材料 PCM（phase change material）液体初始处于均匀温度 T_i，时间 $t>0$时，边界 $x=0$ 处被突然冷却并一直保持一低于 PCM 熔点 T_m 的温度 T_w。假定凝固过程中固相与液相的物性与温度无关，两相密度相同，相界面位置为 $s(t)$。可以根据能量守恒原理求出两相区内温度分布和 $s(t)$ 的变化规律，如图 2-20 所示。

（2）考虑在轴对称无限大区域内由一线热汇所引起的凝固过程

如图 2-21 所示，一条强度为 Q 的线热汇置于均匀温度 T_i（$T_i>T_m$）的液体之中，于 $t=0$开始作用。液体出现凝固，固-液界面向 r 正方向移动，为简化起见，忽略相变前后的密度差，可求温度分布和相变边界移动规律。

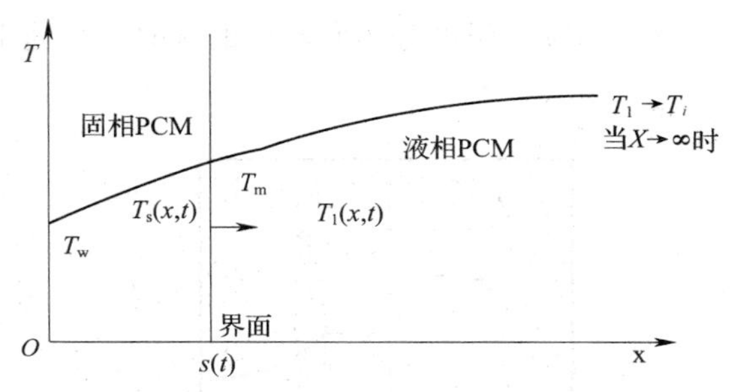

图 2-20　半无限大平板凝固过程示意图

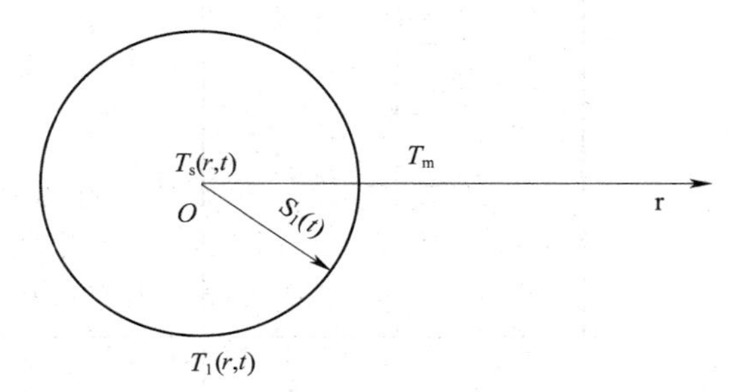

图 2-21　轴对称情况下相变发生在一个温度区间示意图

（3）有限大平板的凝固问题

如图 2-22 所示，温度为 T_i 的液体被限制在一定宽度的空间内（$0 \leqslant x \leqslant b$），$T_i > T_m$。当时间 $t > 0$ 时，$x = 0$ 边界施加并维持一恒定温度 T_w，$T_w < T_m$，$x = b$ 的边界维持绝热。凝固过程从 $x = 0$ 的面开始，固－液界面向 x 的正方向移动。依据能量守恒原理可求温度分布和相变边界移动规律。

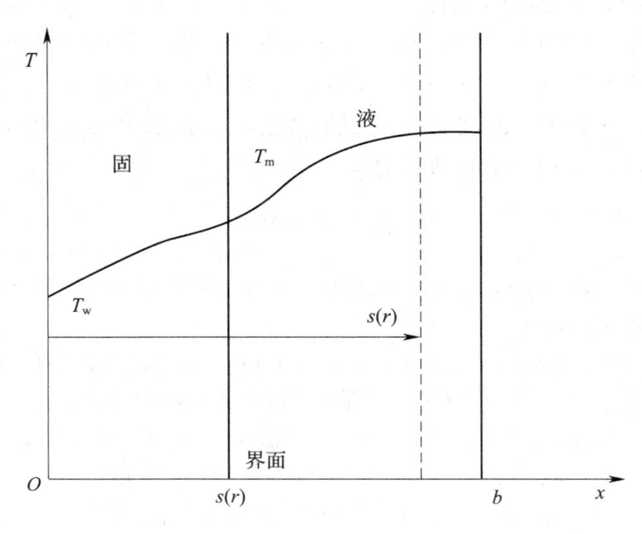

图 2-22　有限大平板凝固过程示意图

（4）圆柱体内的凝固问题

半径为 R 的无穷长圆管内充满凝固点温度为 T_m 的液体，当 $t > 0$ 时，圆管被突然置于温度 $T < T_m$ 的环境中，因对流冷却而凝固，表面换热系数 h 为常数。如图 2-23 所示。依

据能量守恒原理可求相变材料内逐时温度分布和圆管的逐时传热速率。

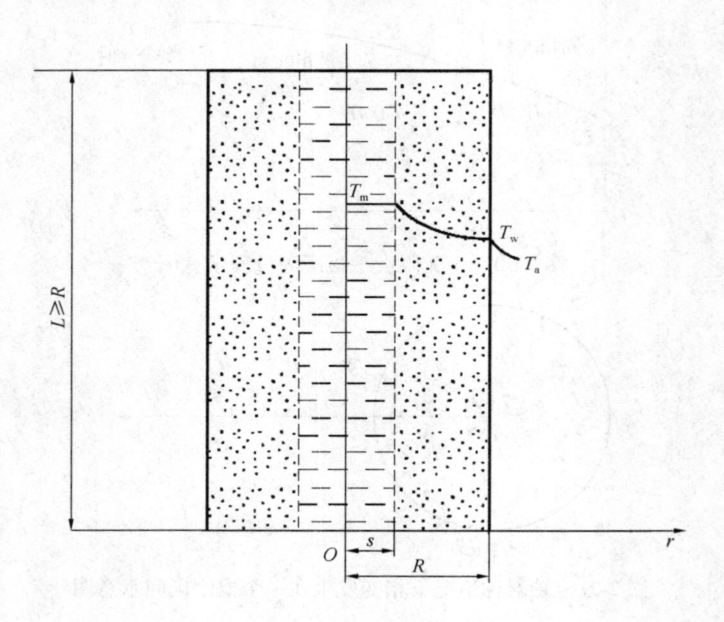

图 2-23　圆管凝固过程示意图

（5）圆球内的凝固问题

半径为 R 的圆球内充满凝固点温度为 T_m 的液体，当 $t>0$ 时，圆球被突然置于温度 $T_a<T_m$ 的环境中，因对流冷却而凝固，表面换热系数为常数。依据能量守恒原理可求球内逐时温度分布和圆球的逐时传热速率。

这些问题的求解一般可采用分析求解和数值方法。精确分析以纽曼方法为主，近似分析方法很多，主要有积分法、准稳态法、热阻法、摄动法和逐次逼近法等。当分析解法遇到困难或者根本无法求解时，可考虑采用数值解法，如有限单元法和有限差分法等，适合于解决更实际的问题，这里不做详细叙述。

思　考　题

1. 简述质扩散通量的几种表示方法：以绝对速度表示的质量通量；以扩散速度表示的质量通量；以主体流动速度表示的质量通量。

2. 碳粒在燃烧过程中，从周围环境吸取 O_2，并放出 CO_2，过程反应式是 $C+O_2 \rightarrow CO_2$。试分析 O_2 和 CO_2 通过碳粒表面边界层的质扩散性质属等质量互扩散还是等摩尔互扩散。

3. 从分子运动论的观点来分析扩散率 D 与压力 P、温度 t 的关系。并计算总压力为 1.0132×10^5Pa、温度为 25℃时，下列气体之间的扩散率：（1）氧气和氮气；（2）氨气和空气。

4. 氢气和空气在总压力为 1.0132×10^5Pa、温度为 25℃的条件下作等摩尔互扩散，已知扩散率为 $0.6 \times 10^{-4}\mathrm{m^2/s}$，在垂直于扩散方向距离为 10mm 的两个平面上氢气分压力为 16000Pa 和 5300Pa。试计算此两种气体的摩尔扩散通量。

5. 气体氢放在一矩形钢制压力容器中，容器壁厚为 10mm。容器内氢的摩尔浓度为 $1\mathrm{kmol/m^3}$，容器外的氢的浓度可忽略。氢在钢中的二元质量扩散系数为 $2.6 \times 10^{-3}\mathrm{m^2/s}$，通过容器壁的氢的摩尔扩散通量是多少？

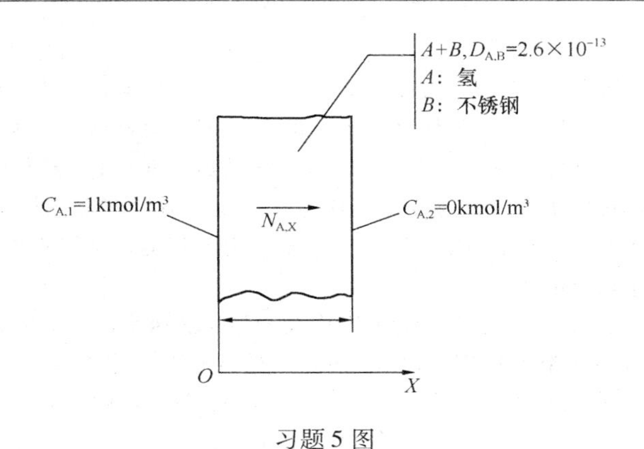

习题 5 图

6. 压力为 2bar 和 1bar 的氧气被一 0.5mm 厚的橡皮膜隔开，整个系统的温度为 25℃。氧气通过膜层的摩尔通量有多大？膜层两侧（橡皮外），O_2 的摩尔浓度为多少？

7. 相对湿度为 40%、温度为 25℃、压力为 101325Pa 的空气，以 4m/s 的流速进入内径为 8cm 的竖直管，管内壁有 25℃的薄层水不断淌下，试计算为使空气达到饱和所需的管长。

8. 容器中放有 CO_2 和 N_2，温度为 25℃，其分压均为 1bar，请计算各组分的摩尔浓度、密度、摩尔分数和质量分数。

9. 考虑有几种成分组成的理想气体：

（a）已知各组分的摩尔质量和摩尔分数，请导出确定组分 i 质量分数的方程。已知各组分的摩尔质量和质量分数，请导出确定组分 i 的摩尔分数的方程。

（b）在混合物中，O_2、N_2 和 CO_2 的摩尔分数相同，求各自的质量分数。若其质量分数相等，求各自的摩尔分数。

10. 将空气装入一个垂直放置的圆柱容器中，容器两端温度不同。假设容器中压力处处相等。

（a）若容器底部温度低，容器中的情形如何？例如，O_2、N_2 的浓度梯度是否沿垂直方向？空气是否运行？是否有传质？

（b）将容器倒置（即热表面在下），情形又当如何？

11. 10bar 和 27℃的气态氢放在直径为 100mm 壁厚为 2mm 的钢制容器中。钢壁内表面的氢的浓度为 1.5kmol/m^3，外表面氢的浓度可以忽略。氢在钢材中的质量扩散系数约为 0.3×10^{-12} m^2/s。求开始时通过钢壁的氢的质量损失速度和压力下降速率。

12. 一层塑料薄膜将氢气与气体主流隔开。在稳定条件下，薄膜内、外表面的氦气浓度分别为 0.02 和 0.005kmol/m^3。薄膜厚度为 1mm，氦对该塑料的二元扩散系数为 10^{-9} m^2/s，问质量扩散通量为多少？

13. 计算下述二元混合物在 350K 和 1atm 条件下的质量扩散系数：氨-空气和氢-空气。

14. 当水蒸气在保温层上凝结时，保温层保温能力下降（其导热系数增加）。严寒季节，潮湿的室内水蒸气通过干墙（灰泥板）扩散并在隔热层附近凝结。对 3m×5m 的墙，设室内空气和隔热层中蒸汽压力分别为 0.03bar 和 0.0bar，请估算水蒸气的质量扩散速率。干墙厚 10mm，水蒸气在墙体材料中的溶解度约为 5×10^{-3}kmol/(m^3·bar)。水蒸气在干墙中的二元扩散系数约为 10^{-9}m^2/s。

15. 压力为 2atm 的氢气在直径为 40mm 的壁厚为 0.5mm 的圆管内流动。圆管外表面暴露在氢气分压为 0.1atm 的气态主流中，氢在管材中的扩散率和溶解度分别为 1.8×10^{-11} m^2/s 和 160kmol/(m^3·atm)。当系统温度为 500K 时，单位长度的圆管氢的质量损失速率有多大？

16. CO_2 和 N_2 在直径为 50mm、长度为 1m 的圆管内进行等摩尔逆向扩散。管内压力和温度分别为 1atm 和 25℃。管的两端分别与大容器相连，每个容器中各组分的浓度均为定值，其中一个容器中 CO_2 的分压为 100mmHg，另一个容器中 CO_2 的分压为 50mmHg。问：通过圆管的 CO_2 的传质速率为多少？

17. 考虑柱状容器中的蒸发，蒸汽 A 通过气体 B。下列哪一种情况具有最大的蒸发速率。（a）气体 B 在 A 溶液中的溶解度为无穷大；（b）气体 B 不溶于液 A。当柱状容器顶端的蒸汽压力为“0”，而蒸汽的饱和压力占总压力的 1/10 时，上述情况（a）和（b）中的蒸发速率比为多大？

18. 一个半径为 r_0 的球状液滴 A 在静止的气体 B 中蒸发。请导出 A 的蒸发速率与 A 的饱和压力 [$P_A(r_0) = P_{A,sat}$]，A 在半径 r 处的分压 [$P_A(r)$]，总压 P 和其他必要分量之间的关系。假定液滴及混合物的压力 P 和温度 T 均恒定。

19. 在水冷蒸汽凝结表面，少量空气的存在会引起凝结换热速率明显下降。对于一清洁表面，设其在一定条件下的蒸汽凝结速率为 0.020kg/(m^2·s)。当蒸汽中有静止空气时，凝结表面的温度从 28℃降至 24℃，凝结速率降至原来的一半。对空气—蒸汽混合物，请确定空气分压与距凝结膜层距离的关系。

20. 说明相变材料的热性能特点。

21. 假定一块面积很大的板状固－固相变材料，厚度为 30mm，材料导热系数为 0.2W/（m·K），相变温度为 20℃，初始温度为 15℃，融解热为 160kJ/kg，密度为 0.8kg/L，忽略相变材料相变时的体积变化，某一时刻，该相变材料板突然被放在 25℃的空气中，假设板表面的对流换热系数为 15W/（m^2·K）。求：（a）通过板表面的传热速率与时间的关系；（b）相变材料内不同时间的温度分布。

第 3 章　传热传质问题的分析和计算

在前一章节学习扩散传质和对流传质基本概念和基本定律的基础上，本章将进一步深入探讨传热和传质的分析和计算。流体流动、热量传递和质量传递在建筑环境与能源应用的工程实际中常常同时存在。作为研究流体流动的流体力学和研究热量传递的传热学相比于传质的研究要成熟得多，因此可以通过类比的原理借鉴流体力学和传热学的基本规律来类推传质的基本规律，从而为传热传质的研究打下基础。本章在讨论动量、热量和质量传递的类比的基础上，将介绍对流传质的准则关联式及其传质计算，并详尽分析热量和质量同时进行时的热质传递，重点探讨同一表面上传质过程对传热过程的影响规律，最后给出几个传质的应用举例。

3.1　动量、热量和质量传递的类比

流体宏观运动既可导致动量传递，同时也会把热量和质量从流体的一个部分传递到另一部分，所以温度分布、浓度分布和速度分布是相互联系的。这三种传递过程不仅在物理上有联系，而且还可以导出它们之间量与量的关系，因而使我们有可能用一种传递过程的结果去类推其他与其类似的传递过程的解。本节中首先介绍三种传递过程的典型的微分方程，然后将传热学中的动量传递和热量传递类比的方法应用到具有传质的过程中。

3.1.1　三种传递各自的速率描述及其之间的雷同关系

当物系中存在速度、温度和浓度的梯度时，则分别发生动量、热量和质量的传递现象。动量、热量和质量的传递，既可以是由分子的微观运动引起的分子扩散，也可以是由旋涡混合造成的流体微团的宏观运动引起的湍流传递。

3.1.1.1　分子传递（传输）性质

流体的黏性、热传导性和质量扩散性通称为流体的分子传递性质。因为从微观上来考察，这些性质分别是非均匀流场中分子不规则运动时同一个过程所引起的动量、热量和质量传递的结果。当流场中速度分布不均匀时，分子传递的结果产生切应力；而温度分布不均匀时，分子传递的结果产生热传导；在多组分的混合流体中，如果某种组分的浓度分布不均匀，分子传递的结果便引起该组分的质量扩散。

由第 1 章介绍的知识可知，表示上述三种分子传递性质的数学关系分别由牛顿黏性定律、傅立叶定律和斐克定律描述为：

$$\tau = -\mu \frac{\mathrm{d}u}{\mathrm{d}y} \tag{3-1}$$

$$q = -\lambda \frac{\mathrm{d}t}{\mathrm{d}y} \tag{3-2}$$

$$m_{A} = -D_{AB}\rho\frac{dC_{A}^{*}}{dy} \tag{3-3}$$

对于均质不可压缩流体，式（3-1）可改写为：

$$\tau = -\nu\frac{d(\rho u)}{dy} \tag{3-4}$$

式中　ν——流体的运动黏性系数，又称动量扩散系数，m^2/s；

$\frac{d(\rho u)}{dy}$——动量浓度的变化率，表示单位体积内流体的动量在 y 方向的变化率，$kg/(m^3 \cdot s)$；

τ 仍为切应力，μ 为流体的动力黏性系数。

对于恒定热容量的流体，式（3-2）可改写为：

$$q = -\frac{\lambda}{\rho c_{p}}\frac{d(\rho c_{p}t)}{dy} = -a\frac{d(\rho c_{p}t)}{dy} \tag{3-5}$$

式中　a——热扩散系数，又称导温系数，m^2/s；

$\frac{d(\rho c_{p}t)}{dy}$——焓浓度变化率，或称能量浓度变化率，表示单位体积内流体所具有的焓在 y 方向的变化率，$J/(m^3 \cdot m)$；

q 仍为热量通量密度，或能量通量密度。

对于混合物密度为常数的情况，式（3-3）可改写为：

$$m_{A} = -D_{AB}\frac{d\rho_{A}}{dy} \tag{3-6}$$

式中　$\frac{d\rho_{A}}{dy}$——组分 A 的质量浓度在 y 方向的变化率，$kg/(m^3 \cdot m)$；

其他的，m_A 仍为组分 A 的质量通量密度，D_{AB} 为组分 A 在组分 B 中的扩散系数。

同第 1 章一样，式（3-4）~式（3-6）中的负号分别表示动量传递、能量传递和质量传递是向速度、温度、浓度降低的方向进行的，它们表示的三种分子传递性质的数学关系式是类似的，分别说明了动量通量密度正比于动量浓度的变化率；能量通量密度正比于能量浓度的变化率；组分 A 的质量通量密度正比于组分 A 的质量浓度的变化率。

这些表达式说明动量交换、能量交换、质量交换的规律可以类比。动量交换传递的量是运动流体单位容积所具有的动量 ρu；能量交换传递的量是物质每单位容积所具有的焓 $c_{p}\rho t$；质量交换传递的量是扩散物质每单位容积所具有的质量也就是浓度 C_A。显然，这些量的传递速率都分别与各量的梯度成正比。系数 D、a、ν 均具有扩散的性质，他们的单位均为“m^2/s”，D 为分子扩散或质扩散系数，a 为热扩散系数，ν 为动量扩散系数或称运动黏度。

不过需要注意的是，在多维场中，动量是一个矢量，因而表示其传递量的动量通量密度是一个张量，而热量和质量都是标量，因而表示其传递量的热量通量密度和质量通量密度都是矢量。就这一点来说，前者和后两者是不同的。

3.1.1.2　湍流传递性质

在湍流流动中，除分子传递现象外，宏观流体微团的不规则混掺运动也引起动量、热量和质量的传递，其结果从表象上看起来，相当于在流体中产生了附加的“湍流切应力”，“湍流热传导”和“湍流质量扩散”。由于流体微团的质量比分子的质量大得多，所以湍流传递的强度自然要比分子传递的强度大得多。

尽管湍流混掺运动与分子运动之间有重要差别，然而早期半经验湍流理论的创立者还是仿照分子传递性质的定律来建立确定了湍流传递性质的公式。在这种理论中定义了湍流动力黏性系数μ_t、湍流导热系数λ_t和湍流质量扩散系数D_{ABt}，并认为对于只有一个速度分量的一维流动而言，湍流切应力τ_t、湍流热量通量密度q_t和湍流扩散引起的组分A的质量通量密度m_{At}分别与平均速度$\bar{u}$、平均温度$\bar{T}$和组分A的平均密度$\bar{\rho}_A$的变化率成正比，亦即

$$\tau_t = -\mu_t \frac{d\bar{u}}{dy} \tag{3-7}$$

$$q_t = -\lambda_t \frac{\bar{d}}{dy} \tag{3-8}$$

$$m_{At} = -D_{ABt} \frac{d\overline{\rho_A}}{dy} \tag{3-9}$$

因为在流体中同时存在湍流传递性质和分子传递性质，所以总的切应力τ_S、总的热量通量密度q_S和组分A的总的质量通量密度m_S分别为：

$$\tau_S = \tau + \tau_t = -(\mu + \mu_t)\frac{d\bar{u}}{dy} = -\mu_{eff}\frac{d\bar{u}}{dy} \tag{3-10}$$

$$q_S = -(\lambda + \lambda_t)\frac{\bar{d}}{dy} = -\lambda_{eff}\frac{\bar{d}}{dy} \tag{3-11}$$

$$m_S = -(D_{AB} + D_{ABt})\frac{d\overline{\rho_A}}{dy} = -D_{ABeff}\frac{d\overline{\rho_A}}{dy} \tag{3-12}$$

这里，μ_{eff}、λ_{eff}和D_{ABeff}分别称为有效动力黏度系数、有效导热系数和组分A在双组分混合物中的有效质量扩散系数。

在充分发展的湍流中，湍流传递系数往往比分子传递系数大得多，因而有$\mu_{eff} \approx \mu_t$，$\lambda_{eff} \approx \lambda_t$，$D_{ABeff} \approx D_{ABt}$。故可以用式（3-7）、式（3-8）和式（3-9）分别代替式（3-10）、式（3-11）和式（3-12）。这样，湍流动量传递、湍流热量传递和湍流质量传递的三个数学关系式（3-7）、式（3-8）和式（3-9）也是类似的。

应当指出的是，有了类似于式（3-7）、式（3-8）和式（3-9）这样的从表象出发建立起来的公式，并没有根本解决湍流计算的问题。因为确定湍流传递系数μ_t、λ_t、D_{ABt}，比起确定分子传递系数μ、λ、D_{AB}困难得多。首先，分子传递系数只取决于流体的热力学状态，而不受流体宏观运动的影响，因此分子传递系数μ、λ、D_{AB}均是与温度、压力有关的流体的固有属性，是物性。然而湍流传递系数主要取决于流体的平均运动，故不是物性。其次，分子传递性质可以由逐点局部平衡的定律来确定；然而对于湍流传递性质来说，应该考虑其松弛效应，即历史和周围流场对某时刻、某空间点湍流传递性质的影响。除此之外，在一般情况下，分子传递系数μ、λ、D_{AB}是各向同性的；但是在大多数情况下，湍流传递系数μ_t、λ_t、D_{ABt}是各向异性的。

正是由于湍流传递性质的上述特点，使得湍流流动的理论分析至今仍是远未彻底解决的问题，主要还是依靠实验来解决。

3.1.2 三传方程

在有质交换时，对二元混合物的二维稳态层流流动，当不计流体的体积力和压强梯

度，忽略耗散热、化学反应热以及由于分子扩散而引起的能量传递时，对流传热传质交换微分方程组应包括：

连续性方程

$$\frac{\partial u_x}{\partial x} + \frac{\partial u_y}{\partial y} = 0 \tag{3-13}$$

动量方程

$$u_x \frac{\partial u_x}{\partial x} + u_y \frac{\partial u_x}{\partial y} = \nu \frac{\partial^2 u_x}{\partial y^2} \tag{3-14}$$

能量方程

$$u_x \frac{\partial t}{\partial x} + u_y \frac{\partial t}{\partial y} = a \frac{\partial^2 t}{\partial y^2} \tag{3-15}$$

扩散方程

$$u_x \frac{\partial C_A}{\partial x} + u_y \frac{\partial C_A}{\partial y} = D \frac{\partial^2 C_A}{\partial y^2} \tag{3-16}$$

边界条件为：

关于动量方程，

$$y = 0, \frac{u_x}{u_\infty} = 0 \text{或} \frac{u_x - u_w}{u_\infty - u_w} = 0; \quad y = \infty, \frac{u_x}{u_\infty} = 1 \text{或} \frac{u_x - u_w}{u_\infty - u_w} = 1$$

关于能量方程，

$$y = 0, \frac{t - t_w}{t_\infty - t_w} = 0; \quad y = \infty, \frac{t - t_w}{t_\infty - t_w} = 1$$

关于扩散方程，

$$y = 0, \frac{C_A - C_{Aw}}{C_{A\infty} - C_{Aw}} = 0; \quad y = \infty, \frac{C_A - C_{Aw}}{C_{A\infty} - C_{Aw}} = 1$$

可以看到，这三个方程及相对应的边界条件在形式上是完全类似的，它们统称为边界层传递方程。采用传热学中所叙述的方法，结合边界条件进行分析求解，可获得质交换的准则关系式。值得注意的是当三个方程的扩散系数相等，即 $\nu = a = D$ 或 $\frac{\nu}{a} = \frac{\nu}{D} = \frac{a}{D} = 1$ 时，且边界条件的数学表达式又完全相同，则它们的解也应当是一致的，即边界层中的无因次速度、温度分布和浓度分布曲线完全重合，因而其相应的无量纲准则数相等。这一点是类比原理的基础。

当 $\nu = D$ 或 $\frac{\nu}{D} = 1$ 时，速度分布和浓度分布曲线相重合，或速度边界层和浓度边界层厚度相等。

当 $a = D$ 或 $\frac{a}{D} = 1$ 时，温度分布和浓度分布曲线相重合，或温度边界层和浓度边界层厚度相等。

显然，这三个性质类似的物性系数中，任意两个系数的比值均为无量纲量。即普朗特准则 $Pr = \frac{\nu}{a}$ 表示速度分布和温度分布的相互关系，体现流动和传热之间的相互联系；施密特准则 $Sc=\frac{\nu}{D}$表示速度分布和浓度分布的相互关系，体现流体的传质特性；刘伊斯准则 $Le=\frac{a}{D}=\frac{Sc}{Pr}$表示温度分布和浓度分布的相互关系，体现传热和传质之间的联系。

对流传热和对流传质是相似的。传热、传质微分方程由同样形式的对流和扩散项组成，其边界条件形式也一样。此外，正如对流传递方程中的动量和能量方程，每个方程依赖于 Re_L 和速度场，参数 Pr 和 Sc 也有类似的作用，这个相似性的主要含义是决定热边界层性质的无量纲关系式必定和决定浓度边界层的相同。因而，边界层的温度和浓度分布必定有同样的函数形式。表 3-1 为类比关系表。

传热、传质类比关系表 **表 3-1**

流体流动	传热	传质
$u^*=f_1\left(x^*,y^*,Re_L,\frac{dp^*}{dx^*}\right)$	$T^*=f_3\left(x^*,y^*,Re_L,Pr,\frac{dp^*}{dx^*}\right)$	$C_A=f_6\left(x^*,y^*,Re_L,Sc,\frac{dp^*}{dx^*}\right)$
$C_f=\frac{2}{Re_L}\frac{\partial u^*}{\partial y^*}\Big\vert_{y^*=0}$	$Nu=\frac{hL}{k_f}=\frac{\partial T^*}{\partial y^*}\Big\vert_{y^*=0}$	$Sh=\frac{h_m L}{D_{AB}}=\frac{\partial C_{A^*}}{\partial y^*}\Big\vert_{y^*=0}$
$C_f=\frac{2}{Re_L}f_2(x^*,Re_L)$	$Nu=f_4(x^*,Re_L,Pr)$	$Sh=f_7(x^*,Re_L,Sc)$
	$\overline{Nu}=\frac{\overline{h}L}{R_f}=f_5(Re_L,Pr)$	$\overline{Sh}=\frac{\overline{h}_m L}{D_{AB}}=f_8(Re_L,Sc)$

与求解传热相类似，可以用 Sh 与 Sc、Re 等准则的关联式，来表达对流质交换系数与诸影响因素的关系。对流体沿平面流动或管内流动时质交换的准则关联式为：

$$Sh=f(Re,Sc) \tag{3-17}$$

或

$$\frac{h_m l}{D}=f\left(\frac{ul}{\nu},\frac{\nu}{D}\right)$$

至于函数的具体形式，仍需由质交换实验来确定。

由于传热过程与传质过程的类似性，在实际应用上对流质交换的准则关联式常套用相应的对流换热的准则关联式。严格说来，从前述方程中，由于只是在忽略某些次要因素后，表达质交换、热交换和动量交换的微分方程式才相类似，所以这种套用是近似的。

例如，在给定 Re 准则条件下，当流体的 $a=D$ 即流体的 $Pr=Sc$ 或 $Le=1$ 时（通常空气中的热湿交换就属此），基于热交换和质交换过程对应的定型准则数值相等，因此

$$Nu=Sh$$

即

$$\frac{hl}{\lambda}=\frac{h_m l}{D}$$

或

$$h_m = h\frac{D}{\lambda} = h\frac{a}{\lambda} = \frac{h}{c_p\rho} \tag{3-18}$$

这个关系就是后面章节要讲到的刘伊斯关系式，即热质交换类比律。式中流体的 c_p 和 ρ 可作为已知值，因此，当 $Le=1$ 时，质交换系数可直接从换热系数的类比关系求得。对气体混合物，通常可近似地认为 $Le\approx1$。例如水表面向空气中蒸发，在 20℃时，热扩散系数 $a=21.4\times10^{-6}\mathrm{m^2/s}$，动量扩散系数 $\nu=15.11\times10^{-6}\mathrm{m^2/s}$，经过温度修正后的质扩散系数 $D=24.5\times10^{-6}\mathrm{m^2/s}$，所以 $Le=\frac{a}{D}=0.873\approx1$。说明当空气掠过水面在边界层中的温度分布和浓度分布曲线近乎相似。

3.1.3　动量交换与热交换的类比在质交换中的应用

3.1.3.1　雷诺类比

1874 年，雷诺首先提出了动量和热量传递现象之间存在类似性。雷诺假设动量传递和热量传递的机理是相同的，那么当 Pr 数等于 1 时，在动量传递和热量传递之间就存在类似性。根据动量传输与热量传输的类似性，雷诺通过理论分析建立对流传热和摩擦阻力之间的联系，称雷诺类比（以平板对流传热为例），即

$$St = \frac{Nu}{Re\cdot Pr} = \frac{C_f}{2} \text{ 或 } Nu = \frac{C_f}{2}Re\cdot Pr$$

$$\text{当 } Pr = 1 \text{ 时，}\quad Nu = \frac{C_f}{2}Re$$

式中　C_f——摩阻系数。

以上关系也可推广到质量传输，建立动量传输与质量传输之间的雷诺类比，即

$$\left.\begin{aligned} St_m &= \frac{Sh}{Re\cdot Sc} = \frac{C_f}{2} \\ \text{或}\quad Sh &= \frac{C_f}{2}Re\cdot Sc \end{aligned}\right\} \tag{3-19}$$

同样，当 $Sc=1$，即 $\nu=D$ 时，式（3-19）为

$$Sh = \frac{C_f}{2}Re \tag{3-20}$$

这样，可以由动量传输中的摩阻系数 C_f 来求出质量传输中的传质系数 h_m。这对传质研究和计算提供了新的途径。

雷诺类比建立在一个简化了的模型基础上，由于把问题作了过分的简化，它的应用受到了很大的限制。同时，式（3-19）和式（3-20）中只有摩擦阻力而不包括形体阻力，故只有用于不存在边界层分离时才正确。

3.1.3.2　柯尔本类比

雷诺类比忽略了层流底层的存在，这与实际情况大不相符。后来普朗特针对此点进行改进，推导出普朗特类比：

$$\frac{h_m}{u_\infty} = \frac{C_f/2}{1+5\sqrt{C_f/2}(Sc-1)} \tag{3-21}$$

冯·卡门认为紊流核心与层流底层之间还存在一个过渡层，于是又推导出卡门类比：

$$\frac{h_m}{u_\infty}=\frac{C_f/2}{1+5\sqrt{C_f/2}\{(Sc-1)+\ln[(1+5Sc)/6]\}} \tag{3-22}$$

契尔顿和柯尔本根据许多层流和紊流传质的实验结果，分别在1933年和1934年发表了如下的类似的表达式：

$$\frac{h_m}{u_\infty}=\frac{C_f}{2}Sc^{-2/3} \tag{3-23}$$

这个类比在阐述动量、热量和质量传递之间的类似关系中，最为简明实用。它与上述雷诺的简单类比不同之处，在于引入了一个包括了流体重要物性的 Sc 数。当 $Sc=1$ 时，契尔顿-柯尔本与雷诺类比所得结果完全一致。这个类比适用于 $0.6\leqslant Sc\leqslant 2500$ 的气体和液体。

工程中为便于直接算出换热系数和传质系数，往往把几个相关的特征数集合在一起，用一个符号表示，称为计算因子。其中传热因子用 J_H 表示，传质因子用 J_D 表示。

$$J_H=\frac{h}{\rho c_p u_\infty}Pr^{2/3} \tag{3-24}$$

$$J_D=\frac{h_m}{u_\infty}Sc^{2/3} \tag{3-25}$$

对流传热和流体摩阻之间的关系，可表示为：

$$St\cdot Pr^{\frac{2}{3}}=J_H=\frac{C_f}{2} \tag{3-26}$$

对流传质和流体摩阻之间的关系可表示为：

$$St_m\cdot Sc^{\frac{2}{3}}=J_D=\frac{C_f}{2} \tag{3-27}$$

上式表达了动量传输和质量传输过程的类比关系。

实验证明 J_H、J_D 和摩阻系数 C_f 有下列关系，即

$$J_H=J_D=\frac{1}{2}C_f \tag{3-28}$$

式（3-28）把三种传输过程联系在一个表达式中，它对平板流动是准确的，对其他没有形状阻力存在的流动也是适用的。

由于表面对流传热和对流传质存在 $J_H=J_D$ 的类似关系，这样就可以将对流传热中有关的计算式用于对流传质，只要将对流传热计算式中的有关物理参数及准则数用对流传质中相对应的代换即可，如：

$$t\leftrightarrow C\quad a\leftrightarrow D\quad \lambda\leftrightarrow D$$

$$Pr\leftrightarrow Sc\quad Nu\leftrightarrow Sh\quad St\leftrightarrow St_m$$

平板层流传热	平板层流传质
$Nu_x=0.332Pr^{\frac{1}{3}}\cdot Re_x^{\frac{1}{2}}$	$Sh_x=0.332Sc^{\frac{1}{3}}\cdot Re_x^{\frac{1}{2}}$
$\overline{Nu_L}=0.664Pr^{\frac{1}{3}}\cdot Re_L^{\frac{1}{2}}$	$\overline{Sh_L}=0.664Sc^{\frac{1}{3}}\cdot Re_L^{\frac{1}{2}}$
平板紊流传热	平板紊流传质
$Nu_x=0.0296Pr^{\frac{1}{3}}\cdot Re_x^{\frac{4}{5}}$	$Sh_x=0.0296Sc^{\frac{1}{3}}\cdot Re_x^{\frac{4}{5}}$　　(3-29)

$$\overline{Nu_L} = 0.037Pr^{\frac{1}{3}} \cdot Re_L^{\frac{4}{5}} \qquad \overline{Sh_L} = 0.037Sc^{\frac{1}{3}} \cdot Re_L^{\frac{4}{5}} \tag{3-30}$$

光滑管紊流传热　　　　　　　　　光滑管紊流传质

$$Nu = 0.0395Pr^{\frac{1}{3}} \cdot Re^{\frac{3}{4}} \qquad Sh = 0.0395Sc^{\frac{1}{3}} \cdot Re^{\frac{3}{4}} \tag{3-31}$$

3.1.3.3　热、质传输同时存在的类比关系

当流体流过一物体表面，并与表面之间既有质量又有热量交换时，同样可用类比关系由传热系数 h 计算传质系数 h_m。

已知 Pr 和 Sc 准则数，它们分别表示物性对对流传热和对流传质的影响。Pr 准则数值的大小表示动量边界层和热量边界层厚度的相对关系。同样 Sc 准则数表示速度边界层和浓度边界层的相对关系。而反映热边界层与浓度边界层厚度关系的准则数则为刘伊斯准则数。

由式（3-28）联系式（3-24）和式（3-25）可以得出，

$$St \cdot Pr^{\frac{2}{3}} = St_m \cdot Sc^{\frac{2}{3}}$$

$$St = St_m\left(\frac{Sc}{Pr}\right)^{\frac{2}{3}} = St_m \cdot Le^{\frac{2}{3}}$$

即

$$\frac{h}{\rho c_p u} = \frac{h_m}{u} Le^{\frac{2}{3}}$$

得到

$$h_m = \frac{h}{\rho c_p} \cdot Le^{-\frac{2}{3}} \tag{3-32}$$

上式把对流传热和对流传质联系在一个表达式中，这样可以由一种传输现象的已知数据，来确定另一种传输现象的未知系数。对气体或液体，式（3-32）成立的条件是 $0.6 < Sc < 2500$，$0.6 < Pr < 100$。

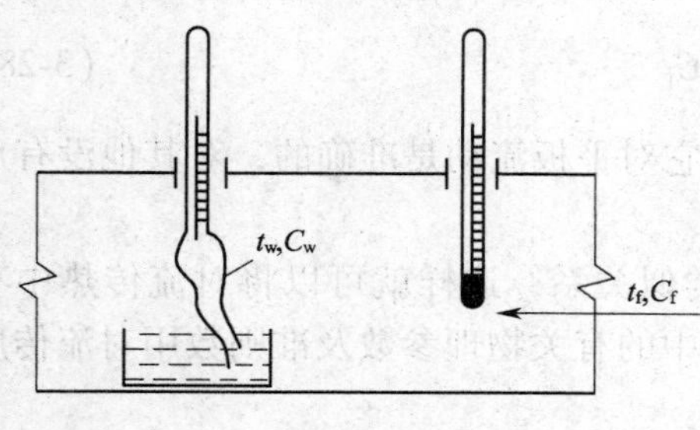

例题3-1图

【例3-1】　常压下的干空气从“湿球”温度计球部吹过。它所指示的温度是少量液体蒸发到大量饱和蒸汽-空气混合物的稳定平均温度，温度计的读数是16℃，如图所示。在此温度下的物性参数为水的饱和蒸汽压 $P_w = 0.01817$bar，空气的密度 $\rho = 1.215\text{kg/m}^3$，空气的比热 $c_p = 1.0045$kJ/（kg·℃），水蒸气的汽化潜热 $r = 2463.1$kJ/kg，$Sc = 0.60$，$Pr = 0.70$。试计算干空气的温度。

【解】　求出单位时间单位面积上蒸发的水量为

$$m_{水} = h_m(C_w - C_f)M_{水}^* \tag{1}$$

由于水从湿球上蒸发带入空气的热量等于空气通过对流传热传给湿球的热量，即

$$hA(t_f - t_w) = rm_{水}A$$

则干空气的温度为：

$$t_{\mathrm{f}} = \frac{r \cdot m_{\text{水}}}{h} + t_{\mathrm{w}} \tag{2}$$

根据柯尔本的 J 因子，可找出 $\frac{h_{\mathrm{m}}}{h}$ 的关系式，即

$$J_{\mathrm{H}} = J_{\mathrm{M}}$$

$$\frac{h}{\rho u_{\mathrm{x}} c_{\mathrm{p}}} (Pr)^{\frac{2}{3}} = \frac{h_{\mathrm{m}}}{u_{\mathrm{x}}} (Sc)^{\frac{2}{3}}$$

$$\therefore \ \frac{h_{\mathrm{m}}}{h} = \frac{1}{\rho c_{\mathrm{p}}} \left(\frac{Pr}{Sc}\right)^{\frac{2}{3}} \tag{3}$$

将（1）和（3）式代入（2）式，整理得

$$t_{\mathrm{f}} = \frac{r}{\rho c_{\mathrm{p}}} \left(\frac{Pr}{Sc}\right)^{\frac{2}{3}} (C_{\mathrm{w}} - C_{\mathrm{f}}) M_{\text{水}}^{*} + t_{\mathrm{w}}$$

因 $Pr/Sc = 0.7/0.6$，$(Pr/Sc)^{\frac{2}{3}} = (0.7/0.6)^{\frac{2}{3}} = 1.11$；

$$R = 8.314\mathrm{J/(kmol \cdot K)}$$

$$\therefore C_{\mathrm{w}} = \frac{P_{\mathrm{w}}}{RT} = \frac{0.01817 \times 10^5}{8.314 \times 289} = 7.562 \times 10^{-1}\mathrm{kmol/m^3}$$

根据题意，$C_{\mathrm{f}} = 0$，并已知水的分子量为 18kg/kmol，则

$$t_{\mathrm{f}} = \frac{2463.1}{1.215 \times 1.0045} \times 1.11 \times 0.018 \times 7.562 \times 10^{-1} + 16 = 31.38 + 16 = 46.49℃$$

3.2 对流传质的准则关联式

3.2.1 流体在管内受迫流动时的质交换

管内流动着的气体和管道湿内壁之间，当气体中某组分能被管壁的液膜所吸收，或液膜能向气体作蒸发，均属质交换过程，它和管内受迫流动换热相类似。由传热学可知，在温差较小的条件下，管内紊流换热可不计物性修正项，并有如下准则关联式

$$Nu = 0.023\, Re^{0.8}\, Pr^{0.4}$$

通过大量被不同液体润湿的管壁和空气之间的质交换实验，吉利兰（Gilliland）把实验结果整理成相似准则并表示在图 3-1 中[1]，并得到相应的准则关联式为：

$$Sh = 0.023\, Re^{0.83} Sc^{0.44} \tag{3-33}$$

比较上列两式，可见它们只在指数上稍有差异，式（3-33）的应用范围是

$$2000 < Re < 35000,\ 0.6 < Sc < 2.5$$

准则中的定型尺寸是管壁内径，速度为管内平均流速，定性温度取空气温度。

如用类比律来计算管内流动质交换系数，由于

$$St_{\mathrm{m}} \cdot Sc^{2/3} = \frac{f}{8} \tag{3-34}$$

式中 f 为圆管内流体流动的摩阻系数，若采用布拉修斯光滑管内的摩阻系数公式

$$f = 0.3164\, Re^{-\frac{1}{4}}$$

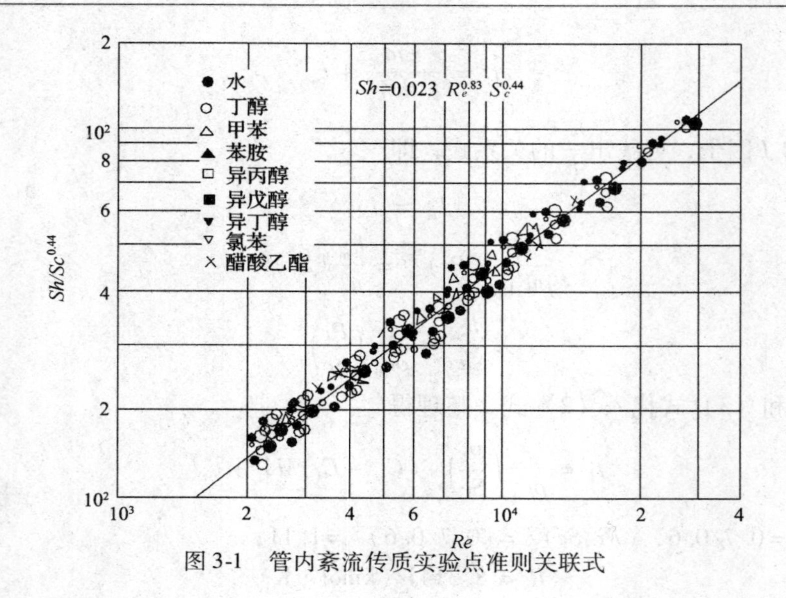

图 3-1　管内紊流传质实验点准则关联式

则可得

$$\frac{Sh}{Re \cdot Sc} Sc^{2/3} = 0.0395\, Re^{-\frac{1}{4}}$$

即

$$Sh = 0.0395\, Re^{3/4} Sc^{1/3} \tag{3-35}$$

应用式（3-33）和式（3-35）所作的计算表明，结果是很接近的。

3.2.2　流体沿平板流动时的质交换

回顾传热学中对边界层的理论分析，得到沿平板流动换热的准则关联式，当流动是层流时

$$Nu = 0.664\, Re^{1/2}\, Pr^{1/3}$$

相应的质交换准则关联式为：

$$Sh = 0.664\, Re^{1/2} Sc^{1/3} \tag{3-36}$$

当流体是紊流时，换热的准则关联式为：

$$Nu = (0.037\, Re^{0.8} - 870)\, Pr^{1/3}$$

相应的质交换准则关联式应是

$$Sh = (0.037\, Re^{0.8} - 870) Sc^{1/3} \tag{3-37}$$

式（3-36）和式（3-37）中的定型尺寸是用沿流动方向的平板长度 L，速度 u 用边界层外的主流速度，计算所得的 h_m 是整个平板上的平均值。

另外，对于沿其他形状的物体表面的对流传质的准则关联式，如：圆球、圆柱以及横掠管束等情形也都可以参考相应的传热的准则关联式。

【例 3-2】　试计算空气沿水面流动时的对流传质交换系数 h_m 和每小时从水面上蒸发的水量。已知空气的流速 $u = 3\text{m/s}$，沿气流方向的水面长度 $l = 0.3\text{m}$，水面的温度为 15℃，空气温度为 20℃，空气总压强为 $1.013 \times 10^5\text{Pa}$，其中水蒸气分压强 $p_2 = 701\text{Pa}$，相当于空气的相对湿度为 30%。

【解】　空气的物性参数按浓度边界层中空气温度平均值 17.5℃ 确定，其中 $\nu =$

$1.483\times10^{-5}\text{m}^2/\text{s}$

故 $$Re=\frac{ul}{\nu}=\frac{3\times0.3}{1.483\times10^{-5}}=60689$$

由于 $Re<10^5$，用式（3-36）计算 h_m

从表查得 $D_0=0.22\text{cm}^2/\text{s}$，由于浓度边界层中空气平均温度是17.5℃，经修正后

$$D=D_0\left(\frac{T}{T_0}\right)^{\frac{3}{2}}=0.22\left(\frac{290.5}{273}\right)^{1.5}=0.2415\ \text{cm}^2/\text{s}$$

计算 Sc 准则： $$Sc=\frac{\nu}{D}=\frac{1.483\times10^{-5}}{0.2415\times10^{-4}}=0.6141$$

因此， $$\text{Sh}=0.664\,Re^{\frac{1}{2}}\,Sc^{\frac{1}{3}}=0.664\times60689^{\frac{1}{2}}\times0.6141^{\frac{1}{3}}=139.0$$

即 $$\frac{h_m l}{D}=139.0$$

所以 $$h_m=\frac{139.0\times0.2415\times10^{-4}}{0.3}=1.119\times10^{-2}\text{m/s}40.28\ \text{m/h}$$

如用类比原理计算 h_m，需要先确定换热系数 h。空气在17.5℃时的 $\text{Pr}=0.704$，$\lambda=0.0257\text{W}/(\text{m}\cdot℃)$。按准则关联式

$$Nu=0.664\,Re^{\frac{1}{2}}\,Pr^{\frac{1}{3}}=0.664\times60689^{\frac{1}{2}}\times0.704^{\frac{1}{3}}=145.5$$

故 $$h=Nu\frac{\lambda}{l}=145.5\,\frac{0.0257}{0.3}=12.46\ \text{J}/(\text{m}^2\cdot\text{s}\cdot℃)$$

由于 $$h_m=\frac{h}{c_P\rho}$$

从附录中可查得空气在17.5℃时的物性

$$\rho=1.258\text{kg/m}^3$$

$$c_P=1.005\text{kJ}/(\text{kg}\cdot℃)$$

所以

$$h_m=\frac{12.46}{1.258\times1005}=35.48\ \text{m/h}$$

对空气而言 $Le\neq1$，所以用路易斯关系来计算所得的数据稍偏低，作为近似计算路易斯关系是非常有用的。

水面的蒸发量即质扩散通量 m_W，由于水面15℃时的水蒸气饱和分压强 $p_1=1704\text{Pa}$，故

$$m_W=\frac{h_m}{R_W T}(p_1-p_2)=\frac{40.28}{(8314/18)\times288}(1704-701)=0.304\text{kg}/(\text{m}^2\cdot\text{h})$$

【例3-3】 一游泳池宽6m、长12m，暴露在25℃、相对湿度为50%的大气环境中，风速为2m/s，风向与泳池长边方向平行。假设水面与池边在一个水平面上，求每天池水的蒸发量。

【解】 假定：

（1）稳态条件；

（2）水面光滑并忽略空气主流中的湍流效应；

（3）传热、传质比拟条件成立；

（4）自由流中水蒸气可当做理想气体。

物性：（查附录 3-1）空气（25℃）：$\nu = 15.7\times10^{-6}\text{m}^2/\text{s}$，（附录 3-2）水蒸气－空气（25℃）：$D_{AB} = 2.6\times10^{-5}\text{m}^2/\text{s}$，$Sc = \nu/D_{AB} = 0.60$，（附录 2-1）饱和水蒸气（25℃）：$\rho_{A,sat} = \nu_g^{-1} = 0.0226\text{kg/m}^3$。

$$Re_L = \frac{u_\infty L}{\nu} = \frac{2\text{m/s}\times12\text{m}}{15.7\times10^{-6}\text{m}^2/\text{s}} = 1.53\times10^6$$

转折点出现在

$$x_c = \frac{Re_{xc}}{Re_L}\cdot L = \frac{5\times10^5}{1.53\times10^6}\times12 = 3.9\text{m}$$

因此，对此层流—湍流混合问题，应采用式（3-37）

$$\overline{Sh_L} = (0.037Re_L^{\frac{4}{5}} - 870)Sc^{\frac{1}{3}}$$

$$= [0.037(1.53\times10^6)^{\frac{4}{5}} - 870](0.60)^{\frac{1}{3}} = 2032$$

$$\overline{h}_{m,L} = \overline{Sh_L}\left(\frac{D_{AB}}{L}\right) = 2032\,\frac{2.6\times10^{-5}\text{m}^2/\text{s}}{12\text{m}} = 4.4\times10^{-3}\text{m/s}$$

池水的蒸发速率为

$$m_A = \overline{h}_m A(\rho_{A,s} - \rho_{A,\infty})$$

考虑到

$$\varphi_\infty = \frac{\rho_{A,\infty}}{\rho_{A,sat}(T_\infty)}$$

及

$$\rho_{A,s} = \rho_{A,sat}(T_s)$$

$$m_A = \overline{h}_m A[\rho_{A,sat}(T_s) - \varphi_\infty\rho_{A,sat}(T_\infty)]$$

由于 $T_s = T_\infty = 25℃$，故

$$m_A = \overline{h}_m A\rho_{A,sat}(25℃)[1 - \varphi_\infty]$$

$$= 4.4\times10^{-3}\times72\times0.0226\times(1-0.5)\times86400$$

$$= 309\text{kg/天}$$

说明：实际上，由于蒸发，水面温度会比气温略低。

【例 3-4】　在一个大气压下，一股干空气吹过一湿球温度计，达到稳定状态时，湿球温度计的读数为 18.3℃，求空气的干球温度。

【解】　在稳定状态下，湿球表面上的水蒸气所需的热量来自热空气对湿表面的对流换热，即由下式能量守恒方程：

$$h(T_\infty - T_s) = rm_{H_2O}$$

式中 r 为水的蒸发潜热，J/kg。

由于

$$m_{H_2O} = h_m(\rho_{H_2O,s} - \rho_{H_2O,\infty})$$

可得：

$$T_\infty = T_s + r\frac{h_m}{h}(\rho_{H_2O,s} - \rho_{H_2O,\infty})$$

由式（3-32）

$$\frac{h}{\rho c_p u_\infty} Pr^{\frac{2}{3}} = \frac{h_m}{u_\infty} Sc^{\frac{2}{3}}$$

得：

$$T_\infty = T_s + \frac{r}{\rho c_p} \left(\frac{Pr}{Sc}\right)^{\frac{2}{3}} (\rho_s - \rho_\infty)$$

查附录 2-1，当 $T_s = 18.3$℃时，水蒸气的饱和蒸汽压力 $p_s = 2107\text{N/m}^2$，于是

$$\rho_s = \frac{p_s M^*_{H_2O}}{RT_s} = \frac{2107 \times 18}{8314 \times 291} = 0.0156\text{kg/m}^3$$

$$\rho_\infty = 0$$

由于空气干球温度 T_∞ 是待求量，故无法确知定性温度 $T_f \left(= \frac{T_s + T_\infty}{2} \right)$，作为估计，设 $T_f = 300\text{K}$，查附录 3-1，得

$$\rho_a = 1.16\text{kg/m}^3, c_p = 1.007\text{kJ/(kg}\cdot\text{K)}, Pr = 0.707, Sc = 0.61。$$

此外，$r = 2456\text{kJ/kg}$

所以：$T_\infty = 18 + \frac{2456 \times 10^3 \times (0.0156 - 0)}{1.16 \times 1007} \times \left(\frac{0.71}{0.61}\right)^{\frac{2}{3}} = 54.3$℃

$T_f = 273 + \frac{18 + 54.3}{2} = 309\text{K}$。与估计的 T_f 值相差不大，故可认为假设成立，否则以此为新的定性温度，再查表计算出 T_∞，直至收敛。

3.3 热量和质量同时进行时的热质传递

经过流体力学、传热学及本课程前期部分内容的学习，已经讨论了流体的动量传递、能量传递、质量传递这三个重要的传递过程。但基本上都把它们当作独立的问题来看待，在分析问题时，认为一个传递过程与另外的传递过程彼此互不相关。实际上，工程实践中的许多情形都是同时包含着这三个传递过程，它们彼此是相互影响的。最简单的例子是热空气流经湿表面的热质交换的过程。一方面，由于对流和辐射，热量从热空气传到湿表面，另一方面，湿表面上被蒸发的蒸汽连同它本身所具有的焓一起传递到流动中的热空气中去，在不同的蒸发速率下，热空气和湿表面之间的热交换及动量交换就有所不同。空调领域中大量存在着这些热质交换同时发生的问题：表面冷却器的冷却除湿，喷水室、冷却塔中水与空气的热质交换，湿球温度计的工作原理等。本节将分析热质交换同时进行的过程，讨论传质与传热过程的相互影响。

3.3.1 同时进行传热与传质的过程

一般来说，质量传递过程总是伴随着热量传递过程，即使在等温过程中也照样有着热量的传递。这是因为在传质过程中，随着组分质量传递的同时，也将它本身所具有的焓值带走，因而也产生了热量的传递。

在等温过程中，由于组分的质量传递，单位时间、单位面积上所传递的热量为：

$$q = \sum_{i=1}^{n} N_i M_i^* c_{p,i} (t - t_0) \tag{3-38}$$

式中　N_i——组分 i 的传质速率；

M_i^*——组分 i 的分子量（摩尔质量）；

$c_{p,i}$——组分 i 的定压比热；

t——组分 i 的温度；

t_0——焓值计算参考温度。

如果传递系统中还有温差存在，则传递的热量为：

$$q = -\lambda \frac{dt}{dy} + \sum_{i=1}^{n} N_i M_i^* c_{p,i}(t - t_0) \tag{3-39}$$

如果传热是由对流引起的，式（3-39）右边的第一项就改为对流换热系数与温差 Δt 的乘积。

目前对同时进行热质交换过程的理论计算，尤其是当传质速率较大时，一般都采用能斯特（Nernst）的薄膜理论[15]。

根据薄膜理论，如图 3-2 所示，当空气流过一湿壁时，壁面上空气的流速等于零，假定在接近壁面处有一层滞流流体薄膜，其厚度为 δ_0。因为是滞流流体薄层，所以此层内的传质过程必定是以分子扩散的形式透过这一薄层，且全部对流传质的阻力都存在这一薄层内。

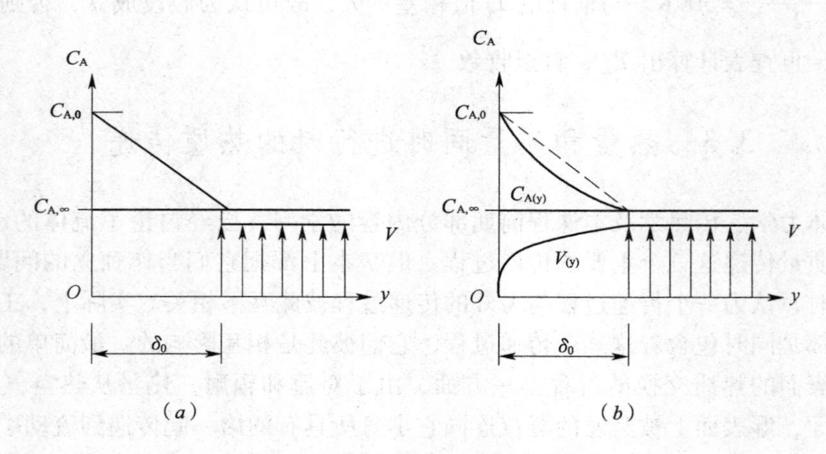

图 3-2　滞留层内浓度分布示意图

(a) $V(y)=0$；(b) $V(y)\neq 0$

对于通过静止气层扩散过程的传质系数就可定义为：

$$h_m = \frac{D_{AB}}{\delta_0} \tag{3-40}$$

同样，在热量传递中也有薄膜传热系数 h：

$$h = \frac{\lambda}{\delta_0} \tag{3-41}$$

虽然该理论并不能计算出 δ_0 的值，但它在计算热质交换同时进行过程较大传质速率的影响以及具有化学反应的传质过程都十分有用，它提供了一幅简明的壁面附近传质过程的物理图像。它的最大不足之处在于运用该理论得出的 h_m 与 D_{AB} 的一次方成正比。实际上，在紧贴壁面处，湍动渐渐消失，分子扩散起主要作用，因此，$h_m \propto D_{AB}^{1.0}$，而在湍流核心区，湍流扩散起主导作用，即 $h_m \propto D_{AB}^{0.5}$，所以 $h_m \propto D_{AB}^{0.5\sim1.0}$之间才符合实际情况。另外 δ 的数值也一定取决于流体流动的状态，即流体的雷诺数。

3.3.2　同一表面上传质过程对传热过程的影响[2]

如图 3-3 所示，设有一股温度为 t_2 的流体流经温度为 t_1 的壁面。在质量传递过程中，组分 A、B 从壁面向流体主流方向进行传递，传递速率分别为 N_A、N_B。可以认为在靠近壁面处有一层滞流薄层，假定其厚度为 δ_0，现求壁面与流体之间的热交换量。

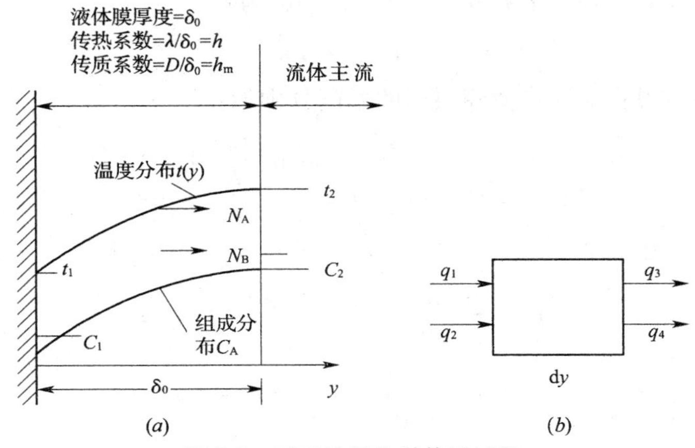

图 3-3　同时进行热质传递过程

（a）滞留层中的温度、浓度分布示意图；（b）微元体内热平衡

在 δ_0 层内取一厚度为 $\mathrm{d}y$ 的微元体，在 x、z 方向上为单位长度。那么进入微元体的热流由两部分组成。

（1）由温度梯度产生的导热热流为：$q_1 = -\lambda \dfrac{\mathrm{d}t}{\mathrm{d}y}$

（2）由于分子扩散，进入微元体的传递组分 A、B 本身具有的焓为：

$$q_2 = (N_A M_A^* c_{P,A} + N_B M_B^* c_{P,B})(t - t_0)$$

式中：M_A^*、M_B^* 分别为组分 A、B 的分子量；t_0 为焓值计算温度。

在趋于稳定状态时，进入微元体的热流量应该等于流出微元体的热流量（参阅图 3-3），因此，流体滞留薄膜层内的温度分别必须满足下列关系式：

$$\lambda \frac{\mathrm{d}^2 t}{\mathrm{d}y^2} - (N_A M_A^* c_{P,A} + N_B M_B^* c_{P,B}) \frac{\mathrm{d}t}{\mathrm{d}y} = 0 \tag{3-42}$$

两边除以薄膜传热系数 h，得

$$\frac{\lambda}{h} \frac{\mathrm{d}^2 t}{\mathrm{d}y^2} - \frac{(N_A M_A^* c_{P,A} + N_B M_B^* c_{P,B})}{h} \frac{\mathrm{d}t}{\mathrm{d}y} = 0$$

由于薄膜的传热系数与薄膜厚度之间有关系 $h = \dfrac{\lambda}{\delta_0}$，

定义 $C_0 = \dfrac{(N_A M_A^* c_{P,A} + N_B M_B^* c_{P,B})}{h}$为传质阿克曼修正系数（Ackerman Correction）。它表示传质速率的大小与方向对传热的影响，随着传质的方向不同，C_0 值有正有负。当传质的方向是从壁面到流体主流方向时，C_0为正值；反之，C_0为负值。

代入上式，得

$$\delta_0 \frac{d^2 t}{dy^2} - C_0 \frac{dt}{dy} = 0 \tag{3-43}$$

边界条件为：

$y = 0$，　　$t = t_1$（壁温）；

$y = \delta_0$，　　$t = t_2$（流体主流温度）。

解上述二阶齐次常微分方程，令 $t = e^{my}$，得方程的解为：

$$t = C_1 + C_2 e^{\frac{C_0}{\delta_0} y}$$

代入边界条件，最后得到流体在薄膜层内的温度分别为：

$$t(y) = t_1 + (t_2 - t_1) \frac{\exp\left(\dfrac{C_0 y}{\delta_0}\right) - 1}{\exp(C_0) - 1} \tag{3-44}$$

壁面上的导热热流为：

$$\begin{aligned} q_c &= -\lambda \frac{dt}{dy}\bigg|_{y=0} \\ &= -\lambda \frac{C_0/\delta_0}{\exp(C_0) - 1}(t_2 - t_1) \\ &= -\frac{\lambda}{\delta_0} \frac{C_0(t_2 - t_1)}{\exp(C_0) - 1} \\ &= h(t_1 - t_2) \frac{C_0}{\exp(C_0) - 1} \end{aligned} \tag{3-45}$$

由式（3-44）和（3-45）可知，由于传质速率的大小和方向影响了壁面上的温度梯度，从而影响了壁面的传热量。

在无传质时，$C_0 = 0$，由式（3-44）可知温度 t 为线性分布，而且

$$\begin{aligned} q_c &= \lim_{C_0 \to 0} \left(h(t_1 - t_2) \frac{C_0}{\exp(C_0) - 1} \right) \\ &= h(t_1 - t_2) \\ &= q_{c,0} \end{aligned} \tag{3-46}$$

其中，$q_{c,0}$ 为无传质时滞流层的导热热流通量。

一般情形下，

$$Nu = \frac{q_c}{q_{c,0}} = \frac{C_0}{\exp(C_0) - 1} \tag{3-47}$$

应该注意到 q_c 并不是壁面上的总热流，总热流量应为：

$$\begin{aligned} q_t &= q_c + (N_A M_A^* c_{P,A} + N_B M_B^* c_{P,B})(t_1 - t_2) \\ &= h(t_1 - t_2) \frac{C_0}{\exp(C_0) - 1} + C_0 h(t_1 - t_2) \\ &= h(t_1 - t_2) \frac{C_0}{1 - \exp(-C_0)} \end{aligned} \tag{3-48}$$

因此，

$$\frac{q_{t}}{q_{c,0}} = \frac{C_0}{1 - \exp(-C_0)} \tag{3-49}$$

$q_c/q_{c,0}$，$q_t/q_{c,0}$与 C_0的关系如图 34 所示。

由式（3-45）和（3-48）可知，

$$q_t(-C_0) = q_c(C_0) \tag{3-50}$$

上式表明，传质的存在对壁面导热量和总传热量的影响方向是相反的。在 $C_0>0$ 时，随着 C_0的增大，壁面导热量是逐渐减小的，而膜总传热量是逐渐增大的；在 $C_0<0$ 时，随着 C_0的逐渐减小，壁面导热量是逐渐增大的，而膜总传热量是逐渐减小的。

由图 3-4 可知，当 C_0为正值时，壁面上的导热量明显减少，当 C_0值接近 4 时，壁面上的导热量几乎等于零。由于：

$$\frac{q_c}{q_{c,0}} = \frac{-\lambda \left.\dfrac{dt}{dy}\right|_{y=0}}{h(t_1 - t_2)} = \frac{-\delta_0}{(t_1 - t_2)} \cdot t'(0) \tag{3-51}$$

式中：δ_0 是受流体的流动状态决定的，即取决于雷诺数；$(t_1 - t_2)$ 是常数。

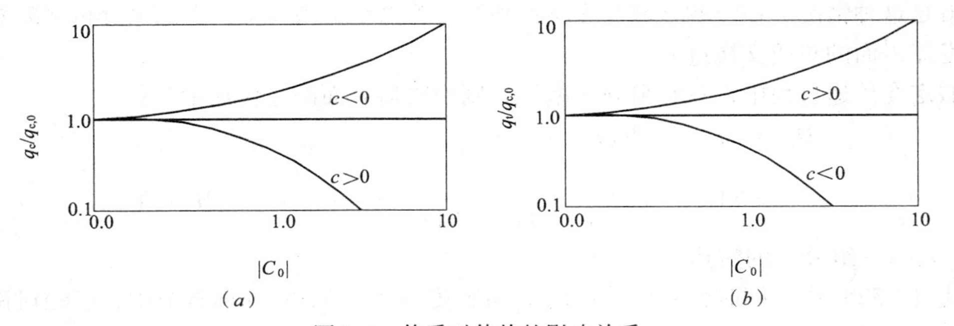

图 3-4 传质对传热的影响关系

（a）导热量随 C_0 的变化；（b）总传热量随 C_0 的变化

因此可知，因传质的存在，传质速率的大小与方向影响了壁面上的温度梯度，即 $t'(0)$的值，从而影响了壁面上的导热量。

在工程中，利用这个原理来防护与高温流体接触的壁面，研究发展了一些特殊的冷却方法。这类壁面如火箭发动机的尾喷管，受高温气体作用的燃气涡轮叶片。图 3-5 表示这些冷却方法的原理图，（*a*）图表示一般普通的对流冷却，热流在壁的一边而冷却剂在壁的另一边。（*b*）图表示薄膜冷却过程，冷却剂通过一系列与薄面相切的小孔喷入，这样就形成一个把壁面与热流体隔开的冷却层。（*c*）图表示发汗冷却过程，冷却剂是通过小孔喷入的，如热流体是气体，冷却剂为液体时，采用（*d*）图所示的蒸发薄膜冷却过程，效果就更加显著。所有这些冷却过程都受一个不断地从表面离去的质量流的影响。因此，这一类冷却过程有时又称为传质冷却[3]。

在导弹、人造卫星及空间飞船等飞行器进入大气层时，由于表面与大气中的空气高速摩擦，表面产生很高的温度。为了冷却表面，在飞行器的表面上涂一层材料，当温度升高时涂层材料就升华、融化或分解，这些化学过程吸收热量，而反应所产生的气体的质量流从表面离去，从而有效地冷却壁面，这种冷却方法称为烧蚀冷却。

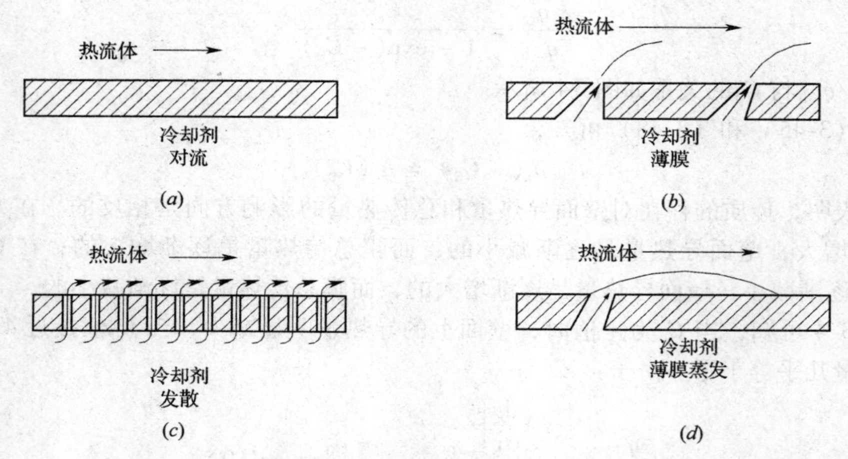

图 3-5　普通冷却过程及三种传质冷却过程示意图

当传质方向从流体主流到壁面，C_0 的值为负，此时壁面上的导热量就大大增加，冷凝器就是这种情况。在空调领域，冷凝器和蒸发器都是常用设备，下面来分析冷凝器表面和蒸发器表面的热质交换过程。

假定在传递过程中，只有组分 A 凝结，则冷凝器表面的总传热量为：

$$\begin{aligned} Q_{\mathrm{K}} &= (q_{\mathrm{t}} - N_{\mathrm{A}} M_{\mathrm{A}}^{*} r_{\mathrm{A}}) A \\ &= hA(t_{\mathrm{s}} - t_{\infty}) \frac{C_0}{1 - \exp(-C_0)} + h_{\mathrm{m}} (C_{\mathrm{s_1}} - C_{\infty}) M_{\mathrm{A}}^{*} r_{\mathrm{A}} A \end{aligned} \tag{3-52}$$

式中　r_{A}——组分 A 的潜热。

式（3-52）中，同时含有传质系数 h_{m}与膜传热系数 h，在前面章节中，已经讨论过热质交换之间的类比关系，显然，Q_{K} 可用其中任一系数来表示，根据契尔顿-柯尔本类似律，得

$$h_{\mathrm{m}} = \frac{h\mathrm{Le}^{-\frac{2}{3}}}{\rho c_{\mathrm{p}}} \tag{3-53}$$

将式（3-53）代入式（3-52）中，得

$$\begin{aligned} Q_{\mathrm{K}} &= hA(t_{\mathrm{s}} - t_{\infty}) \frac{C_0}{1 - \exp(-C_0)} + \frac{hA}{\rho c_{\mathrm{p}}} Le^{-\frac{2}{3}} M_{\mathrm{A}}^{*} r_{\mathrm{A}} (C_{\mathrm{s}} - C_{\infty}) \\ &= hA\left[(t_{\mathrm{s}} - t_{\infty}) \frac{C_0}{1 - \exp(-C_0)} + \frac{1}{\rho c_{\mathrm{p}}} Le^{-\frac{2}{3}} M_{\mathrm{A}}^{*} r_{\mathrm{A}} (C_{\mathrm{s}} - C_{\infty}) \right] \end{aligned} \tag{3-54}$$

Q_{K} 表示进入冷凝器的总热量，应该等于冷凝器内侧的冷却流体带走的热量，则

$$\begin{aligned} Q_{\mathrm{K}} &= h''(t_{\mathrm{s}} - t_{\mathrm{w}}) A \\ &= hA\left[(t_{\mathrm{s}} - t_{\infty}) \frac{C_0}{1 - \exp(-C_0)} + \frac{Le^{-\frac{2}{3}}}{\rho c_{\mathrm{p}}} M_{\mathrm{A}}^{*} r_{\mathrm{A}} (C_{\mathrm{s}} - C_{\infty}) \right] \end{aligned} \tag{3-55}$$

式中：h''为冷却流体侧的换热系数；t_{w}为冷却流体的主流平均温度。

对于冷凝表面，$t_{\mathrm{s}} < t_{\infty}$，$C_{\mathrm{s}} < C_{\infty}$，故 $Q_{\mathrm{K}} < 0$，表示热量是从主流传向壁面；对蒸发表面，$t_{\mathrm{s}} > t_{\infty}$，$C_{\mathrm{s}} > C_{\infty}$，故 $Q_{\mathrm{K}} > 0$，表明热量是从壁面流向主流。对于这两种情形，由于传质的存在，均使得传热量大大提高。

3.3.3 刘伊斯关系式

空调计算中，常用到刘伊斯关系式，这能使问题大为简化。这个关系式是刘伊斯在1927年对空气绝热冷却加湿过程中根据实验的结果得出的，后来由于热质交换过程的类比关系的提出，才由理论推导得出。

在相同的雷诺数条件下，根据契尔顿－柯尔本热质交换的类似律，

$$\frac{h_m}{h}=\frac{Le^{-\frac{2}{3}}}{\rho c_p}$$

考虑到空调计算中，用含湿量来计算传质速率较为方便，因此

$$m_A=h_m(C_{AS}-C_{A\infty})M_A^*$$
$$=h_m(\rho_{AS}-\rho_{A\infty})$$

因为在空调温度范围内，干空气的质量密度变化不大。

故 $$\rho_{TS}\approx\rho_{T\infty}$$

因 $$m_A=h_m\rho_{AM}(d_{AS}-d_{A\infty})$$
$$=h_{md}(d_{AS}-d_{A\infty}) \tag{3-56}$$

式中 ρ_{AM}——空气的平均质量密度，kg/m³；

d_A——湿空气的含湿量，kg/kg 干空气。

h_{md}——传质系数，亦称蒸发系数，表示以湿空气的含湿量差为驱动力的对流传质系数，为：

$$h_{md}=h_m\rho_{AM} \tag{3-57}$$

在空气温度范围内，$\rho_{AM}\approx\rho_A$，则：

$$\frac{h_{md}}{h}=\frac{Le^{-\frac{2}{3}}}{c_p}$$

如表3-2所示，对于水-空气系统，$Le^{-\frac{2}{3}}\approx 1$。所以

$$\frac{h}{h_{md}}=c_p \tag{3-58}$$

式（3-58）就是所谓的刘伊斯关系式。由此可见，根据这个关系式，可以得到一个很重要的结论，即在空气-水系统的热质交换过程中，当空气温度及含湿量在实用范围内变化很小时，换热系数与传质系数之间需要保持一定的量值关系，条件的变化可使这两个系数中的某一个系数增大或减小，从而导致另一系数也相应地发生同样的变化。不过在运用刘伊斯关系式时，要注意该关系式的适用范围。

刘伊斯关系式成立的条件：（1）$0.6<Pr<60$，$0.6<Sc<3000$；（2）$Le=a/D_{AB}\approx 1$。条件表明，热扩散和质量扩散要满足一定的条件。而对于扩散不占主导地位的湍流热质交换过程，刘伊斯关系式是否适用呢？

如图3-6所示，V表示单位时间内平面1与2之间由于流体的湍动引起的每平方面积上流体交换的体积，t_1与t_2、d_1与d_2分别为这两平面上流体的温度和含湿量。那么，因湍流交换而从平面1流到平面2的每单位面积的热流量为：

$$q_t=\rho c_p V(t_1-t_2) \tag{a}$$

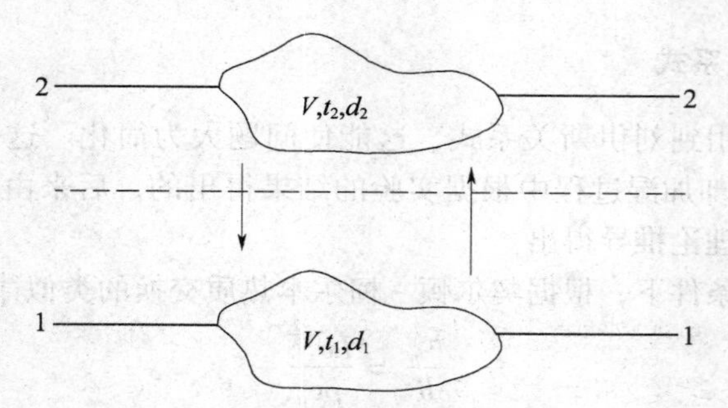

图 3-6　湍流热质交换示意图

如果用湍流换热系数 h 来表示这一热流量，则可写成为

$$h(t_1 - t_2) = \rho c_p V(t_1 - t_2) \tag{b}$$

同样，由于湍流交换而引起的每单位面积上的质量交换量为

$$m_t = \rho V(d_1 - d_2) = h_{md}(d_1 - d_2) \tag{c}$$

用式（b）除以式（c），得到 $\dfrac{h}{h_{md}} = c_p$

可见在湍流时不论 a/D_{AB} 是否等于 1，刘伊斯关系式总是成立的。这说明了在湍流传递过程中，流体之间的湍流混合在传递过程中起主要作用。对于层流或湍流紧靠固体表面的层流底层来说，刘伊斯关系式仅适用于 $a/D_{AB} = 1$ 的情况，这是因为在这些区域内，分子扩散在传递过程中起主要作用。表 3-2 给出了空气在干燥状态和温饱和状态的热质扩散系数的比值。

干空气和饱和湿空气的热质扩散系数　　表 3-2

温度（℃）	饱和度	$a \times 10^2$（m²/h）	$D \times 10^2$（m²/h）	a/D
10	0	7.15	8.37	0.855
	1	7.14		0.854
15.6	0	7.42	8.70	0.854
	1	7.40		0.852
20.1	0	7.69	9.02	0.853
	1	7.07		0.850
26.7	0	7.95	9.36	0.852
	1	7.93		0.848
32.2	0	8.24	9.07	0.851
	1	8.20		0.846
37.3	0	8.53	10.04	0.850
	1	8.46		0.843
43.3	0	8.82	10.39	0.848
	1	8.71		0.838
48.9	0	9.11	10.75	0.848
	1	8.94		0.832
54.4	0	9.40	11.11	0.846
	1	9.15		0.823
60	0	9.70	11.47	0.845
	1	9.60		0.812

3.3.4 湿球温度的理论基础

流体在界面上同时进行热质交换理论的最简单应用就是计算湿球温度计在稳定状态下的温度。湿球温度计如图3-7所示，其中干球温度计是一般的温度计，湿球温度计头部被尾端浸入水中的吸液蕊包裹。当空气流过时，大量的不饱和空气流过湿布时，湿布表面的水分就要蒸发，并扩散到空气中去；同时空气的热量也传递到湿布表面，达到稳定状态后，水银温度计所指示的温度即为空气的湿球温度。

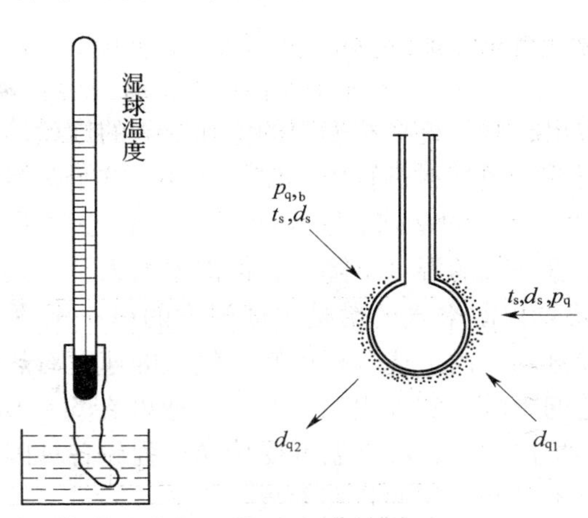

图3-7 湿球温度计

早在1892年人们就利用湿球温度来测量湿度，当时许多人都在理论上对此现象研究过，但是他们得出的数据往往不一致，因而常引起争论。下面将从理论上推导说明含湿量与湿球温度之间简单但实际应用中又极为重要的关系。

假定与湿布接触之空气的温度为常数 t，含湿量为 d，焓值为 i；稳定后湿球温度计的读数为 t_{wb}，其对应的含湿量为 d_{wb}，焓值为 i_{wb}。当空气与湿布表面之间的热量交换达到稳定状态时，空气对湿布表面传递的热量为：

$$q_H = h(t - t_{wb}) \frac{C_0}{1 - \exp(-C_0)} \tag{1}$$

湿布表面蒸发扩散的水分量为：

$$m_A = h_{md}(d_{wb} - d) \tag{2}$$

根据热平衡，得

$$h(t - t_{wb}) \frac{C_0}{1 - \exp(-C_0)} = rh_{md}(d_{wb} - d) \tag{3}$$

式中，r 为水的汽化潜热。

由式（3）得

$$\frac{h(t - t_{wb})}{h_{md}} \frac{C_0}{1 - \exp(-C_0)} = r(d_{wb} - d)$$

根据刘伊斯关系式：$\frac{h}{h_{md}} = c_p$，则由上式变为：

$$c_p(t - t_{wb})\frac{C_0}{1 - \exp(-C_0)} = r(d_{wb} - d) \tag{4}$$

采用级数把上式左边展开，由于湿球表面水分蒸发的量较小，即传质速率对传热过程影响不大，所以级数只取前两项，则式（4）就简化为：

$$c_p(t - t_{wb}) = r(d_{wb} - d) \tag{5}$$

考虑到干、湿球温度相差不大，因此在此温度范围内，湿空气的定压比热与汽化潜热都变化不大，则式（5）可近似写成为：

$$c_{p,t}t + d_t r = c_{p,wb}t_{wb} + d_{wb}r_{wb}$$

根据湿空气焓的定义，可得

$$i = i_{wb} \tag{3-59}$$

从式（3-59）可以看出，紧靠近湿布表面的饱和空气的焓就等于远离湿布来流的空气的焓。即在湿布表面进行热、质交换过程中，焓值不变。这个著名的结果首先是凯利亚在1911年提出的，这就是焓－湿图的基础。它说明了对于水-空气系统，当未饱和的空气流过一定量的水表面时，尽管空气的温度下降了，但湿度增大了，其单位质量所具有的焓值不变。在焓-湿图中，不难看出湿空气的焓是湿球温度的单一函数，因此进行测试时，如何测准湿球温度是极为关键的。由上述分析可知，气流的速度对热质交换过程有影响，因而对湿球温度值也有一定的影响，实验表明，当气流速度在 5～40m/s 范围内，流速对湿球温度值影响很小。应当指出的是，湿球温度受传递过程中各种因素的影响，它不完全取决于湿空气的状态，所以不是湿空气的状态参数。

绝热饱和温度和湿球温度是两种物理概念不同的温度。所谓绝热饱和温度是指有限量的空气和水接触，接触面积较大，接触时间足够充分，空气和水总会达到平衡。在绝热的情况下，水向空气中蒸发，水分蒸发所需的热量全部由湿空气供给，故湿空气的温度将降低。另一方面，由于水分的蒸发，湿空气的含湿量将增大。当湿空气达到饱和状态时，其温度不再降低，此时的温度称为绝热饱和温度，常用符号 t_s 表示。绝热饱和温度 t_s 完全取决于进口湿空气及水的状态与总量，不受其他任何因素的影响，所以 t_s 是湿空气的一个状态参数。测得湿空气的干球温度 t 与绝热饱和温度 t_s，根据能量平衡方程式，可以计算出进口湿空气的含湿量 d。绝热饱和过程的能量平衡方程式为：

$$I + I' = I''$$

式中　I——进口湿空气的焓，为：

$$I = M_a(i_a + di_v)$$

I''——出口饱和空气的焓，为：

$$I'' = M_a(i''_a + d''i''_v)$$

式中　i''_a、d'' 及 i''_v——分别表示处于出口饱和状态时其中空气的焓、含湿量及水蒸气的焓。

I' 是补充水的焓，为：

$$I' = M_a(d'' - d)i'$$

式中　i'——单位质量补充水的焓；

M_a——干空气质量。

将上列三式代入能量平衡方程式，同时除以 M_a，得

$$i_a + di_v + (d'' - d)i' = i''_a + d''i''_v$$

将上式整理，得到进口湿空气的含湿量 d 为：

$$d = \frac{(i''_{a} - i_{a}) + d''(i''_{v} - i')}{i_{v} - i'}$$

按各项的意义，上式还可写成为：$d = \dfrac{c_{p,a}(t_{s} - t) + d''r_{s}}{i_{v} - i'}$

式中　r_s——水在温度为 t_s 时的汽化潜热；

d''——出口饱和空气的含湿量；

i'——温度为 t_s 的水的焓，湿空气中水蒸气的焓可根据 t 计算得出。

这样，只要测出 t 与 t_s，按上式就可求得进口湿空气的含湿量。

实验数据表明，当湿空气的干球温度不是很高，且含湿量变化较小时，其湿球温度 t_{wb} 与绝热饱和湿球温度 t_s 数值很接近。例如当湿空气的干球温度为 50℃，含湿量为 0.0159（或 $\varphi = 20\%$），此时 $\Delta t = t_s - t_{wb} = 0.4$℃，如果干球温度减小，差值也相应减小。由此可见，在水－空气系统中，这两种极限温度之间的差值是不大的，特别是在空调温度范围内完全有理由把这两个温度的值视作相等。绝热饱和温度 t_s 所体现的条件一般是不常见的，实践中所以要重视这个温度，是因为在水-空气系统中，借近似式 $t_{wb} \approx t_s$，就可利用焓湿图上的 t_s 来代替 t_{wb}。对于甲苯、乙醇等一些有机化合物，其湿球温度与水相反，总是要比绝热饱和温度高。

3.3.5* 自然环境中的传热传质

3.3.5.1　大气中的水面蒸发及其测定

自然环境中存在大量的传热传质现象，其中最典型的是水面蒸发。土壤、海洋和江河湖泊的水分向大气蒸发，以及水蒸气受冷空气侵袭后冷凝而形成云雾，或者急骤下降为雨，随气候的变迁影响着人类的生活和工作环境以及地球生物圈的生态平衡。

图 3-8 表示出了自然界水面蒸发现象，特别在辽阔的海洋上空将形成超厚的潮湿大气层，越接近水面的湿度越大。如果不考虑风浪，也不考虑潮汐的涨落，宏观的完全看做平整的水面与静止空气相接触时，水分的蒸发就只限于图 3-9 所讨论的将近于等温下的分子扩散传质，分子的扩散可由斐克定律计算，水分的质流密度为

$$N_{w} = -\frac{D}{RT}\frac{\mathrm{d}p_{w}}{\mathrm{d}z} \qquad [\mathrm{kmol/(m^2 \cdot s)}]$$

z_1 代表扩散层厚度，$z = 0$ 时，p_w 为水面温度 t_w 时的饱和蒸汽压 p_s；$z = z_1$ 时，p_w 为自由大气中的蒸汽分压力。

如果考虑水面半渗透作用，容许空气渗入，可以进一步精确地由上式计算水面蒸发率。实际上，在自然环境中，在大尺度空间内，总会有温差存在，也不可能没有大气的对流，风速的出现无疑会使蒸发率显著增大。为此，常用图 3-10 表示的暴露在大气中的标准蒸发盘中水面高度在一昼夜时间内的降低值实测大气的实有蒸发率。可以把盛水盘平放在地面上（“陆基盘”），也可以放在水面上（“浮漂盘”）。在水面上方 100mm 处测量平均风速 $\bar{u}$（km/s）。长期积累的数据资料已被整理成“陆基盘”蒸发率 E（mm/天）为

$$E = (181 + 1.25\bar{u})(p_{s} - p_{w})^{0.88} \tag{3-60}$$

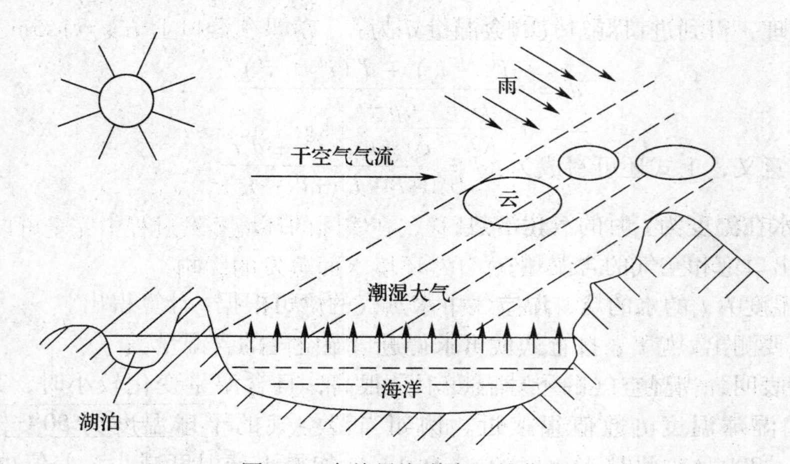

图 3-8　自然界海洋水面的蒸发

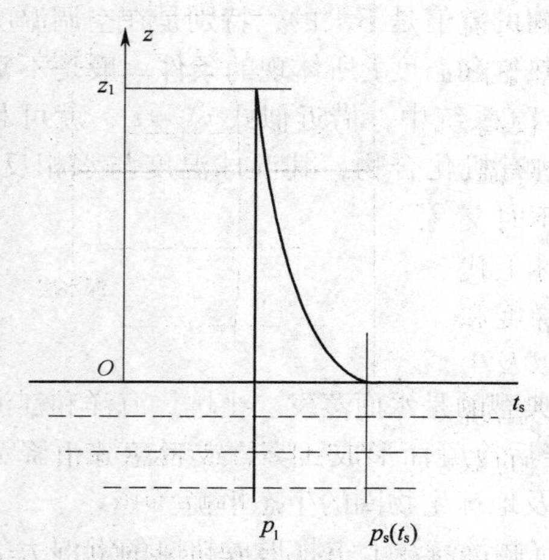

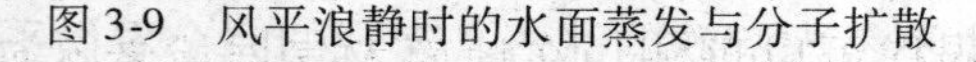

图 3-9　风平浪静时的水面蒸发与分子扩散

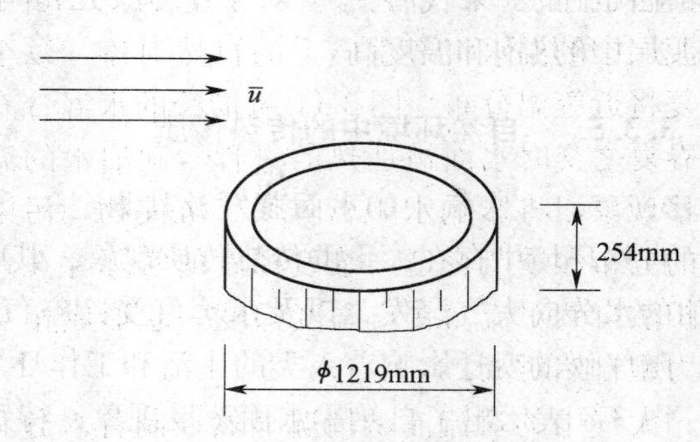

图 3-10　测定水蒸发率的标准盘

式中，平均风速为 $\bar{u}$（km/天），p_s为盘口上方 1.5m 处大气干球温度的饱和蒸汽压，而 p_w则为盘口上方 1.5m 处大气中实际蒸汽分压力，两者都用 atm 计。盘和周围环境的传热情况也对蒸发率有影响，可按式（3-60）对陆基盘乘以“盘效率”0.7，对浮漂盘乘以修正系数 0.8。

【例 3-5】　标准陆基盘被用于测定地面蒸发率。如果实测数据为：气温 37.7℃，相对湿度为 30%，平均风速为 16km/h，试确定当地的地面蒸发率。

【解】　由蒸汽表查到 37.7℃ 或 $T = 37.7 + 273 = 303.7$K 时的饱和蒸汽压 $p_s = 0.067$atm

$$p_w = 30\% \, p_s = 0.02\text{atm}$$

已知 $1\text{atm} = 1.0132 \times 10^5 \text{N/m}^2$，$\bar{u} = 16\text{km/h} = 384\text{km/天}$。于是，由式（3-60），取盘效率为 0.7，

$$E = (181 + 1.25 \times 384)(0.067 - 0.02)^{0.88} \times 0.7 = 31.2\text{mm/天}$$

水的质量密度为 $\rho_w = 10^3 \text{kg/m}^3$，则每单位面积的蒸发率将是

$$n_w = \frac{E}{1000} \rho_w = 0.0312 \times 10^3$$

$$\text{或} \quad 31.2\text{kg/(m}^2 \cdot \text{天)}$$

作为对比，如按分子扩散传质的简化式估算，亦即在盘口上方 $z=1.5\text{m}$ 处测定 p_s、p_w 时，有

$$n_w = -M_w \frac{D}{RT}\frac{p_s - p_w}{\Delta z} \quad [\text{kg}/(\text{m}^2 \cdot \text{s})]$$

$$\text{或} \quad n_w = 0.0474\text{kg}/(\text{m}^2 \cdot \text{天})$$

这种分子扩散迁移远小于对流扩散迁移，在实际的环境蒸发过程中完全可以忽略不计。

3.3.5.2　季节变化和昼夜变化对自然环境水面蒸发的影响

在自然环境中，存在着太阳辐射热的影响。自然环境中的蒸发所需的潜热常来自日照或者取自所蓄积的日照热量。这种日照情况使江河湖泊中水温分布常带有季节性的特性。早春时，将近等温分布；此后，随着太阳辐射的增强，水面吸收引起表面层的水日复一日的迅速变暖。如图3-11所示，表面总有一层，由于漩涡和对流混合作用而保持均匀的温度。在表面层，水温急剧下降到深水层常年不变的温度。盛夏时，表面层水温较高，表面层也比较厚；直到深秋，天气转凉，表面开始降温，过渡层中的温水将产生向上的自然对流，以至冬季时又恢复将近等温分布。图3-11所描绘的水温分布实际上代表春夏之交时水面被加热的过程。湖泊水的温度梯度和迁移现象，将影响水中营养质、沉淀物、污染质以及生态的分布和季节变迁。浓度梯度的实际存在，势必出现质扩散自然对流，并与温度梯度一起形成相互耦合的双浮力型自然对流。

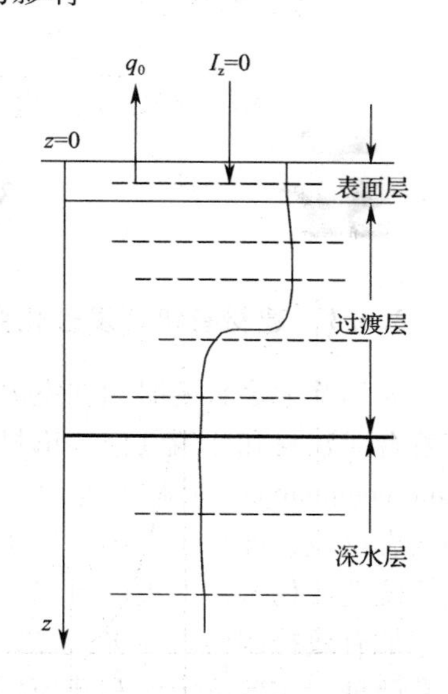

图3-11　自然环境中湖泊水温分布图

大气中的对流流动情况显然控制着水分和污染物的传播，并为气候变化提供一定的条件。根据上面对江河湖泊水温分布的分析，同样可以理解：在地面大气层或者水面上空昼夜之间大气温度受日照影响引起的迁移。图3-12中，(*a*) 为中午时，受强烈日照的原因，地面温度高于大气温度，使近地大气向上浮升；(*b*) 为太阳落山后，地面温度将因辐射散热而被冷却下来，到黄昏后时出现“温度逆变”现象，即在近地层中的大气温度反会随高度 z 增加，这时的近地层内大气不会再出现向上的浮升气流或者上升流动趋向于最小；(*c*) 为黄昏后到第二天清晨太阳升起以前，地面温度越降越低，使“温度逆变”层的厚度增加；(*d*) 为清晨太阳辐射能重新加热地面而使地面温度开始回升，缩小以至消除到“温度逆变”层，重建起中午时的大气温度分布，并在这个过程中使大气形成“热分层”现象，在临近地面处观察到大自然中的贝纳德（Benard）蜂窝模式流动。图3-12所反映的当然只是基本趋向。实际的大气垂向温度分布还将与局部地区的风、雨以及其他气象情况有关，并且受大气中湿量影响。湿量大时，上升气流更趋近于容易饱和以致凝结沉降。这种垂向的真实温度梯度也势必控制着大气中污染杂质的扩散，例如：在中午左右产生最大的上升气流，能夹带杂质远离地面，而在清晨逆变层最厚时，如果厚度超过了烟囱排烟高度，污染杂质就会聚积在近地层中，同时出现混合、翻腾而恶化环境。

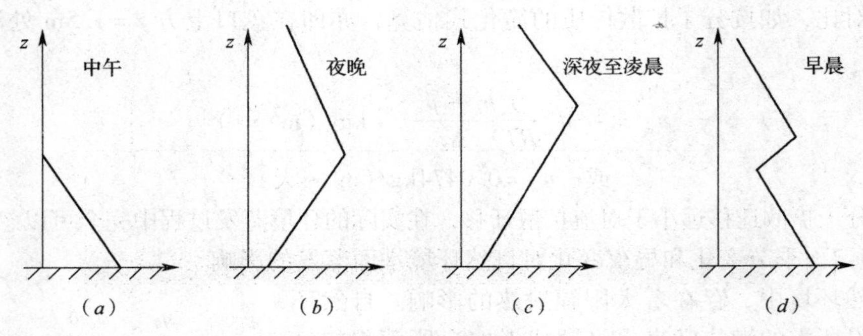

图 3-12　昼夜之间大气温度随高度分布的变迁

3.4* 传质应用举例

3.4.1 建材有机挥发性化合物散发问题

人们绝大多数的时间在室内度过，因此室内空气品质的优劣对人身体健康影响很大。随着合成建材和建筑装修装饰材料的大量使用，其散发的挥发性有机化合物（volatile organic compounds，简称 VOCs）会对长期生活和工作在室内的人们造成不良影响，出现一些病态反应，如头痛、困倦、恶心和流鼻涕等，还会对人的呼吸系统、心血管系统以及神经系统造成伤害，严重的可以致癌。

欲有效控制建材 VOCs 散发，需对其散发特性有所了解。研究散发特性的方法一般说来有两种：实验测定法和建模模拟法。实验测定法虽然有可靠、准确的特点，但也有一些缺点，如：难以了解散发的物理机制，难以了解非实验条件下的散发情况。建立传质模型分析建材 VOCs 散发则可在一定程度上弥补实验测定方法的不足。下面通过一些典型建材的散发问题说明如何建立传质模型，分析建材 VOCs 散发特性。

已知：小室和建材的几何尺寸，小室中的通风换气速率，建材中的 VOCs 的初始浓度分布，建材 VOCs 散发的相关特性参数（传质系数 D，分离系数 K）。

对于建材单面散发问题，需要了解的是：

(1) 建材和装修材料中 VOCs 散发规律是什么？

(2) 散发速率有多大？

(3) 材料中 VOCs 散发完需多少时间？

(4) 散发速率和散发量的影响因素是什么？

假设：一维传质，底部与不渗透表面接触（绝质），常物性，进入小室中的空气的 VOCs 浓度很低，可忽略不计，室内空气充分混合、浓度均匀，如图 3-13 所示。

平板内 VOCs 的质量扩散方程为：

$$\frac{\partial C(x,t)}{\partial t} = D\frac{\partial^2 C(x,t)}{\partial x^2} \tag{3-61}$$

其中，$C(x, t)$ 为平板内 VOCs 的瞬时浓度，mol/m^3；x 为离底面的距离，m；t 为时间，s；D 为扩散传质系数，m^2/s，假设其为常数。

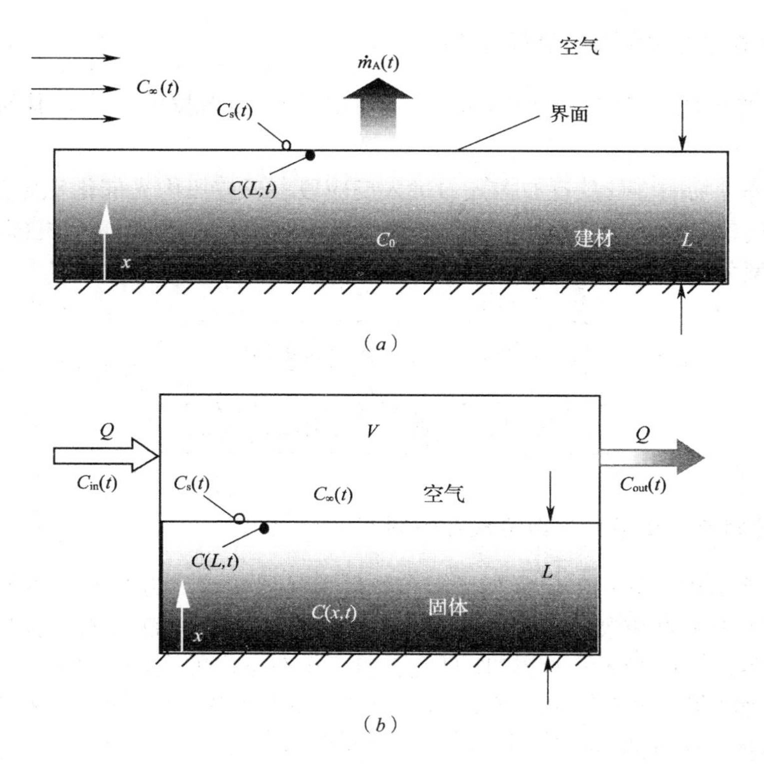

图 3-13　建材在小室内散发情况示意图

(a) 平板建材散发示意图；(b) 小室 VOCs 浓度情况示意图

初始条件为：

$$C(x,t) = C_0(x), \quad t = 0, \quad 0 \leqslant x \leqslant L; \tag{3-62}$$

边界条件为：

$$\frac{\partial C(x,t)}{\partial t} = 0, \quad t > 0, \quad x = 0; \tag{3-63}$$

$$-D\frac{\partial C(x,t)}{\partial x} = h_m(C_s(t) - C_\infty(t)), \quad t > 0, \quad x = L。 \tag{3-64}$$

其中，h_m为对流传质系数，m/s；$C_s(t)$ 为 $x=L$ 边界处气体侧 VOCs 浓度（见图 3-13），$C_\infty(t)$为室内空气中 VOCs 浓度，mol/m^3。

在 $x=L$ 边界处，气体侧 VOCs 浓度和固体侧 VOCs 浓度存在以下平衡关系式[4]：

$$C(x,t) = KC_s(t), \quad t > 0, \quad x = L。 \tag{3-65}$$

其中，K 为分离常数（partition coefficient）。

小室内 VOCs 平衡方程为：

$$\frac{dC_\infty(t)}{dt} \cdot V = A \cdot \dot{m}(t) - Q \cdot C_\infty(t) \tag{3-66}$$

式中的 $\dot{m}(t)$ 为单位散发面积的材料 VOCs 散发速率，mol/(m^2 · s)；A 为建材 VOCs 散发面积，m^2；V 为小室体积，m^3；Q 为小室换气速率，m^3/s。

3.4.2　光催化处理室内有机挥发物

纳米 TiO_2 光催化处理室内 VOCs 是近年来兴起的一项新技术[9~13]，其研究中也涉及一些对流传质问题。

含有有机挥发物的空气从反应器入口进入反应段。反应段内光催化反应会降解有机挥发物，使得其出口处有机挥发物浓度有所下降。为了了解光催化降解有机挥发物的规律，有必要通过模型分析反应器降解有机挥发物的性能。

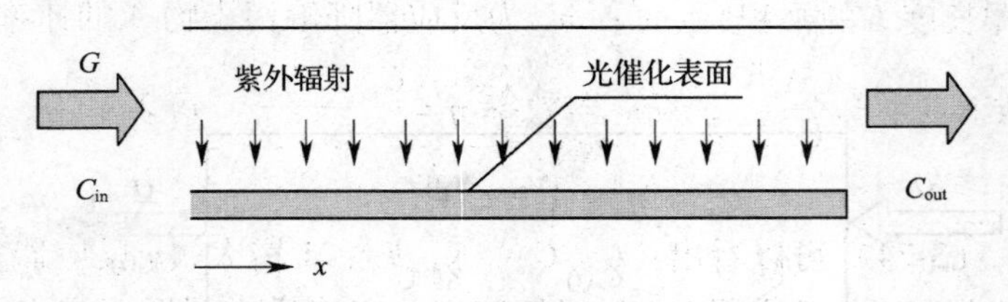

图 3-14　光催化反应器示意图

为突出物理本质并合理简化问题，假设：

（1）仅有一种有害气体参与表面光催化反应；

（2）沿流动方向反应器截面相同；

（3）反应器长度为 L，m。

对图 3-14 所示的光催化反应器，以下传质方程成立[14~16]：

$$\begin{cases} -G\dfrac{\mathrm{d}C(x)}{W\cdot \mathrm{d}x} = K(x)\cdot C_s(x) & (3\text{-}67) \\ K(x)\cdot C_s(x) = h_m(x)\cdot(C(x)-C_s(x)) & (3\text{-}67a) \\ x=0, C(x)=C_{in} & (3\text{-}67b) \end{cases}$$

式中，G 为空气体积流量，m^3/s；W 为光催化板的深度（垂直于纸面方向），m；$C(x)$、$C_s(x)$ 分别为 x 处 VOCs 组分的平均摩尔浓度和壁面摩尔浓度，mol/m^3；C_{in} 为反应器进口处某种 VOCs 的摩尔浓度，mol/m^3；$K(x)$ 为当地表观反应系数，m/s；$h_m(x)$ 为当地对流传质系数，m/s。其中当地表观反应系数由紫外光波长 λ、当地紫外光强度 $I(x)$、$C_s(x)$ 和水蒸气浓度 C_w 等参数决定。使用表观反应系数可以方便比较光催化反应与传质的相对强弱，从而发现反应器降解 VOCs 的瓶颈所在。

由式（3-67a）解得：

$$C_s(x) = \frac{1}{1+K(x)/h_m(x)}C(x) \tag{3-68}$$

定义当地总降解系数 $K_t(x)$ 为：

$$K_t(x) = \frac{1}{1/K(x)+1/h_m(x)} \tag{3-69}$$

代入式（3-67）可得：

$$\frac{\mathrm{d}C(x)}{C(x)} = -\frac{W}{G}K_t(x)\,\mathrm{d}x \tag{3-70}$$

$$\ln C_{out} - \ln C_{in} = -\frac{W}{G}\int_0^L K_t(x)\,\mathrm{d}x \tag{3-71}$$

定义总降解系数 K_t 为：

$$K_t = \frac{\int_0^L K_t(x)\,\mathrm{d}x}{L} \tag{3-72}$$

则：$C_{out} = C_{in} e^{-\frac{K_t A}{G}}$ (3-73)

$$\dot{m} = G \cdot (C_{in} - C_{out}) = G \cdot C_{in}(1 - e^{-\frac{K_t A}{G}}) \tag{3-74}$$

式中 C_{out} 为反应器出口处组分 A 的摩尔浓度，mol/m^3；A 为反应器的反应面积（等于反应器宽度 W 与反应器长度 L 的乘积），m^2；$\dot{m}_A$ 为反应器降解污染物 A 的速率，mol/s。采用反应器传质单元数 $NTU_m = \frac{K_t A}{G}$[10]，反应器效率 $\eta = \frac{C_{in} - C_{out}}{C_{in}}$[10] 可表示为：

$$\eta = 1 - e^{-NTU_m} \tag{3-75}$$

从式（3-69）、（3-74）可以看出：G，C_{in}，K，h_m，A 增大，$\dot{m}$反应器 VOCs 降解速率增大。因此，要提高光催化反应器 VOCs 降解速率，应将反应器置于室内 VOCs 浓度较高的地方，选择尽量高的空气流量，采用合适的光催化反应材料并优化其反应条件（反应温度、湿度和光强等）以增大 K 值，设计合理的反应器结构形式以增加反应面积和增强传质效果。

3.4.3 大气污染防治问题

大气污染物控制中也存在一些扩散传质问题。下面通过一个例子说明扩散传质在其中的应用。

【例 3-6】 研究空气品质时要求建立一个大气中 NO_2 的分布模型。已知地面处由汽车和烟囱排气产生的 NO_2 的摩尔通量 $\dot{N}_{A,0}$，同时还知道在距地面足够高处 NO_2 浓度为 0 以及 NO_2 在大气中产生化学反应，特别是，NO_2 与未燃烧的碳水化合物（被阳光激活）反应产生 PAN（过氧乙酰基盐酸盐，peroxyacetylnitrate）。反应为一级反应，$\dot{N}_A = -k_1 C_A$。

（1）假设稳态条件以及大气层中气体静止，试确定大气层中 NO_2 垂直摩尔浓度分布 $C_A(x)$；

（2）假设大气温度为 300K，反应系数 $k_1 = 0.03\mathrm{s}^{-1}$，$NO_2$ – 空气扩散系数 $D = 1.5 \times 10^{-4}\mathrm{m/s}$。如果 NO_2 分压 $p_A = 2 \times 10^{-6}$bar 时就会引起肺病，试确定地面 NO_2 排放的警戒标准。

【解】 设 A 代表 NO_2，

$$D\frac{\mathrm{d}^2 C_A}{\mathrm{d}x^2} - k_1 C_A = 0$$

其通解为：

$$C_A(x) = C_1 e^{-mx} + C_2 e^{mx},$$

其中 $m = \left(\frac{k_1}{D}\right)^{\frac{1}{2}}$

边界条件为：

$$x \to \infty, C_A(x) \to 0$$

$$x \to 0, \dot{N}_A(0) = -D\frac{\mathrm{d}C_A}{\mathrm{d}x}\bigg|_{x=0} = \dot{N}_A$$

可得：

$$C_1 = \frac{\dot{N}_{A,0}}{mD}, C_2 = 0$$

$$C_A(x) = \frac{\dot{N}_{A,0}}{(k_1 D)^{\frac{1}{2}}}e^{-mx}$$

$$\because p_A(0) = C_A(0)RT = \frac{\dot{N}_{A,0}RT}{(k_1 D)^{\frac{1}{2}}} \leqslant p_{A,c}$$

$$\therefore \dot{N}_{A,0} \leqslant \frac{p_{A,c}}{RT}(k_1 D)^{\frac{1}{2}} = \frac{2\times 10^{-6}\times 1.013\times 10^5}{8.31\times 300}\times(0.03\times 1.5\times 10^{-4})$$

$$= 3.66\times 10^{-10}\mathrm{mol/(s\cdot m^2)}$$

3.4.4　超声波对空气处理中热质传递过程的促进

在对空气加湿/除湿处理过程中，待处理空气与水雾、除湿盐溶液等之间的接触面积是影响热、质传递过程的决定性因素。若可有效增大该接触面积，则空气处理时伴随的传热、传质过程可得到显著促进。在现存技术手段中，超声波雾化技术因其雾化效果优良、设备较为灵活且运行能耗较低等特点而在空气调节领域得到关注。

3.4.4.1　超声波雾化装置的构成与雾化机理

超声波雾化系统主要由超声波发生器及换能器构成，而其中换能器是该装置产生雾化作用的核心，其结构如图 3-15 所示[26]，主要包含变幅杆和雾化工具头（雾化阵子）等部件。当装置运行时，变幅杆部件将接收由超声波发生器生成的信号并在雾化工具头处产生高频谐振动，连续供给的液体从液体通道流到雾化表面，形成大量粒径在微米级别的液滴，喷洒至空气处理单元内与空气进行热湿交换。

目前用于解释超声雾化机理的常见理论有：表面张力波理论和微激波理论。表面张力波理论从气液交界面着手，解释液体表面随超声波振动，超过表面张力束缚后液滴脱离液体表面进而雾化。微激波理论从液体内部着手，解释液体内部受超声波振荡引起空化作用产生微激波进而破碎的机理。

（1）表面张力波理论

通常，处于平衡状态的液体其自由表面是平的。当液体表面产生振荡后，表面张力为阻止此振荡而产生的波就是表面张力波。具体来说就是，频率达到了 20 kHz 以上的超声波会在气液交界面引起振幅足够大的波动，此时液体表面的液体分子会脱离表面张力的控制，液体就会从自由面破碎，实现雾化。A. J. Yule 等[27]认为液滴是从张力波的波峰处脱离的，并且表面张力波的振荡频率是超声波频率的一半，依据该理论所描述的一个振动周期内液滴的形成过程如图 3-16 所示。

（2）微激波理论

微激波理论认为，超声波在液体中传播时会产生特有的物理现象——超声空化作

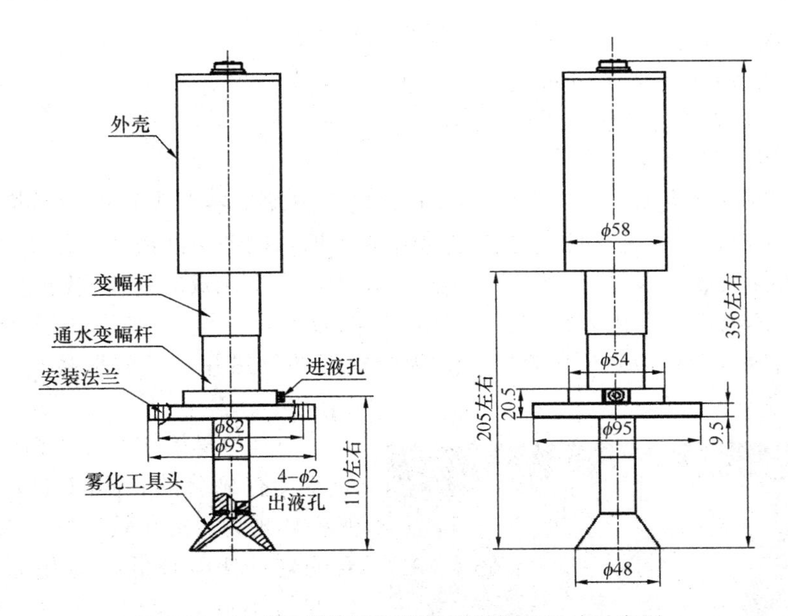

图 3-15 超声波雾化装置换能器结构与尺寸示意图

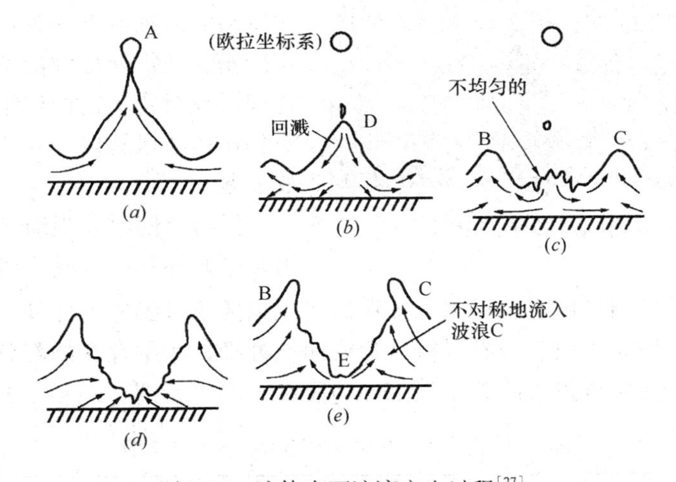

图 3-16 液体表面液滴产生过程[27]

用[28]，空化会导致液体内部出现气泡，气泡在积累一定能量之后会破裂，其破裂瞬间产生的高压气体会使得液体内部产生冲击波——微激波，微激波使得液面失稳，进而使得液滴脱离溶液表面，发生雾化作用。声压和频率影响液体内部空化的程度，其中，声压与空化所产生的气泡直径成正比。当超声波频率接近气泡的谐振频率时，则可形成空化效应的基础条件。气泡的谐振频率f可由公式（3-76）计算而得[29]：

$$f = \frac{1}{2\pi R}\sqrt{\frac{3\gamma}{\rho_1}\left(P + \frac{2\sigma}{R}\right)} \tag{3-76}$$

式中 γ——气泡中气体的定压比热和定容比热之比；

σ——液体表面张力系数；

P——液体静压力，Pa；

ρ_1——液体密度，kg/m³；

R——气泡的原始半径，m。

3.4.4.2　对空气处理热、质传递的促进

（1）空气加湿过程

在对空气进行雾化加湿时，雾化系统中的超声波发生器首先将电能转换为高频（30~50kHz）超声波信号，并将此信号传递给图 3-15 所示的超声波换能器，使其在电能驱动下产生表面振幅仅数微米的高频振动，从而在水中产生空化效应并造成剧烈的水表撕裂作用，使加湿液体被直接雾化为粒径低至 2μm 的细微水滴（雾），如图 3-17 所示。这些细微水滴（雾）随气流扩散到周围空气中，吸收空气的显热并蒸发成水蒸气，从而对空气实现加湿。

图 3-17　超声波雾化装置形成的优质雾滴

与其他等焓加湿方式相比，超声波加湿器具有显著的特点（如表 3-3 所示）。具体体现为：雾化效果好、水雾液滴细微且均匀、耗电较低（雾化原理与传统雾化方式不同）、反应灵敏、整机结构紧凑、系统响应快且运行平稳、噪声低。此外，超声波加湿器的易用度较高，可按需直接安装在需要加湿的室内，亦可安装在空调器或组合式空调机组内，还可以直接安装在送风风管内，对待处理空气进行有效加湿。

但与此同时，当前该系统在工业界应用时也面临一些挑战，诸如目前设备价格较高、换能器振动子耐用度有待增强、加湿后需根据要求升温等。此外，当采用普通市政自来水作为加湿水源时，由于没有进行软化或净化处理，水中存在的部分阳离子杂质在细微水雾蒸发后会形成白色粉末附着于周围环境表面，产生所谓“白粉”现象。

超声波雾化加湿与其他加湿方式的特点对比　　**表 3-3**

特点	等焓加湿			
加湿方式	超声波加湿	高压喷雾加湿	气水混合加湿	离心式加湿器
加湿原理	在加湿器水槽内安装，换能器将超声波信号转换为微幅振动，使水在常温下直接雾化进行蒸发加湿	使经过加压泵的高压水从喷嘴小孔向空气中喷雾，喷雾水的粒子通过与流通空气热交换而蒸发加湿	将压缩空气与水经过喷嘴混合后喷射入空气中，喷雾水粒子通过与流通空气热交换而蒸发加湿	借助装置产生的离心力作用将水雾化成细微水滴，在空气中蒸发进行加湿
加湿形态	水微粒子（极细）	水微粒子	水微粒子	水微粒子
控制特性	比例可调	开关式	比例可调	比例可调
控制精度	±5%	±10%	±5%	±10%
水质要求	去离子水	自来水	自来水	去离子水或自来水

续表

特点	等焓加湿			
加湿方式	超声波加湿	高压喷雾加湿	气水混合加湿	离心式加湿器
加湿能力（kg/h）	1.2～20	6～250	0～400	2～5
耗电量（W/（kg·h））	20	890	采用压缩空气做动力	50
优点	体积小，加湿强度大，加湿迅速，耗电量少，使用灵活，无需气源，控制性能好，雾粒小而均匀，加湿效率高	加湿量大，雾粒细，效率高，运行可靠，耗电量低	对水质无要求，雾粒细，加湿量可任意组合，主控箱与喷头可分离安装，尤其适合高湿冷库环境及纺织厂车间直接加湿	使用寿命长，节省电能，安装方便
缺点	单价较高，使用寿命短，加湿后尚需升温，不及时清洗可能带菌	可能带细菌，水未经有效过滤时喷嘴易堵塞	需要气泵，耗气量大	水滴颗粒较大，不能完全蒸发，还需排水

（2）空气除湿过程

近些年亦有研究表明[30,31]，超声波雾化技术的应用对以溶液除湿装置（见图 3-18）为代表的吸收式空气除湿过程亦有显著的促进效果。该促进作用体现在两方面：①可提高除湿系统的性能、降低除湿盐溶液的消耗量；②可有效降低驱动稀溶液再生所需温度、减少系统运行能耗。

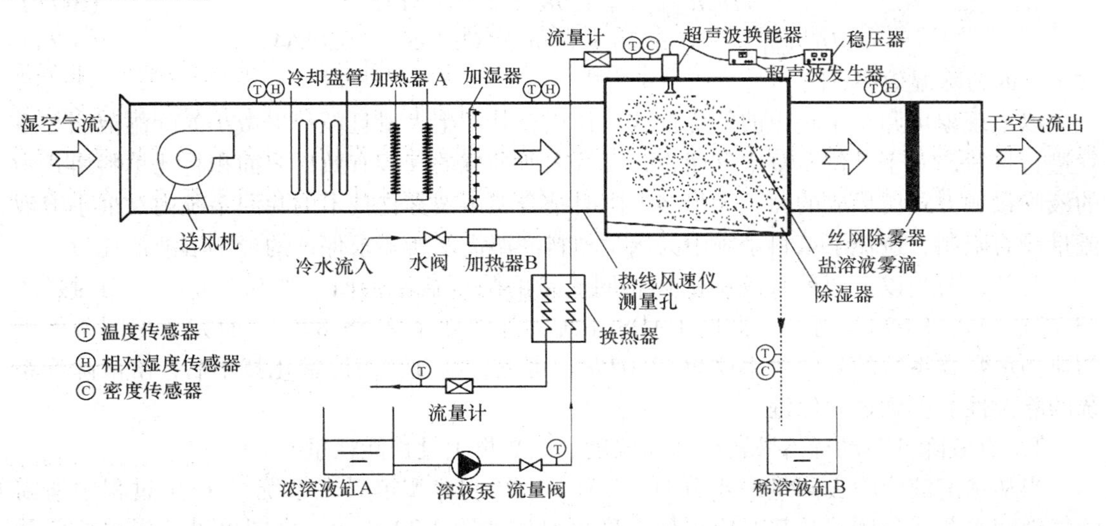

图 3-18　应用超声波技术的溶液除湿系统装置示意图

1）提高除湿系统性能、降低溶液消耗量

图 3-19 对比了采用超声波技术的溶液除湿系统（以下简称 UADS 系统）[30]与经典的填料系统[32]在使用相同除湿剂溶液干燥单位质量流量（$G_a = 1\text{kg/s}$）且状态相同的湿空气时，为获得不同系统除湿性能（体现为除湿效率[30]）所需的盐溶液消耗量（简写为 *DCR*）。由图可见，当系统除湿效率相同时，UADS 系统所需溶液消耗量明显低于填料系

统。相应对比工况下的平均耗液量由填料式系统所需的 1.59kg/s 急剧降低至 UADS 系统所需的 0.41kg/s，降幅逾 74%。

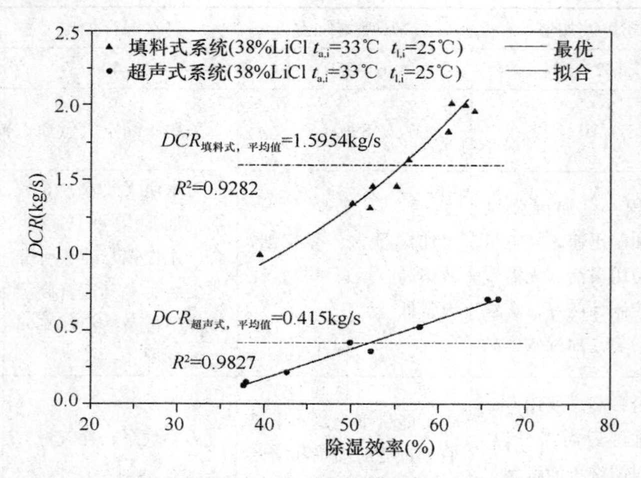

图 3-19　超声波雾化式与填料式溶液除湿系统的溶液消耗量对比

同时，为获得更高的除湿效率，两种系统中溶液消耗量都将持续增长，但增长趋势则完全不同，如图 3-19 所示。应用超声波雾化技术的溶液除湿系统，其溶液消耗量随所需除湿效率大小呈缓慢线性增长，可拟合如式（3-77）；而填料式系统的 *DCR* 呈快速指数型增长，拟合如式（3-78）。因此，超声波技术的应用亦可减缓除湿盐溶液耗量的增加速率。

$$DCR_{超声式} = 1.98 \times \phi - 0.6142 \tag{3-77}$$

$$DCR_{填料式} = 0.3036 \times \exp(\phi/32.585) - 0.0864 \tag{3-78}$$

式中，ϕ 为除湿效率，%。

以上现象可归功于超声波的优良雾化作用，其产生大量且粒径极微小的除湿液滴与空气进行接触，对于单位质量空气而言，系统内所形成的气液有效比表面积将比填料塔式中的液膜接触方式所形成的面积大得多。同时结合超声波雾化技术的除湿系统内对最小溶液流量没有限制，避免了填料系统中为满足填料润湿需求所要求保证的最小溶液消耗量。

此外，若当以上两种系统中消耗相同流量的除湿盐溶液时，如 0.75kg/s，则通过式（3-77）与式（3-78）可知：此时 UADS 系统的除湿效率为 68.89%，而完全相同条件下的典型填料式系统的除湿效率仅为 33.02%。可见，结合超声波雾化技术后，溶液除湿系统的除湿性能得到显著促进。

2）有效降低驱动稀溶液再生所需温度、减少再生过程能耗量

当从稀溶液中除去同量的水分时，UADS 系统和典型填料式系统[33]再生过程中所需的气液间水蒸气分压差及其对应再生温度可对比如图 3-20 所示。由图可见，当单位质量溶液中除去更多的水分时，两种系统中所需的水蒸气分压差（*VPD*）都将增大。然而，采用超声波技术的系统其所必需的 *VPD* 显著低于填料式系统，本例中降低幅度为 1.04 kPa。若将两种系统中采用的除湿剂特性转换为同一基准后可以发现：当实现同样的再生性能时，应用超声波技术后可使除湿后稀溶液再生温度由填料系统的 45.4℃降低至 41.0℃，溶液再生过程所需热源品位得到有效降低。

这将有助于拓展溶液除湿系统的应用地域范围，使溶液除湿系统可由太阳能、工业废

热非常丰富的地区拓展至热源品味相对较低的地区。此外，由于超声波对传热、传质过程的促进作用所产生的系统溶液消耗量减少、溶液必要再生温度降低等特点，这也将有助于降低除湿系统运行能耗。

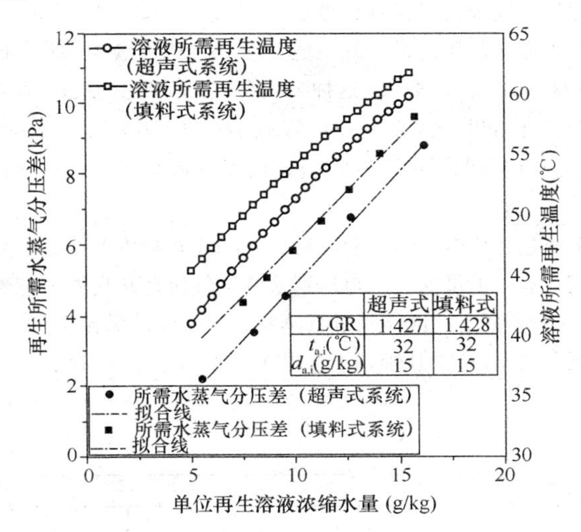

图 3-20　UADS 系统与填料式系统所需溶液再生温度与水蒸气分压差对比

由上可见，超声波技术对空气处理（加湿或除湿）时的传热、传质过程均可产生显著的促进效果。

思　考　题

1. 如何理解动量、热量和质量传递的类比性。

2. 把雷诺类比律和柯尔本类比律推广应用于对流质交换可以得到什么结论。

3. 定义施米特准则和刘伊斯准则，从动量传递、热量传递和质量传递类比的观点来说明它们的物理意义。

4. 空气流入内径为25mm、长1m 的湿壁管时的参数为：压力 1.0132×10^5Pa、温度为25℃、含湿量3g/kg 干空气。空气流量为20kg/h。由于湿壁管外表面的散热，湿表面水温为20℃，试计算空气在管子出口处的含湿量为多少。

5. 相对湿度为50%、温度为40℃的空气以2m/s 的速度掠过长度为10m 的水池，水温为30℃。试计算每 m^2 的池表面蒸发量为多少。

6. 欲测定干空气气流的温度，但现有的温度计唯恐量程不够，因此在温度计头部包一层湿纱布，测得湿球温度为35℃。试计算此干空气的温度。空气压力 1.0132×10^5Pa。

7. 在总压力为 1.0132×10^5Pa 的湿空气中，用干、湿球温度计测得的温度分别为26℃和20℃。已知该湿空气的 Pr = 0.74，Sc = 0.60，在不计辐射热时，试计算湿空气的含湿量。

8. 在夏天，空气温度是27℃，相对温度是30%。水从池塘表面以每平方米表面积1kg/h 的速度蒸发，水温也是27℃。确定对流传质系数（m/h）。

9. 据测定，在环境空气为干燥且温度是23℃时，直径为230mm 的水盆可盛23℃的水的质量损失速率是 1.5×10^{-1}kg/s。

（*a*）计算这种情况下的对流传质系数；

（*b*）计算当环境空气的相对湿度为50%时蒸发质量损失速率；

（*c*）在假定对流传质系数保持不变及环境空气干燥的情况下，计算当水和环境的温度都是47℃时的蒸发质量损失速率。

10. 由水体表面的蒸发所引起的水损失率可以通过测定表面的下降速率来确定。考虑水和环境空气的温度都是305K以及空气相对湿度是40%的夏天。如果已知表面的下降速度是0.1mm/h，由单位面积蒸发引起的质量损失率是多少？对流传质系数是多少？

11. 绿色植物的叶内发生光合作用过程，就是把大气中的CO_2输送给叶子的叶绿体，并且光合作用的速率可以用叶绿体吸收CO_2的速率来表示。这种吸收在很大程度上受通过在叶子表面建立的大气边界层的CO_2传递的影响。在空气中和叶子表面上CO_2的密度分别为$6\times10^{-4}kg/m^3$和$5\times10^{-4}kg/m^3$，并且对流传质系数是$10^{-2}m/s$。以单位时间和单位叶子表面所吸收的CO_2千克数表示的光合作用的速度是多少？

12. 一个简单的淡化系统是在稍微倾斜的和以距离L隔开的两块大（无限）平行平板的下表面保持一薄层盐水。在两块板之间，有一股低速、不可压层流的空气流动，它的x速度分量是有限值，而y和z分量为零。在保持高温T_0的下表面上，液体膜进行蒸发，而在保持低温T_L的上表面处发生凝结。相应的下表面和上表面的水蒸气的摩尔浓度分别以$C_{A,0}$和$C_{A,L}$表示。组分的浓度和温度可假定为与x和z无关。

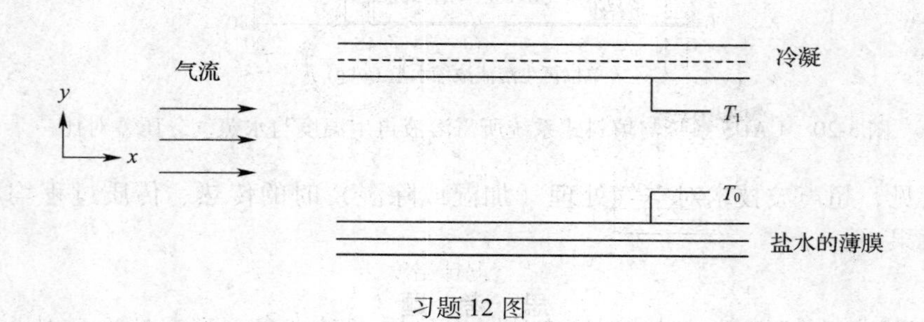

习题12图

（a）求空气中水蒸气摩尔浓度分布$C_A(y)$的表达式，单位表面积的净水产量的质量流率是多少？用C_{A0}、C_{AL}、L以及蒸汽—空气扩散系数D_{AB}来表示所得的结果；

（b）为使下表面温度保持为T_0，求单位面积需供给的热流率的表达式。用C_{A0}、C_{AL}、T_0、T_L、L、D_{AB}、h_{fg}（水的蒸发潜热）以及导热系数K来表示所得的结果。

13. 在四月份的一个冷天里，已知穿得很少的跑步者由于向$T_\infty=10℃$的周围空气的对流而导致2000W的热损失率。跑步者的皮肤保持干燥、温度为$T_s=30℃$。三个月以后，跑步者以同样的速度跑，但是天气暖和湿润。$T_\infty=30℃$和相对湿度$\phi_\infty=60\%$。现在跑步者满身大汗，且表面具有均匀温度35℃。在这两种情况下都可假设空气为常物性，有$\nu=1.6\times10^{-5}m^2/s$，$\lambda=0.026W/(m\cdot K)$，$Pr=0.7$，$D_{AB}$（水蒸气—空气）$=2.3\times10^{-5}m^2/s$。

（a）夏天由于水蒸气的损失率是多少？

（b）夏天总的对流热损失是多少？

14. 讨论具有自由流速度$V=1m/s$的流体流过定性长度$L=1m$的蒸发或升华表面的情况。假定平均传质对流系数$\bar{h}_m=10^{-2}m/s$。对以下的组合计算无量纲参数$\overline{Sh_L}$、$\overline{Re_L}$和$\overline{J_m}$：（a）在水面上流过空气；（b）在萘上流过空气；（c）在冰上流过热的甘油。假定这些流体的温度都是300K。

15. 压力为1.0132×10^5Pa、温度为20℃的空气，在内径为50mm的湿壁管中流动，流速为3m/s，液面往空气的扩散率$D_0=0.22\times10^{-4}m^2/s$，试分别用式$Sh=0.023Re^{0.83}Sc^{0.44}$和式$Sh=0.0395Re^{3/4}Sc^{1/3}$计算表面传质系数并比较之。

16. 在标准状态下空气中的氨气被潮湿的管壁所吸收，含氨空气是以5m/s的流速横向掠过湿管壁的。如从热、质交换类比律出发，对相同条件下计算对流换热求得对流换热表面传热系数$h=56$ W/

($m^2 \cdot K$)，试计算相应的对流传质系数。

17. 对下述层流流动条件画出速度和浓度边界层厚度随离开平板前缘的距离的变化：(*a*) 空气流过水膜；(*b*) 空气流过冰层；(*c*) 空气流过萘层；(*d*) 热的甘油流过冰层，后者溶解并在甘油中溶化。对每种情况都假定平均流体温度为300K。

18. 有一工业过程，使在一个曲面上形成液膜的水蒸发，使干空气通过表面，并由实验测定可知，表面的对流传热关系式可由下式表示：

$$\overline{Nu_L} = 0.43 Re_L^{0.58} Pr^{0.4}$$

(*a*) 空气的温度和速度分别为27℃和10m/s，在面积为$1m^2$及定性长度$L = 1m$的表面上水的蒸发率是多大？相当于液体温度的饱和蒸汽密度近似为$\rho_{A,sat} = 0.0077kg/m^3$；

(*b*) 液膜的稳态温度是多少？

19. 一个支撑轴承的流线型支柱暴露在从发动机排出来的热空气流中，如图所示。为了能把支柱冷到所希望的表面温度t_s，必须做实验确定从空气到支柱的平均对流换热系数$\bar{h}$。这个计算可按如下方法进行：对同样形状的物体做传质实验，并利用传热和传质的类比来得到所要求的传热结果。传质实验可用缩小一半的用萘做的模型支柱放在27℃的空气流中来做。传质实验给出以下结果：假定努谢尔特数和宣乌特数分别和$Pr^{\frac{1}{3}}$和$Sc^{\frac{1}{3}}$成正比例。

(*a*) 利用传质实验结果，确定形为$\overline{Sh_L} = C Re_L^m Sc^{\frac{1}{3}}$关系式中的系数$C$和$m$；

(*b*) 将全尺寸支柱$L_H = 60mm$暴露在$V = 60m/s$、$T_\infty = 184℃$和$p_\infty = 1atm$的空气流中，及$T_s = 70℃$时，确定其平均对流换热系数$\bar{h}$；

(*c*) 支柱的表面积可表达为$A_s = 2.2L_H \cdot l$，其中l是垂直纸面的长度。对(*b*)部分的条件，如果定性长度L_H加倍，给支柱的总传热率将有何变化？

习题19表

Sh_L	Re_L
282	60，000
491	120，000
568	144，000
989	288，000

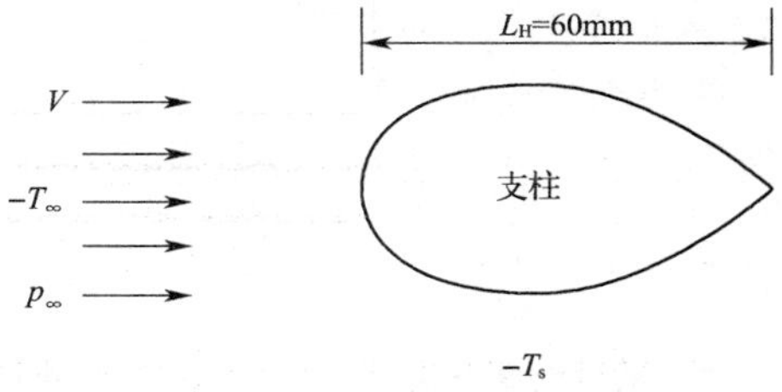

习题19图

20. 热的甘油流过冰层，对所述冰层的形状，对流传热影响可用如下形式的方程来表示：

$$\overline{Nu_L} = 0.25 Re_L^{0.7} Pr^{\frac{1}{3}}$$

冰溶化并溶解在甘油中。在平均对流传热系数$\overline{h_L} = 100W/(m^2 \cdot K)$的条件下，平均对流传质系数是多少？

21. 大家知道，在晴朗的夜晚，空气温度不需要降到0℃以下地上的一薄层水就将结冰。对于有效天空温度为$-30℃$，以及由于风引起的对流传热系数$h = 25W/(m^2 \cdot K)$的晴朗夜晚，讨论这样的水层。可假定水的发射率为1.0，并就热传导而言认为它和大地绝热。

(*a*) 忽略蒸发，确定不发生结冰的空气的最低温度；

(*b*) 对给定条件，计算水蒸发的传质系数h_m(m^2/s)；

(*c*) 现在考虑蒸发的影响，不发生水结冰时空气的最低温度是多少？空气假定是干空气。

22. 许多热系统包含有传质和传热，并且传质的效果可以显著地影响系统的性能。对下述这些系统，指出相应的过程，在系统的简图上用适当标志的箭头表明。

(a) 由于空气—水的交界面把水体和空气隔开，因此它是自然环境的一个重要组成部分。在白天里，对静止的水体来说，指出这个交界面上所有对能量传递有作用的过程。

(b) 将热咖啡倒入室内桌上的杯子里。指出和咖啡冷却有关的所有传热过程。试得到能够解出咖啡温度随时间变化的方程（不必求解）。

(c) 指出在风力中等的白天，日光浴者皮肤表面上发生的所有传热过程。如果日光浴者刚从游泳池爬出来，身上还有一薄层水膜的话，必须考虑哪些另外的过程。水膜的存在会使日光浴者感到暖和还是凉快？为什么？

(d) 你可能已经听说过，放到冰箱中的温水要比冷水结冰快。有可能的似是而非的解释可基于传热和传质的考虑。讨论放在冷冻室内的水盆中的一层温水。指出在水层的自由表面和空气以及冷冻室壁面之间的传热和传质有关的所有过程，清楚地说明导致全部水结冰的一系列过程，且解释温水要比冷水结冰快为何是可能的。

(e) 可考虑将太阳蒸馏装置用于海水淡化，简单的系统如图所示。说明系统运行的方式，并指出影响其性能的参数。两个重要变量是水温和玻璃盖板的温度。指出决定这些温度的输运过程。

(f) 将纸张通过用蒸汽加热的筒使之干燥。指出向纸张及从纸张离开的传热过程。

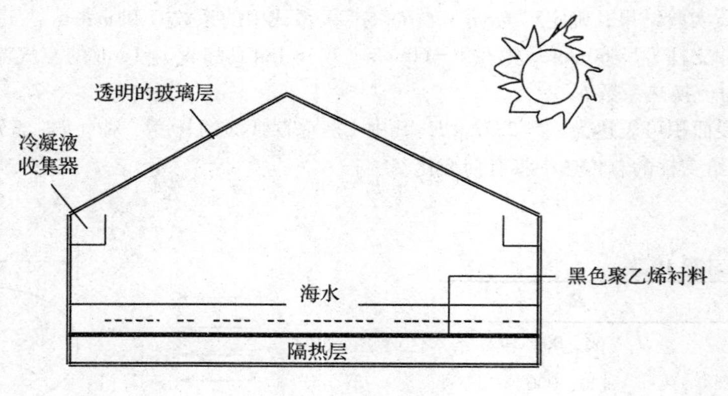

习题 22（e）图

23. 试讨论夏季我国北方人和南方人的热感觉及散热方式（假定干球温度相同，均为 35℃，南方 $\varphi=80\%$，北方 $\varphi=60\%$）。

(a) 说明什么情况下吹风有助散热，什么情况下反之。

(b) 说明风速对散热量的影响，以此说明为什么南方更要吹风，且风速宜大。

24. 讨论刘伊斯关系式的适用条件。

25. 计算以下几种情况下（$t_s-t_s^*$）的值：

(a) $t_g=50$ ℃，$\varphi=20\%$，(2) $t_g=35$ ℃，$\varphi=60\%$，

(b) $t_g=25$ ℃，$\varphi=60\%$，(4) $t_g=10$ ℃，$\varphi=60\%$。

其中，t_s 为湿空气湿球温度；t_s^* 为湿空气饱和湿球温度；t_g 为湿空气干球温度；φ 为湿空气相对湿度。

第4章　空气的热湿处理

自然环境中的空气，一年四季一天二十四小时都在变化，夏季气候炎热潮湿，冬季寒冷干燥。为了创造适宜的室内人工环境，满足房间的要求，因此必须有相应的热质处理设备能对空气进行各种热质处理，包括去湿和加湿、加热和冷却等。本章将专门介绍对空气进行热质处理的主要技术的原理和方法，包括空气与液体表面、空气与固体表面之间的热质交换。本章还着重介绍目前国内外比较流行的独立除湿方法，即利用吸收剂和吸附材料处理空气的机理和方法及其应用系统。

按照空气和液体表面之间的接触形式，可以分为直接接触和间接接触两种类型，直接接触又分为填料式和无填料式两种形式。空气与水直接接触的典型设备是喷淋室和冷却塔，前者是用水来处理空气，后者是用空气来处理水。间接接触的典型设备是表冷器，空气与在盘管内流动的水或者制冷剂之间是间接接触，与冷却盘管表面的冷却水是直接接触。

4.1　空气的热湿处理途径

4.1.1　空气调节的几个相关概念

为了了解在建筑环境与能源应用工程中的热质交换过程，尤其是对于空气处理过程中的传热传质，我们首先介绍几个相关概念，如空气调节、热舒适性、新风、回风、送风状态点、焓湿图、夏季工况和冬季工况等，以便于对本书后面介绍知识的理解。这些概念在后续的专业课中还会有详细介绍和应用。

所谓空气调节，就是利用冷却、加热或者加湿设备等装置，对空气的温度和湿度进行处理，使之达到人体舒适度的要求。

所谓热舒适性就是人体对周围空气环境的舒适热感觉，在人的活动量和衣着一定的前提下，这主要取决于室内环境参数，如温度、湿度等。国家标准对民用建筑物室内环境参数中温度以及湿度有明确的指导参数，国际上也有相应的热舒适标准，如ASHRAE55。

所谓新风，就是从室外引进的新鲜空气，经过热质交换设备处理后送入室内的环境中。新鲜空气可以提供呼吸和燃烧所需要的氧气，调节室温，除去过量的湿气，并可稀释室内污染物，保证人体正常生活与健康的基本需要。新风量大小是衡量室内空气质量的重要参考指标。室内新风量根据二氧化碳的浓度来确定，这是大多数国家使用的基本方法。

空调系统需要的新风主要有两个用途：一是满足室内人员的卫生要求；二是补充室内排风和保持室内正压。前者主要是稀释室内二氧化碳浓度，使其达到允许的标准值；

后者通常根据风平衡计算确定。在设计时应按空调房间的使用特点，确定影响室内空气品质的主要因素，然后计算出新风量。显然采用较高的新风量值对室内的空气品质更加有利，但是对空调系统的能量消耗又影响很大。因此，在空调系统设计过程中合理的选用新风量显得尤为重要。这就需要我们在满足卫生要求的前提下，应尽可能减少设计新风量。

所谓回风，就是从室内引出的空气，经过热质交换设备的处理再送回室内的环境中。通常回风是将从房间回风口吸走的空气的一部分送入空调箱，与新风混合后，进行空气处理再送入房间。回风量应该等于系统总送风量减去系统的新风量。

湿空气焓湿图：把描述湿空气状态参数及其变化过程的特性，绘制在以焓值为纵坐标、以含湿量为横坐标的图线称为焓湿图。主要的线条有等焓线、等含湿量线、等温线、等相对湿度线以及水蒸气分压力线等。在焓湿图上能够定量表示湿空气的状态点以及湿空气的处理过程，是对空气进行热质处理设计计算的重要图线。它在工程热力学课程中已有介绍，在后续的空调课程中也会有应用，为便于对本书的理解，其图详见附录4-1。

送风状态点：指的是为了消除室内的余热余湿，以保持室内空气环境要求，送入房间的空气的状态。当送入房间的空气吸收室内的余热和余湿后，其状态也由送风状态点变为原来的室内状态点，然后多余的室内空气再排出室外，从而保证了室内空气环境为所要求的状态。

夏季室内设计工况：根据我国的《采暖通风与空气调节设计规范》，舒适性空调室内计算参数为：温度24～28℃；相对湿度：40%～65%；风速不应大于0.3m/s。

冬季室内设计工况：根据我国《采暖通风与空气调节设计规范》，舒适性空调室内计算参数为：温度18～22℃；相对湿度：40%～60%；风速不应大于0.2m/s。

分压力是假定混合气体中组成气体单独存在，并且与混合气体相同的温度及容积时的压力。在空调中，湿空气中水蒸气分压力表示了水分子的多少，是个非常重要的概念。

4.1.2　空气热湿处理的原理和方案

由湿空气的焓湿图可见，在空调系统中，为得到同一送风状态点，可能有不同的处理途径。

以完全使用室外新风的空调系统（直流式系统）为例，一般夏季需对室外空气进行冷却减湿处理，而冬季则需加热加湿，然而具体到将夏、冬季分别为W、W'点的室外空气如何处理到送风状态点O，则可能有如图4-1所示的多种空气处理方案。表4-1是对这些空气处理方案的简要说明。

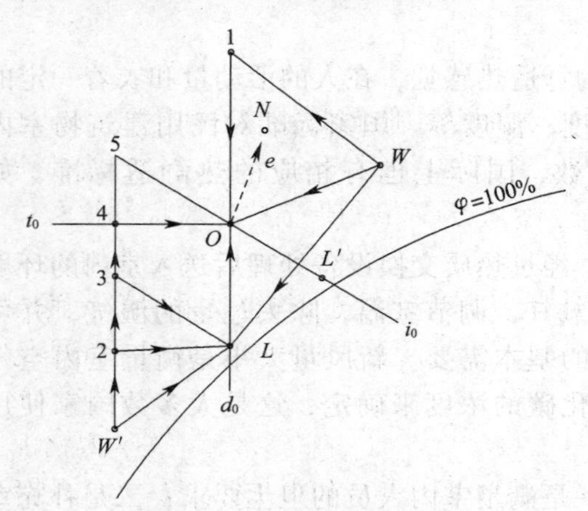

图4-1　空气处理的各种途径

表4-1中列举的各种空气处理途径都是一些简单空气处理过程的组合。由此可见，可以通过不同的途径，即采用不同的空气处理方案，得到同一种送风状态。至于究竟采用哪种途径，则需结合冷源、热源、材料、设备等条件，经过技术经济分析比较才能最后确定。

下面对其夏季、冬季设计工况下空气热

湿处理的典型途径与方案进行简要分析。

（1）夏季空气热湿处理途径与方案

1）$W \to L \to O$

这一空气热湿处理方案系由冷却干燥（$W \to L$）和干加热（$L \to O$）这两个基本过程组合而成。通常使用喷淋室或表冷器对夏季 W 状态的热湿空气进行冷却干燥处理，使之变成接近饱和的 L 状态，再经各种空气加热器等湿升温，可获得所需的送风状态 O。

冷却干燥往往是夏季空调的必要处理过程。由于冷媒水温要求较低，通常需要使用人工冷源，相应的设备投资与能耗也就更大些。若是采用喷淋室处理空气，有望获得较高卫生标准和较宽的处理范围，有利于充分利用循环水喷淋措施，一体地经济地解决冬季的加湿问题；如果采用表冷器，则可使处理设备趋于紧凑，且具有上马快、使用管理方便等优点。二者均能适应对环境参数的较高调控要求，在工程中均有应用。

当空调送风状态 O 要求比较严格时，常需借助再加热器来调整送风温度，这势必造成冷、热量的相互抵消，由此导致能量的无益消耗乃是该方案固有的一大弊病。

2）$W \to 1 \to O$

该处理方案由一个等焓减湿（$W \to 1$）和一个干冷却（$1 \to O$）过程所组成。如前所述，使用固体吸湿剂处理空气即可近似呈等焓减湿变化。由于空气在减湿同时温度升高，故欲达到送风参数要求，再考虑一后续冷却处理是完全必要的。

这一方案需要增设固体吸湿装置，这可能对初投资和运行管理带来不利。它和第 1 方案比较，不存在前者固有的冷热抵消的能量浪费。再则，由于后续干冷过程允许冷媒温度较高，可使制冷设备容量大幅减小，乃至完全取消人工制冷，从而为蒸发冷却等自然能利用技术的应用提供用武之地。

3）$W \to O$

该处理方案以一个基本的热湿处理过程，从新风状态 W 直接获得空调所需之低温低湿的送风状态 O。由于技术上诸多苛求，常规的处理设备已经无能为力，只有借助使用液体吸湿剂的减湿装置来实现。乍一看，这一处理方案似乎相当简便，一般无需使用人工冷源，能量消耗减少且利用也更趋合理。但是，液体减湿系统本身较为复杂，在初投资与运行管理等方面往往存在着诸多不利，故工程中的应用远不如第 1 方案广泛。

（2）冬季空气热湿处理途径与方案

1）$W' \to 2 \to L \to O$

该处理方案由三个基本过程所组成：对于冬季 W' 状态低温低湿的室外空气，通过一个预热（$W' \to 2$）过程使之升温，接着利用一个近于等温的加湿（$2 \to L$）过程，使其满足送风含湿量要求，最后再以空气加热器加热（$L \to O$），从而获得所需之送风状态 O。

这一方案中 $2 \to L$ 的加湿过程通常采用喷蒸汽的方法。这对于夏季已确定使用表冷器处理空气的空调系统来说，应该是一种必然的选择。尤其当空气加热也是采用蒸汽做热媒时，这就更便于解决热、湿媒体的一体供应。不过，也应注意，使用蒸汽处理空气难免产生异味，这有可能影响到送风的卫生标准。

2）$W' \to 3 \to L \to O$

该处理方案与第 2 方案相似，均含有新风预热（$W' \to 3$）和再加热（$L \to O$）过程，不同之处在于利用经济的绝热加湿（$3 \to L$）来取代喷蒸汽加湿，为此尚需加大前面预热过程的加热量。

对于夏季使用喷淋室处理空气的空调系统来说，冬季可充分利用同一设备对空气做循环水喷淋处理，从而获得既改善空气品质又实现经济、节能运行等效益，故采用这一方案当属明智的选择。

3）$W'\to 4\to O$

该处理方案也只包括两个基本过程，即新风预热（$W'\to 4$）和喷蒸汽加湿（$4\to O$）。它与第2方案的区别在于取消了二次再加热过程，而由新风预热集中解决送风需要的温升，由此可望获得设备投资的节省。后续的喷蒸汽加湿过程除存在异味影响，其加湿量的调节、控制往往也更难处理好。

4）$W'\to L\to O$

该热湿处理方案只含两个基本处理过程，即采用热水喷淋的加热加湿（$W'\to L$）加上一个后续加热（$L\to O$）过程来实现空调送风状态 O。

这一方案实施的前提是夏季处理方案中已确定使用喷淋室。在某些地区，若是冬季可以获得温度相对于室外气温要高很多的自来水或深井水，用以喷淋处理空气在技术、经济上都应是颇为合理的；反之，如需特别增设人工热源来提供热水，则很可能会给初投资和运行等带来不利。

5）$W'\to 5\to \frac{L'}{5}\rangle\to O$

该处理方案系在新风预热（$W'\to 5$）和循环水喷淋（$5\to L'$）这两个基本过程的基础上，再增加一个两种不同状态空气的混合（$\frac{L'}{5}\rangle\to O$）过程。

这一方案对加热过程的处理上与第4方案是一致的；从喷水处理设备看则与第3方案有所不同——需要使用一种带旁通道的喷淋室。使用这种特殊形式的喷淋室可以得到两种不同状态（L'和5）的空气，通过调节二者的混合比即可方便地获得所需的送风状态 O。不过，喷淋室增设旁通道将导致空气处理箱断面增大，这可能增加设备布置等方面的困难。

最后需要指出，尽管上述5个方案中空气处理的途径各有不同，但从冬季总的耗热量来看都是相同的。只不过这些热量在各个加热、加湿环节中的分配比例有所差异而已。当这些热量相对集中地用于某些环节时，或许有可能取消某种设备，进而简化处理过程，但同时也应权衡由于设备容量及介质流通阻力增大而在设备占用空间与介质输送能耗等方面可能带来的不利。

空气处理各种途径的方案说明　　**表4-1**

季节	空气处理途径	处理方案说明
夏季	（1）$W\to L\to O$ （2）$W\to 1\to O$ （3）$W\to O$	（1）喷淋室喷冷水（或用表面冷却器）冷却减湿→加热器再热 （2）固体吸湿剂减湿→表面冷却器等湿冷却 （3）液体吸湿剂减湿冷却
冬季	（1）$W'\to 2\to L\to O$ （2）$W'\to 3\to L\to O$ （3）$W'\to 4\to O$ （4）$W'\to L\to O$ （5）$W'\to 5\to \frac{L'}{5}\rangle\to O$	（1）加热器预热→喷蒸汽加湿→加热器再热 （2）加热器预热→喷淋室绝热加湿→加热器再热 （3）加热器预热→喷蒸汽加湿 （4）喷淋室喷热水加热加湿→加热器再热 （5）加热器预热→一部分喷淋室绝热加湿→与另一部分未加湿的空气混合

4.1.3　空气热湿处理设备及其分类

如上述分析可知，在夏季工况和冬季工况下，实现不同的空气处理过程需要不同的空气处理设备，如空气的加热、冷却、加湿、减湿设备等。有时，一种空气处理设备能同时实现空气的加热加湿、冷却干燥或者升温干燥等过程。

尽管空气的热质处理设备名目繁多，构造多样，然而它们大多是使空气与其他介质进行热、质交换的设备。经常被用来与空气进行热质交换的介质有水、水蒸气、冰、各种盐类及其水溶液、制冷剂及其他物质。

根据各种热质交换设备的特点不同可将它们分成两大类：混合式热质交换设备和间壁式热质交换设备。前者包括喷淋室、蒸汽加湿器、局部补充加湿装置以及使用液体吸湿剂的装置等；后者包括各种形式的空气加热器及空气冷却器等。

第一类热质交换设备的特点是，与空气进行热质交换的介质直接与空气接触，通常是使被处理的空气流过热质交换介质表面，通过含有热质交换介质的填料层或将热质交换介质喷洒到空气中去。后者形成具有各种分散度液滴的空间，使液滴与流过的空气直接接触。

第二类热质交换设备的特点是，与空气进行热质交换的介质不与空气接触，二者之间的热质交换是通过分隔壁面进行的。根据热质交换介质的温度不同，壁面的空气侧可能产生水膜（湿表面），也可能不产生水膜（干表面）。分隔壁面有平表面和带肋表面两种。

有的空气处理设备，如喷水式表面冷却器，则兼有上述这两类设备的特点。

各种热质交换设备的形式与结构及其热工计算方法可详见第 5 章。

4.2　空气与固体表面之间的热湿交换

冷却降湿是将空气冷却到露点温度以下，从而将其中的水蒸气去除的方法。它包括喷淋室除湿，表冷器除湿和蒸发器盘管除湿等。空调工程中，常用表面式空气冷却器来冷却、干燥空气。

图 4-2 表示湿空气通过盘管的情况，并在 i-d 图上表示冷却除湿空气状态的变化。图中，A 点表示被盘管冷却的入口空气状态，在入口附近，空气被盘管冷却，但还未达到该空气的露点温度，因此降低了空气的温度，而含湿量 d 不发生变化，过程线是 AB。当空气接近盘管出口时，盘管表面温度低于空气的露点温度，空气中有水分冷凝析出，空气被除湿。盘管出口的表面温度为 t_D，出口空气以 C 的状态离开盘管。含湿量从 d_A 下降到 d_C。C 的位置随盘管的结构和旁通因素等而变化。因此，冷却除湿的除湿临界值是与盘管出口的表面温度和盘管的结构等有关。

除湿后的空气接近饱和状态，在盘管出口处的相对湿度约为 80% ~100%，温度较低，如果直接送入室内，会引起室内人员的冷吹风感。所以必须将冷却除湿后的空气再加热到适合的温度后再送入房间。这一过程如图 4-2（b）中 CE 所示。这种先冷却后加热的过程会造成能源的浪费。为此，在冷却除湿方法中通常利用冷冻机本身的排热作为再热资源，或设置利用处理空气本身进行再热的热回收装置，以减少冷冻机所消耗的能量。

空气只有冷却到露点温度以下才能进行除湿。被处理空气的末状态含湿量越小，所要求的露点温度就越低，冷冻机的冷却效率也越差。当冷却机的容量一定时，要求空气除湿后的露点温度越低，制冷机的出力越低，除湿量就越少。所以当被处理空气的温、湿度高时，除湿效率较高；温、湿度低时，效率变低，这是冷却除湿的特征。

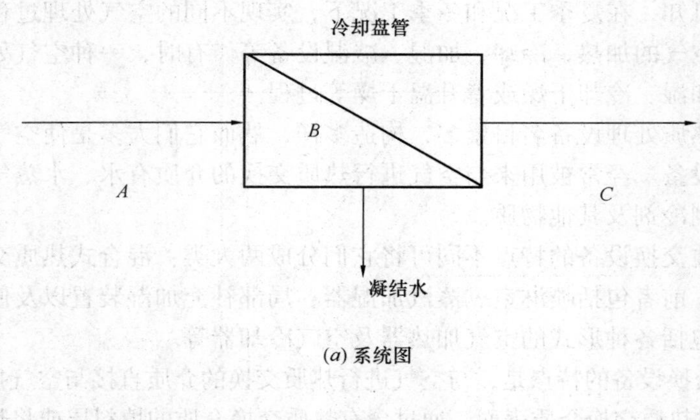

(*a*) 系统图

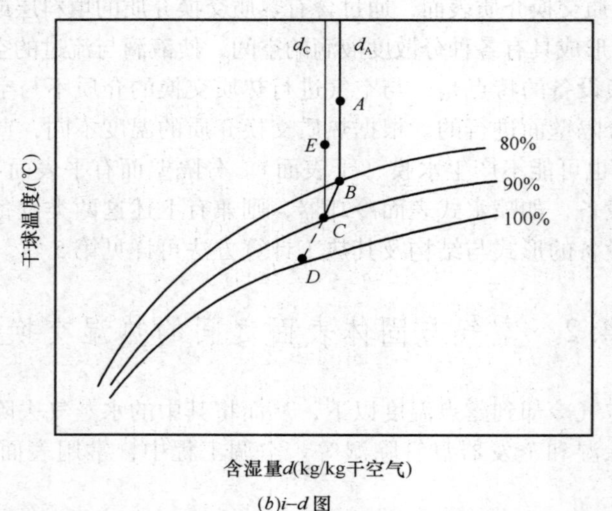

(*b*) *i–d* 图

图 4-2　冷却除湿原理

4.2.1　湿空气在冷表面上的冷却降湿过程

在任何情况下，热量（显热）总是由高温位传向低温位，物质总是由高分压相传向低分压相。温度高低是传热方向的判据，分压力大小是传质方向的判据。气体中水汽分压的最大值为同温度下水的饱和蒸汽压，此时的空气称为饱和空气。可见，只要空气中含水汽未饱和（不饱和空气），该空气与同温度的水接触其传质方向必由水到空气。

空调工程中常见的通过金属冷壁面冷却湿空气以除掉湿分，使得空气侧壁面上出现水蒸气冷凝液在重力作用下的流动（图 4-3）。冷凝液膜相当于一个半渗透膜，气相内的水分凝结，在液相表面聚集。由于液相的温度低于气相的露点温度，因此气液相界面上饱和蒸汽的浓度低于空气主流的蒸汽浓度，从空气主流的浓度 C_G 降为 C_i。湿空气的含湿量也从主流的 d_G 渐变为界面上的 d_i。整个问题将是金属壁面的传热过程，并在湿空气侧成为分压力 P_i 下过热（$t_G - t_i$）的水蒸气沿壁面被冷凝和移动着的相界外侧湿空气非等温流动情况下的传热传质的复合问题。图 4-3 表示了冷壁面附近湿空气的温度和含湿量的变化趋势。

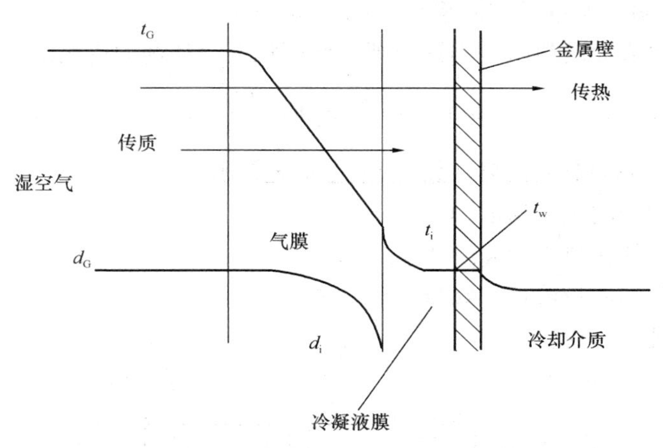

图 4-3　湿空气在冷壁面上的冷却去湿过程示意图

如图 4-4 所示，湿空气进入冷却器内由于空气冷却器的外表面温度低于湿空气的干球温度，所以湿空气要向外表面放热。当冷却器表面温度低于湿空气的露点温度，水蒸气就要凝结，从而在冷却器表面形成一层流动的水膜。两者之间要进行热质交换，也就是说既有显热交换，又有潜热交换，其传热传质过程同时进行，相互影响，质量的传递促使热量的迁移，与此同时，热量的迁移又会强化水膜表面的蒸发和凝结。紧靠水膜处为湿空气的边界层，这时可以认为与水膜相邻的饱和空气层的温度与冷却器表面上的水膜温度近似相等。因此，空气的主体部分与冷却器表面的热交换是由于空气的主流与凝结水膜之间的温差（$t-t_i$）而产生的，如果边界层内空气温度高于主体空气温度，则由边界层向周围空气传热；反之，则由主体空气向边界层传热。质交换则是由于空气主流与凝结水膜相邻的饱和空气层中的水蒸气的分压力差，即含湿量差（$d-d_i$）而引起的。如果边界层内水蒸气分压力大于主体空气的水蒸气分压力，则水蒸气分子将由边界层向主体空气迁移；反之，则水蒸气分子将由主体空气向边界层迁移。

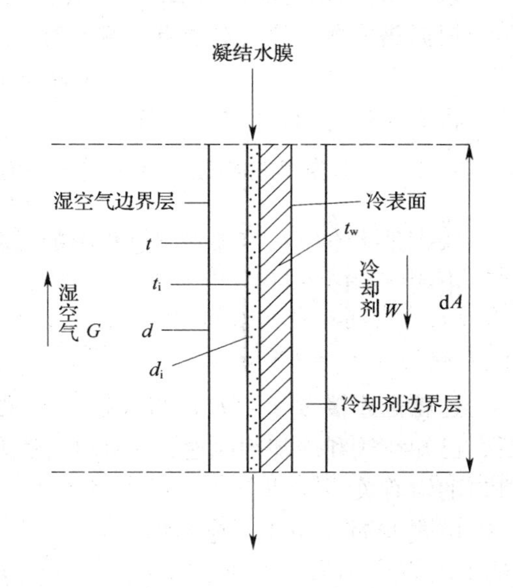

图 4-4　湿空气的冷却与降湿

如图 4-4 所示，湿空气和水膜在无限小的微元面积 $\mathrm{d}A$ 上接触时，则空气温度变化为 $\mathrm{d}t$，含湿量变化为 $\mathrm{d}d$。

热、质交换量可用下列两方程来表示为：

$$\mathrm{d}Gc_p\mathrm{d}t = h(t - t_i)\mathrm{d}A \quad (1)$$

$$G\mathrm{d}d = h_{md}(d - d_i)\mathrm{d}A \quad (2)$$

式中　G——为湿空气的质量流量，kg/s；

d、d_i——分别为湿空气主流和紧靠水膜饱和空气的含湿量，kg/kg 干空气；

t、t_i——分别为湿空气主流和凝结水膜的温度，℃；

h——湿空气侧的换热系数，W/（m^2·K）；

h_{md}——以含湿量为基准的传质系数，kg/（m^2·s）。

假定水膜和金属表面的热阻可不计，则单位面积上冷却剂的传热量为：

$$h_w(t_i - t_w) = Wc_w\frac{dt_w}{dA} \tag{3}$$

式中　h_w——冷却剂侧的对流换热系数，W/（m^2·℃）；

t_w——冷却剂侧的主流温度，℃；

c_w——冷却剂的比热 J/（kg·℃）；

W——冷却剂的质量流量，kg/s。

根据热平衡原理，可得

$$\begin{aligned} h_w(t_i - t_w) &= h(t - t_i) + h_{md}(d - d_i)\cdot r \\ &= h_{md}\left[\frac{h\cdot c_p(t - t_i)}{h_{md}c_p} + (d - d_i)r\right] \end{aligned}$$

对于水—空气系统，根据刘伊斯关系式 $\frac{h}{h_{md}c_p} = 1$，上式改写为

$$\begin{aligned} h_w(t_i - t_w) &= h_{md}[c_p(t - t_i) + (d - d_i)r] \\ &= h_{md}(i - i_i) \end{aligned} \tag{4-1}$$

式中　i，i_i——湿空气主流与边界层饱和空气比焓，kJ/kg。

上式通常称为麦凯尔（Merkel）方程式，它清楚地说明湿空气在冷却表面进行冷却降湿过程中，湿空气主流与紧靠水膜饱和空气的焓差是湿空气与水膜表面之间热、质交换的推动势，而不是温差，因而，空气冷却器的冷却能力与湿空气的比焓值有直接的关系，或者说直接受湿空气湿球温度的影响。其在单位时间内、单位面积上的总传热量可近似的用传质系数 h_{md} 与焓差驱动力 Δi 的乘积来表示。

根据热平衡原理，对于空气侧，有

$$Gdi = h_{md}(i - i_i)dA \tag{4}$$

将式（4）除以式（1），得到：

$$\frac{di}{dt} = \frac{i - i_i}{t - t_i} \tag{4-2}$$

这就是湿空气在冷却降湿过程中的过程线斜率。

由式（4-1）可得

$$\frac{i_i - i}{t_i - t_w} = -\frac{h_w}{h_{md}} = -\frac{h_w c_p}{h} \tag{4-3}$$

这就是连接点（i，t_w）与（i_i，t_i）的连接线斜率。此式说明当空气冷却器结构确定后，已知空气和冷却剂流速，$-h_w/h_{md}$ 就为定值，显然当 t_w 一定时，表面温度 t_i 仅与空气进口的焓有关。

由式（3）、（4-1）与（4）得

$$\frac{di}{dt_w} = \frac{Wc_w}{G} \tag{4-4}$$

这是表示 i 与 t_w 之间关系的工作线斜率。

在空气调节中，经常需要确定湿空气的状态及其变化过程。为了直观地描述湿空气的状态变化过程，可以利用湿空气的 $i-t$ 图，图中纵坐标是湿空气的焓 i，kJ/kg（干空气）；横坐标是温度 t,℃。根据式（4-2）～（4-4）能确定过程线、连接线和工作线的斜率，使我们在 $i-t$ 图上做出湿空气在空气冷却器冷却降湿过程中的温度与焓的变化曲线。

图4-5是一个典型的水－空气系统的 i-t 图。图中分布有几条曲线，包括饱和线、工作线和过程线。在焓温图上，我们将根据已知的有关参数和曲线，描绘出湿空气从进口到出口的状态变化过程即过程线。其中 PQ 为饱和线，表示冷表面上饱和空气的状态，表4-2列出了常压下 PQ 线上不同温度点对应的饱和湿空气的焓值及其斜率。E 点的坐标为（t_1，i_1），为湿空气进口的状态点，点 M 为湿空气出空气冷却器的状态点，则曲线 EM 即为湿空气在冷却降湿过程中的过程线。图中 B 点的坐标为（t_{w2}，i_1），因此当表冷器有关参数和湿空气进口状态确定后，B 点也就确定了，过 B 点作斜率为 Wc_w/G 的工作线，再过 B 点作斜率为 $-h_w/h_{md}$ 的直线，交饱和线 PQ 于点 C，则 C 点的坐标为（t_i，i_i），为空气冷却器边界层状态点，表面温度仅与空气进口的焓有关，BC 线称为连接线。连接 E、C 两点，由式（4-2）可知，直线 EC 就是过程线在初始点 E 上的切线，切线确定后就确定了从 E 点的变化趋势。在焓方向上给予一个微小的变量，作与 BE 平行的虚线。虚线与切线 CE 交于过程点 F，与工作线交于 B' 点。过 B' 做连接线的平行线与饱和线交于 C'。连接 $C'F$，$C'F$ 即为过程线在 F 上的切线。以此递推，即可得到过程线 EM，对应湿空气的出口状态一般很接近饱和状态。E、Q 点的温度分别为入口空气的干、湿球温度，M 点为湿空气出口的干球温度，与湿球温度非常接近。过 M 点与工作线相交得到 A 点，为空气冷却器冷却剂侧主流入口状态点。

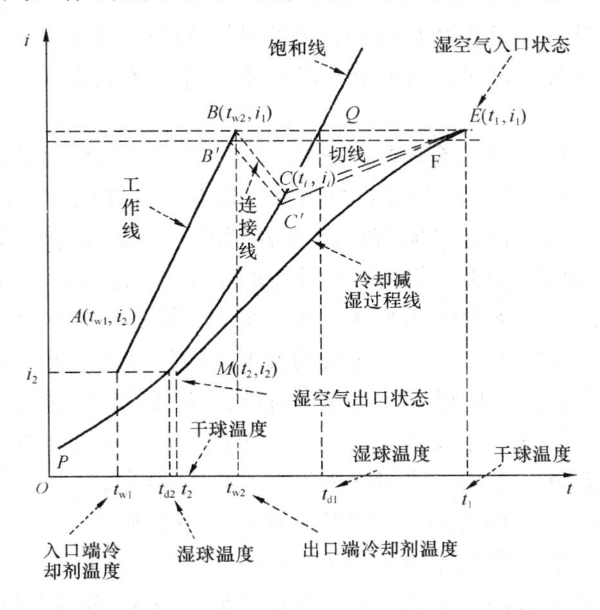

图4-5　麦凯尔方程所表示的湿空气冷却降湿过程

图4-5并未给出需要的冷却表面积、出口空气的含湿量及凝结水的量，但这些值可根据出口湿蒸汽的状态求得。因为知道湿空气的干、湿球温度就可求得其含湿量，再通过质量平衡，立即可求出凝结水的量。所需要的冷却面积可从式（4）求得

$$A = \frac{G}{h_{md}}\int\frac{di}{i - i_i} \quad (4\text{-}5)$$

常压下饱和湿空气的焓值及其在饱和曲线上的斜率　　表 4-2

t（℃）	i（kJ/kg）	di/dt［kJ/（kg·℃）］
4.4	35.418	1.900
7.2	41.027	2.122
10.0	47.210	2.332
12.8	53.999	2.579
15.6	61.409	2.863
18.3	69.906	3.194
21.1	79.274	3.579
23.9	85.135	4.019
26.7	101.598	4.529
29.4	114.948	5.124
32.2	130.063	5.814
35.0	147.247	6.614
37.8	166.791	7.543
40.6	189.153	8.627
43.3	214.733	9.896
46.1	244.123	11.386
48.9	277.984	13.144
51.7	317.190	15.237
54.4	362.537	17.791

4.2.2　湿空气在肋片上的冷却降湿过程

表面式空气冷却器往往采用肋片这种扩展换热面的形式来强化冷却降湿过程中的热、质交换。肋片有直肋和环肋两类，直肋和环肋又都可分为等截面和变截面，其具体结构将在第 6 章讲述。

从平直基面上伸出而本身又不具备不变截面的肋称为等截面直肋，其中典型的是如图 4-6 所示的矩形直肋。下面以等截面直肋为例来分析湿空气在肋片上的冷却降湿过程，当用表面式冷却器冷却空气，首先是贴近肋片管表面的空气受到急剧冷却（此时空气中含湿量不变），然后空气达到饱和。其中的水蒸气被凝结析出，形成一层水膜附在片管上。随着水蒸气凝结量的增大，无数的小水珠结成大水滴下降，使空气降湿冷却。表面式冷却器是否有冷凝水产生，主要取决于管内冷媒的温度和空气进入表面冷却器的状态。表面冷却器由于存在减湿的可能性，所以在有冷凝水的热、湿交换过程中，其全热交换（包括显热和潜热交换）比显热交换量要多。就是说，表面冷却器表面存在湿润现象。

为了使问题简化起见，下面讨论如图 4-7 所示的等截面直杆肋片，且假定：

（1）热、质传递过程是稳态的，即热质交换量总是平衡的；

（2）肋片的导热系数、肋根温度 $t_{F,B}$ 均为定值；

（3）金属肋片只有 x 方向的导热，肋片外的水膜只有 y 方向的导热。

对于离肋根 x 处分割出的长度为 dx 的微元体，金属肋片在 x 方向的导热量为：

$$q_F = 2\lambda_F y_F \frac{dt_F}{dx} \quad (5)$$

式中：λ_F、$2y_F$ 分别为肋片的导热系数与肋片厚度，且下标 F 指金属肋片。

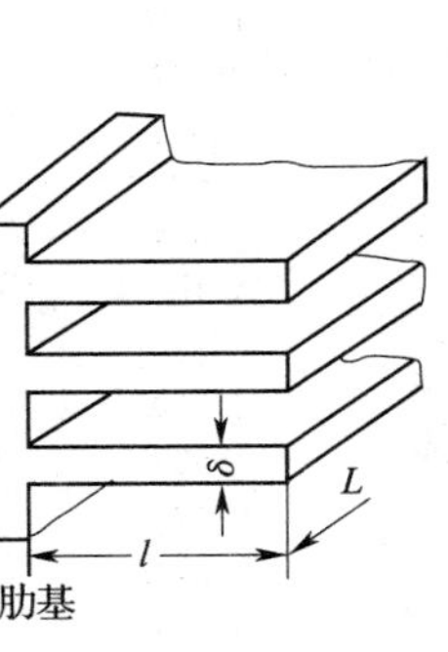
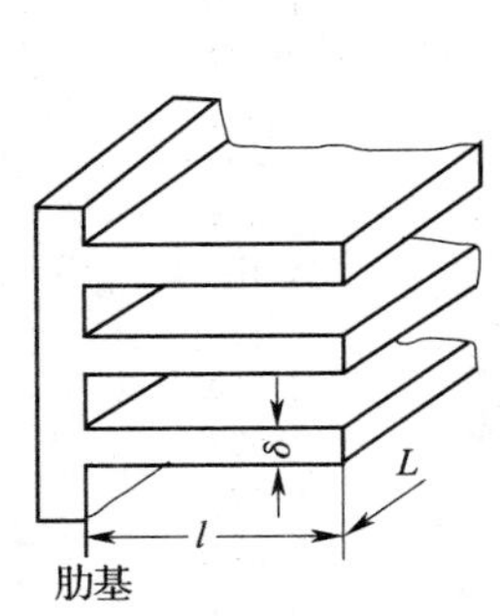

图 4-6　等截面直肋示例

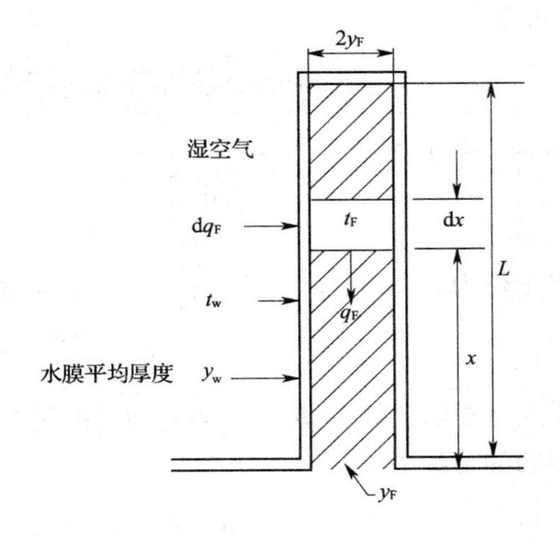

图 4-7　湿空气在肋片上的冷却降湿过程

在 $\mathrm{d}x$ 的微元体上，凝结水膜与肋片的传热量为：

$$\mathrm{d}q_{\mathrm{F}} = -2\frac{\lambda_{\mathrm{w}}}{y_{\mathrm{w}}}(t_{\mathrm{w}} - t_{\mathrm{F}})\mathrm{d}x \tag{6}$$

式中：λ_{w}、y_{w}分别为水膜的导热系数与水膜厚度，而下标 w 表示水膜。

在空调温度范围内，为了简化计算过程，饱和空气的焓可近似用下式表示为：

$$i_{\mathrm{w}} = a_{\mathrm{w}} + b_{\mathrm{w}}t_{\mathrm{w}} \tag{7}$$

其中，a_{w}、b_{w} 分别为计算空气焓的简化系数。

将式（7）代入式（6），可得：

$$\mathrm{d}q_{\mathrm{F}} = -\frac{2\lambda_{\mathrm{w}}}{b_{\mathrm{w}}y_{\mathrm{w}}}(i_{\mathrm{w}} - i_{\mathrm{F}})\mathrm{d}x \tag{8}$$

在 $\mathrm{d}x$ 的微元体上，湿空气和水膜的总传热量为：

$$\mathrm{d}q_{\mathrm{F}} = -2h_{\mathrm{md}}(i - i_{\mathrm{w}})\mathrm{d}x = \frac{-2h}{c_{\mathrm{p}}}(i - i_{\mathrm{w}})\mathrm{d}x \tag{9}$$

式中：h_{md}为传质系数；h 为湿空气侧的换热系数。

由式（8）、(9）得

$$i_{\mathrm{w}} - i_{\mathrm{F}} = \frac{-\mathrm{d}q_{\mathrm{F}}}{\mathrm{d}x}\frac{b_{\mathrm{w}}y_{\mathrm{w}}}{2\lambda_{\mathrm{w}}} \tag{10}$$

$$i - i_{\mathrm{w}} = \frac{-\mathrm{d}q_{\mathrm{F}}}{\mathrm{d}x}\frac{c_{\mathrm{p}}}{2h} \tag{11}$$

式（10）与（11）相加，得

$$i - i_{\mathrm{F}} = -\frac{b_{\mathrm{w}}\mathrm{d}q_{\mathrm{F}}}{2\mathrm{d}x}\left(\frac{y_{\mathrm{w}}}{\lambda_{\mathrm{w}}} + \frac{c_{\mathrm{p}}}{b_{\mathrm{w}}h}\right)$$

令 $\left(\frac{y_{\mathrm{w}}}{\lambda_{\mathrm{w}}} + \frac{c_{\mathrm{p}}}{b_{\mathrm{w}}h}\right) = \frac{1}{h_{\mathrm{D}}}$，上式可变为：

$$\mathrm{d}q_{\mathrm{F}} = -\frac{2h_{\mathrm{D}}}{b_{\mathrm{w}}}\cdot(i - i_{\mathrm{F}})\cdot\mathrm{d}x = -\frac{2h_{\mathrm{D}}}{b_{\mathrm{w}}}\cdot\Delta i_{\mathrm{F}}\cdot\mathrm{d}x \tag{12}$$

由式（5）可得

$$q_{\mathrm{F}} = \frac{2\lambda_{\mathrm{F}} y_{\mathrm{F}}}{b_{\mathrm{w}}} \frac{\mathrm{d}i_{\mathrm{F}}}{\mathrm{d}x} = \frac{-2\lambda_{\mathrm{F}} y_{\mathrm{F}}}{b_{\mathrm{w}}} \cdot \frac{\mathrm{d}\Delta i_{\mathrm{F}}}{\mathrm{d}x} \tag{13}$$

由式（12）与（13）可得：

$$\frac{\mathrm{d}^2 \Delta i_{\mathrm{F}}}{\mathrm{d}x^2} = \frac{h_{\mathrm{D}}}{\lambda_{\mathrm{F}} y_{\mathrm{F}}} \cdot \Delta i_{\mathrm{F}} \tag{14}$$

上式的边界条件为：

$$x = 0, \quad \Delta i_{\mathrm{F}} = \Delta i_{\mathrm{F,B}}$$

$$x = L, \quad \frac{\mathrm{d}\Delta i_{\mathrm{F}}}{\mathrm{d}x} = 0$$

通常引入一个肋片效率 Φ_{w}，来表示肋片换热的有效程度。

如果湿肋的肋斜率为：

$$\Phi_{\mathrm{w}} = \frac{i - i_{\mathrm{F,m}}}{i - i_{\mathrm{F,B}}} = \frac{\Delta i_{\mathrm{F,m}}}{\Delta i_{\mathrm{F,B}}} \tag{4-6}$$

式中：$i_{\mathrm{F,m}}$、$i_{\mathrm{F,B}}$分别为温度为肋片平均温度 $t_{\mathrm{F,m}}$与肋根温度 $t_{\mathrm{F,B}}$所对应的饱和湿空气的焓。由式（14）的解可得：

$$\Phi_{\mathrm{w}} = \frac{\tanh pL}{pL} \tag{4-7}$$

式中：$p = \sqrt{\dfrac{h_{\mathrm{D}}}{\lambda_{\mathrm{F}} y_{\mathrm{F}}}}$

通过上述的分析计算，可以发现湿肋的肋效率与干肋的肋效率具有完全相同的形式，因此在计算湿肋的肋效率时，就可借鉴干肋的肋效率的有关数值与图表，所不同的是要用 h_{m}来代替 h。式中的肋片形状参数改为 $p = \sqrt{\dfrac{h_{\mathrm{D}}}{\lambda_{\mathrm{F}} y_{\mathrm{F}}}}$，其中，$h_{\mathrm{D}}$ 为肋片表面的空气侧的折算放热系数［W/（$\mathrm{m}^2 \cdot \mathrm{K}$)］。它取决于空气侧的放热工况。

4.3　空气与水直接接触时的热湿交换

空气与水直接接触热质交换现象在生产应用的许多领域都常见到。石油化工、电力生产等工业过程的冷却塔、蒸发式冷凝器等冷却设备，民用和工业用空调系统中的喷淋室、蒸发冷却空调器，食品行业的冷却干燥过程，农业工程领域的真空预冷、湿帘降温和湿冷保鲜技术等都大量遇到空气与水的直接接触热质交换情况。由于空气与水直接接触热质交换应用极其广泛而引起了人们的高度重视，近二十多年来，围绕空气与水之间在多种情形下的传热传质，国内外学者在理论与实验方面开展了大量的研究工作，推动着该项技术的进展和应用。

气液之间传热传质的理论基础是 1904 年 Nernst 提出的薄膜理论和 1924 年 Whiteman 在 Nernst 的薄膜理论上提出的双膜理论。目前的研究大致可分为两类：一类是半理论研究，即首先建立反映过程特征的理论模型，推导出一系列含有经验系数的公式，根据实验确定出模型中的有关系数，得出模型公式的数值解或分析解。常用的理论研究方法，一是利用建立在动量、能量和质量守恒定律基础上的 N—S 方程、能量方程和浓度方程结合边界层理论进行解析解、近似解析解和数值解；二是应用不可逆热力学理论建立能反映实际过程的质量守恒方程、能量守恒方程和熵守恒方程，再结合试验得出的经验关系式求出过程的解析解；三是根据热质交换过程的 Merkel 理论，即认为在一微元体内，水膜界面饱和空气和主流空气的焓差是构成空气与水之间传热传质的推动力，从而利用能量分析方法，得出一组方程式并求出其解析解和数值解。另一类是实验研究，即针对某一特定设备或设备中的交换过程进行实验，然后对实验数据进行分析处理，得出一些实验结果拟合公式或多元回归公式。理论研究结果能反映出热湿交换过程的物理本质，不足之处是方程式复杂；实验研究结果得出的公式简单，但只适用于某一特定情形，应用受到局限。

由于水与空气直接接触热质交换过程影响因素很多，目前的实验研究存在实验范围有限，由实验数据进行回归处理得出的关系式的应用范围有限等不足，理论研究也存在建立的模型或公式要么计算复杂不宜工程应用，要么是针对某一特定设备或过程分析推导出来而通用性有限等问题。

4.3.1 热湿交换原理

空气与水直接接触时，根据水温的不同，可能仅发生显热交换，也可能既有显热交换又有潜热交换，即发生热交换的同时伴有质交换（湿交换）。

显热交换是空气与水之间存在温差时，由导热、对流和辐射作用而引起的换热结果。潜热交换是空气中的水蒸气凝结（或蒸发）而放出（或吸收）汽化潜热的结果。总热交换是显热交换和潜热交换的代数和。

根据热质交换理论可知，如图 4-8 所示，当空气与敞开水面接触时，由于水分子做不规则运动的结果，在贴近水表面处存在一个温度等于水表面温度的饱和空气边界层，而且边界层的水蒸气分压力取决于水表面温度。在边界层周围，水蒸气分子仍做不规则运动，结果经常有一部分水分子进入边界层，同时也有一部分水蒸气分子离开边界层进入空气中。空气与水之间的热湿交换和远离边界层的空气（主体空气）与边界层内饱和空气间温差及水蒸气分压力差的大小有关。

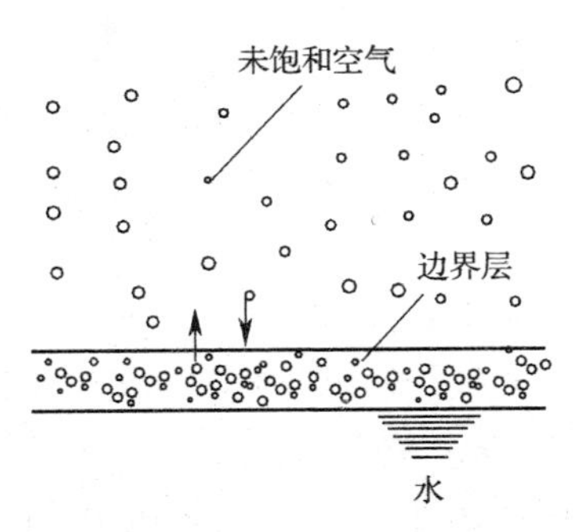

图 4-8 水膜表面的空气与水接触时的热湿交换

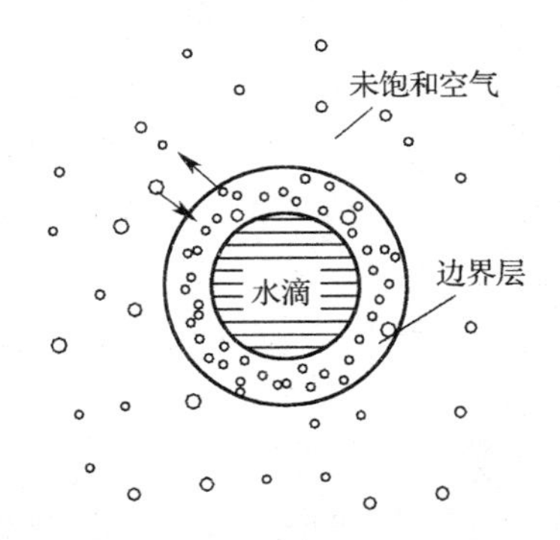

图 4-9 水滴表面的空气与水接触时的热湿交换

如果边界层内空气温度高于主体空气温度，则由边界层向周围空气传热；反之，则由主体空气向边界层传热。

如果边界层内水蒸气分压力大于主体空气的水蒸气分压力，则水蒸气分子将由边界层向主体空气迁移；反之，则水蒸气分子将由主体空气向边界层迁移。所谓“蒸发”与“凝结”现象就是这种水蒸气分子迁移的结果。在蒸发过程中，边界层中减少了的水蒸气分子又由水面跃出的水分子补充；在凝结过程中，边界层中过多的水蒸气分子将回到水面。

另以水滴为例，如图4-9所示，由于水滴表面的蒸发作用，在水滴表面形成一层饱和空气薄层。不论是空气中的水分子，还是水滴表面饱和空气层中的水分子，都在做不规则运动。空气中的水分子有的进入饱和空气层中，饱和空气层中的水分子有的也跳到空气层中去。若饱和空气层中水蒸气压力大于空气中的水蒸气压力，由饱和空气层跳进空气中的水分子，就多于由空气跳进饱和空气层中的水分子，这就是水分蒸发现象，结果是周围空气被加湿了。相反，如果周围空气跳到水滴表面饱和空气层中的水分子多于从饱和空气层中跳到空气中的水分子，这就是水蒸气凝结现象，结果是空气被干燥了。这种由于水蒸气压力差产生的蒸发与凝结现象，称为空气与水的湿交换。当空气流过水滴表面时，把水滴表面饱和空气层的一部分饱和空气吹走。由于水滴表面水分子不断蒸发，又形成新的饱和空气层。这样饱和空气层将不断与流过的空气相混合，使整个空气状态发生变化。这也就是利用水与空气的直接接触处理空气的原理。

可见，在湿空气和边界层之间，如果存在水蒸气浓度差（或者水蒸气分压力差），水蒸气的分子就会从浓度高的区域向浓度低的区域转移，从而产生质交换。也就是说，湿空气中的水蒸气与边界层中水蒸气分压力之差是质交换的驱动力，就像温度差是产生热交换的驱动力一样。从上面的分析可以看到，空气与水之间的显热交换取决于边界层与周围空气之间的温度差，而质交换以及由此引起的潜热交换取决于二者的水蒸气分子浓度差或者说取决于二者之间的水蒸气分压力差。

热质交换基本方程式的推导是基于以下三个条件：（1）采用薄膜模型；（2）在空调范围内，空气与水表面之间传质速率比较小，因而可以不考虑传质对传热的影响；（3）在空调范围内，认为刘易斯关系式成立，即：$\frac{h}{h_{md}}=c_p$。

对在水膜表面的空气与水的热湿交换过程进行分析，如图4-10所示，当空气与水在一微元面积dA（m^2）上接触时，空气温度变化为dt，含湿量变化为d（d），显热交换量将是：

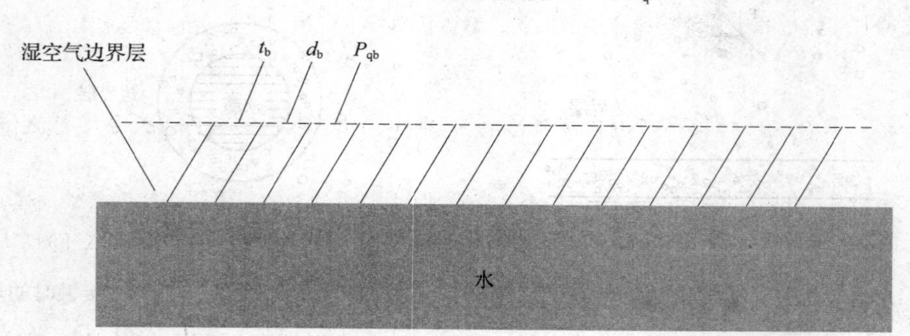

图4-10　湿空气在水表面的冷却降湿

$$dQ_x = dGc_p dt = h(t-t_b)dA \quad (W) \tag{4-8}$$

式中　dG——与水接触的空气量，kg/s；

h——空气与水表面间显热交换系数，W/（m²·℃）；

t、t_b——主体空气和边界层空气温度，℃。

湿交换量将是：

$$dW = dGd(d) = h_{mp}(P_q - P_{qb})dA \tag{4-9}$$

式中　h_{mp}——空气与水表面间按水蒸气分压力差计算的湿交换系数，kg/（N·s）；

P_q、P_{qb}——主体空气和边界层空气的水蒸气分压力，Pa。

由于水蒸气分压力差在比较小的温度范围内可以用具有不同湿交换系数的含湿量差代替，所以湿交换量也可写成：

$$dW = h_{md}(d - d_b)dA \tag{4-10}$$

式中　h_{md}——空气与水表面间按含湿量差计算的湿交换系数，kg/（m²·s）；

d、d_b——主体空气和边界层空气的含湿量，kg/kg。

潜热交换量将是：

$$dQ_q = rdW = rh_{md}(d - d_b)dA \tag{4-11}$$

式中　r——温度为t_b时水的汽化潜热，J/kg。

因为总热交换量 $dQ_z = dQ_x + dQ_q$，于是，可以写出：

$$dQ_z = [h(t - t_b) + rh_{md}(d - d_b)]dA \tag{4-12}$$

通常把总热交换量与显热交换量之比称为换热扩大系数ξ，即

$$\xi = \frac{dQ_z}{dQ_x} \tag{4-13}$$

由此可见，在空气与水热质交换同时进行时，推动总热交换的动力将是焓差而不是温差，因而总热交换量与湿空气的焓差有关，或者说与湿空气的湿球温度有关。因此在确定热流方向时，仅仅考虑显热是不够的，必须综合考虑显热和潜热两个方面。

由于空气与水之间的热湿交换，所以空气与水的状态都将发生变化。从水侧看，若水温变化为 dt_w，则总热交换量也可写成：

$$dQ_z = Wcdt_w \tag{4-14}$$

式中　W——与空气接触的水量，kg/s；

c——水的定压比热，kJ/（kg·℃）。

在稳定工况下，空气与水之间热交换量总是平衡的，即

$$dQ_x + dQ_q = Wcdt_w \tag{4-15}$$

所谓稳定工况是指在换热过程中，换热设备内任何一点的热力学状态参数都不随时间变化的工况。严格地说，空调设备中的换热过程都不是稳定工况。然而考虑到影响空调设备热质交换的许多因素变化（如室外空气参数的变化、工质的变化等）比空调设备本身过程进行得更为缓慢，所以在解决工程问题时可以将空调设备中的热湿交换过程看成稳定工况。

在稳定工况下，可将热交换系数和湿交换系数看成沿整个热交换面是不变的，并等于其平均值。这样，如能将式（4-8）、(4-11）、(4-12）沿整个接触面积分即可求出 Q_x、Q_q 及 Q_z。但在实际条件下接触面积有时很难确定。以空调工程中常用的喷淋室为例，水的表面积将是尺寸不同的所有水滴表面积之和，其大小与喷嘴构造、喷水压力等许多因素有

关，因此难于计算。

随着科学技术的发展，利用激光衍射技术分析喷淋室中水滴直径及其分布情况，并得出具有某一平均直径的粒子总数已成为可能，从而为喷淋室热工计算的数值解提供了可能性。

4.3.2　蒸发冷却装置的工作原理

蒸发冷却就是利用水与空气之间的热湿交换来实现的，可分为直接蒸发冷却和间接蒸发冷却，是一种环保、节能、可持续发展的制冷技术，是我国现代空调领域的重要发展方向。直接蒸发冷却的原理便是本节所介绍的空气与水直接接触时的热湿交换。

直接蒸发冷却是指在喷淋室中水与空气直接接触，水不断吸收空气的热量进行蒸发，从而使被处理的空气降温加湿。根据以上介绍的热质交换理论，在水与气直接接触时，在贴近水表面处，由于水分子做不规则运动的结果，形成了一个温度等于水表面温度的饱和空气边界层，而且边界层内水蒸气分压力取决于边界层的饱和空气温度，当边界层温度与周围空气温度有温差时就会发生显热交换，有水蒸气分压力差时就会发生质交换。直接蒸发冷却是水与空气直接接触而发生的一种热湿交换过程，在温差作用下，空气向水传热，空气因失去显热而温度下降。在水蒸气分压力差的作用下，水分蒸发进入空气中，空气得到汽化潜热并被加湿，整个过程焓值基本不变。

下面介绍直接蒸发冷却装置的传热传质性能。直接蒸发冷却空调的工作原理如图 4-11 所示，装置下部设有集水槽，循环水在水泵的驱动下送至填料顶部的布液装置，之后淋水依靠重力下流，润湿整个填料表面。空气通过淋水填料时，与填料表面水膜进行热湿交换，空气传递显热给水，自身温度降低，而水分蒸发水蒸气进入空气中，空气的含湿量增加。直接蒸发冷却空调是利用水的蒸发吸热来冷却空气，冷却后的空气进入空调房间，而水只在直接冷却蒸发冷却空调内不循环使用。图 4-12 显示 i-d 图上直接蒸发冷却的处理过程——等焓加湿降温过程。空气 A 在直接蒸发冷却过程中，温度降低，含湿量增大，被处理空气所能达到的最低温度为空气的湿球温度 t_{As}。

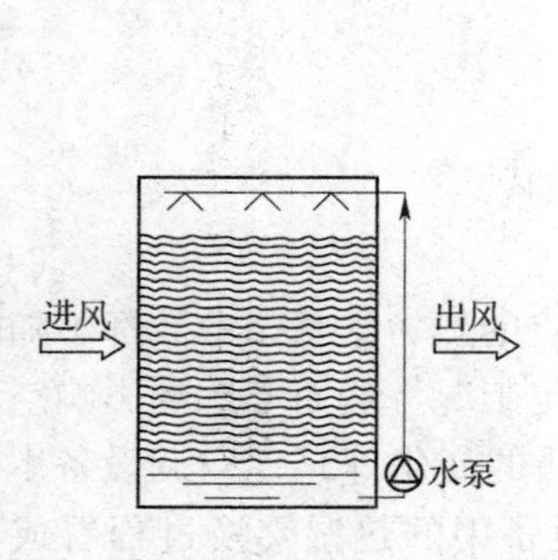

图 4-11　直接蒸发冷却空调工作原理

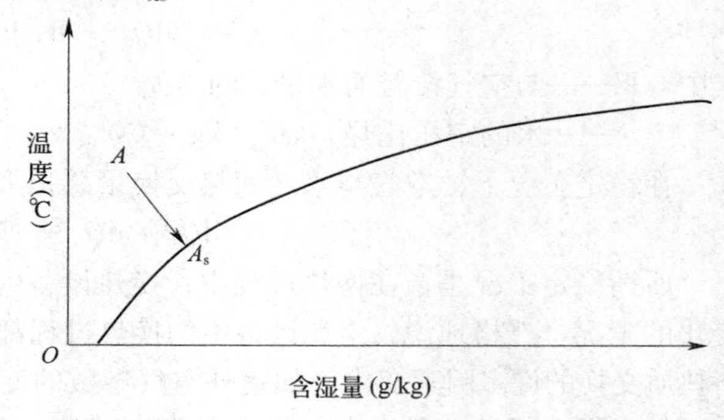

图 4-12　直接蒸发冷却空调的空气处理过程

图 4-13 为一种实现间接蒸发冷却的制冷装置示意图。空气经过间接蒸发冷却后，温度降低，含湿量并不发生变化。该间接蒸发冷却过程的核心思想是采用逆流换热、逆流传质来减少不可逆损失，已得到较低的供冷温度和较大的供冷量。在理想情况下，冷水的出口温度可接近进口空气的露点温度，而不是进口空气的湿球温度。在间接蒸发冷却过程

中，冷水获得的冷量等于空气进出口的能量变化。空气在换热器1中被降温，使得该空气的状态接近饱和线，然后再和水接触，进行蒸发冷却，这样做比不饱和空气直接跟水接触减少了传热传质的不可逆损失，使得蒸发在较低的温度下进行，产生的冷水温度也随之降低。

上述间接蒸发冷却过程在焓湿图上的变化过程如图4-14所示。A（t_A，d_A）为进口空气的状态，L（t_L，d_A）点为进口空气A的露点，排风为C（t_C，d_C）点。根据图4-14的流程，室外空气A通过逆流换热器1与温度为B点的冷水换热后其温度降低至A_1点，状态为A_1的空气进入空气和水直接接触逆流换热器2后，与水进行逆流的传热传质到达C排出换热器，同时水温降到B状态。B点状态的液态水一部分作为输出冷水，一部分进入换热器1以冷却空气。两部分的回水混合集中后，从填料塔上部喷淋而下，与空气进行逆流的传热传质，温度降到B状态。对于理想的流程，输出的冷水温度可无限接近于空气的露点温度，但对于实际的工况，输出的冷水温度比露点温度高。

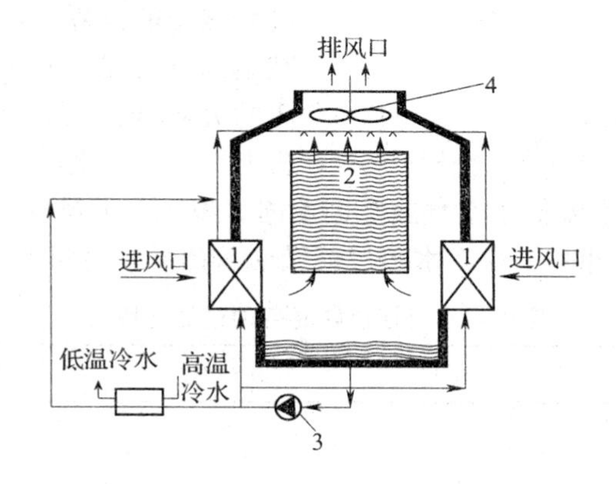

图4-13　间接蒸发式制冷装置

1—空气-水逆流换热器；2—空气-水直接接触逆流换热器；3—循环水泵 ；4—风机

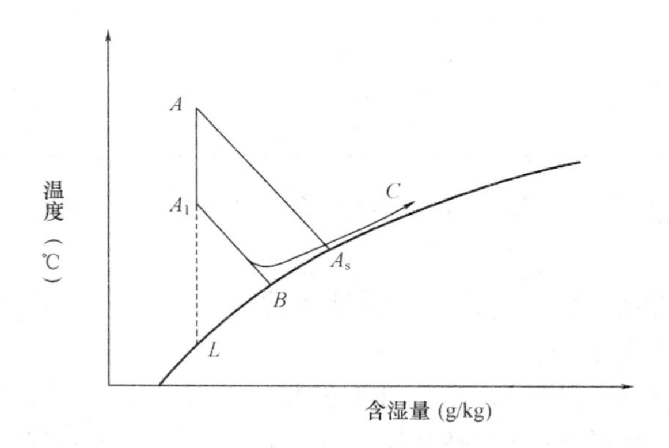

图4-14　间接蒸发供冷装置空气处理过程

4.3.3　与水直接接触时空气的状态变化过程

空气与水直接接触时，水表面形成的饱和空气边界层与主流空气之间通过分子扩散与紊流扩散，使边界层的饱和空气与主流空气不断混掺，从而使主流空气状态发生变化。因此，空气与水的热湿交换过程可以视为主体空气与边界层空气不断混合的过程。

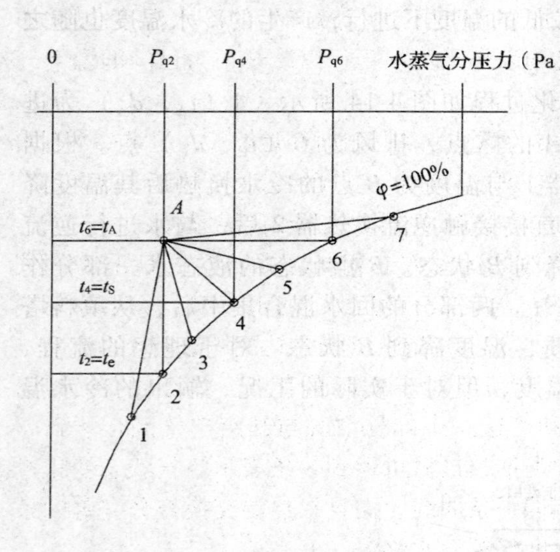

图 4-15 空气与水接触时的状态变化过程

为分析方便起见，假定与空气接触的水量无限大，接触时间无限长，即在所谓假想条件下，全部空气都能达到具有水温的饱和状态点。也就是说，此时空气的终状态点将位于 i-d 图的饱和曲线上，且空气终温将等于水温。与空气接触的水温不同，空气的状态变化过程也将不同。所以，在上述假想条件下，随着水温不同可以得到图 4-15 所示的七种典型空气状态变化过程。表 4-3 列举了这七种典型过程的特点。

在上述七种过程中，A-2 过程是空气增湿和减湿的分界线，A-4 过程是空气增焓和减焓的分界线，而 A-6 过程是空气升温和降温的分界线。下面用热湿交换理论简单分析上面列举的七种过程。

如图 4-15 所示，当水温低于空气露点温度时，发生 A-1 过程。此时由于 $t_w < t_1 < t_A$ 和 $P_{q1} < P_{qA}$，所以空气被冷却和干燥。水蒸气凝结时放出的热亦被水带走。

空气与水直接接触时各种过程的特点 **表 4-3**

过程线	水温特点	t 或 Q_x	d 或 Q_q	i 或 Q_z	过程名称
A-1	$t_w < t_1$	减	减	减	减湿冷却
A-2	$t_w = t_1$	减	不变	减	等湿冷却
A-3	$t_1 < t_w < t_s$	减	增	减	减焓加湿
A-4	$t_w = t_s$	减	增	不变	等焓加湿
A-5	$t_s < t_w < t_A$	减	增	增	增焓加湿
A-6	$t_w = t_A$	不变	增	增	等温加湿
A-7	$t_w > t_A$	增	增	增	增温加湿

当水温等于空气露点温度时，发生 A-2 过程。此时由于 $t_w < t_A$ 和 $P_{q2} = P_{qA}$，所以空气被等湿冷却。

当水温高于空气露点温度而低于空气湿球温度时，发生 A-3 过程。此时由于 $t_w < t_A$ 和 $P_{q3} > P_{qA}$，空气被冷却和加湿。

当水温等于空气湿球温度时，发生 A-4 过程。此时由于等湿球温度线与等焓线相近，可以认为空气状态沿等焓线变化而被加湿。在该过程中，由于总热交换量近似为零，而且 $t_w < t_A$，$P_{q4} > P_{qA}$，说明空气的显热量减少、潜热量增加，二者近似相等。实际上，水蒸发所需热量取自空气本身。

当水温高于空气湿球温度而低于空气干球温度时，发生 A-5 过程。此时由于 $t_w < t_A$ 和 $P_{q5} > P_{qA}$，空气被加湿和冷却。水蒸发所需热量部分来自空气，部分来自水。

当水温等于空气干球温度时，发生 A-6 过程。此时由于 $t_w = t_A$，$P_{q6} > P_{qA}$，说明不发生显热交换，空气状态变化过程为等温加湿。水蒸发所需热量来自水本身。

当水温高于空气干球温度时，发生 A-7 过程。此时由于 $t_w > t_A$ 和 $P_{q7} > P_{qA}$，空气被加热和加湿。水蒸发所需热量及加热空气的热量均来自于水本身。以冷却水为目的的湿空气冷却塔内发生的便是这种过程。

和上述假想条件不同，如果在空气处理设备中空气与水的接触时间足够长，但水量是有限的，则除 $t_w = t_s$ 的热湿交换过程外，水温都将发生变化，同时，空气状态变化过程也就不是一条直线。如在 *i-d* 图上将整个变化过程依次分段进行考察，则可大致看出曲线形状。

现以水初温低于空气露点温度，且水与空气的运动方向相同（顺流）的情况为例进行分析（见图 4-16*a*）。在开始阶段，状态 A 的空气与具有初温 t_{w1} 的水接触，一小部分空气达到饱和状态，且温度等于 t_{w1}。这一小部分空气与其余空气混合达到状态点 1，点 1 位于点 A 与点 t_{w1} 的连线上。在第二阶段，水温已升高至 t'_w，此时具有点 1 状态的空气与温度为 t'_w 的水接触，又有一小部分空气达到饱和。这一小部分空气与其余空气混合达到状态点 2，点 2 位于点 1 和点 t'_w 的连线上。依此类推，最后可得到一条表示空气状态变化过程的折线。间隔划分愈细，则所得过程线愈接近一条曲线，而且在热湿交换充分完善的条件下空气状态变化的终点将在饱和曲线上，温度将等于水终温。

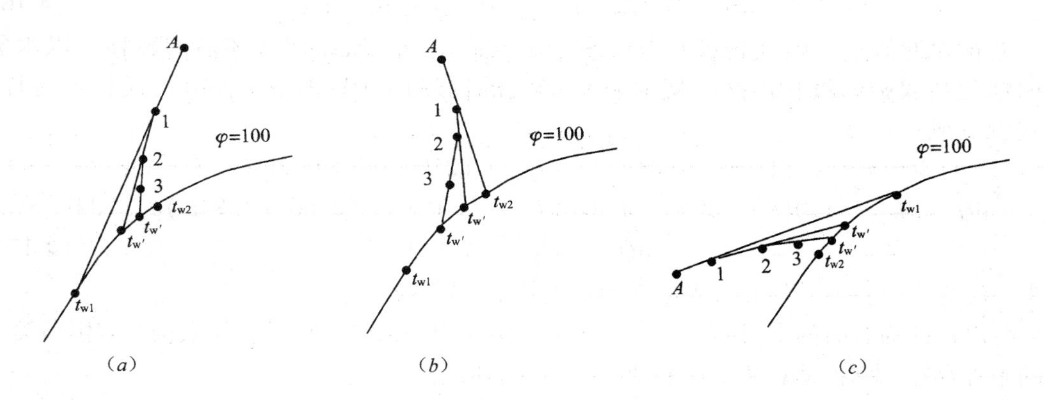

图 4-16 发生在设备内部的空气与水直接接触的变化过程

对于逆流情况，用同样的方法分析可得到一条向另外方向弯曲的曲线，而且空气状态变化的终点在饱和曲线上，温度等于水初温（图 4-16*b*）。

图 4-16（*c*）是点 A 状态空气与初温 $t_{w1} > t_A$ 的水接触且呈顺流运动时，空气状态的变化情况。

实际上空气与水直接接触时，接触时间也是有限的，因此，空气状态的实际变化过程既不是直线，也难以达到与水的终温（顺流）或初温（逆流）相等的饱和状态。然而在工程中人们关心的只是空气处理的结果，而并不关心空气状态变化的轨迹，所以在已知空气终状态时仍可用连接空气初、终状态点的直线来表示空气状态的变化过程。

4.3.4 空气与水直接接触时的对流增湿和减湿

前已述及，在空调设备中空气处理过程常常伴有水分的蒸发和凝结，即常有同时进行的热湿传递过程。美国学者刘伊斯对绝热加湿过程热交换和湿交换的相互影响进行了研究，得出了以下关系式。

$$h_{md} = \frac{h}{c_p}$$

这就是著名的刘伊斯关系式，它表明对流热交换系数与对流质交换系数之比是一常数。根据刘伊斯关系式，可以由对流热交换系数求出对流质交换系数。

这一结论后来一度曾被推广到所有用水处理空气的过程中。但是研究表明，热交换与质交换类比时，只有当质交换的施米特准则（Sc）与热交换的普朗特准则（Pr）数值相等，而且边界条件的数学表达式也完全相同时，反映对流质交换强度的宣乌特准则（Sh）和反映对流热交换强度的努谢尔特准则（Nu）才相等，只有此时热质交换系数之比才是常数。上述绝热加湿过程是符合这一条件的，然而并非所有用水处理空气的过程都符合这一条件。因此，热质交换系数之比等于常数的结论只适用于一部分空气处理过程。在图 4-15 所示的七种类型过程中，除绝热加湿过程外，冷却干燥过程、等温加湿过程、加热加湿过程以及用表冷器处理空气的过程也都符合刘伊斯关系式，这就为研究一些空调设备的热工计算方法打下了基础。

如果在空气与水的热湿交换过程中存在着刘伊斯关系式，则式（4-12）将变成：

$$dQ_z = h_{md}[c_p(t - t_b) + r(d - d_b)]dA \tag{4-16}$$

上式为近似式，因为它没有考虑水分蒸发或水蒸气凝结时液体热的转移。以水蒸气的焓代替式中的汽化潜热，同时将湿空气的比热用（$1.01 + 1.84d$）代替。这样，上式就变成：

$$dQ_z = h_{md}[(1.01 + 1.84d)(t - t_b) + (2500 + 1.84t_b)(d - d_b)]dA$$

或 $$dQ_z = h_{md}\{[1.01t + (2500 + 1.84t)d] - [1.01t_b + (2500 + 1.84t_b)d_b]\}dA$$

即 $$dQ_z = h_{md}(i - i_b)dA \tag{4-17}$$

式中　i、i_b——主体空气和边界层饱和空气的焓，kJ/kg。

式（4-17）即为著名的麦凯尔方程。它表明在热质交换同时进行时，如果符合刘伊斯关系式的条件存在，则推动总热交换的动力是空气的焓差。

4.3.5　影响空气与水表面之间热质交换的主要因素

根据空气与水进行热质交换的物理模型，我们可以从总热交换推动力和双膜阻力这两个方面对影响空气与水表面之间热质交换的主要因素进行分析。

4.3.5.1　焓差是总热交换推动力

由前面的基本方程可知，传给空气的总能量可表示为：

$$G_a dh = h_{md}(i_b - i)dA$$

上式又称为热质交换总换热方程式。

从上式可以看出，总热交换量与推动力和总热交换系数乘积成正比。同时也可以看出，空气与水表面之间的总热交换推动力是焓差，而不是温差。因此，在确定热流方向时，仅仅考虑显热是不够的，必须同时考虑显热和潜热两个方面。关于空气处理过程中的热质流量分析，可以很方便地在焓－温（$i-t$）图上进行。

对于 1kg 干空气来说，总热交换量即为焓差 Δi，可以写成以下形式：

$$\Delta i = \Delta i_s + \Delta i_L \tag{4-18}$$

式中　Δi_s——显热交换量，与温差成正比；

Δi_L——潜热交换量，与含湿量差成正比。

假设给定空气初状态参数：干球温度 T_1、湿球温度 T_{s1} 和露点温度 T_{L1}，改变水初温 T_W，那么热质流量随着水温变化的关系表示于图 4-17 中。该图中以水温 T_W 为横坐标，以 Δi、Δi_s 和 Δi_L 为纵坐标，并以空气得热量为正，失热量为负。

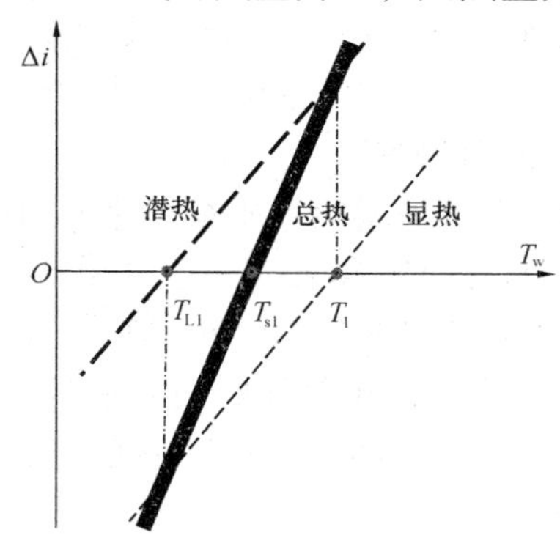

图 4-17　热质流量与水温关系在焓－温图上的表示

（1）当空气与水直接接触时，从空气侧而言：

1）总热交换量以空气初状态的湿球温度 T_{s1} 为界，当水温 $T_W > T_{s1}$ 时，空气为增焓过程，总热流方向向着空气；当 $T_W < T_{s1}$ 时，空气为减焓过程，总热流方向向着水。

2）显热交换量以空气初状态的干球温度 T_1 为界，当 $T_W < T_1$ 时，空气失去显热，当 $T_W > T_1$ 时，空气获得显热，但是总热流方向还要看潜热流量而定。

3）潜热交换以空气初状态的露点温度 T_{L1} 为界，当 $T_W > T_{L1}$ 时，空气得到潜热量，当 $T_W < T_{L1}$ 时，空气失去潜热量。同样，总热流方向还要看显热流量而定。

4）当水温 $T_W > T_1$ 时，总热流方向总是向着空气。

（2）当空气与水直接接触时，从水侧而言：

1）对于水来说，当 $T_W > T_1$ 时，Δi_s 和 Δi_L 的热流都由水流向空气，所以水温降低；

2）当 $T_{s1} < T_W < T_1$ 时，Δi_s 和 Δi_L 的热流方向虽然相反，但是总热流 $\Delta i > 0$，即热流仍由水流向空气，所以水温仍然降低；

3）当 $T_{s1} = T_W$ 时，$\Delta i_s = \Delta i_L$，$\Delta i = 0$ 此时热流量等于零，所以水温不变；

4）当 $T_W < T_{s1}$ 时，此时 $\Delta i < 0$，热流方向由空气流向水面，所以水温升高。

通过以上分析可以看出，水冷却的极限温度是 T_{s1}，即水冷却的最低温度不可能低于空气湿球温度。

在冷却塔的实际运行中，一般属于第一种情况，即 $T_W > T_1$。在冬季，（$T_W - T_1$）值比较大，显热部分可占 50%，严冬时甚至占 70%，在夏季则不然，（$T_W - T_1$）值很小，潜热占的比例较大，甚至占到 80%～90%，即主要为蒸发散热。值得注意的是，当夏季温度很高，而且相对湿度又很大时，对于冷却塔的工作是很不顺利的。

（3）当水温不变而改变空气初状态时，同样会引起总热流方向的变化，从而引起推动力的变化。

从上面分析可以得出，空气和水的初状态决定了总热流方向，从而决定了过程的推动力。

4.3.5.2　气液之间的双膜阻力是热质交换的控制因素

由式（4-3）分析得到：

$$\frac{i-i_b}{T_W-T_b}=-\frac{1/h_{md}}{1/h_W}=-\frac{c_p/h}{1/h_W} \tag{4-19}$$

焓差推动力与温差推动力之比，正比于两膜阻力之比，说明膜阻力越大，需要的推动力也越大。因此，双膜阻力是热质交换的控制因素，影响两膜阻力的因素也就是影响热质交换的因素。下面分别从气膜阻力、水膜阻力以及气水比等方面作一简要分析。

（1）空气流动状况对气膜阻力的影响

在实际的热质交换过程中，通常采用空气质量流速 $v\rho$ 表示空气的流动状况。空气质量流速 $v\rho$ 对热质交换过程的影响有两层含义：一是当 $v\rho$ 增大时，则 Re 数增大，气膜变薄，膜阻减小，显热交换系数 h 和总热交换系数 h_{md} 都增大，从而提高了传递效率。另一层含义是，如果 $v\rho$ 过大，则会缩短气－水接触时间，不但不利于热质交换过程的充分进行，而且还会增加流动阻力和挡水板过水。因此，$v\rho$ 应该有一个合适的范围，例如对于低速喷淋室，通常取 $v\rho=2.5\sim3.5\text{kg/（m}^2\cdot\text{s）}$。

（2）水滴大小对水膜阻力的影响

根据水滴直径 d 的大小，可分为：小水滴，$d=0.05\sim0.20$mm；中水滴，$d=0.15\sim0.25$mm；大水滴，$d=0.20\sim0.50$mm。

研究资料显示，水滴在形成的同时，会伴随有强烈的热质交换，水滴在经过一个加速运动之后，即以其最大的末速度做等速下降（或上升），同时与空气进行热质交换。

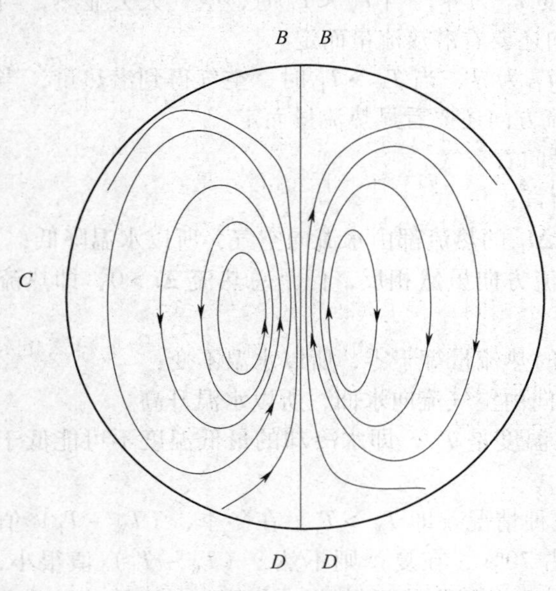

图 4-18　水滴的层流内部循环

水滴大小不同，热质交换的机理也不相同。非常小的水滴实际上是停滞的，热质传递主要靠分子扩散，即水膜阻力比较大。中等大小水滴，由于气液表面上的剪切力，会产生层流内部循环，如图 4-18 所示，它减小了分子扩散行程，提高了传递速率。在一些非常大的水滴中，水滴会产生变形，层流循环被非常猛烈的内部混合所代替，产生水滴振动。研究表明，无论是水滴内部循环还是水滴振动，都会减小液膜阻力，增加传递速率。资料显示，由水滴内部循环产生的有效扩散系数是分子扩散系数的 2～10 倍。由水滴振动产生的有效扩散系数是分子扩散系数的 10 倍以上。

水滴大小会影响到过程进行的程度。由重力沉降速度公式可知，直径大的水滴沉降速度也大，水滴与空气接触时间短。直径小的水滴沉降速度小，水滴与空气接触时间长。当水滴直径及其与空气接触时间已定，热交换过程开始时，水滴被加热或冷却（视水温与空气温度的关系），水滴温度随时间而改变，传热过程是不稳定的。当水滴温度等于空气湿球温度时，水滴温度不再改变，此时的热交换达到稳定的绝热过程。显然，只有较小水滴才可能达到绝热过程。绝热过程总是使空气干球温度降低和含湿量增加，因此，当空气需要降温加湿时，水滴直径必须较小。如果水滴直径越大，则热质交换过程距离绝热过程越远。

（3）淋水装置的填料材料和结构对于热质交换也有很大的影响

（4）水气比 μ 的影响

水气比 μ 代表水量与气量的比值，它的大小对热质交换的推动力有重要影响。经分析可知，为了提高平均推动力，对于气水逆向流动，水气比 μ 应该较大；对于气水同向流动，水气比 μ 应该较小。

4.3.5.3 间接接触的表冷器深度（即管排排数）对热质交换过程的影响

当空气与水间接接触时，随着表冷器深度变化，不仅引起热交换量的变化，而且会使交换方式改变。由式（4-19）$\frac{i - i_b}{T_W - T_b} = -\frac{h_W c_p}{h}$ 可以看出，若空气和冷却剂的流速一定，则 $\frac{h_W c_p}{h}$ 为定值；如果冷却剂温度 T_W 也给定，那么表面温度 T_b 就仅仅是空气焓 i 的函数，

$$T_b = f(i) \tag{4-20}$$

空气冷却干燥过程也是减焓过程，随着空气向表冷器深度方向流动，空气的焓值将逐步降低。根据式（4-20）可知，表面温度 T_b 也将逐步降低，这就意味着，沿着空气流动的方向，靠近后面的管排比靠近前面的管排具有更低的表面温度。

在进行表冷器热工计算时，如果以平均表面温度为基准，那么就有可能出现这样的问题：靠近前面的管排遇到的空气焓值比较高，因此表面温度高于平均表面温度，靠近后面的管排遇到的空气焓值比较低，表面温度低于平均表面温度。这样，从空气中析出水分就不是在空气进到表冷器之后立刻发生，而是在离开进口的某一距离后开始。换句话说，表冷器前面部分可能是在只有显热交换的“干工况”下工作，后面部分是在热质交换同时进行的“湿工况”下工作。可以预料，在表冷器深度方向上的某个地方，应该存在一条由干表面转变为湿表面的条件性分界线。

由于在干工况与湿工况下的热交换情况不相同，干工况时只有显热交换，湿工况时则为总热交换，因此从增加热交换的目的出发，应该增加表面冷却器深度，即增加排管的排数。但是，增加排管同时也增加了阻力，因此需要作全面考虑。

以上所述为影响空气与水之间热质交换的主要因素，其他影响因素还有热质交换设备的构造以及流体物性等。

4.3.6 空气与水表面的热质交换系数

前面已经指出，热质交换系数反应过程进行的程度，它是各种影响因素的总和，也是确定热质交换量的关键。有关简单边界条件下的热质交换系数，在前一章中已经介绍了它们的计算方法。对于设备中空气－水之间的热质交换系数，由于边界条件和过程都比较复杂，用理论计算方法，一般是比较困难的。因此，通常都以实验数据为基础，针对具体情况，分别进行处理。

前面一节所分析的影响空气与水之间热质交换的主要因素，实际上也就是影响热质交换系数h_{md}的主要因素，它们的关系可以用下式表示：

$h_{md}=f$（空气与水的初参数，热质交换设备的结构特性，空气质量流速$v\rho$以及水气比μ）。

对于不同的情况，热质交换系数的确定方法也不同，在空气与水直接接触且有填料的热质交换设备（冷却塔）和空气与水直接接触而无填料的热质交换设备（喷淋室）中就有不同的计算和处理方法。喷淋室是典型的空气与水直接接触的无填料的热质交换设备。在无填料的喷淋室内，空气与水之间的热质交换情况十分复杂，空气不仅要同飞溅水滴的广大表面以及底池的自由水面相接触，同时还和顺着喷淋室及挡水板表面流动的水膜及水滴相接触。喷雾水滴的大小极不相同而且很不稳定，水气的交叉和水滴相互碰撞，细水滴又会结合成粗水滴。因此，要准确确定气水接触面积是很困难的，相应的热质交换系数也就难以确定了。热质交换系数是设备性能的一种表示方式，当然也可以用其他方式来表示设备性能，例如效率的概念就是应用得非常普遍的一种。

对于空气与水间接接触的热置交换设备，例如表冷器是典型的空气与水间接接触的热质交换设备，它符合双膜模型。表冷器有两个特点：第一，就空气与水膜接触而言，它同喷淋室是一样的，不过水膜的形成是由于湿空气在表面的冷却凝结，如果没有凝结水，那么水膜也就不存在了；第二，如果在干工况下工作，表冷器又与普通换热器没有两样。因此，可以模仿喷淋室的处理方法，定义两个效率系数来代替热质交换中的两个换热系数，然后再将同时进行热质交换的表冷器效率系数，转换为普通换热器效率系数来处理。具体的定义和计算将在第6、7和8章中的设备计算的内容中给出详细介绍。

思　考　题

1. 湿空气的组成成分有哪些？为什么要把含量很少的水蒸气作为一个重要的成分来考虑？

2. 天气从晴转阴，为什么大气压要下降？为什么在同一地区冬季的大气压高于夏季的大气压？

3. 湿空气的水蒸气分压力和湿空气的水蒸气饱和分压力有什么区别？它们是否受大气压力的影响？

4. 房间内空气干球温度为20℃，相对湿度$\varphi=50\%$，压力为0.1MPa，如果穿过室内的冷水管道表面温度为8℃，那么管道表面是否会有凝结水产生？为什么？应采取什么措施？

5. 空气温度是20℃，大气压力为0.1MPa，相对温度$\varphi_1=50\%$，如果空气经过处理后，温度下降到15℃，相对湿度增加到$\varphi_2=90\%$，试问空气的焓值变化了多少？

6. 已知大气压力$B=0.1$MPa，空气温度$t_1=18$℃，$\varphi_1=50\%$，空气吸收了热量$Q=14000$kJ/h和湿量$W=2$kg/h后，温度为$t_2=25$℃，利用i-d图，求出状态变化后空气的其他状态参数φ_2、i_2、d_2各是多少？

7. 已知大气压力为101325Pa，空气状态变化前的干球温度$t_1=20$℃，状态变化后的干球温度$t_2=30$℃，相对湿度$\varphi_2=50\%$，状态变化过程的角系数$\varepsilon=5000$kJ/kg。试用i-d图求空气状态点的各参数φ_1、i_1、d_1各是多少？

8. 某空调房间的长、宽、高为5m×3.3m×3m，经实测室内空气温度为20℃，压力101325Pa，水蒸气分压力为1400Pa，试求：(*a*) 室内空气含湿量d；(*b*) 室内空气的比焓i；(*c*) 室内空气的相对湿度φ；(*d*) 室内干空气的质量；(*e*) 室内水蒸气的质量？(*f*) 如果使室内空气沿等温线加湿至饱和状态，问变化的角系数是多少？加入的水蒸气量是多少？

9. 空调房间内气压为101325Pa，空气的干球温度为20℃，外墙内表面的温度为7℃，为了不使墙面上产生凝结水，求室内空气最大允许相对湿度和最大允许含湿量是多少？

10. 将空气由$t_1=25$℃，$\varphi_1=70\%$冷却到$t_2=15$℃，$\varphi_2=100\%$。问：(*a*) 每千克干空气失去水分是多少克？(*b*) 每千克干空气失去的显热是多少（kJ）？(*c*) 水凝结时放出的潜热是多少（kJ）？(*d*) 空气状态变化时失去的总热量是多少（kJ）？

11. 当大气压变化时空气的哪些状态参数发生变化？怎样变化？

12. 有 A、B、C、D 四个同样材质的容器，其传热性能良好。向 A、B 两容器中注入 100℃的水，向 C、D 两容器中注入 0℃的水，并将 A、C 两容器密封，而 B、D 两容器敞开液面与大气相通。然后将四个容器置于同一温度的大气空间里。问经过相当长的时间后，四个容器内水的温度与其环境空气温度相比较应是怎样的关系？为什么？

13. 室外空气与室内空气进行绝热混合，它们的压力都是 101325Pa，室外空气的流量为 2kg/s，干球温度为 35℃，湿球温度为 25℃，室内空气的流量为 3kg/s，温度为 24℃，相对湿度为 50%。求（a）混合空气的焓；（b）混合空气的含湿量；（c）根据（a）和（b）的结果计算混合物的干球温度；（d）由入口气流的干球温度用加权平均法求混合物的干球温度。

14. 在空气调节设备中，将 $t_1=30$℃、相对湿度 $\phi_1=75\%$ 的湿空气先冷却去湿到 $t_2=15$℃，然后再加热到 $t_3=22$℃。若空气流量为 500kg/min，试计算：调节后空气的相对湿度；在冷却器中空气放出的热量和凝结水量；加热器中加入的热量。

15. 将 $t_1=20$℃、相对湿度 $\phi_1=30\%$ 的空气，先加热到 $t_2=50$℃，然后送入干燥箱干燥物体，干燥箱出口的空气温度为 $t_3=35$℃。试计算从被干燥的物体中吸收 1kg 水分时所需的干空气量和加热量。

16. 冷却塔将水从 38℃冷至 23℃，水流量为 100×10^3kg/h。从塔底进入的空气的温度为 15℃，相对湿度为50%，塔顶排出的是30℃的饱和空气。求需要送入的空气流量和蒸发的水量。若欲将热水冷却到进口空气的湿球温度，而其他参数不变，则送入的空气的流量又为多少。

17. 温度为 30℃、水蒸气分压力为 2kPa 的湿空气吹过下面三种状态的水的表面时，试用箭头表示传热和传质的方向。

水温 t	50℃		30℃		18℃		10℃	
传热方向	气	水	气	水	气	水	气	水
传质方向	气	水	气	水	气	水	气	水

18. 常压下气温为 30℃、湿球温度为 28℃的湿空气在淋水室与大量冷水充分接触后，被冷却成 10℃的饱和空气，试求：

（a）每千克干空气中的水分减少了多少？

（b）若将离开淋水室的气体再加热至 30℃，此时空气的湿球温度是多少？

19. 在 $t=60$℃、$d_1=0.02$kg 水/kg 干空气的常压空气中喷水增湿，每千克干空气的喷水量为 0.006kg，这些水在气流中全部汽化。若不计入喷入水的焓值，求增湿后的空气状态。

第 5 章　吸附和吸收处理空气的原理与方法

国际空调界近年来流行一种除湿概念——独立除湿（Independent dehumidification），即对空气的降温与除湿分开独立处理，除湿不依赖于降温方式实现。这一领域目前是空调研究中较为活跃的领域。典型的独立除湿方式主要采用吸收或吸附方式。这样所要求的冷源只需将空气温度降低到送风温度即可，可以克服传统空调方法冷却除湿时浪费能源的缺点。本章主要介绍吸附材料和吸收剂处理空气的原理和方法。

5.1　吸附材料处理空气的原理和方法

5.1.1　吸附的基本知识和概念

（1）吸附、吸附剂和吸附质

吸附现象是相异二相界面上的一种分子积聚现象。吸附（adsorption）就是把分子配列程度较低的气相分子浓缩到分子配列程度较高的固相中。使气体浓缩的物体叫做吸附剂（adsorbent），被浓缩的物质叫做吸附质（adsorbate）。例如，当某固体物质吸附水蒸气时，此固体物质就是吸附剂，水蒸气就是吸附质。

范德华力存在于所有物质的分子之间，只有当分子间的距离在几个纳米之内时才显露出来。在同相态物质中，分子间的吸引力是平衡的，而在两相物质的交界处，原子、离子或分子处于非平衡力作用之下，因而：

1）表面的分子或原子与同相的内部分子或原子相比，处于不同的能量状态。表面粒子称为“表面能”（surface energy）的附加能，使得物质的表面区域具有和同相物质内部区域明显不同的特征。

2）给定相态下物质的单位总内能（total internal energy）由两部分组成：该相物质单位质量的内能 u_m 和该相物质单位表面积的内能 u_s。因此对质量为 M、总表面积为 A 的物质而言，其总内能为：

$$U = u_m \cdot M + u_s \cdot A \tag{5-1}$$

则其单位质量的总内能为

$$\frac{U}{M} = u_m + u_s \frac{A}{M} \tag{5-2}$$

当物质的比表面积很大时，表面能就会对物质的性能产生很大的影响。

两相物质边界上的非平衡力（表面力）使得边界表面上的分子（原子、离子）数目与所接触相内部对应的微粒数目不同。这种非平衡力导致的物质微粒在表面上聚集程度的改变就是通常所说的吸附。

（2）吸附的种类

吸附可分为物理吸附和化学吸附。

物理吸附主要依靠普遍存在于分子间的范德华力起作用。物理吸附属于一种表面现象，可以是单层吸附，也可以是多层吸附，其主要特征为：

1）吸附质和吸附剂之间不发生化学反应；

2）对所吸附的气体选择性不强；

3）吸附过程快，参与吸附的各相之间瞬间达到平衡；

4）吸附过程为低放热反应过程，放热量比相应气体的液化潜热稍大；

5）吸附剂与吸附质间的吸附力不强，在条件改变时可脱附（desorption）。

化学吸附起因于吸附质分子与吸附剂表面分子（原子）的化学作用，在吸附过程中发生电子转移和共有原子重排以及化学键断裂与形成等过程。化学吸附多是单层吸附。很多时候，物理吸附和化学吸附很难严格划分。表 5-1 是物理吸附和化学吸附的比较。

物理吸附和化学吸附的比较　　表 5-1

比较项目	物理吸附	化学吸附
吸附热	小（21～63kJ/mol），相当于 1.5～3 倍凝结热	大（42～125kJ/mol），相当于化学反应热
吸附力	范德华力，较小	未饱和化学键力，较大
可逆性	可逆，易脱附	不可逆，不能或不易脱附
吸附速度	快	慢（因需要活化能）
吸附质	非选择性	选择性
发生条件	如适当选择物理条件（温度、压力、浓度），任何固体、流体之间都可发生	发生在有化学亲和力的固体、液体之间
作用范围	与表面覆盖程度无关，可多层吸附	随覆盖程度的增加而减弱，只能单层吸附
等温线特点	吸附量随平衡压力（浓度）正比上升	关系较复杂
等压线特点	吸附量随温度升高而下降（低温吸附、高温脱附）	在一定温度下才能吸附（低温不吸附，高温下有一个吸附极大点）

（3）吸附平衡、等温吸附线和等压吸附线

对于给定的吸附质－吸附剂对，在平衡状态下吸附剂对吸附质的吸附量 q 可表示为：

$$q = f(p, T) \tag{5-3}$$

式中 q——吸附量，g 吸附质/g 吸附剂；

p——吸附质分压力，Pa；

T——温度，K。

在平衡状态下吸附等值线有：

吸附等压线：$q = f_1(T)$，$p = const$

吸附等温线（经常使用）：$q = f_2(p)$，$T = const$

美国 ASHRAE 手册将常见的气体等温吸附分为六种典型形式，见图 5-1。其中纵坐标为单位质量吸附剂平衡状态下对吸附质的吸附量 q（g 吸附质/g 吸附剂），横坐标是对应的平衡状态下吸附质的分压（Pa）。类型（*a*）为合成沸石等吸附系的等温吸附线；类型（*b*）即所谓Langmuir型等温吸附线，适用于单层物理、化学吸附和多孔介质物理吸附，譬如硅胶对水蒸气的吸附；类型（*c*）是活性铝等吸附系的等温吸附线；类型（*d*）是活性炭对水蒸气的等温吸附线；类型（*e*）即所谓BET型吸附[2]，适用于固体表面的多层吸附，多存在于非多孔固体表面；类型（*f*）是线性的等温吸附线。

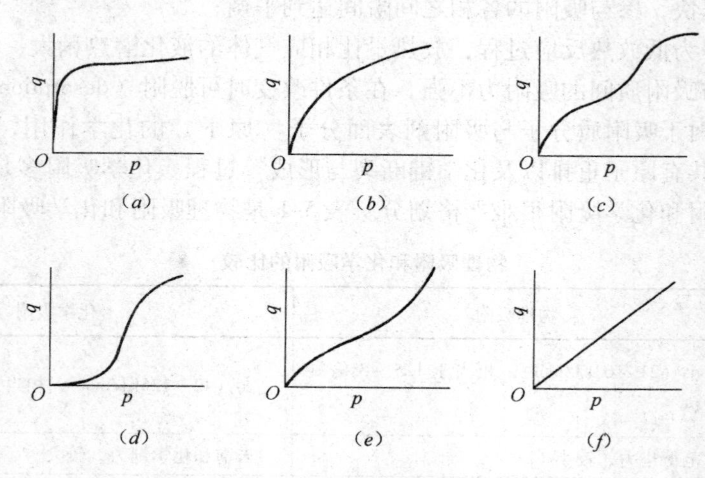

图5-1　等温吸附线类型

图5-2为典型的等压吸附线[3]，其中纵坐标为单位质量吸附剂对吸附质的吸附量q（g吸附质/g吸附剂），横坐标是对应的温度（K）。图中曲线2为物理吸附，温度升高平衡向脱附方向移动，吸附量减小。高温部分曲线1是化学吸附曲线，温度升高吸附量减小。如果始终能达到平衡的话，则不论曲线1还是曲线2都沿图中虚线进行。曲线3为物理吸附和化学吸附的过渡区，为非平衡吸附区。

（4）吸附剂结构，多孔介质，比表面积

吸附为界面现象，性能好的吸附剂单位质量具有较高的表面积（称为比表面积，m^2/g吸附剂），因此好的吸附剂都为多孔介质。

多孔介质吸附剂孔按孔隙大小分为三类：微孔、过渡孔和大孔。它们之间的比较见表5-2。

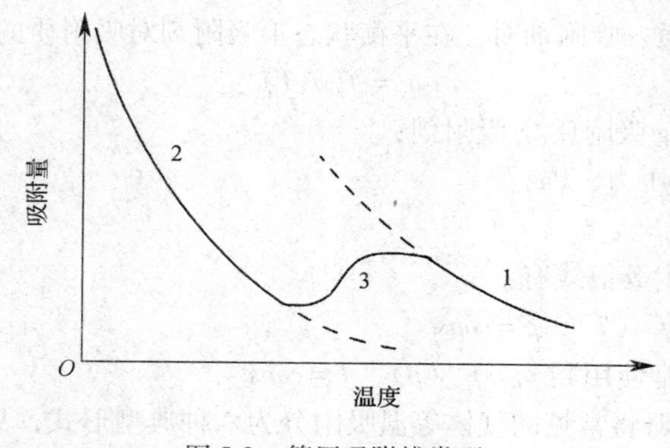

图5-2　等压吸附线类型

不同孔隙的比较　　表 5-2

	微孔	过渡孔	大孔
有效半径（Å）	5 ~ 15	15 ~ 2000	>2000
比表面积（m^2/g）	>400	10 ~ 400	0.5 ~ 2
特点	在微孔的整个空间存在着吸附力场	进入微孔的主要通道	通向吸附剂颗粒内部的粗通道
代表物质	沸石、某些活性炭	硅胶、铝凝胶	

同较大孔隙的吸附相比，微孔吸附的特点是吸附能力强。微孔中整个空间存在着吸附力场，这是微孔吸附与较大孔隙吸附的根本不同点。

（5）吸附剂的特性参数

1）多孔体的外观体积。

多孔体如活性炭的外观体积可用下式计算：

$$V_{堆} = V_{隙} + V_{孔} + V_{真} \tag{5-4}$$

式中　$V_{隙}$——颗粒间隙体积；

$V_{孔}$——颗粒内细孔体积；

$V_{真}$——真正骨架的体积。

2）吸附剂密度。

表征多孔性物质的密度，采用真密度、颗粒密度和堆积密度三种密度表示，见图 5-3。

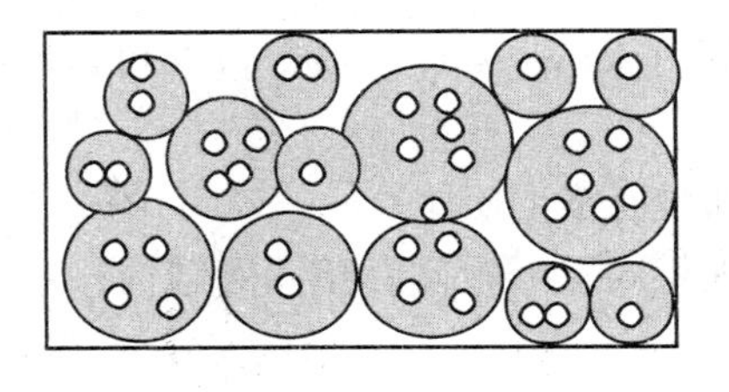

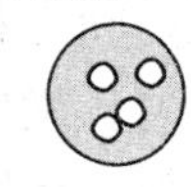

图 5-3　多孔吸附剂示意图

A. 堆积密度（ρ）（又叫充填密度）。堆积密度实际上与吸附剂颗粒大小无关，其测定可在容量为 100 ~ 500L 的量筒内进行。振动下加装吸附剂，称重，便可求得堆积密度。其数值很大程度上取决于振动强烈程度。因此要规定吸附剂层的密实条件。

$$\rho = \frac{M}{V_{堆}} \tag{5-5}$$

B. 真密度（ρ_s）。真密度表示单位体积吸附剂物质的质量。

$$\rho_s = \frac{M}{V_{真}} \tag{5-6}$$

C. 颗粒密度（ρ_p）。颗粒密度（表观密度）为吸附剂颗粒的质量与吸附剂颗粒的体积之比。颗粒体积包括吸附物质体积和颗粒内孔隙体积。

$$\rho_p = \frac{M}{V_{孔} + V_{真}} = \frac{M}{V_{堆} - V_{隙}} \tag{5-7}$$

以活性炭为例，其堆积密度为0.35～0.5g/cm³、颗粒密度为0.55～0.9g/cm³、真密度为1.9～2.2g/cm³。

3）孔径分布。

多孔固体的孔隙大小对许多物理、化学过程都是很重要的参数，但是一般多孔固体的孔形状极不规则，孔隙的大小也各不相同，如何来描述各多孔固体的孔特性呢？其中常用的一种参数为孔体积按孔尺寸大小的分布（简称孔径分布或孔分布）。人们通常使用等温吸附线的数据来计算孔径分布。

4）颗粒当量直径、单位体积表面积。

当流体通过吸附剂层时，吸附剂层的流体阻力取决于颗粒的主要尺寸。对球形颗粒，其主要尺寸为直径 d，而对其他形状的颗粒，其当量直径 d_s 定义如下：

$$d_s = 6/s_v \tag{5-8}$$

其中 s_v 为物体的单位体积表面积，其定义如下：

$$s_v = S_p/V_p \tag{5-9}$$

其中 S_p 为颗粒表面积，V_p 为颗粒体积。

5.1.2　等温吸附线[4]

常见吸附剂的吸附等温线（Adsorption isotherms）有如下一些公式描述：

（1）朗谬尔公式（Langmuir isotherm）[5]

Langmuir 于1918年提出的吸附公式适用于等温单层吸附。Langmuir 吸附公式藉以下几点假设由理论推导得到：

1）固体表面有一定数量的活化位置（active site），每个位置可以吸附一个分子，各点的吸附能力相同；

2）被吸附的分子间无相互作用，即没有横向吸附；

3）固体表面均匀，发生吸附的机理相同，吸附质有相同的结构；

4）固体表面吸附为单层吸附。

Langmuir 方程的形式如下：

$$\theta = \frac{q}{q_m} = \frac{bp}{1 + bp} \tag{5-10}$$

式中　θ——表面覆盖度；

q——吸附剂表面的平衡吸附量，g（吸附质）/g（吸附剂）；

q_m——吸附剂表面饱和吸附量，g（吸附质）/g（吸附剂）；

b——吸附平衡常数，Pa^{-1}；

p——吸附质气体分压，Pa。

对于单层吸附，吸附剂表面饱和吸附量 q_m（又称单分子层吸附容量）满足以下关系：

$$q_m = \frac{\Omega}{N_0 a} \tag{5-11}$$

式中　Ω——吸附质的比表面积，m^2/g；

N_0——阿佛伽德罗（Avogadro）常数，$6.023\times10^{23}mol^{-1}$；

a——吸附单层中一个分子所占的面积，m^2。

可见 q_m 是仅与吸附剂表面性质和吸附质分子特征相关的值。对于确定的吸附剂－吸附质对，q_m 是确定值。

吸附平衡常数 b 满足以下关系：

$$b = \frac{a N_0 \exp\left(\frac{E}{RT}\right)}{k_1 (2\pi M^* RT)^{\frac{1}{2}}} \tag{5-12}$$

式中　N_0——阿佛伽德罗（Avogadro）常数，$6.023\times10^{23}mol^{-1}$；

π——圆周率；

M^*——吸附质分子量，g/mol；

T——热力学温度，K；

R——气体常数，8.314J/(mol·K)；

E——脱附活化能，J/mol，脱附活化能 E 是指将气体分子从被吸附相的最低能级转变到吸附相最低能级所需要的能量，脱附活化能大致与等量吸附热相等；

k_1——指前因子，被吸附分子在垂直于表面方向的振动时间的倒数，s^{-1}，$k_1=\frac{1}{\tau_0}$；

τ_0——吸附时间，相当于被吸附分子在垂直于表面方向上的振动的时间，s。

τ_0也可以理解为当气体分子与固体表面没有相互作用时，分子滞留在固体表面的时间，这个滞留时间是与分子振动周期相当的，约 10^{-13}s。而在有相互吸引力时，滞留时间就长些，当滞留时间长达分子振动周期的几倍时，就认为发生了吸附。这里τ_0可以认为是常数，即 k_1 是常数。

当气体吸附质相的压力较低时，由于 $1+bp\approx1$，Langmuir 公式变为：

$$\theta = bp = Hp \tag{5-13}$$

这就是 Henry 定律，H 称为亨利常数，Pa^{-1}。

Langmuir 公式的另一种极限情况是当吸附质相压力非常大时，即 $1+bp\approx bp$，则有

$$\theta = 1 \text{ 或 } q = q_m \tag{5-14}$$

此时，吸附剂表面完全被单层吸附质分子覆盖，吸附量达到饱和值 q_m。

（2）弗雷德里克公式[6]

$$q = kC^{1/n} \tag{5-15}$$

式中　q——等温吸附量，g 吸附质/g 吸附剂；

k，n——实验求出的常数；

C——吸附质浓度，g/mL 或 mol/mL。

若 $1/n$ 在 0.1～0.5 之间，吸附容易进行，$1/n$ 大于 0.5 时，则吸附很难进行。

此方程仅用于吸附质未达到饱和状态时的吸附现象描述，当吸附表面出现凝结和结晶时，吸附现象则不明显了。

活性炭对一些有机物的弗雷德里克吸附曲线见图 5-4。

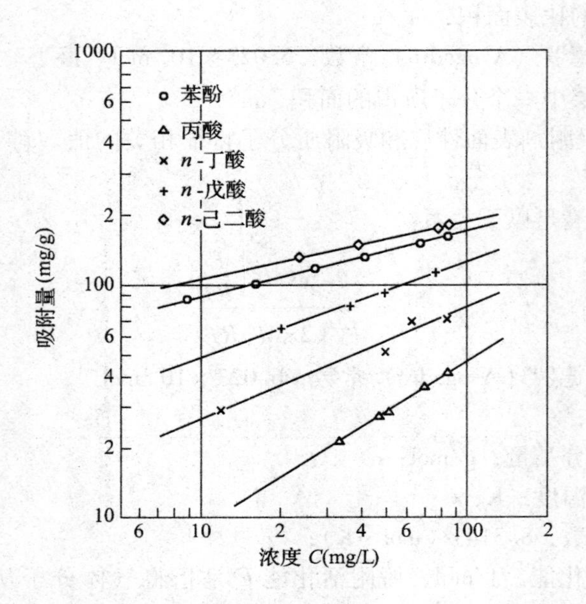

图 5-4　单组分有机酸在活性炭上的吸附（298K）

（3）BET 公式[2]

布鲁诺（Brunauer）、埃米特（Emmett）、泰勒（Teller）三人创立了多分子层吸附公式，此公式以此三人开头字母命名。

$$q = \frac{q_m k \cdot p/p_0}{(1 - p/p_0)(1 - p/p_0 + k \cdot p/p_0)} \tag{5-16}$$

式中　q——吸附量，g 吸附质/g 吸附剂；

k——常数；

p_0——吸附质的饱和蒸气压，atm，适用范围：多分子层吸附，$0.05 < p/p_0 < 0.35$。

朗谬尔（Langmuir）公式和 BET 公式是通过理论推导得到的公式，弗雷德里克（Freundlich）公式则是实验公式。

值得一提的是，BET 公式常用于测定多孔物质比表面积。

在氮的液化温度下吸附氮气，从吸附数据 BET 曲线图得到 q_m，如图 5-5 所示。然后用 q_m 乘以氮的比表面积 $3480m^2/g$，可计算出吸附剂的表面积。

（4）微孔吸附公式

与吸附质分子大小相当的微孔，其周壁的吸引力使吸附剂分子填充微孔而产生吸附作用。

这种类型的吸附，对给定的吸附剂和吸附质，吸附平衡与温度无关，可用吸附势表示：

$$W = \frac{q}{\rho} = W(E_s) \tag{5-17}$$

其中，W 为填充吸附质的微孔容积，ρ 为吸附状态的密度，吸附势 E_s 定义为吸收状态和饱和液态的自由能之差。

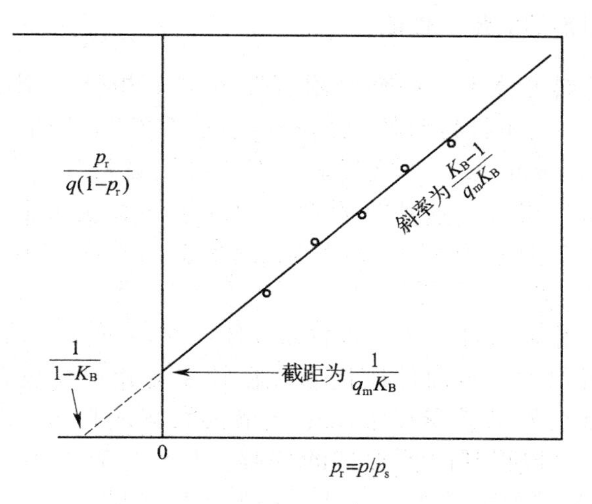

图 5-5　气态等温吸附 BET 曲线

$$E_s = -RT \cdot \ln \frac{p}{p_s} \tag{5-18}$$

W（E_s）是吸附特性曲线，由 Polanyi[7] 和 Berenyi[8] 首先提出。

Dubinin 假设特性曲线是 Gaussian 型分布，得到 Dubinin – Radushkevich 方程[9]：

$$W = W_0 \exp(-kE_s^{\ 2}) \tag{5-19}$$

后来，该方程被 Dubinin 和 Astakhov（1970）改写成以下形式[15]：

$$W = W_0 \exp[-(E_s/E_t)^n] \tag{5-20}$$

其中，W_0 为吸收状态和饱和液态的自由能之差为 0 时吸附质的吸附势；E_t 为吸附特征能，由 $W/W_0 = e^{-1}$ 时的吸收势 E_s 得到。n 取整数值，n 为 1、2 和 3 时分别代表在表面、微孔和超微孔中的吸附，吸附质分子分别失去了 1、2 和 3 个自由度。对于非极性吸附质，表 5-3 给出了简化估计。

值得一提的是，当 $n=1$ 时，$D-A$ 方程简化成 Freundlich 型方程：

$$W/W_0 = (p/p_s)^{RT/E_t} \tag{5-21}$$

其中的变量与方程（5-15）的对应关系为：

$$k = \rho W_0 (C_s)^{RT/E_t} \tag{5-22}$$

$$n = E_t/RT \tag{5-23}$$

不同孔径 D 和分子直径 d 比情况下 $D-A$ 方程中的参数（ΔH_0 表示蒸发潜热）　表 5-3

吸附位置	比率	n	E_t	吸附体系举例
（Ⅰ）表面	$D/d>5$	1	$\approx 1/3\Delta H_0$	炭黑 – 苯，硅胶 – 碳氢化合物
（Ⅱ）微孔	$3<D/d<5$	2	$\approx 2/3\Delta H_0$	活性炭 – CO_2，苯，碳氢化合物，稀有气体等
（Ⅲ）超微孔	$D/d<3$	3	$\approx \Delta H_0$	MSC – 乙烷，活性炭（Columbia LC）– 饱和烃

5.1.3　常用吸附剂的类型和性能

常用的固体吸附剂可分为“极性吸附剂”和“非极性吸附剂”两大类。极性吸附剂具有“亲水性”，属于极性吸附剂的有硅胶、多孔活性铝（porous alumina）、沸石等铝硅酸盐（aluminosilicate）类吸附剂。而非极性吸附剂则具有“憎水性”，属于非极性吸附剂的有活性炭等，这些吸附剂对油的亲和性比水强。目前，还发现了许多高分子材料对水蒸气具有良好的吸附性，这类高分子材料通常称为“高分子胶”（polymer gel）。

硅胶是传统的吸附除湿剂，它是硅酸的胶体溶液通过受控脱水凝结后形成的吸附剂颗粒，因为比表面积大、表面性质优异，在较宽的相对湿度范围内对水蒸气有较好的吸附特性。缺点是如果暴露在水滴中会很快裂解成粉末，失去除湿性能。硅胶由于制造方法不同，可以得到两种类型的硅胶，虽然它们具有相同的密度（真密度和堆积密度），但还是被称为常规密度硅胶和低密度硅胶。常规密度硅胶的比表面积为750～850m^2/g，平均孔径为 22～26Å，而低密度硅胶的相应值分别为 300～350m^2/g 和100～150Å。常规密度硅胶在 25℃下的水蒸气平衡吸附曲线见图 5-6，而低密度硅胶的水容量是很低的[11]。

在水蒸气分子较高的表面覆盖情况下，硅胶对水蒸气的吸附热接近水蒸气的汽化潜热。较低的吸附热使得吸附剂和水蒸气分子的结合较弱，这有利于吸附剂再生。硅胶的再生只要加热到近 150℃即可，而沸石的再生温度则为 300℃，这是因为沸石的水蒸气吸附热相当高。

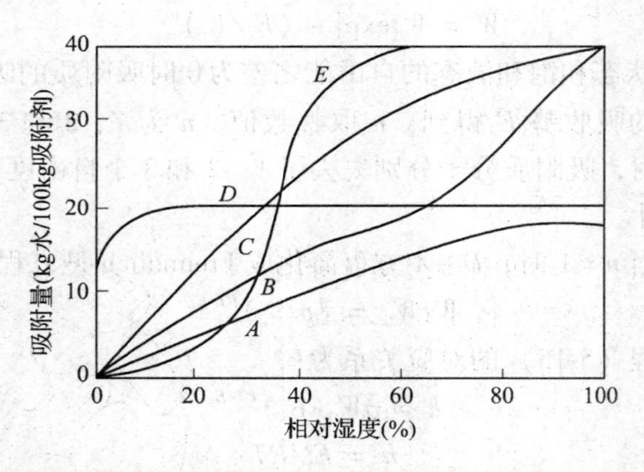

图 5-6　不同吸附剂在 25℃下对常压空气中水蒸气的平衡吸附曲线

氧化铝 - *A* 粒状，*B* 球状；*C* - 硅胶；*D* - 5*A* 沸石；*E* - 活性炭

根据微孔尺寸分布的不同，可把商业上常见的硅胶分为 A、B 两种，它们对水蒸气的吸附等温线也不同（图 5-7）。其原因是 A 型的微孔控制在 2.0/3.0nm 之间，而 B 型控制在 7.0nm 左右。它们的内部表面积分别为 650m^2/g、450m^2/g。硅胶在加热到 350℃时，每克含有 0.04～0.06g 的化合水（combined water），如果失去了这些水，它就不再是亲水性的了，也就失去了对水的吸附能力。A 型硅胶适用于普通干燥除湿，B 型则更适合于空气相对湿度大于 50% 时的除湿[12]。

活性氧化铝具有几种晶型，用作吸附剂主要是 γ-氧化铝。单位质量的比表面积在

150～500m^2/g 之间，微孔半径在 1.5～6.0nm（15～60Å）之间，这主要取决于活性铝的制备过程。孔隙率在 0.4～0.76 之间，颗粒密度为 0.8～1.8g/cm^3。活性铝对水蒸气的吸附等温线参见图 5-7。与硅胶相比，活性铝吸湿能力稍差，但更耐用且成本降低一半。

沸石具有四边形晶状结构，中心是硅原子，四周包围有四个氧原子。这种规则的晶状结构使得沸石具有独特的吸附特性。由于沸石具有非常一致的微孔尺寸，因而可以根据分子大小有选择地吸收或排斥分子，故而称做“分子筛沸石”。目前商业上常用的作为吸附剂的合成沸石有 A 型和 X 型。4A 型沸石允许透过小于 4Å 的分子；而 3A 型沸石则只透过 H_2O 和 NH_3 分子。X 型沸石具有更大的透过通道，由 12 个成员环（membered rings）包围组成，通常称为 13X 型沸石。沸石分子筛与硅胶对水蒸气的平衡吸附曲线见图 5-8[4]。

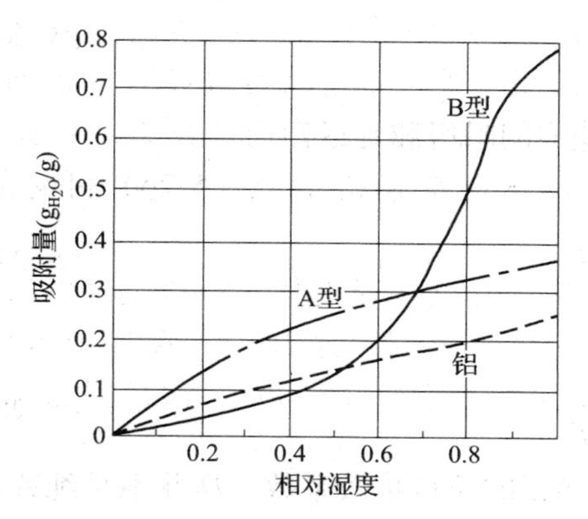

图 5-7 水蒸气在 A 型和 B 型硅胶及活性铝中的典型等温吸附线

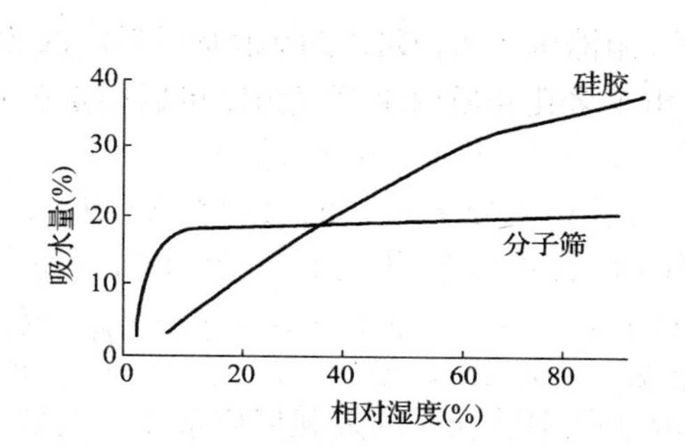

图 5-8 硅胶及沸石分子筛对水蒸气的典型等温吸附线

5.1.4 多孔介质传质浅析

在多孔介质传质研究中，可对围绕多孔介质体内某一点 x_0 点的流体参数进行平均，用在一定范围内的平均值去取代局部真值。这样的研究单元称表征体元（representative elementary volume，简称 REV），如图 5-9 所示。表征单元应是绕 x_0 点的一个小范围，远比整个流体区域尺寸小，但又比单个孔隙空间大得多的区域，能包含足够多的孔隙。

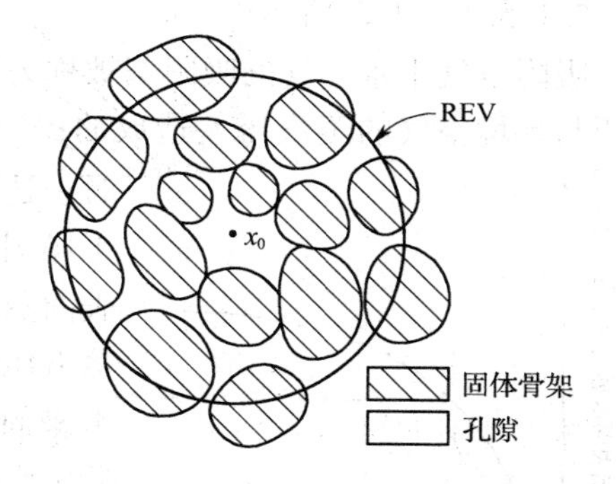

图 5-9 表征单元体（REV）示意图

表征体元内质量扩散平衡方程为：

$$\varepsilon\frac{\partial C_R}{\partial t}+(1-\varepsilon)K\frac{\partial C_R}{\partial t}=\varepsilon\cdot D_e\cdot\nabla^2C_R \tag{5-24}$$

式中 ε——孔隙率；

C_R——表征体元中的气相浓度，$\mu g/m^3$；

K——表征体元骨架表面分离系数；

D_e——表征体元中有效扩散系数，m^2/s；

$\varepsilon \cdot D_e$——多孔介质的有效扩散系数 D_P，m^2/s。

式（5-24）中 $\varepsilon \dfrac{\partial C_R}{\partial t}$ 反映气相浓度变化；$(1-\varepsilon)K\dfrac{\partial C_R}{\partial t}$ 反映吸附相浓度变化；$\varepsilon \cdot D_e \cdot \nabla^2 C_R$ 反映表征体元中的扩散传质速率。

式（5-24）可改写为：

$$\left(1+\frac{1-\varepsilon}{\varepsilon}K\right)\frac{\partial C_R}{\partial t} = D_e \cdot \nabla^2 C_R \tag{5-25}$$

引入阻滞因子 $R_d = 1+\dfrac{1-\varepsilon}{\varepsilon}K$，式（5-25）可写成

$$\frac{\partial C_R}{\partial t} = \frac{D_e}{R_d} \cdot \nabla^2 C_R \tag{5-26}$$

其中，阻滞因子 R_d 反映了吸附对材料内部的扩散造成的阻碍和延迟作用。

由于多孔介质内水蒸气浓度可以表示为 $C = \varepsilon C_R + K(1-\varepsilon)C_R$，式（5-26）可变为：

$$\frac{\partial C}{\partial t} = D \cdot \nabla^2 C \tag{5-27}$$

其中：

$$D = \frac{D_e}{R_d} = \frac{D_P}{\varepsilon R_d} \tag{5-28}$$

D 表征多孔介质的表观传质系数，也是实验中测得的质量扩散系数。D 并不是纯粹的扩散系数，它耦合了材料内部吸附平衡的影响。因此实验所测得的质量扩散系数实际反映了多孔介质中气相扩散和骨架吸附的双重效应。

5.1.5　空气静态吸附除湿和动态吸附除湿

5.1.5.1　干燥循环

吸附空气中水蒸气的吸附剂被称为干燥剂。干燥剂的吸湿和放湿是由干燥剂表面的蒸汽压与环境空气的蒸汽压差造成的：当前者较低时，干燥剂吸湿，反之放湿，两者相等时，达到平衡，即既不吸湿，也不放湿。图 5-10 显示了干燥剂吸湿量与其表明蒸汽压力间的关系：吸湿量增加，表面蒸汽压力也随之增加。图 5-11 显示了湿度对干燥剂蒸汽压的影响。当表面蒸汽压超过周围空气的蒸汽压时，干燥剂脱湿，这一过程称为再生过程。干燥剂加热干燥后，它的蒸汽压仍然很高，吸湿能力较差。冷却干燥剂，降低其表面蒸汽压使之可重新吸湿。图 5-12 表示了这一完整的循环过程。

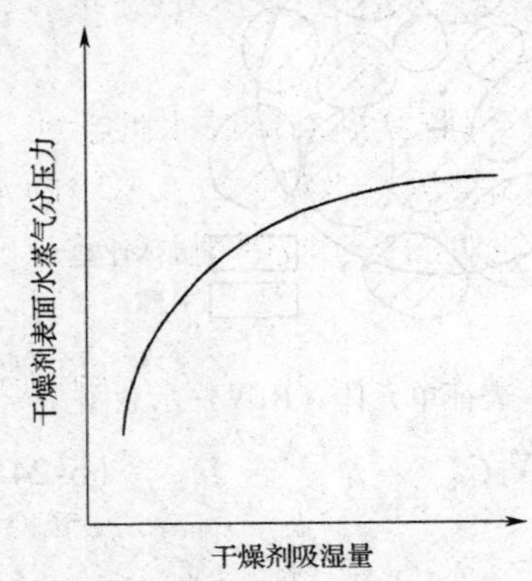

图 5-10　干燥剂表面水蒸气分压与其吸湿量的关系

在实际应用中，常用的空气吸附除湿基本按照上面介绍的干燥循环工作，一般有以下两种形式：空气静态吸附除湿和动态吸附除湿。

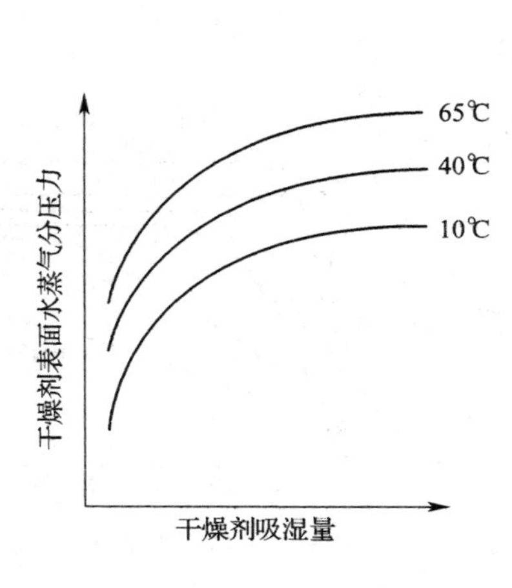

图 5-11 干燥剂吸湿量与水蒸气分压及温度的关系

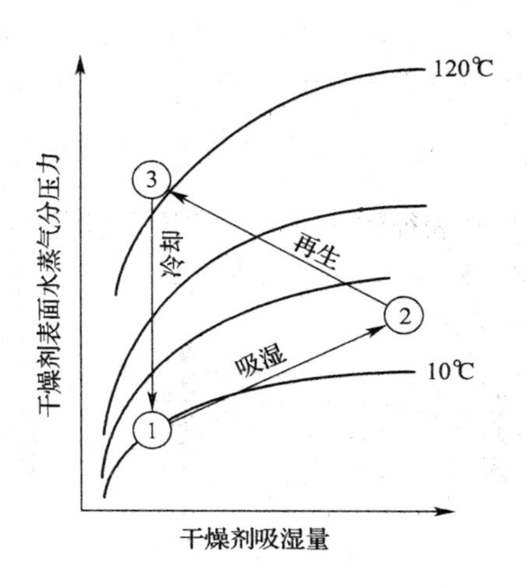

图 5-12 干燥循环示意图

5.1.5.2 静态吸附除湿

所谓静态除湿，是指吸附剂和密闭空间内的静止空气接触时，吸附空气中水蒸气的方法，也可以说是间歇操作方法。设计的任务是选择合适的吸附剂以使密闭空间内的水分量达到要求的水分量，或计算出达到平衡的时间。

已知密闭空间的容积为 V（m^3），容器内水蒸气的密度为 ρ_0（kg/m^3），将 M（kg）吸附剂放入容器后，水蒸气密度变为 ρ_1（kg/m^3）。这时取吸附量为 q（g 吸附质/g 吸附剂），若吸附剂最初没有完全吸附任何水分，则由质量平衡可得：

$$Mq = V(\rho_0 - \rho_1) \tag{5-29}$$

该式表示达到湿平衡时 q 和水蒸气密度的关系。

若吸附剂和空间有足够大的接触面积，并且空间内的空气被充分搅拌时，则 2～4h 后即完全平衡。图 5-13 是接触空气处于不搅拌状态时各种吸附剂达到平衡时的时间[7]。把吸附剂的粒子放在恒温槽内，当吸附室内空气中的水分时可得到如图所示的对应于不同相等湿度的吸附曲线。吸附量达到平衡的时间与粒子大小、有无粘结剂、细孔的分布等有关，相接触的空气的流速等对它也有很大的影响。

实验室内经常使用的干燥器的形状如图 5-14 所示。在做铝胶和硅胶的吸水性能实验时，将在各种湿度下能够调节平衡的稀硫酸放入干燥器底部，被测的吸附剂放在密闭的干燥器内，这样吸附剂就不受室外空气湿度的影响。若每隔一段时间取出吸附剂并称重，即可得到如图 5-13 所示的吸水率曲线。

要使密闭容器内水蒸气密度从初始时的 ρ_0（kg/m^3）降为 ρ_1（kg/m^3），所需的吸附剂量 M（kg）可从式（5-29）整理求出

$$M = \frac{V(\rho_0 - \rho_1)}{q_0} \tag{5-30}$$

式中，若代入从吸附平衡曲线求出的与 ρ_1 相应的吸附量 q_0 后，就能求出必需的吸附剂量。而当存在外部渗透水分时，则可用下式计算 M

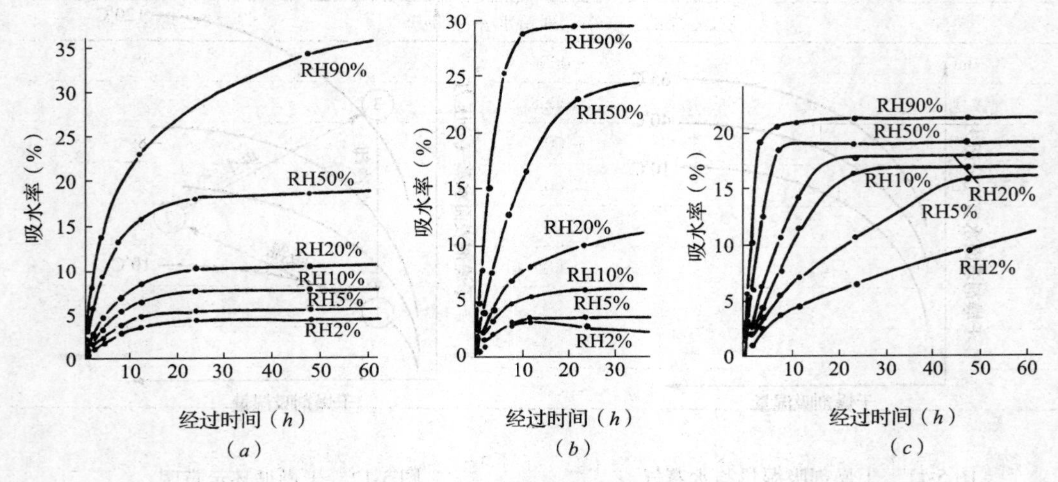

图 5-13　吸附剂的吸附平衡时间

（a）铝胶；（b）硅胶；（c）合成沸石

$$M = \frac{(\rho_0 - \rho_1)(V - v) + (M_1 - M_2)W + R}{q_0} \tag{5-31}$$

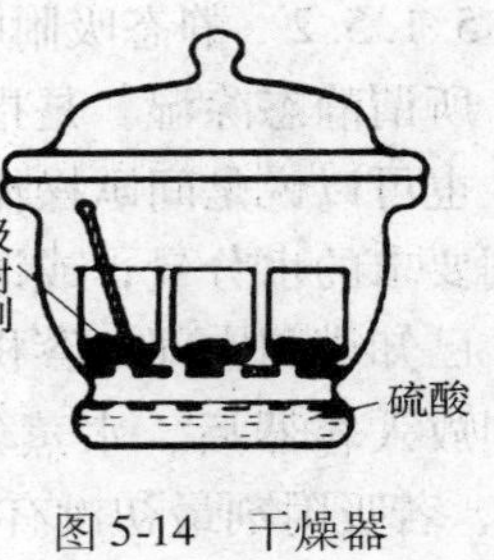

吸附剂

硫酸

图 5-14　干燥器

式中　ρ_0——容器内的初始水蒸气密度，kg/m^3；

ρ_1——放入吸附剂后的水蒸气密度，kg/m^3；

V——容器内容积，m^3；

v——干燥物的体积，m^3；

M_1——干燥物含水量，kg/kg；

M_2——干燥物要求的含水量，kg/kg；

W——干燥物的总重量（干），kg；

R——在某段时间内，从容器外渗透到容器内的水分量，kg；

q_0——与放入吸附剂后容器内相等湿度对应的平衡水分含量，kg 水/kg 干燥剂。

【例 5-1】　在夏天 40℃室外气温条件下，为了保护停用锅炉的内壁，必须使其内壁露点温度保持在 5℃以下，问需要放置多少吸附剂（锅炉容积 V 为 $10m^3$，R 为 8kg）？

【解】　查焓－湿图可得：$\rho_0 = 53.7 \times 10^{-3}\ kg/m^3$，$\rho_1 = 6.80 \times 10^{-3}\ kg/m^3$。$q_0$ 为相对湿度为 30% 时硅胶的平衡吸湿量，等于 0.17kg/kg。又已知：$V = 10m^3$，$R = 8kg$。

根据题意由公式（5-31）得：

$$M = \frac{(\rho_0 - \rho_1)V + R}{q_0} = \frac{(53.7 - 6.80) \times 10^{-3} \times 10 + 8.0}{0.17} \approx 50kg$$

因此需要放 50kg 吸附剂。

【例 5-2】　为了使电气设备的性能处于稳定状态，必须除去晶体管镇流器内部附着的水蒸气，此时选用哪一种吸湿剂好？为什么？表 5-4 是各种吸湿剂能够达到的干燥度限值。

干燥剂的性能比较　　表 5-4

干燥剂	被干燥的空气中的残留水分（mg/L）	露点温度（℃）
BaO	0.0006	-91
4A 沸石	0.0008	-90
P_2O_3	0.001	-89
$Mg(ClO_4)_2$	0.002	-85
CaO	0.003	-84
无水 $CaSiO_4$	0.005	-79
Al_2O_3	0.005	-79
矾土	0.005	-79
硅胶	0.030	-67

【解】 晶体管内部的水分是分子级的，如不把它除去，晶体管的性能就不稳定。干燥晶体管时要求干燥剂对金属无腐蚀，并且要求容易成型，吸湿后容易再生，因此使用分子筛（合成沸石）作为干燥剂为宜。

5.1.5.3 动态吸附除湿

(1) 吸附原理和装置

动态吸附除湿法是让湿空气流经吸附剂的除湿方法。与静态吸附除湿法相比，动态吸附除湿所需的吸附剂量较少，设备占地面积也小，花费较少的运转费就能进行大空气流量的除湿。利用某些固体吸附剂可以制成固体除湿器，以控制空气的露点温度或相对湿度。

如前所述，一个完整的干燥循环由吸附过程、脱附过程或称再生过程以及冷却过程构成。吸附剂的再生方式分为以下四类：

1）加热再生方式（thermal swing system）：供给吸附质脱附所需的热量；

2）减压再生方式（pressure swing system）：用减压手段降低吸附分子的分压，改变吸附平衡，实现脱附；

3）使用清洗气体的再生方式（purge gas stripping system）：借通入一种很难被吸附的气体，降低吸附质的分压，实现脱附；

4）置换脱附再生方式（displacement stripping system）：用具有比吸附质更强的选择吸附性物质来置换而实现脱附。

实际应用中，1）、3）方式组合的再生加热方式用得最多，2）、3）组合的非加热再生方式用得也较多。但只有当压力为 4～6 个大气压的空气除湿时才采用非加热再生法。

按照除湿的方式可分为冷却除湿和绝热除湿，冷却除湿是在除湿的同时通过冷却水或空气将吸附热带走，保持近似等温除湿；而绝热除湿则近似等焓过程，即被除湿的处理气流含湿量降低的同时，温度会升高，气流的焓值基本不变。

选择吸附剂的标准是要求空气压力损失小，具有适当的强度不致粉末化、具有足够大的吸附容量，还希望吸附剂粒水分的移动速度快，以便能尽快地达到平衡状态。反复加热再生后，吸附剂受热劣化，吸湿性能降低。此外，大气中的油分等附着在吸附剂粒表面上并且炭化，也是妨碍吸附的主要原因。因此在设计时预先要增加一些考虑劣化量的吸附剂填充量。

固体除湿器按工作方式不同，可分为固定式和旋转式。固定式如吸附塔采用周期性切换的方法，保证一部分吸附剂进行除湿过程，另一部分吸附剂同时进行再生过程。旋转式则是通过转轮的旋转，使被除湿的气流所流经的转轮除湿器的扇形部分对湿空气进行除湿，而再生气流流过的剩余扇形部分同时进行吸附剂的再生。被除湿的处理气流和再生气流一般逆流流动。转轮式除湿器可以连续工作、操作简便、结构紧凑、易于维护，所以在空调领域常被应用（图 5-15）。

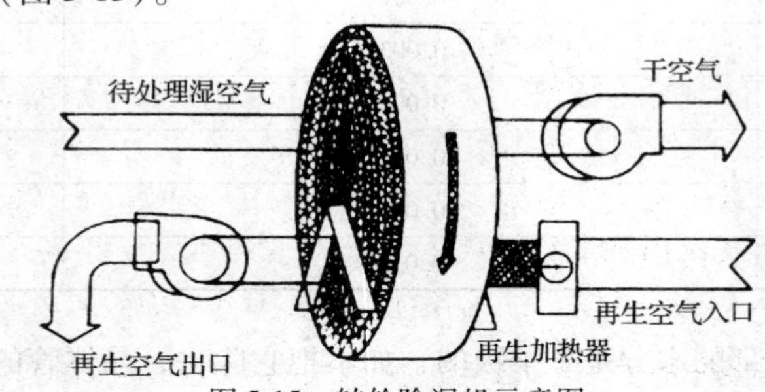

图 5-15　转轮除湿机示意图

（2）吸附法处理空气的优点

空调领域大量采用表冷器除湿，这种除湿法虽有其独特的优点，但也有一些缺点：仅为降低空气温度，冷媒温度无需很低，但为了除湿，冷媒温度须较低，一般为 7～12℃，从而降低了制冷机的 *COP*，而且由于除湿后的空气温度过低，往往还需将空气加热到适宜的送风状态；由于冷媒温度较低，使一些直接利用自然冷源的空调方式无法应用（如利用深井水作冷源，其温度在 15℃左右）。这些缺点使其不仅浪费了能源，还增加了对环境的污染。此外，传统空调系统中表冷器产生的冷凝水易产生霉菌，会影响室内空气质量。

利用吸附材料降低空气中的含湿量，是除湿技术中一种常用的方法，具有许多不同于其他除湿方式（如低温露点除湿、加压除湿）的优点：吸附除湿既不需要对空气进行冷却也不需要对空气进行压缩。另外吸附除湿噪声低且可以得到很低的露点温度。

5.1.6* 通过吸附改善室内空气品质[13]

吸附对于室内空气中的一些化学污染物（譬如常见的有机挥发性混合物，简称 VOCs）是一种比较有效而又简单的消除技术。目前比较常用的吸附剂主要是活性炭，其他的吸附剂还有人造沸石、分子筛等。

活性炭的制备比较容易，几乎能由所有的含碳物质如煤、木材、骨头、椰子壳、核桃壳和果核等制得，把这些物质在低于 600℃进行炭化，所得残炭再用水蒸气、热空气或者氯化锌等作为活化剂进行活化处理，即可制得活性炭，其中最好的原料是椰子壳，其次是核桃壳和水果核。

活性炭吸附主要用来处理的常见有机物包括：苯、甲苯、二甲苯、乙醚、煤油、汽油、光气、苯乙烯、恶臭物质、甲醛、已烷、庚烷、甲基乙基酮、丙酮、四氯化碳、萘、醋酸乙酯等气体。

活性炭纤维是 20 世纪 60 年代随着碳纤维工业而发展起来的一种活性炭新品种，近年来由于其在空气净化方面的应用而得到了人们的广泛关注。它和普通的碳纤维相比，比表面积大（是普通碳纤维的几十甚至几百倍），炭化温度低，表面存在着多种含氧官能团。

活性炭纤维在表面形态和结构上与粒状活性炭（GAC）有很大差别。粒状活性炭含有大孔、中孔和微孔，而活性炭纤维则主要含大量微孔，微孔的体积占了总孔体积的90%左右，因此有较大的比表面积，多数为800～1500m^2/g。与粒状活性炭相比，活性炭纤维吸附容量大，吸附或脱附速度快，再生容易，而且不易粉化，不会造成粉尘二次污染，对于无机气体如SO_2、H_2S、NO_x等有也很强的吸附能力，吸附完全，特别适用于吸附去除10^{-6}～$10^{-9}g/m^3$量级的有机物，所以在室内空气净化方面有着广阔的应用前景。

普通活性炭对分子量小的化合物（如氨、硫化氢和甲醛）吸附效果较差，对这类化合物，一般采用浸渍高锰酸钾的氧化铝作为吸附剂，空气中的污染物在吸附剂表面发生化学反应，因此，这类吸附称为化学吸附，吸附剂称为化学吸附剂（chemisorbent）。表5-5给出了浸渍高锰酸钾的氧化铝和活性炭吸附一些空气污染物效果的比较。可见，前者对NO、SO_2、甲醛和H_2S去除效果较好，后者对NO_2和甲苯去除效果较好。

浸渍高锰酸钾的氧化铝和活性炭对一些空气污染物吸附效果比较[14] **表5-5**

吸附量（%）	NO_2	NO	SO_2	甲醛	H_2S	甲苯
浸渍高锰酸钾的氧化铝	1.56	2.85	8.07	4.12	11.1	1.27
活性炭	9.15	0.71	5.35	1.55	2.59	20.96

5.1.7* 通过光催化改善室内空气品质

5.1.7.1 光催化反应器有机挥发物降解的物理化学机制

（1）反应机理

1972年Fujishima和Honda在Nature上发表了重要论文[15]，发现了在TiO_2单晶体表面上光催化分解水的现象，这标志着多相光催化反应研究的开始。近年来，使用纳米半导体光催化材料消除空气中VOCs的研究和应用获得广泛关注，该技术具有能耗低、操作简便、反应条件温和、可减少二次污染以及可连续工作等优点[16]。光催化反应降解VOCs的本质是在光电转换中进行氧化还原反应。根据半导体的电子结构，当半导体（光催化剂）吸收一个能量大于其带隙能（E_g）的光子时，电子（e^-）会从充满的价带（valence band）跃迁到空的导带（conductive band），而在价带留下带正电的空穴（h^+）。价带空穴具有强氧化性，而导带电子具有强还原性，它们可以直接与反应物作用，还可以与吸附在光催化剂上的其他电子给体和受体反应。例如空穴可以使H_2O氧化，电子使空气中的O_2还原。这里以TiO_2催化剂为例，图5-16所示为其反应原理示意图，TiO_2的带隙能E_g为3.2eV，只有波长小于380nm的紫外光才能激发TiO_2产生导带电子和价带空穴，导致有机物的氧化和分解。

其反应式如下[17]：

$$TiO_2 \xrightarrow{光} h^+ + e^- \tag{5-32}$$

$$h^+ + H_2O \longrightarrow \cdot OH + H^+ \tag{5-33}$$

$$e^- + O_2 \longrightarrow \cdot O_2^- \xrightarrow{H^+} HO_2 \cdot \tag{5-34}$$

$$2HO_2 \cdot \longrightarrow O_2 + H_2O_2 \tag{5-35}$$

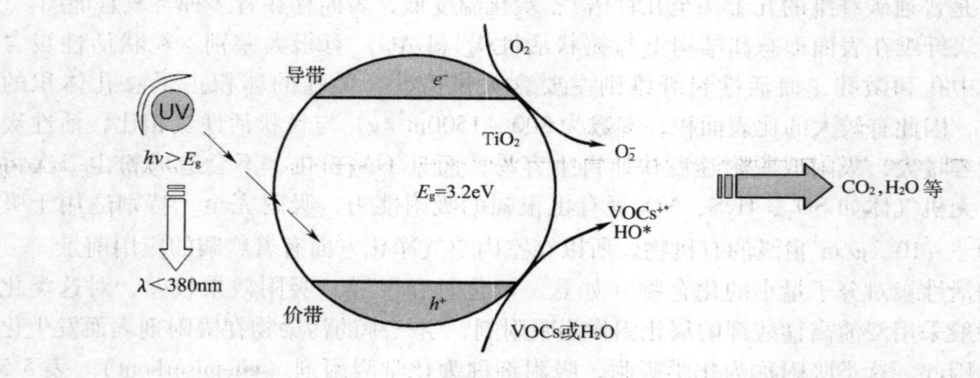

图 5-16　TiO_2 光催化降解 VOCs 反应原理示意图

$$H_2O_2 + \cdot O_2^- \longrightarrow \cdot OH + OH^- + O_2 \tag{5-36}$$

空穴以及生成的 H_2O_2、$\cdot OH$ 基团和 $HO_2\cdot$ 基团的氧化能力都很强，能有效地将有机污染物氧化，并最终将其分解为 CO_2、H_2O、PO_4^{3-}、SO_4^{2-}、NO_2^{3-} 以及卤素离子等无机小分子，达到消除化学污染物的目的。

对不同的污染物，具体反应过程不同。以甲醛为例，反应过程如下：

$$TiO_2 \xrightarrow{h\nu} e^- + h^+ \tag{5-37}$$

氧化：

$$HCHO + H_2O + 2h^+ \longrightarrow HCOOH + 2H^+ \tag{5-38}$$

$$HCOOH + 2h^+ \longrightarrow CO_2 + 2H^+ \tag{5-39}$$

还原：

$$O_2 + 4e^- + 4H^+ \longrightarrow 2H_2O \tag{5-40}$$

$$HCHO + O_2 \xrightarrow[TiO_2]{h\nu} CO_2 + H_2O \tag{5-41}$$

一般采用纳米半导体粒子为光催化剂，这是因为：1）通过量子尺寸限域造成吸收边的蓝移；2）由散射的能级和跃迁造成光谱吸收及发射行为结构化；3）与体材料相比，量子阱中的热载流子冷却速度下降，量子效率提高；4）纳米 TiO_2 所具有的量子尺寸效应使其导电和价电能级变成分立的能级，能隙变宽，导电电位变得更负，而价电电位变得更正，这些使其具备了更强的氧化还原能力，从而催化活性大大提高；5）纳米粒子比表面积大，使粒子具有更强的吸附有机物的能力，这对催化反应十分有利，粒径越小，电子与空穴复合几率越小，电荷分离效果越好，从而提高催化活性。

常见的光催化剂多为金属氧化物或硫化物，如 TiO_2、ZnO、ZnS、CdS 及 PbS 等。但由于光腐蚀和化学腐蚀的原因，实用性较好的有 TiO_2 和 ZnO，其中 TiO_2 使用最为广泛。TiO_2 的综合性能最好，其光催化活性高（高于 ZnO），化学性质稳定、氧化还原性强、抗光阴极腐蚀性强、难溶、无毒且成本低，是研究应用中采用最广泛的单一化合物光催化剂。

TiO_2 晶型对催化活性的影响很大。其晶型有三种：板钛型（不稳定）、锐钛型（表面对 O_2 吸附能力较强，具有较高活性）、金红石型（表面电子－空穴复合速度快，几乎没有光催化活性）。以一定比例共存的锐钛型和金红石型混晶型 TiO_2 的催化活性最高[17]。德国德古萨公司生产的 P25 型 TiO_2（平均粒径 30nm，比表面积 $50m^2/g$，30% 金红石相，70% 锐钛相）光催化活性高，其吸附能力是活性炭粉末的 2 倍（5.0:2.5μmolm^{-2}），是研究中经常采用的一种光催化剂。还有很多研究者使用溶胶－凝胶法制备纳米 TiO_2，也获得了很好的效果。Maira 等人使用改进的溶胶－凝胶法制备出平均粒径分别为 6nm、11nm、16nm 和 20nm 的 TiO_2粉末，通过光催化降解低浓度甲苯的实验表明：较小粒径的材料表现出更高的光催化活性，甲苯完全分解为 CO_2和 H_2O。

截止到 1999 年，研究者对约 60 种气体的光催化反应进行了研究。其中大部分为有机气体，包括：1,1,1－三氯乙烯，1,4－二氧杂环乙烷，乙醛，乙烯，甲醛，异丙基醇，甲醇，甲基－丙烯酸盐，甲基－乙烷基－酮，甲苯，二甲苯等。无机物较少，有氨、硫化氢、氮氧化物、臭氧、硫氧化物。

光催化反应器中 VOCs 降解属于多相催化反应，是气相反应物（VOCs）与固相光催化剂（通常为 TiO_2）表面接触时发生在两相界面上的一种反应。反应可分为以下几个过程[18]：

1）受浓度差的驱动，VOCs 由流体相附着到固体催化剂表面；

2）VOCs 在表面活性位上被吸附；

3）被吸附的 VOCs 分子在表面上进行光催化反应；

4）反应产物从催化剂表面脱附；

5）产物从固体催化剂外表面进入流动相。

上述五个过程中既有物理变化也有化学变化，其中过程 1）和 5）是对流传质过程，过程 2）和 4）是吸附和脱附过程，3）是表面光催化反应过程。每一过程都有其各自的动力学规律。从以上分析可以看出光催化反应器 VOCs 降解过程由对流传质、吸附脱附和表面反应共同制约，VOCs 只有先传递到反应表面被吸附后才能进行光催化反应，其中速率最慢的步骤称为控制步骤，其速率决定了整个过程的速率。通常反应物的吸附和产物的脱附步骤都进行得非常快，使得反应的每一瞬间都近似处于吸附和脱附的平衡状态[18]，因此对流传质和表面反应往往成为整个过程的控制步骤。

（2）光源[19~21]

由于光催化发生的条件是：$h\upsilon \geq E_g$，h 是普朗克常数，为 6.626×10^{-27} J · s，υ 是辐射光频率。由此可知，较高频率的辐射易产生光催化反应。对 TiO_2，$E_g = 3.2$eV，因此，一般在紫外光照射下 VOCs 才会发生光催化降解。

光催化反应器中采用的光源多为中压或低压汞灯。如前所述，紫外光谱分为 UVA（320~400nm）、UVB（280~320nm）和 UVC（100~280nm）。杀菌紫外灯波长一般在 UVC 波段，特别是在 254nm。在应用中可能所谓黑光灯（black light lamp）和黑光蓝灯（black light blue lamp）最有应用前景，其辐射波长在 UVA 波段。185nm 以下的辐射会产生臭氧，而上述两种灯的辐射在 240nm 以上，故不会产生臭氧。

最近，在研制可见光光催化剂方面取得了进展，但是目前可见光反应去除有机污染物效率很低，与实际应用还有一定距离。

（3）反应器形式[19~21]

光催化反应器形式为：流化床型、固定床型和蜂窝结构型等。固定床具有较大连续表面积的载体，将催化剂负载其上，流动相流过表面发生反应。流化床多适合于颗粒状载体，负载后仍能随流动相发生翻滚、迁移等，但载体颗粒较 TiO_2纳米粒子大得多，易与反应物分离，可用滤片将其封存在光催化反应器中而实现连续化处理。图 5-17 为蜂窝状

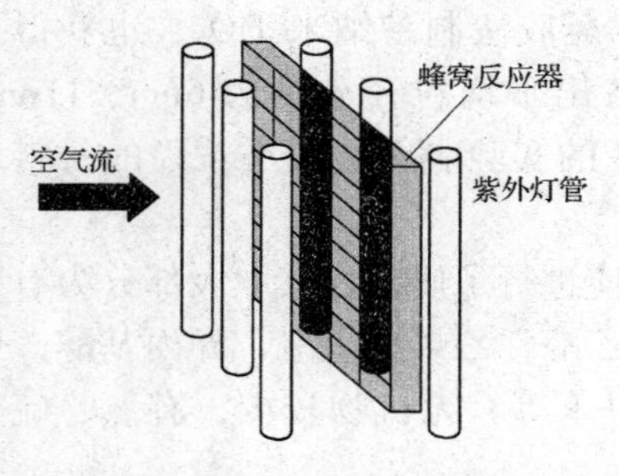

图 5-17　蜂窝状反应器结构示意图

反应器示意图，这类反应器流动阻力小，最有应用前景，目前市售的纳米光催化反应器多为此种形式。

值得一提的是，目前市售的很多“光催化空气净化器”实际上只有吸附作用，不具有光催化功能。

5.1.7.2　光催化反应器 VOCs 降解数理模型

图 5-18 为几种常见光催化反应器的结构示意图，包括平板反应器、蜂窝状反应器和管状反应器。它们可概括为图 5-19 所示的形式。

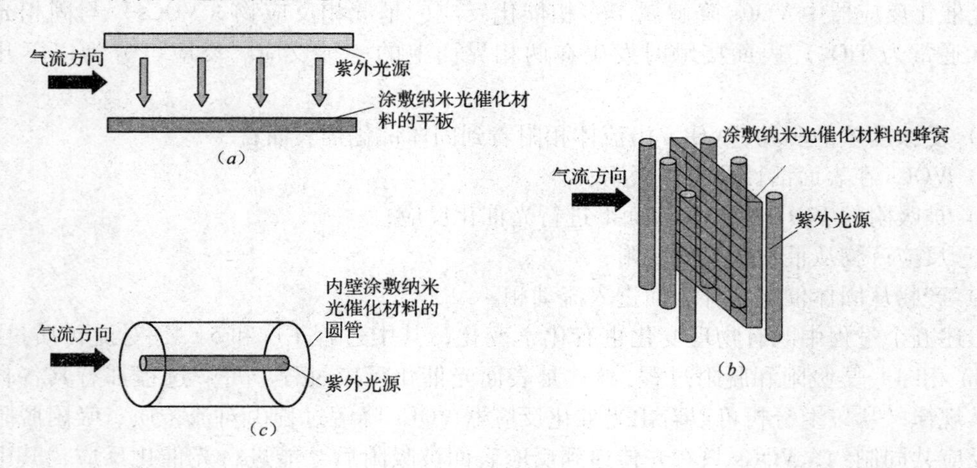

图 5-18　几种常见光催化反应器的结构示意图

(a) 平板反应器[22~25]；(b) 蜂窝状反应器[23,26~29]；(c) 管状反应器[30~33]

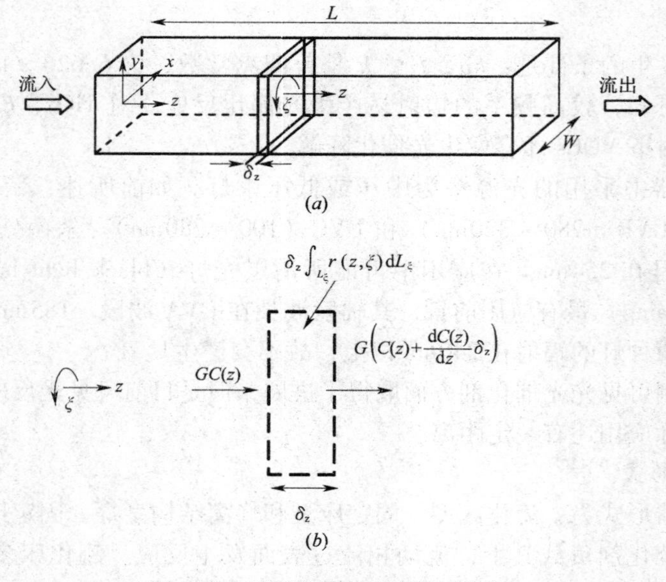

图 5-19　通用光催化反应器示意图

(a) 反应器通道坐标系；(b) 过流截面微元的质量平衡

为突出物理本质并简化问题，假设：

（1）仅有一种 VOCs 参与表面光催化反应；

（2）沿流动方向反应器截面相同。

对图 5-19 所示的光催化反应器，传质方程如下：

$$-G\frac{\mathrm{d}C(z)}{\mathrm{d}z}=\int_{L_\xi} r(z,\xi)\mathrm{d}\xi \tag{5-42}$$

边界条件为：

$$r(z,\xi)=K_{\mathrm{app}}(z,\xi)C_{\mathrm{S}}(z,\xi)=h_{\mathrm{m}}(z,\xi)\left(C(z)-C_{\mathrm{S}}(z,\xi)\right) \tag{5-43}$$

$$z=0,C(z)=C_{\mathrm{in}} \tag{5-44}$$

式中 G——空气体积流量，$\mathrm{m^3/s}$；

z——沿空气流动方向距进口的距离，m；

ξ——沿反应器截面周向距原点的距离，m；

L_ξ——沿反应器截面周向反应面的周长，m；

$C(z)$、$C_s(z,\xi)$——分别为截面 z 处 VOCs 的平均摩尔浓度和在 (z,ξ) 坐标处贴近反应表面空气层 VOCs 的摩尔浓度，$\mathrm{mol/m^3}$；

C_{in}——反应器进口处 VOCs 的摩尔浓度，$\mathrm{mol/m^3}$；

$r(z,\xi)$——当地光催化反应速率，$\mathrm{mol/(m^2\cdot s)}$；

$K_{\mathrm{app}}(z,\xi)$——当地表观反应系数，m/s；

$h_{\mathrm{m}}(z,\xi)$——当地对流传质系数，m/s。根据光催化反应器 VOCs 降解的物理化学机制推导，可得在单分子和双分子反应时当地表观反应系数 $K_{\mathrm{app}}(z,\xi)$ 的表达式分别为：

$$K_{\mathrm{app}}(z,\xi)=k\frac{K}{1+KC_{\mathrm{s}}(z,\xi)} \tag{5-45}$$

$$K_{\mathrm{app}}(z,\xi)=k\frac{KK_{\mathrm{w}}C_{\mathrm{w}}}{\left(1+KC_{\mathrm{s}}(z,\xi)+K_{\mathrm{w}}C_{\mathrm{w}}\right)^2} \tag{5-46}$$

它由光催化材料、被降解 VOCs、当地紫外光强度 $I(z,\xi)$、$C_s(z,\xi)$ 和水蒸气浓度 C_w 等参数共同决定。

由式（5-43）解得：

$$C_{\mathrm{s}}(z,\xi)=\frac{1}{1+K_{\mathrm{app}}(z,\xi)/h_{\mathrm{m}}(z,\xi)}C(z) \tag{5-47}$$

定义当地总降解系数 $K_t(z,\xi)$ 为：

$$K_{\mathrm{t}}(z,\xi)=\frac{1}{1/K_{\mathrm{app}}(z,\xi)+1/h_{\mathrm{m}}(z,\xi)} \tag{5-48}$$

代入式（5-42）积分可得：

$$\ln C_{\mathrm{out}}-\ln C_{\mathrm{in}}=-\frac{1}{G}\int_0^L\int_0^{L\xi}K_{\mathrm{t}}(z,\xi)\mathrm{d}\xi\mathrm{d}z \tag{5-49}$$

式中 C_{out}——反应器出口处 VOCs 的摩尔浓度，$\mathrm{mol/m^3}$。

定义总降解系数 K_t 为：

$$K_t = \frac{\int_0^L \int_0^{L\xi} K_t(z,\xi)\,d\xi dz}{\int_0^L \int_0^{L\xi} d\xi dz} = \frac{\int_0^L \int_0^{L\xi} K_t(z,\xi)\,d\xi dz}{A_r} \tag{5-50}$$

式中　A_r——反应面积，m^2。

则：

$$C_{out} = C_{in} e^{-\frac{K_t A_r}{G}} \tag{5-51}$$

参考换热器性能计算的有效度——传热单元数（ε-NTU）法中传热单元数 NTU 的定义（详见本书第 6 章第 6.4.3 节），引入光催化反应器的传质单元数 NTU_m 如下：

$$NTU_m = \frac{K_t A_r}{G} \tag{5-52}$$

光催化反应器的 VOCs 转化率 ε 可表示为：

$$\varepsilon = \frac{C_{in} - C_{out}}{C_{in}} \tag{5-53}$$

采用传质单元数 NTU_m，反应器转化率 ε 可表示为：

$$\varepsilon = 1 - e^{-NTU_m} \tag{5-54}$$

反应器 VOCs 降解速率 $\dot{m}$ 可表示如下：

$$\dot{m} = G \cdot (C_{in} - C_{out}) = G \cdot C_{in}\varepsilon = G \cdot C_{in}(1 - e^{-NTU_m}) \tag{5-55}$$

从式（5-52）和式（5-55）可以看出：G、C_{in}、和 NTU_m 是影响反应器 VOCs 降解性能的重要因素。

评价光催化反应器 VOCs 降解性能的四个关键参数如表 5-6 所示。

评价光催化反应器 VOCs 降解性能的四个关键参数　　**表 5-6**

参数名称	参数定义	参数物理意义
总降解系数 K_t	$K_t = \frac{\int_0^L \int_0^{L\xi} K_t(z,\xi)\,d\xi dz}{A_r}$	单位反应面积 VOCs 总降解能力
传质单元数 NTU_m	$NTU_m = \frac{K_t A_r}{G}$	反映光催化反应器 VOCs 降解能力的无量纲数
转化率 ε	$\varepsilon = \frac{C_{in} - C_{out}}{C_{in}} = 1 - e^{-NTU_m}$	光催化反应器处理 VOCs 一次通过效率
降解速率 $\dot{m}$	$\dot{m} = G \cdot (C_{in} - C_{out}) = G \cdot C_{in}\varepsilon$	光催化反应器 VOCs 降解能力

为揭示光催化反应器 VOCs 降解的共性规律，下面引入无量纲参数，对光催化反应器 VOCs 降解特性进行无量纲分析。

$$NTU_m = \frac{K_t A_r}{G} = \frac{K_t A_r}{u_a A_c} = \frac{1}{A_c}\int_0^L \int_0^{L\xi} \frac{1/u_a}{1/K_{app}(z,\xi) + 1/h_m(z,\xi)}\,d\xi dz \tag{5-56}$$

式中　u_a——反应器的截面平均速度，m/s；

　　A_c——反应器的过流面积，m^2。

应用雷诺数 $Re = \frac{u_a d_e}{\nu}$；施密特数 $Sc = \frac{\nu}{D}$；当地宣乌特数 $Sh(z,\xi) = \frac{h_m(z,\xi) d_e}{D}$；以

及当地德沃克数 $Da(z,\xi)=\frac{K_{app}(z,\xi)d_e}{D}$[34]（此参数表征了无量纲反应能力）。其中 d_e 是反应器流道的当量直径，m；D 是 VOCs 在空气中的扩散系数，m^2/s；而 ν 是黏滞系数，m^2/s。则由式（5-56）可得：

$$\mathrm{NTU_m}=\frac{1}{A_c}\int_0^L\int_0^{L\xi}\left(\frac{Sh(z,\xi)}{ReSc}\cdot\frac{1}{Sh(z,\xi)/Da(z,\xi)+1}\right)\mathrm{d}\xi\mathrm{d}z \tag{5-57}$$

应用当地传质斯坦登数 $\mathrm{St_m}$（z，ξ）并定义当地反应有效度 η（z，ξ），如式（5-58）和（5-59）所示：

$$St_m(z,\xi)=\frac{Sh(z,\xi)}{Re\cdot Sc} \tag{5-58}$$

$$\eta(z,\xi)=\frac{1}{Sh(z,\xi)/Da(z,\xi)+1} \tag{5-59}$$

则可得：

$$\mathrm{NTU_m}=\frac{1}{A_c}\int_0^L\int_0^{L\xi}St_m(z,\xi)\eta(z,\xi)\mathrm{d}\xi\mathrm{d}z \tag{5-60}$$

采用平均传质斯坦登数 St_m：

$$St_m=\frac{\int_0^L\int_0^{L\xi}St_m(z,\xi)\mathrm{d}\xi\mathrm{d}z}{\int_0^L\int_0^{L\xi}\mathrm{d}\xi\mathrm{d}z}=\frac{\int_0^L\int_0^{L\xi}St_m(z,\xi)\mathrm{d}\xi\mathrm{d}z}{A_r} \tag{5-61}$$

并定义平均反应有效度 η：

$$\eta=\frac{\int_0^L\int_0^{L\xi}(St_m(z,\xi)\eta(z,\xi))\mathrm{d}\xi\mathrm{d}z}{\int_0^L\int_0^{L\xi}St_m(z,\xi)\mathrm{d}\xi\mathrm{d}z}=\frac{\int_0^L\int_0^{L\xi}(St_m(z,\xi)\eta(z,\xi))\mathrm{d}\xi\mathrm{d}z}{A_rSt_m} \tag{5-62}$$

式（5-60）可改写为：

$$\mathrm{NTU_m}=\frac{A_r}{A_c}\cdot St_m\cdot\eta=A^*\cdot St_m\cdot\eta \tag{5-63}$$

由式（5-63）可知，传质单元数 $\mathrm{NTU_m}$ 可简明地表示成三个无量纲数的乘积，分别是反应器反应面积与过流面积的比值（A^*）、传质斯坦登数（St_m）以及反应有效度（η）。这三个参数分别表征了光催化反应器的结构特性、传质特性和反应与传质能力相对强弱的关系。

A^* 是评价和优化光催化反应器结构特性的重要参数。由其定义可知反应器越长或流通截面对应的反应面积越大，此值越大。由于传质斯坦登数 St_m 和反应有效度 η 的取值范围都为（0，1），因此 $\mathrm{NTU_m}$ 的最大值为 A^*。如果将 $\mathrm{NTU_m}$ 取值为 A^*，反应器的 VOCs 处理能力都无法满足预期的 VOCs 降解要求，那么无论如何增强反应器传质效果和/或光催化材料性能都无济于事。这种情况下，应着重考虑改善光催化反应器的几何结构。

St_m是评价光催化反应器传质特性的重要参数。其值由反应器结构、空气流动状况和光催化表面反应条件确定。它体现了反应器实际传质能力与理想传质能力的差距。对流传质是光催化反应的先决条件，即必须确保传质速率足够快才能使光催化反应顺利进行，否则即使光催化反应速率很快，反应器的性能也会受到限制。St_m可通过CFD方法或选取合适的经验公式计算得到。

η是体现光催化反应器反应与传质能力相对强弱的重要参数。其定义式中Sh代表了无量纲传质能力；Da代表了无量纲反应能力，它主要由光催化材料自身性能以及光催化反应条件（包括VOCs种类、VOCs浓度、水蒸气浓度以及紫外光强和波长等因素）决定。当反应器结构（A^*）确定时，通过此值可判别当前反应器的性能瓶颈，从而有效改善反应器的性能。当其值接近零时为反应控制工况，此时反应器的传质能力远大于反应能力，反应器的性能瓶颈为光催化反应速率太慢，可考虑更换性能更优的光催化材料或改善反应条件（即增大η）以强化反应器性能；当其值接近1时为传质控制工况，表明反应器的反应能力远大于传质能力，反应器的性能瓶颈为传质速率太慢，而应考虑增强反应器的传质能力以强化反应器性能；当此值介于（0，1）之间时为混合控制工况，强化反应和/或传质都可有效强化反应器性能。

通过以上讨论可知，不仅光催化材料性能十分重要，而且光催化反应器的结构形式与传质特性也很重要。使用高效光催化材料而结构设计糟糕、传质性能低下的反应器不会是性能优异的光催化反应器，只有三者并重才能设计出符合应用要求的高效光催化反应器。

5.2　吸收剂处理空气的原理和方法[1]

5.2.1　吸收现象简介

气体吸收（absorption）是用适当的液体吸收剂来吸收气体或气体混合物中的某种组分的一种操作过程。例如，用溴化锂水溶液来吸收水蒸气，用水来吸收氨气等。这一类的吸收，一般认为化学反应无明显影响，可当作单纯的物理过程处理，通常称为简单吸收或物理吸收。在物理吸收过程中，吸收所能达到的极限，取决于在吸收条件下的气液平衡关系。气体被吸收的程度，取决于气体的分压力。在实际应用中通过控制吸收剂的温度、浓度来调整其吸收能力。

液体除湿剂（liquid desiccant）是吸收剂中的一个分类，对水蒸气有很强的吸收能力。利用液体除湿剂除湿，是空气处理过程中常用的方法之一。除湿剂吸收大量水蒸气后，浓度降低，吸湿能力下降，为循环使用，需将稀溶液加热使水分蒸发，从而完成溶液的浓缩再生过程。

5.2.2　液体除湿剂的类型和性能

在液体除湿剂为循环工质的除湿空调系统中，除湿剂的特性对于系统性能有着重要的

[1] 本节选自《建筑环境传质学》（中国建筑工业出版社，2006）

影响，直接关系到系统的除湿效率和运行情况。所期望的除湿剂特性有：

1）相同的温度、浓度下，除湿剂表面蒸汽压较低，使得与被处理空气中水蒸气分压力之间有较大的压差，即除湿剂有较强的吸湿能力。

2）除湿剂对于空气中的水分有较大的溶解度，这样可提高吸收率并减小液体除湿剂的用量。

3）除湿剂在对空气中水分有较强吸收能力的同时，对混合气体中的其他组分基本不吸收或吸收甚微，否则不能有效实现分离。

4）低黏度，以降低泵的输送功耗，减小传热阻力。

5）高沸点，高冷凝热和稀释热，低凝固点。

6）除湿剂性质稳定，低挥发性，低腐蚀性，无毒性。

7）价格低廉，容易获得。

以下简单介绍液体除湿空调系统中常用的除湿剂。

（1）常用液体除湿剂种类

在空气调节工程中，常用的液体除湿剂有溴化锂溶液、氯化锂溶液、氯化钙溶液、乙二醇、三甘醇等，表5-7是常用液体除湿剂的性能[35,36]。下面对其中一些液体除湿剂作一简单介绍。

常用的液体除湿剂 **表5-7**

除湿剂	常用露点（℃）	浓度（%）	毒性	腐蚀性	稳定性	用途
氯化钙溶液	-3 ~ -1	40 ~ 50	无	中	稳定	城市燃气除湿
氯化锂溶液	-10 ~ 4	30 ~ 40	无	中	稳定	空调、杀菌、低温干燥
溴化锂溶液	-10 ~ 4	45 ~ 65	无	中	稳定	空气调节、除湿
二甘醇	-15 ~ -10	70 ~ 90	无	小	稳定	一般气体除湿
三甘醇	-15 ~ -10	80 ~ 96	无	小	稳定	空调、一般气体除湿

1）三甘醇　三甘醇是最早用于液体除湿系统的除湿剂，但由于它是有机溶剂，黏度较大，在系统中循环流动时容易发生停滞，粘附于空调系统的表面，影响系统稳定工作，而且二甘醇、三甘醇等有机物质易挥发，容易进入空调房间，对人体造成危害，上述缺点限制了它们在液体除湿空调系统中的应用，近来已逐渐被金属卤盐溶液所取代。

图5-20为三甘醇溶液浓度-蒸汽压曲线。

2）溴化锂溶液　溴化锂是一种稳定的物质，在大气中不变质、不挥发、不分解、极易溶于水，常温下是无色晶体，无毒、无嗅、有咸苦味，其特性见表5-8。溴化锂极易溶于水，20℃时食盐的溶解度为35.9g，而溴化锂的溶解度是其3倍左右。溴化锂溶液的蒸汽压，远低于同温度下水的饱和蒸汽压（见图5-21），这表明溴化锂溶液有较强的吸收水分的能力。溴化锂溶液对金属材料的腐蚀，比氯化钠、氯化钙等溶液要小，但仍是一种有较强腐蚀性的介质。60% ~70% 浓度范围的溴化锂溶液在常温下就结晶，因而溴化锂溶液浓度的使用范围一般不超过70%。

溴 化 锂 特 性 **表5-8**

分子式	相对分子量	密度（kg/m^3）（25℃）	熔点（℃）	沸点（℃）
LiBr	86.856	3464	549	1265

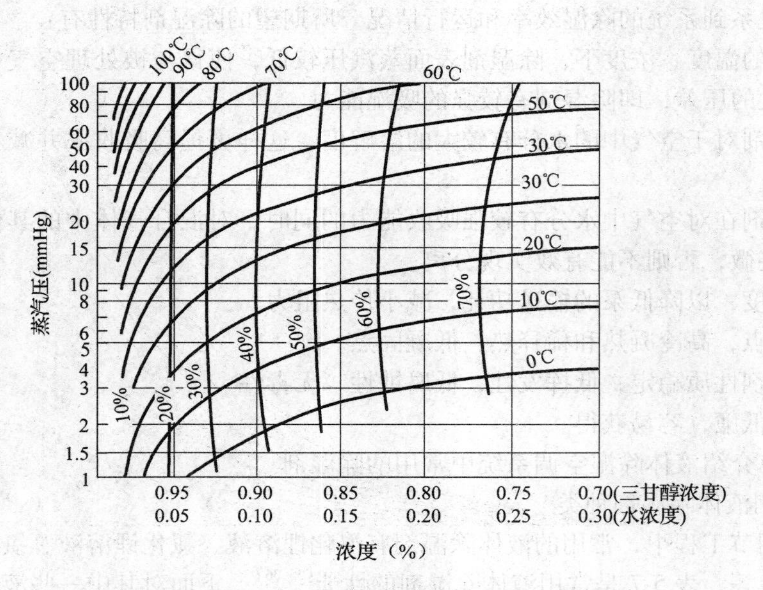

图 5-20　三甘醇溶液浓度－蒸汽压曲线

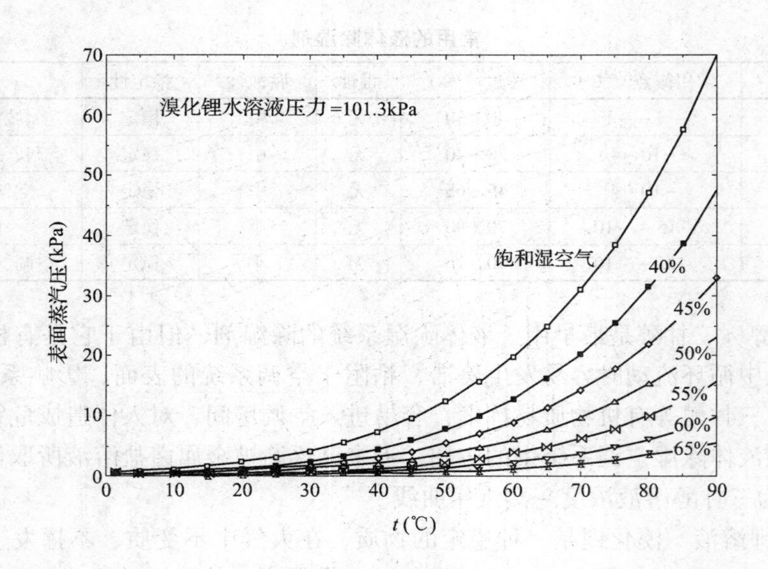

图 5-21　溴化锂水溶液的表面蒸汽压

3）氯化锂溶液　氯化锂是一种白色、立方晶体的盐，在水中溶解度很大。氯化锂水溶液无色透明，无毒无臭，黏性小，传热性能好，容易再生，化学稳定性好。在通常条件下，氯化锂溶质不分解，不挥发，溶液表面蒸汽压低（见图 5-22），吸湿能力大，是一种良好的吸湿剂。氯化锂溶液结晶温度随溶液浓度的增大而增大，在浓度大于 40% 时，氯化锂溶液在常温下即发生结晶现象，因此在除湿应用中，其浓度宜小于 40%，氯化锂溶液的性质见表 5-9。氯化锂溶液对金属有一定的腐蚀性，钛和钛合金、含钼的不锈钢、镍铜合金、合成聚合物和树脂等都能承受氯化锂溶液的腐蚀。

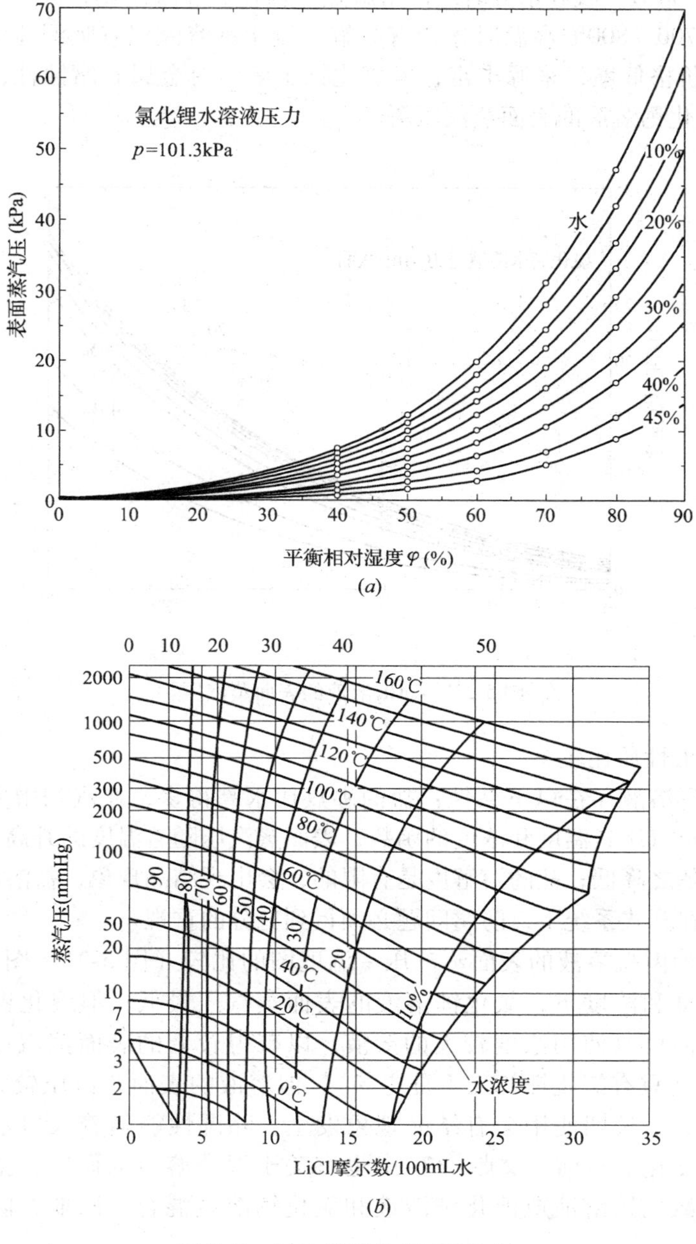

图 5-22 LiCl 溶液的表面蒸汽压

氯化锂的特性 **表 5-9**

分子式	相对分子量	密度（kg/m^3）（25℃）	熔点（℃）	沸点（℃）
LiCl	42.4	2070	614	1360

4）氯化钙溶液 氯化钙是一种无机盐，具有很强的吸湿性，吸收空气中的水蒸气后与之结合为水化合物。无水氯化钙白色，多孔，呈菱形结晶块，略带苦咸味，熔点为

772℃，沸点为 1600℃，吸收水分时放出熔解热、稀释热和凝结热，但不产生氯化氢等有害气体，只有在 700~800℃高温时才稍有分解。氯化钙溶液仍有吸湿能力，但吸湿量显著减小。氯化钙价格低廉，来源丰富，但氯化钙水溶液对金属有腐蚀性，其容器必须防腐。图 5-23 是氯化钙溶液的表面蒸汽压图。

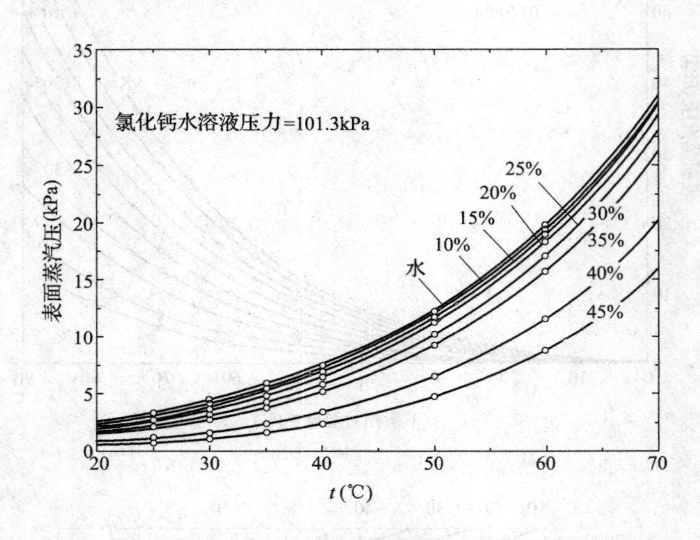

图 5-23　$CaCl_2$溶液的表面蒸汽压

（2）卤盐溶液性质比较

以上三种除湿溶液存在以下共性：盐的沸点比水高得多，在汽相中实际上只有水蒸气；溶液的表面蒸汽压是温度和浓度的函数，表面蒸汽压随着温度的升高和浓度的降低而增大，除湿能力随之降低；盐的溶解度是有限的，会出现结晶现象；盐溶液对常见金属具有腐蚀性，尤其在开式系统下，防腐问题必须得到充分的重视。

通过以上三种卤盐溶液的表面蒸汽压－温度图的比较（图 5-21~图 5-23），可以看出：在相同的温度和浓度下，氯化锂溶液的表面蒸汽压最低；但溴化锂溶液的溶解度大于氯化锂，因而可以使用浓度较大的溶液，以获得较低的表面蒸汽压。虽然氯化钙的价格低廉（价格只有氯化锂的几十分之一），但溶液的表面蒸汽压较大，而且它的溶解性不好，黏度大，长期使用会有结晶现象发生，除湿性能随着入口空气参数和溶液浓度发生很大的变化。目前，文献[37]中也有关于混合溶液的研究，把一定浓度配比的氯化锂溶液和氯化钙溶液或溴化锂溶液和氯化钙溶液混合，以期在除湿性能和经济性上取得平衡。

溴化锂、氯化锂等盐溶液虽然具有一定的腐蚀性，但塑料等防腐材料的使用，可以防止盐溶液对管道等设备的腐蚀，而且成本较低，另外盐溶液不会挥发到空气中影响、污染室内空气，相反还具有除尘杀菌功能，有益于提高室内空气品质，所以盐溶液成为优选的液体除湿剂。

5.2.3　吸收剂处理空气的机理

（1）除湿剂的表面蒸汽压

由于被处理空气的水蒸气分压力与除湿溶液的表面蒸汽压之间的压差是水分由空气向除湿溶液传递的驱动力，因而除湿溶液表面蒸汽压越低，在相同的处理条件下，溶液的除湿能力越强，与所接触的湿空气达到平衡时，湿空气具有更低的相对湿度。

理想溶液的性质符合拉乌尔定律[38]，其表面蒸汽压随溶剂的摩尔百分数呈线性变化：

$$p = p^0 x_1 \tag{5-64}$$

式中 p 是溶剂的蒸汽分压，p^0 是纯溶剂在溶液的温度和压力下的蒸汽压力，x_1 是溶剂的摩尔百分数。

实际应用的除湿剂绝大多数是非理想溶液，其性质偏离拉乌尔定律，可用活度系数来描述实际溶液与理想溶液的偏差。如果活度系数小于1，则溶液相对理想溶液而言存在负偏差，溶液的表面蒸汽压低于同条件下的理想溶液表面蒸汽压，溶液具有更强的除湿能力。

图5-24是在温度为25℃时，溴化锂、氯化锂和氯化钙溶液中溶剂的活度系数随溶液质量浓度的变化情况。三种除湿溶液均偏离拉乌尔定律，而且是负偏差，随着浓度的增大，活度系数逐渐减小，越发偏离理想溶液的性质。氯化钙和氯化锂溶液的使用浓度范围大致相同，相同质量浓度和温度条件下，氯化锂溶液的活度系数低于氯化钙溶液，因而氯化锂溶液的除湿能力较强。溴化锂溶液可以使用的浓度范围高于前两者，随着溶液浓度的增加，活度系数迅速降低，溶液的表面蒸汽压也逐渐降低。

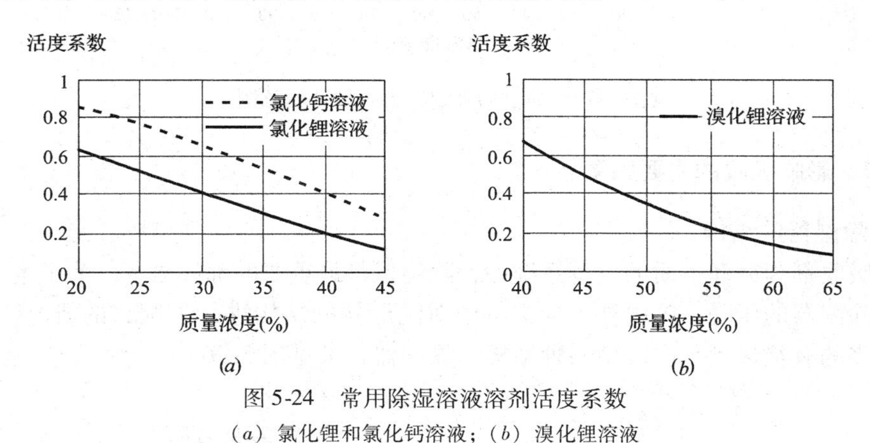

图5-24　常用除湿溶液溶剂活度系数

（*a*）氯化锂和氯化钙溶液；（*b*）溴化锂溶液

（2）典型的吸湿－再生过程分析

图5-25显示了一种典型的吸湿－再生过程中除湿剂在湿空气性质图上的变化过程，溴化锂溶液的等浓度线与湿空气的等相对湿度线基本重合。1—2是溶液的吸湿过程，溶液和湿空气直接接触，由于溶液的表面蒸汽压小于湿空气的水蒸气分压力，水蒸气就从空气向溶液转移，同时水蒸气的凝结潜热大部分也被溶液吸收。为了抑制溶液温升、保持除湿剂的吸湿能力，一般采用冷却的方式带走释放的潜热或者采用较大的溶液流量；溶液吸收水蒸气后，浓度变小，而空气湿度达到要求后一般需进一步降温处理再送入室内。2—3—4是溶液的再生过程。溶液被低压蒸汽或热水等加热，当溶液表面蒸汽压大于空气的水蒸气分压力时，溶液中的水分蒸发到空气中，溶液被浓缩再生。再生过程所需能量包括三部分：加热除湿剂使得其表面蒸汽压高于周围空气的水蒸气分压力所需的热量（2—3）；所含水

分蒸发过程所需的汽化潜热（3—4）；溶质析出所需的热量，比水的汽化潜热小，由溶液性质决定。4—1 是溶液的冷却过程，所需能量取决于除湿剂的质量、比热以及再生后和冷却到重新具有吸收能力之间的温差。通常为在 2—3 的加热过程和4—1的冷却过程之间增加换热器，对进入再生器的较冷的稀溶液和流出再生器的较热的浓溶液进行热交换，回收一部分热量，可提高再生器的工作效率。一般在溶液系统中，除了风机、水泵等输配系统的能耗外，所需投入的能量主要是用于满足除湿剂再生的要求。

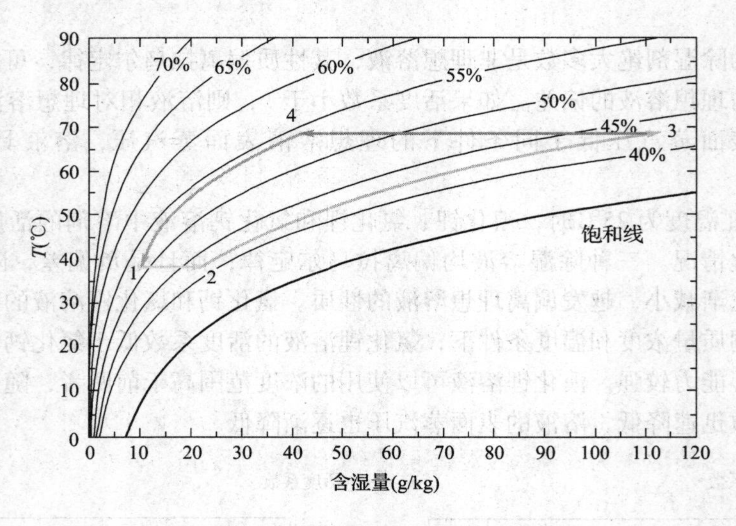

图 5-25　典型的吸湿－再生循环示意图

5.2.4　影响吸收的主要因素

（1）除湿器的结构

在以吸收剂为循环工质的空调系统中，除湿器是最重要的部件之一。为了增大传热传质及减小除湿器的压降，国内外不少文献中对除湿器的结构进行了细致的研究[39~42]。目前应用较多的有绝热型与内冷型两种结构的除湿器，参见图 5-26。

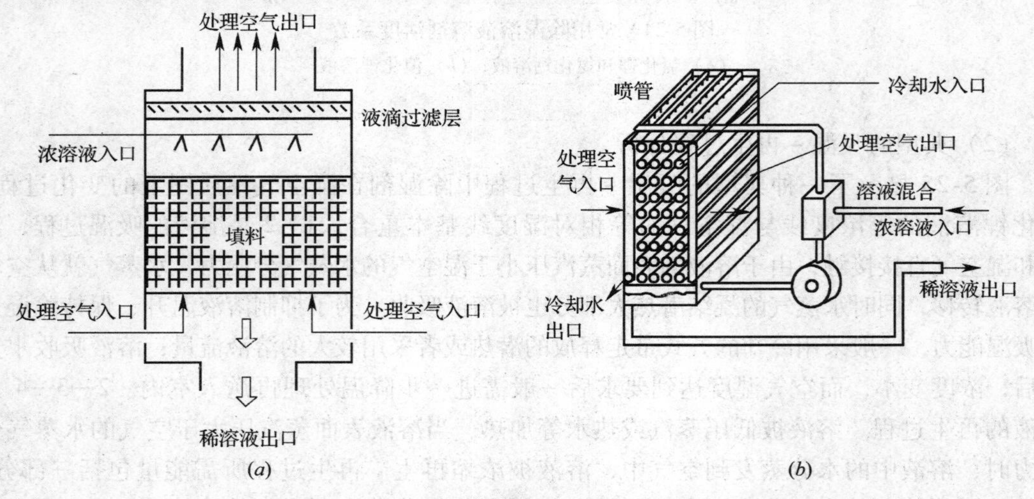

图 5-26　开式绝热型除湿器和内冷型除湿器示意图

绝热型除湿器一般采用填料喷淋方式，它具有结构简单和比表面积大等优点。除湿溶液吸收空气中的水蒸气后，绝大部分水蒸气的凝结潜热进入溶液，使得溶液的温度显著升高。与此同时，溶液表面蒸汽压也随之升高，导致溶液的吸湿能力下降。如果此时将溶液重新浓缩再生，由于溶液浓度变化太小会使得再生器的工作效率很低，同时也不能实现高效蓄能。以溴化锂溶液为例，当1kg溴化锂溶液吸收5g水蒸气时，温度大约升高5～6℃，而此时浓度变化约为0.25%（溶液的进口浓度不同，变化值稍有差异）。为解决这个问题，目前常见的做法之一是使用带内冷型的除湿器，利用冷却水或冷却空气（都不与被处理空气直接接触）将除湿过程放出的热量带走，以维持溶液的吸湿能力，这样溶液除湿前后的浓度变化较大。

基于以上原因，有学者提出了一种新型的除湿器结构[43]，结合了以上两种形式的优点。它采用分级除湿的方法，即每一级内为绝热除湿过程，可采用较大的溶液流量，使得空气含湿量和溶液浓度均变化较小；级间增加冷却装置，除湿后温度较高的溶液在流入下一级之前被冷却水冷却，重新恢复吸湿的能力。级间的溶液流量比级内的溶液循环流量大约小一个数量级，较小的级间流量使得各级之间保持一定的浓度差，经过多级除湿后溶液的浓度变化也较大，充分利用了溶液的化学能。

【例5-3】 图5-27是一个单级的除湿器，上半部分喷水，下半部分喷洒溶液，利用水分蒸发冷却产生的冷量带走溶液吸湿产生的热量。空气与溶液的进口参数如图所示，蒸发冷却过程传热传质效率为0.7，吸湿过程传热传质效率为0.6，水－溶液换热器效率为0.8。请计算空气和溶液的出口参数。

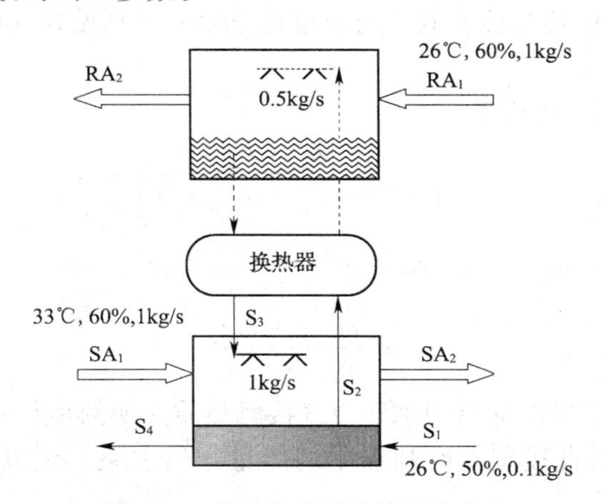

图5-27 单级除湿器流体状态变化

【解】 首先对除湿器工作原理进行分析。浓溶液（S_1）进入除湿器底部的溶液槽，与稀溶液（S_4）混合后（S_2）由溶液泵输送到换热器中和冷却水进行热交换，溶液温度降低，浓度不变（S_3），然后喷淋下来，与进口空气（SA_1）进行热质交换，由于溶液表面水蒸气分压力较低，使得空气中的水蒸气向溶液表面扩散。经过这一过程，空气含湿量减小，温度降低（SA_2），而溶液吸收水蒸气及其潜热后温度升高，浓度减小（S_4），回到溶液槽中，部分溶液（S_4）流入下一级溶液槽。冷却水（W_1）经过换热器被加热后（W_2）送到直接蒸发冷却器顶部喷淋，与排风（RA_1）进行热湿交换，水温降低，排出热湿空气（RA_2）。

由以上分析可知，除湿过程中溶液共有四种状态，每种状态包括温度和浓度两个参数，送回风各有进出口两种状态，每种状态包括温度和含湿量两个参数，冷却水有进出口两种状态，只有一个温度参数。因此整个模型中共有 18 个状态参数。另外还有 5 个流量参数，包括溶液级间流量，溶液循环流量，送风流量、回风流量和冷却水流量。以上变量中，已知量包括流量（5 个），送风进口参数（2 个），回风进口参数（2 个），溶液进口参数（2 个），共 11 个，另外 12 个变量未知。可列出以下 12 个方程对模型求解。

浓溶液和稀溶液混合应遵守能量守恒和溶质质量守恒，如下面两式所示。其中：r 为混合比例系数，即溶液级间流量和循环流量的比值。

$$i_{s,2} = r \times i_{s,1} + (1 - r) \times i_{s,4} \tag{a}$$

$$\rho_2 = r \times \rho_1 + (1 - r) \times \rho_4 \tag{b}$$

溶液和冷却水进行热交换，溶液的浓度不变，参见式（c）。在换热过程中，根据能量守恒关系式，可以得到冷却水的出口温度，参见式（d）。水－溶液换热器的换热效率的定义关系式见式（e）。

$$\rho_3 = \rho_2 \tag{c}$$

$$t_{w,2} = t_{w,1} - \frac{(i_{s,3} - i_{s,2}) \times F_s}{c_{p,w} \times F_w} \tag{d}$$

$$\varepsilon = \frac{t_{s,in} - t_{s,out}}{t_{s,in} - t_{w,in}} \tag{e}$$

溶液和空气及水和空气进行热湿交换，遵守能量守恒和质量守恒关系式，参见式（f）与（g）。热质交换过程的传热传质效率与质量传递效率分别见式（h）与（i）。

$$i_{s,4} = i_{s,3} - \frac{(i_{sa,2} - i_{sa,1}) \times F_{sa}}{F_s} \tag{f}$$

$$\rho_4 = \frac{\rho_1 \times F_s}{F_s + (\omega_{sa,2} - \omega_{sa,1}) \times F_{sa}} \tag{g}$$

$$\varepsilon_h = \frac{i_{sa,in} - i_{sa,out}}{i_{sa,in} - i_{s,equ,in}} \tag{h}$$

$$\varepsilon_\omega = \frac{\omega_{sa,in} - \omega_{sa,out}}{\omega_{sa,in} - \omega_{s,equ,in}} \tag{i}$$

同理，可定义直接蒸发冷却器中水和空气接触热质交换的传热效率和传质效率，分别见式（j）与（k）。根据直接蒸发冷却器中的能量守恒关系，可以得到冷却水的出口温度，参见式（l）。

$$\varepsilon_h{}' = \frac{i_{ra,in} - i_{ra,out}}{i_{ra,in} - i_{w,equ,in}} \tag{j}$$

$$\varepsilon_\omega{}' = \frac{\omega_{ra,in} - \omega_{ra,out}}{\omega_{ra,in} - \omega_{w,equ,in}} \tag{k}$$

$$t_{w,2} = t_{w,1} - \frac{(i_{ra,1} - i_{ra,2}) \times F_{ra}}{c_{p,w} \times F_w} \tag{l}$$

其中，s——溶液；sa——送风；ra——回风；w——冷却水；i——焓，kJ/kg；ω——含湿量，kg/kg；T——温度，℃；ρ——溶液浓度，%；F——质量流量，kg/s；c_p——热容量，kJ/(kg·℃)；equ——与溶液或水处于平衡状态。

对以上方程进行求解可得，空气出口温度为31.2℃，相对湿度47%，溶液浓度为42.4%，温度为28.3℃。以上说明了单级除湿器的模型建立过程及求解，多级过程与之非常类似，只是上级的出口成了下一级模型的进口，每一级可列的方程和未知数的个数相同，可仿照单级模型求解。

（2）除湿剂的选择

根据前面介绍的溶液的性质以及热质交换过程的基本原理，可以看出溶液的表面蒸汽压是其重要的物性参数，直接影响溶液除湿的效果。在相同的冷却温度下，为了增强除湿溶液的效果，宜选择表面蒸汽压较低的除湿剂。

溶液的吸收热也是影响吸湿的一个因素。溶液在除湿过程中，会不断释放出吸收热，如果不采取有效的降温措施，将会导致溶液的温度不断升高，影响溶液的除湿效果，所以宜选择吸收热较小的除湿剂。吸收热可用克拉伯龙—克劳修斯（Clapeyron-Clausius）公式进行计算[43]。

$$q_{\mathrm{T}} = RT^2 \left.\frac{\partial \ln p}{\partial T}\right|_{\mathrm{b}} \tag{5-65}$$

式中　q_{T}——等温吸附量，kg吸附质/kg吸附剂；

R——水蒸气气体常数，kJ/(kg·K)；

b——吸附量为常数。

图5-28是溴化锂溶液的吸附热曲线，随着溴化锂溶液浓度的增大，吸附热显著增加。溴化锂溶液的吸附热大于水蒸气的汽化潜热。

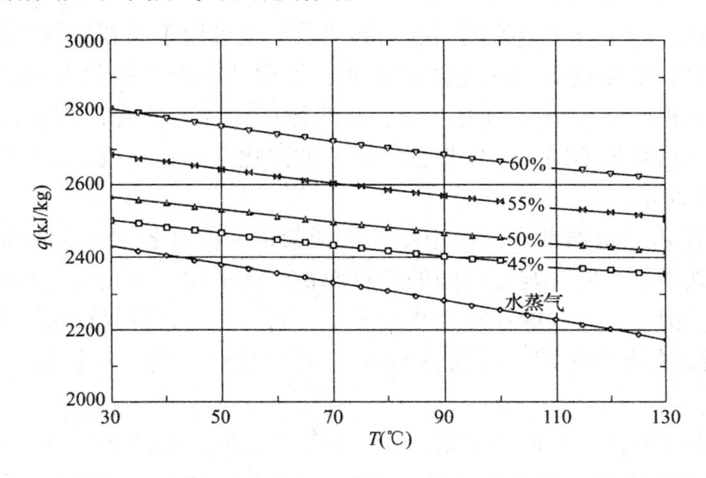

图5-28　不同质量百分比的溴化锂溶液的吸收热

思　考　题

1. 说明物理吸附和化学吸附的区别。
2. 查文献，评价目前吸附剂的吸湿性能。
3. 查文献，评价目前吸附剂对VOCs的吸附性能。
4. 分析多孔介质中有效导热系数的影响因素，如何控制它的大小？
5. * 利用Langmuir定律，导出建材VOCs分离系数 K 与温度的关系。

第6章　间壁式热质交换设备的热工计算

在热质交换设备中，有时仅有热量的传递，有时是热量传递和质量传递同时发生。本章及随后几章将对建筑环境与能源应用工程专业中常见的热质交换设备的形式与特点进行介绍，重点讨论间壁式换热器设备和混合式换热器设备的构造原理和热工计算的基本方法，并简要介绍热质交换设备的仿真建模方法和换热设备的性能评价和优化设计等相关内容。

6.1　间壁式热质交换设备的形式与结构[1~5]

间壁式换热器种类很多，从构造上主要可分为：管壳式、肋片管式、板式、板翘式、螺旋板式等，其中前三种用得最为广泛。

不论是哪种形式的间壁式换热器，其结构在传热学教材中均有详细介绍。由于本课程主要涉及热质交换同时发生时的传递过程，所以仅牵涉到显热交换的一般换热器，此处不再介绍了，需要时可参考文献［4，5］。

需要说明的是，用于显热交换的间壁式换热器，也可用于既有显热交换又有潜热交换的场合，只是考虑到换热设备两端流体的不同，使用的间壁式换热器种类和形式有所不同。例如，空调工程中处理空气的表冷器，其两侧的流体通常是冷冻水或制冷剂和湿空气，由于两者的换热系数不同，所以根据换热器的强化方法，一般在空气侧加装各种形式的肋片，如图6-1所示。

图6-1（*a*）所示是将铜带或钢带用绕片机紧紧地缠绕在管子上，制成了皱褶式绕片管。皱褶的存在既增加了肋片与管子间的接触面积，又增加了空气流过时的扰动性，因而能提高传热系数。但是，皱褶的存在也增加了空气阻力，而且容易积灰，不便清理；为了消除肋片与管子接触处的间隙，可将这种换热器浸镀锌、锡。浸镀锌、锡还能防止金属生锈。

有的绕片管不带皱褶，它们是用延展性好的铝带绕成，见图6-1（*b*）所示。

将事先冲好管孔的肋片与管束连在一起，经过胀管之后制成的是串片管，如图6-1（*c*）所示。

用轧片机在光滑的铜管或铝管的外表面上直接轧出肋片，便制成了轧片管，如图6-1（*d*）所示。由于轧片管的肋片和管子是一个整体，没有缝隙，所以传热性能更好；但是，轧片管的肋片不能太高，管壁不能太薄。

除此之外，使用在多工位连续冲床上经多次冲压、拉伸、翻边、再翻边的方法，可得到二次翻边肋片，如图6-1（*e*）所示。用这种肋片制成的换热器有更好的传热效果。

此外，为了进一步提高传热性能，增加气流的扰动性以提高外表面换热系数，近年来还发展了其他的肋片片型，如波纹型片、条缝型片、百叶缝型片和针刺型片等。研究表明，采用上述措施后，可使空调工程中所用的表冷器的传热系数提高10%～70%。

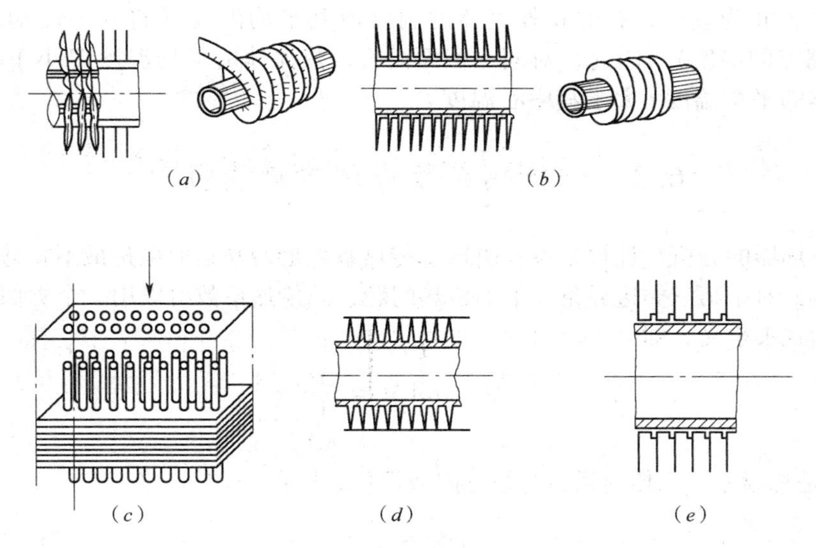

图 6-1　换热器用的各种肋片形式

(a) 皱褶绕片；(b) 光滑绕片；(c) 串片；(d) 轧片；(e) 二次翻边片

6.2　间壁两侧流体传热过程分析[6]

如前所述，间壁式换热器的类型很多，从其热工计算的方法和步骤来看，实质上大同小异。下面即以本专业领域使用较广的显热交换和潜热交换可以同时发生的表面式冷却器为例，详细说明其计算方法。别的诸如加热器、散热器等间壁式换热器的热工计算方法，给予概略介绍。

以套管换热器为例，热流体走管程放出热量，温度从初温降到终温；冷流体走壳程吸收热量，温度从初温升到终温。在换热器内，冷、热流体间热量传递过程的机理是，热量首先由热流体主体以对流的方式传递到间壁内侧；然后以导热的方式穿过间壁；最后由间壁外侧以对流的方式传递至冷流体主体。在垂直于流动方向的同一截面上，温度分布如图 6-2 所示。

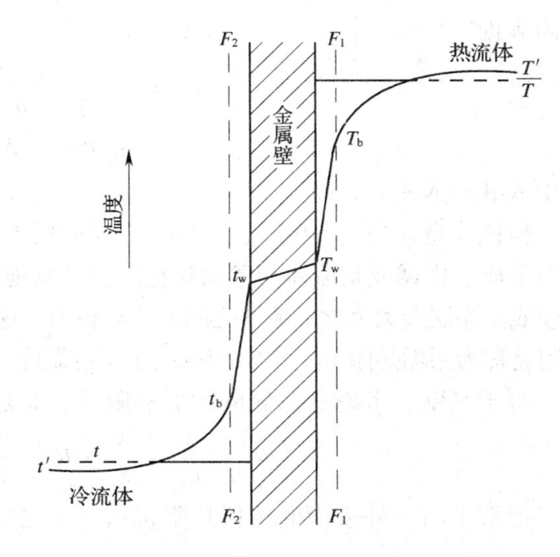

图 6-2　沿热流方向的温度分布情况

由温度分布曲线来看，间壁内热传导只有一种分布规律；间壁两侧的对流传热由于流动状况的影响，分别呈现出三种分布规律：在壁面附近为直线，再往外为曲线，在流体主体为比较平坦的曲线。若按上述三种温度分布规律处理流体与壁面间的对流传热问题过于复杂，实际应用上，将流体主体与壁面间的对流传热虚拟为有效膜内的导热问题，有效膜内温度分布为直线，有效膜外流体的温度取其平均温度（将同一流动截面上的流体绝热后测定的温度）。因此，对同一截面而言，热流体的平均温度 T 小于其中心温度 T'，冷流体的平均温度 t 大于其中心温度 t'。

6.3　总传热系数与总传热热阻[4,5]

对于换热器的分析与计算来说，决定总传热系数是最基本但也是最不容易的。根据传热学的内容，对于第三类边界条件下的传热问题，总传热系数可以用一个类似于牛顿冷却定律的表达式来定义，即

$$Q = KA\Delta t = \frac{\Delta t}{\dfrac{1}{KA}} \tag{6-1}$$

式中的 Δt 是总温差。总传热系数与总热阻成反比，即：

$$R_{\mathrm{t}} = \frac{1}{KA} \tag{6-2}$$

式中　R_{t}——换热面积为 A 时的总传热热阻，℃/W。

如果两种流体被一管壁所隔开，由传热学知，其单位管长的总热阻为

$$R_l = \frac{1}{\pi d_i h_i} + \frac{1}{2\pi\lambda}\ln\left(\frac{d_0}{d_i}\right) + \frac{1}{\pi d_0 h_0} \quad (\mathrm{m \cdot K/W}) \tag{6-3}$$

式中 d_i、h_i、d_0、h_0 分别是管内径、管内流体对流换热系数、管外径和管外流体的对流换热系数。

单位管长的内外表面积分别为 πd_i 和 πd_0，此时传热系数具有如下形式：

对外表面

$$K_0 = \frac{1}{\dfrac{d_0}{d_i}\dfrac{1}{h_i} + \dfrac{d_0}{2\lambda}\ln\left(\dfrac{d_0}{d_i}\right) + \dfrac{1}{h_0}} \tag{6-4}$$

对内表面

$$K_i = \frac{1}{\dfrac{d_i}{d_0}\dfrac{1}{h_0} + \dfrac{d_i}{2\lambda}\ln\left(\dfrac{d_0}{d_i}\right) + \dfrac{1}{h_i}} \tag{6-5}$$

其中 $K_0 A_0 = K_i A_i$

应该注意，公式（6-3）~（6-5）仅适用于清洁表面。通常的换热器在运行时，由于流体的杂质、生锈或是流体与壁面材料之间的其他反应，换热表面常常会被污染。表面上沉积的膜或是垢层会大大增加流体之间的传热阻力。这种影响可以引进一个附加热阻来处理，这个热阻就称为污垢热阻 R_{f}。其数值取决于运行温度、流体的速度以及换热器工作时间的长短等。

对于平壁，考虑其两侧的污垢热阻后，总热阻为

$$R_{\mathrm{t}} = \frac{1}{h_1} + \frac{\delta}{\lambda} + R_{\mathrm{f}} + \frac{1}{h_2} \quad (\mathrm{m^2 \cdot ℃/W}) \tag{6-6}$$

把管子内、外表面的污垢热阻包括进去之后，对于外表面，总传热系数可表示为

$$K_0=\frac{1}{\left(\frac{d_0}{d_i}\right)\frac{1}{h_i}+\left(\frac{d_0}{d_i}\right)R_{f,i}+\frac{d_0}{2\lambda}\ln\left(\frac{d_0}{d_i}\right)+R_{f,0}+\frac{1}{h_0}} \tag{6-7}$$

对于内表面则为

$$K_i=\frac{1}{\left(\frac{d_i}{d_0}\right)\frac{1}{h_0}+\left(\frac{d_i}{d_0}\right)R_{f,0}+\frac{d_i}{2\lambda}\ln\left(\frac{d_0}{d_i}\right)+R_{f,i}+\frac{1}{h_i}} \tag{6-8}$$

附录6-1给出了有代表性流体的污垢热阻的数值。

知道了h_0、$R_{f,0}$、h_i和$R_{f,i}$以后，就可以确定总传热系数，其中的对流换热系数可以由以前传热学中给出的有关传热关系式求得。应注意，式（6-6）~式(6-8）中壁面的传导热阻项是可以忽略的，这是因为通常采用的都是材料的导热系数很高的薄壁。此外，经常出现某一项对流换热热阻比其他项大得多的情况，这时它对总传热系数起支配作用。附录6-2给出了总传热系数的有代表性的数值。

总传热热阻中的对流换热热阻和污垢热阻可以通过实验的方法求得。以管壳式换热器为例，传热系数由式（6-7）可写成

$$\frac{1}{K_0}=\frac{1}{h_0}+R_w+R_f+\frac{1}{h_i}\frac{d_0}{d_i} \tag{1}$$

式中R_w、R_f分别表示管壁与污垢的热阻。以管内流体的流动处于旺盛紊流区为例，对流换热系数h_i与流速u的0.8次方成正比，即

$$h_i=C_iu_i^{0.8} \tag{2}$$

其中C_i为比例系数。

于是式（1）成为

$$\frac{1}{K_0}=\frac{1}{h_0}+R_w+R_f+\frac{1}{C_iu_i^{0.8}}\frac{d_0}{d_i} \tag{3}$$

在实验时，保持h_0不变（只要使壳侧流体的流量和平均温度基本不变即可），R_w是不变的，R_f在试验中一般变化不大，这样式（3）就可表示成

$$\frac{1}{K_0}=常数+\frac{1}{C_i}\frac{d_0}{d_i}\frac{1}{u_i^{0.8}} \tag{4}$$

式（4）是一个$y=b+mX$型的直线方程，$y=1/K_0$，$X=1/u^{0.8}$，将不同管内流速时测得的传热系数画在坐标图上，求出通过这些试验点的直线的斜率m，则

$$C_i=\frac{1}{m}\frac{d_0}{d_i} \tag{5}$$

这样根据式（5），管程侧流体的换热系数就可按式（2）计算求得。

又因为

$$b=\frac{1}{h_0}+R_w+R_f \tag{6}$$

如已知R_w和R_f，则壳侧换热系数h_0可由图6-3中直线的截距求得。也可保持h_i不变，改变壳侧流量后，用

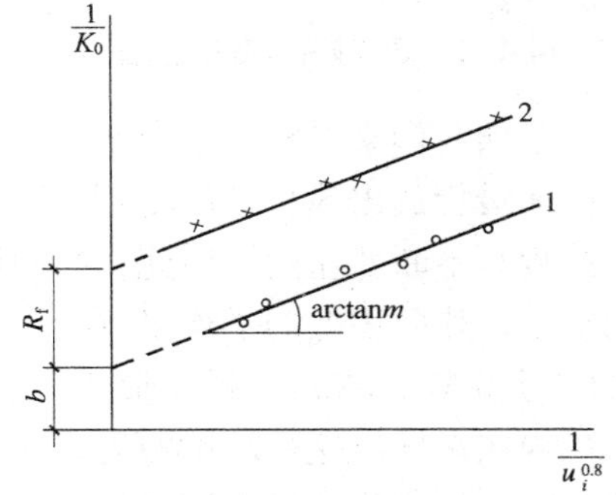

图6-3　威尔逊图解

类似的方法求得。这种方法称为威尔逊图解法。

威尔逊图解还可用来测定污垢热阻。在换热器全新或经过清洗后，做上述试验并用威尔逊图解画出直线1（图6-3）。经过一段时间运行后，在保持壳侧工况与上次试验相同的条件下，再做一次试验，用威尔逊图解得直线2；两根直线截距之差就是总污垢热阻的数值。

6.4　间壁式热质交换设备热工计算常用计算方法

6.4.1　基本公式[6,7]

间壁式热质交换设备热工计算的基本公式为传热方程式和热平衡方程式。

（1）传热方程式

$$Q = KA\Delta t_m \quad (\text{W}) \tag{6-9}$$

式中，Δt_m为换热器的平均温差，是整个换热面上冷热流体温差的平均值。它是考虑冷热两流体沿传热面进行换热时，其温度沿流动方向不断变化，故温度差 Δt 也是不断变化的。它不能像计算房屋的墙体的热损失或热管道的热损失等时，都把其 Δt 作为一个定值来处理。换热器的平均温差的数值，与冷、热流体的相对流向及换热器的结构形式有关。

（2）热平衡方程式

$$Q = G_1c_1(t_1' - t_1'') = G_2c_2(t_2'' - t_2') \quad (\text{W}) \tag{6-10}$$

式中　G_1，G_2——热、冷流体的质量流量，kg/s；

c_1，c_2——热、冷流体的比热，J/（kg・℃）；

t_1'，t_2'——热、冷流体的进口温度，℃；

t_1''，t_2''——热、冷流体的出口温度，℃；

G_1c_1，G_2c_2——热、冷流体的热容量，W/℃。

上面各项温度的角标意义为："1"是指热流体，"2"是指冷流体；"′"指进口端温度，"″"指出口端温度。

换热器热工计算分为设计和校核计算，它们所依据的都是式（6-9）、式（6-10）。这其中，除 Δt_m不是独立变量外，如将 KA 及 G_1c_1、G_2c_2作为组合变量，独立变量也达8个，它们是4个温度加上 Q、KA、G_1c_1及 G_2c_2。因此，在设计计算时需要设定变量，在校核计算时还要试凑。

6.4.2　对数平均温差法[2]

下面我们来考察一个简单而具有典型意义的套管式换热器的工作特点。参见图6-4，热流体沿程放出热量，温度不断下降，冷流体沿程吸热而温度上升，且冷、热流体间的温差沿程是不断变化的。因此，当利用传热方程式来计算整个传热面上的热流量时，必须使用整个传热面积上的平均温差（又称平均温压），记为 Δt_m。据此，传热方程式的一般形式应为如式（6-9）一样的形式。

现在来导出这种简单顺流及逆流换热器的平均温差计算式。图6-5表示出了顺流换热器中冷、热流体的温度沿换热面 A 的变化情况：热流体从进口处的 t_1'下降到出口处的t_1''，而冷流体则从进口处的 t_2'上升到出口处的 t_2''。

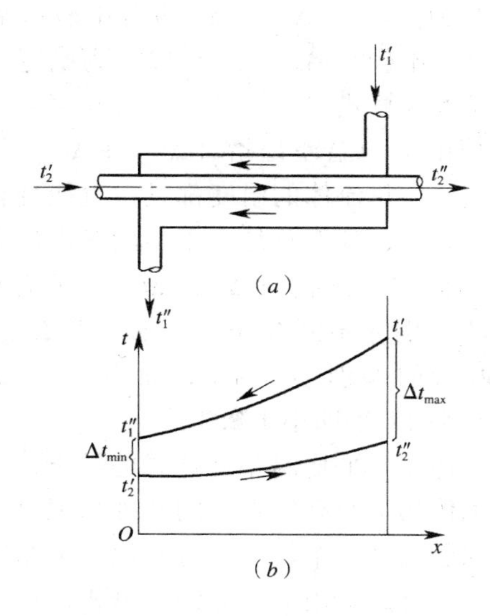

图6-4　换热器中流体温度沿程变化示意图

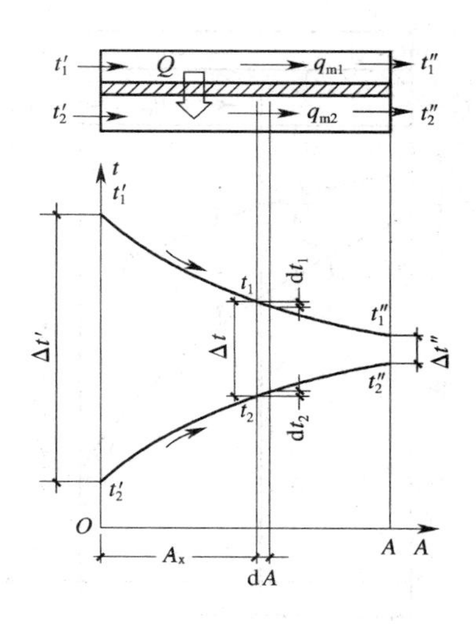

图6-5　顺流时平均温差的推导

为了分析这一实际问题，我们需要对传热过程作以下假设：

1）冷、热流体的质量流量 G_2、G_1 及比热 c_2、c_1 在整个换热面上都是常量；

2）传热系数在整个换热面上不变；

3）换热器无散热损失；

4）换热面沿流动方向的导热量可以忽略不计。

应当指出，除了部分换热面发生相变的换热器外，上述四条假设适用于大多数间壁式换热器。如果一种介质在换热器的一部分表面上发生相变，则在整个换热面上该流体的热容量为常数的假设将不再成立，此时无相变部分与有相变部分应分别计算。现在来研究通过图6-5中微元换热面 dA 一段的传热。在 dA 两侧，冷、热流体的温度分别为 t_2 及 t_1，温差为 Δt，通过推导与数学交换（此处略，具体可参考文献［2］）可得

$$\Delta t_m = \frac{\Delta t'}{\ln \dfrac{\Delta t''}{\Delta t'}}\left(\frac{\Delta t''}{\Delta t'} - 1\right)$$

$$= \frac{\Delta t' - \Delta t''}{\ln \dfrac{\Delta t'}{\Delta t''}} \tag{6-11}$$

由于计算式中出现了对数，故常把 Δt_m 称为对数平均温差，简称 LMTD（Logarithmic Mean Temperature Difference）。

简单逆流换热器中冷、热流体温度的沿程变化表示于图6-6中。对于 Δt_m，推导得到的结果与式（6-11）相同。不论顺流、逆流，对数平均温差可统一用以下计算式表示：

$$\Delta t_m = \frac{\Delta t_{max} - \Delta t_{min}}{\ln \dfrac{\Delta t_{max}}{\Delta t_{min}}} \tag{6-12}$$

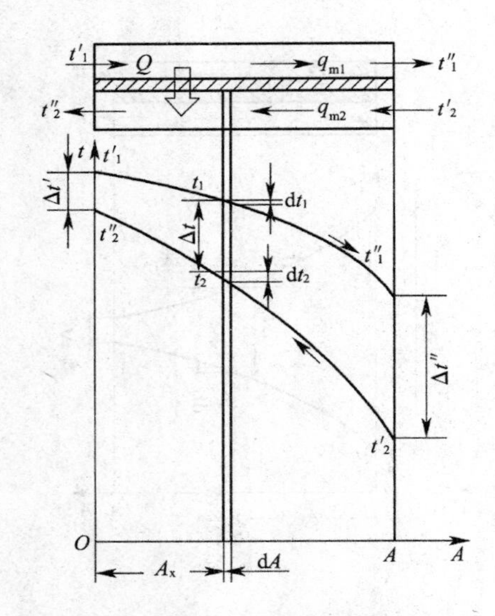

图 6-6　逆流时平均温差的推导

式中，Δt_{max} 代表 $\Delta t'$ 和 $\Delta t''$ 两者中较大者，而 Δt_{min} 代表两者中较小者。式（6-12）为确定平均温差 Δt_m 的基本计算式。

所谓算术平均温差是指 $(\Delta t_{max} + \Delta t_{min})/2$，它相当于假定冷、热流体的温度都是按直线变化时的平均温差。显然，其值总是大于相同进出口温度下的对数平均温差。只有当 $\Delta t_{max}/\Delta t_{min}$ 之值趋近于 1 时，两者的差别才不断缩小。例如，当 $\Delta t_{max}/\Delta t_{min} \leqslant 2$ 时，两者的差别小于 4%；而当 $\Delta t_{max}/\Delta t_{min} \leqslant 1.7$ 时，两者的差别即小于 2.3%。

顺流及逆流时平均温差计算式的导出，为我们提供了利用传热学及高等数学的基础知识分析实际工程传热问题的又一个例子。对其他复杂布置时的平均温差，也可以采用类似方法来分析，只是数学推导更加复杂。文献［8～12］中有不少推导的介绍或推导结果的图线，可供参考。下面简要介绍几种复杂布置的平均温差计算方法。

对于上面所介绍的间壁式换热器的平均温差可以方便地按逆流或顺流布置的公式来计算，以下着重讨论壳管式换热器及交叉流式换热器的平均温差的计算方法。分析表明，对各种布置的壳管式及交叉流式换热器，其平均温差都可以采用以下公式来计算：

$$\Delta t_m = \psi(\Delta t_m)_{ctf} \tag{6-13}$$

式中：$(\Delta t_m)_{ctf}$ 是将给定的冷、热流体的进出口温度布置成逆流时的对数平均温差；ψ 是小于 1 的修正系数。这样，复杂布置时平均温差的计算就归结为获得修正系数 ψ。关于不同流动布置下 ψ 的解析计算式可参见文献［8～11］。工程上为应用方便，已将它们绘制成图线。以下着重说明利用这些曲线时的注意事项。

（1）ψ 值取决于两个无量纲参数 P 及 R，其定义为

$$P = \frac{t''_2 - t'_2}{t'_1 - t'_2}, \quad R = \frac{t'_1 - t''_1}{t''_2 - t'_2} \tag{6-14}$$

式中，下标 1，2 分别表示两种流体，上角标“′”及“″”则表示进口与出口。为记忆及教学的方便，对壳管式换热器下标 1、2 可分别看成为壳侧与管侧（图 6-7、图 6-8），而对交叉流换热器则可分别看成是热流体与冷流体或流体混合与不混合（图 6-9、图 6-10）。

（2）参数 R 具有两种流体热容量之比的物理意义$\left(\frac{t'_1 - t''_1}{t''_2 - t'_2} = \frac{G_2 c_2}{G_1 c_1}\right)$。参数 P 的分母表示换热器中流体 2 理论上所能达到的最大温升，因而 P 的值代表该换热器中流体 2 的实际温升与理论上所能达到的最大温升之比。所以，R 的值可以大于或小于 1，但 P 的值必小于 1。

（3）对于壳管式换热器，查图时应注意流动的“程”数。所谓“程”，对壳侧流体是指所流经的壳体的个数；对管侧流体，“程”数减 1 是其流动的总体方向改变的次数。例如壳侧 2 程、管侧 4 程（简记为 2-4 型）表示壳侧流体流过 2 个壳体，而管侧流体 3 次改变其总体的流动方向。对于交叉流换热器要注意冷、热流体各自的混合情况。

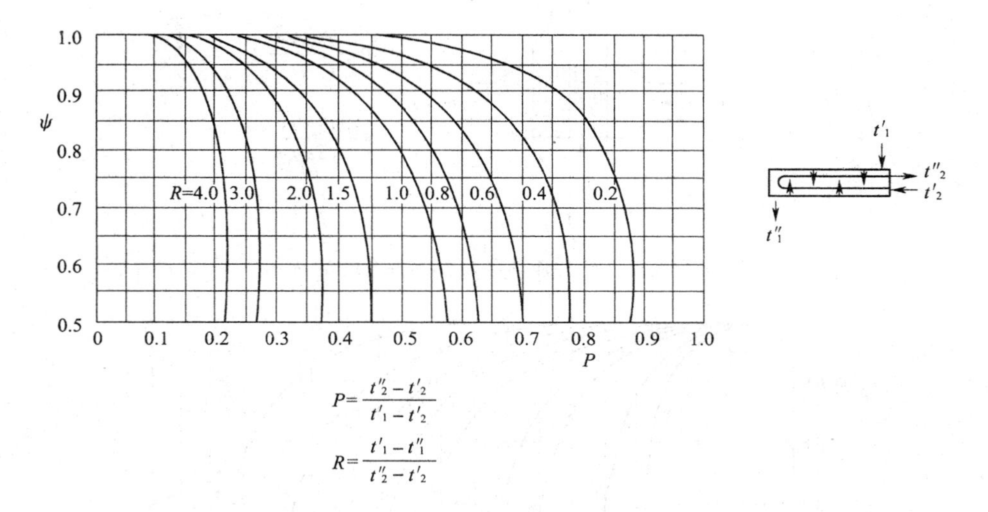

图 6-7　壳侧 1 程，管侧 2、4、6、8…程的 ψ 值

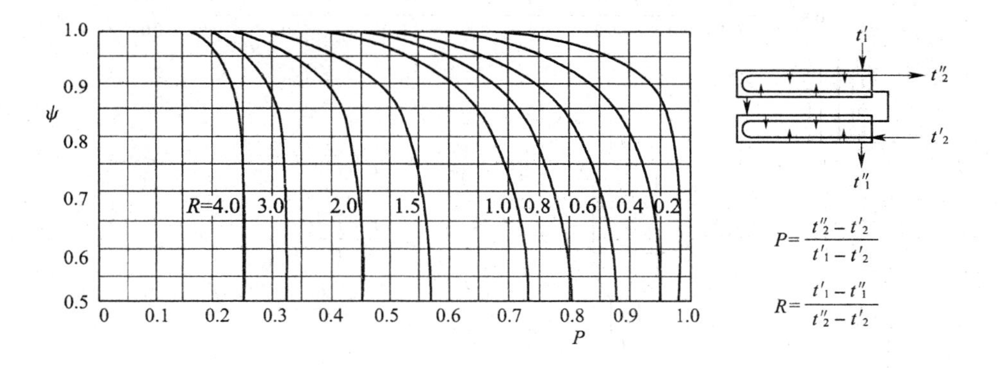

图 6-8　壳侧 2 程，管侧 4、8、12、16…程的 ψ 值

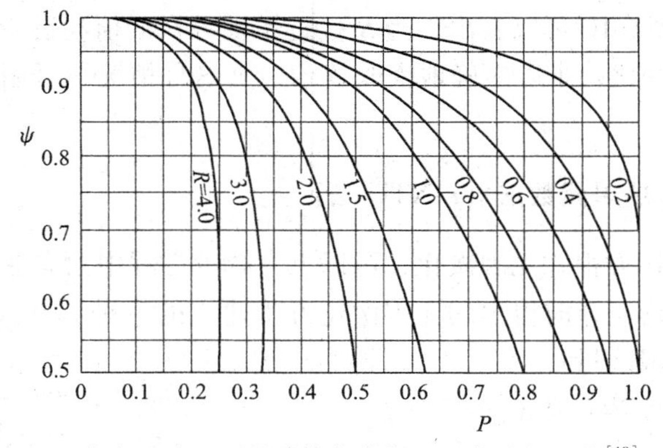

图 6-9　一次交叉流，两种流体各自都不混合时的 ψ 值[10]（一）

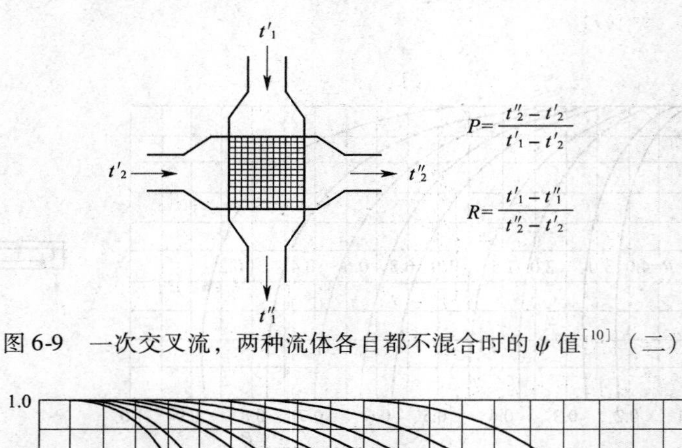

图 6-9　一次交叉流，两种流体各自都不混合时的 ψ 值[10]（二）

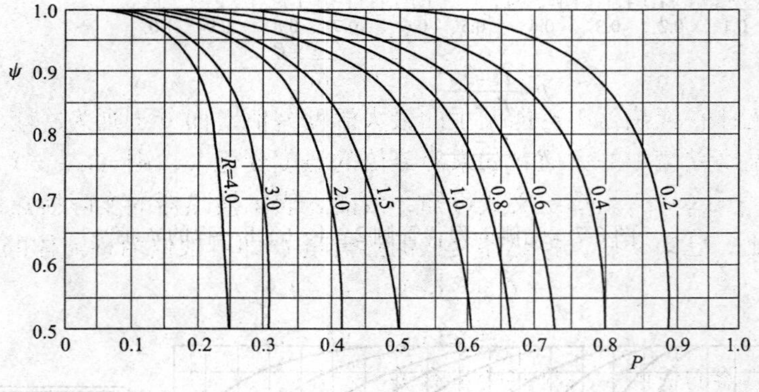

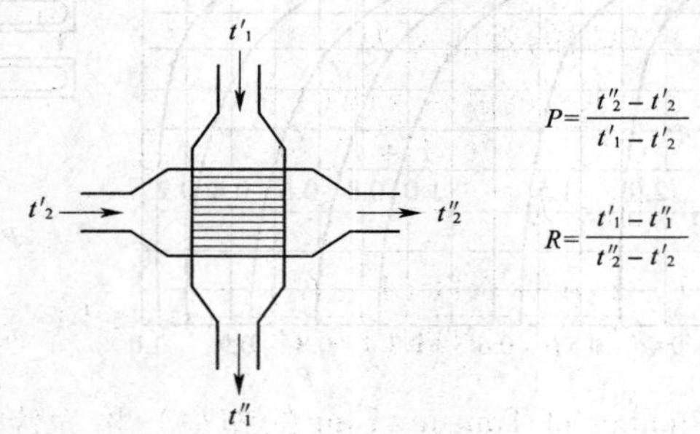

图 6-10　一次交叉流，一种流体混合（流体 1）、另一种流体不混合（流体 2）时的 ψ 值

（4）由图 6-7 ~ 图 6-10 可以看出，当 R 接近于 4 时 P 的值趋近于 $1/R$。此时 ψ 的值随 P 的变动发生剧烈的变化，难以准确地查取 ψ 值。在这种情况下可用 PR 和 $1/R$ 分别代表 P 及 R 查图。

6.4.3　效能－传热单元数法（ε-NTU 法）

一般分析中通过将方程式无因次化，可以大大减少方程中独立变量的数目，ε-NTU 法正是利用推导对数平均温差时得出的无因次化方程建立的一种间壁式换热器热工计算法。它定义了以下三个无因次量：

（1）热容比或称水当量比 C_r

$$C_r = \frac{(Gc)_{\min}}{(Gc)_{\max}} \tag{6-15}$$

（2）传热单元数 NTU

$$\mathrm{NTU} = \frac{KA}{(Gc)_{\min}} \tag{6-16}$$

（3）传热效能

$$\varepsilon = \begin{cases} \dfrac{t''_2 - t'_2}{t'_1 - t'_2}, & G_2c_2 < G_1c_1 \text{ 时} \\ \dfrac{t'_1 - t''_1}{t'_1 - t'_2}, & G_1c_1 < G_2c_2 \text{ 时} \end{cases} \tag{6-17}$$

通过上述定义，推导得出了 ε-NTU 法[4,5]。

令换热器的效能 ε 按下式定义：

$$\varepsilon = \frac{(t' - t'')_{\max}}{t'_1 - t'_2} \tag{6-18}$$

式中，分母为流体在换热器中可能发生的最大温度差值，而分子则为冷流体或热流体在换热器中的实际温度差值中的大值。如果冷流体的温度变化大，则 $(t' - t'')_{\max} = t''_2 - t'_2$，反之则 $(t' - t'')_{\max} = t'_1 - t''_1$。从定义式可知，效能 ε 表示换热器的实际换热效果与最大可能的换热效果之比。已知 ε 后，换热器交换的热流量 Q 即可根据两种流体的进口温度确定：

$$\begin{aligned} Q &= (Gc)_{\min}(t' - t'')_{\max} \\ &= \varepsilon(Gc)_{\min}(t'_1 - t'_2) \end{aligned} \tag{6-19}$$

下面来揭示换热器的效能 ε 与哪些变量有关。

以顺流为例推导可得顺流换热器的效能 ε 为[4,5]

$$\varepsilon = \frac{1 - \exp[-\mathrm{NTU}(1 + C_r)]}{1 + C_r} \tag{6-20}$$

类似的推导可得逆流换热器的效能 ε 为

$$\varepsilon = \frac{1 - \exp[-\mathrm{NTU}(1 - C_r)]}{1 - C_r\exp[-\mathrm{NTU}(1 - C_r)]}(C_r < 1) \tag{6-21}$$

式（6-16）所定义的 NTU（Number of Transfer Unit 的缩写）称为传热单元数。它是换热器设计中的一个无量纲参数，在一定意义上可看成是换热器 KA 值大小的一种度量。传热效能 ε 也称为传热有效度，它表示换热器中的实际换热量与可能有的最大换热量的比值。

当冷、热流体之一发生相变，即 $(Gc)_{\max}$ 趋于无穷大时，式（6-20）、式（6-21）均可简化成

$$\varepsilon = 1 - \exp(-\mathrm{NTU})$$

当冷、热流体的 Gc 的值（习惯上称为水当量）相等时，式（6-20）和式（6-21）分别简化成为：

顺流

$$\varepsilon = \frac{1 - \exp(-2\mathrm{NTU})}{2}(C_r = 1) \tag{6-22a}$$

逆流

$$\varepsilon = \frac{\mathrm{NTU}}{1 + \mathrm{NTU}}(C_r = 1) \tag{6-22b}$$

更广泛地，对于不同形式的换热器，传热效能 ε 统一汇总在表 6-1[10]。

各种不同形式换热器的传热效能　　**表 6-1**

换热器类型		关系式	
同心套管式	顺流	$\varepsilon=\dfrac{1-\exp[-\mathrm{NTU}(1+C_r)]}{1+C_r}$	(6-20)
	逆流	$\varepsilon=\dfrac{1-\exp[-\mathrm{NTU}(1-C_r)]}{1-C_r\exp[-\mathrm{NTU}(1-C_r)]}(C_r<1)$	(6-21)
		$\varepsilon=\dfrac{\mathrm{NTU}}{1+\mathrm{NTU}}(C_r=1)$	(6-22*b*)
壳管式换热器单壳多管（管数为 2，4，6，……）		$\varepsilon=2\left\{1+C_r+(1+C_r^2)^{1/2}\times\dfrac{1+\exp[-\mathrm{NTU}(1+C_r^2)]^{1/2}}{1-\exp[-\mathrm{NTU}(1+C_r^2)]^{1/2}}\right\}^{-1}$	(6-23)
n 壳多管（管数为 $2n$，$4n$，……）		$\varepsilon=\left[\left(\dfrac{1-\varepsilon_1C_r}{1-\varepsilon_1}\right)^n-1\right]\left[\left(\dfrac{1-\varepsilon_1C_r}{1-\varepsilon_1}\right)^n-C_r\right]^{-1}$	(6-24)
叉流（单通）	两种流体均不混流	$\varepsilon=1-\exp\left[\left(\dfrac{1}{C_r}\right)(\mathrm{NTU})^{0.22}\{\exp[-C_r(\mathrm{NTU})^{0.78}]-1\}\right]$	(6-25*a*)
	C_{max}（混流） C_{min}（不混流）	$\varepsilon=\left(\dfrac{1}{C_r}\right)(1-\exp\{-C_r[1-\exp(-\mathrm{NTU})]\})$	(6-25*b*)
	C_{max}（混流） C_{min}（不混流）	$\varepsilon=1-\exp(-C_r^{-1}\{1-\exp[-C_r(\mathrm{NTU})]\})$	(6-25*c*)
所有的换热器（$C_r=0$）		$\varepsilon=1-\exp(-\mathrm{NTU})$	(6-26)

利用表 6-1 中的公式，可绘制 ε-NTU 和 C_r 的关系曲线，以方便使用，如图 6-11 ~ 图 6-16 所示。

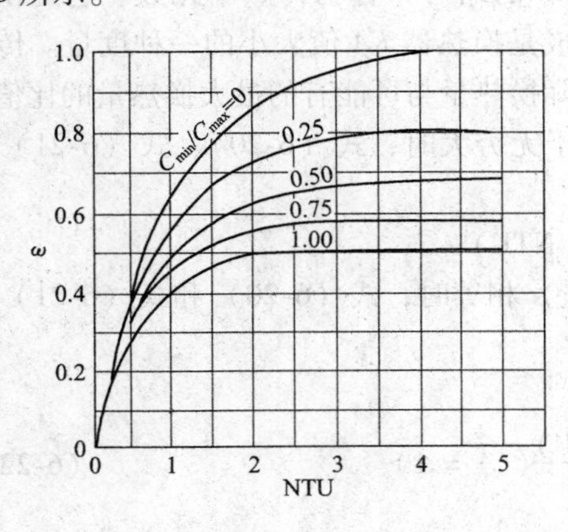

图 6-11　式（6-20）对应的 ε-NTU 和 C_r 曲线

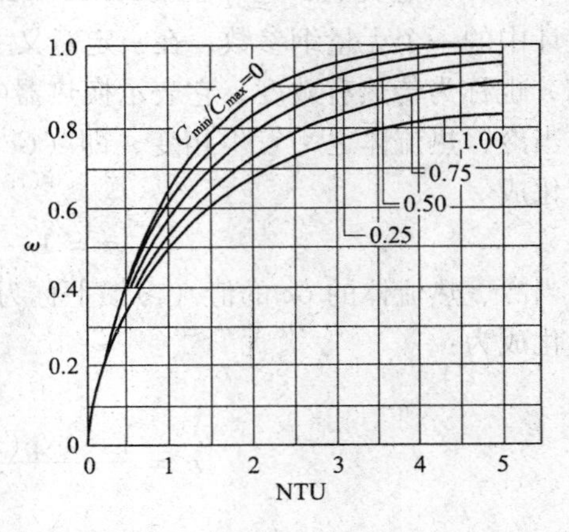

图 6-12　式（6-21）、式（6-22*b*）对应的 ε-NTU 和 C_r 曲线

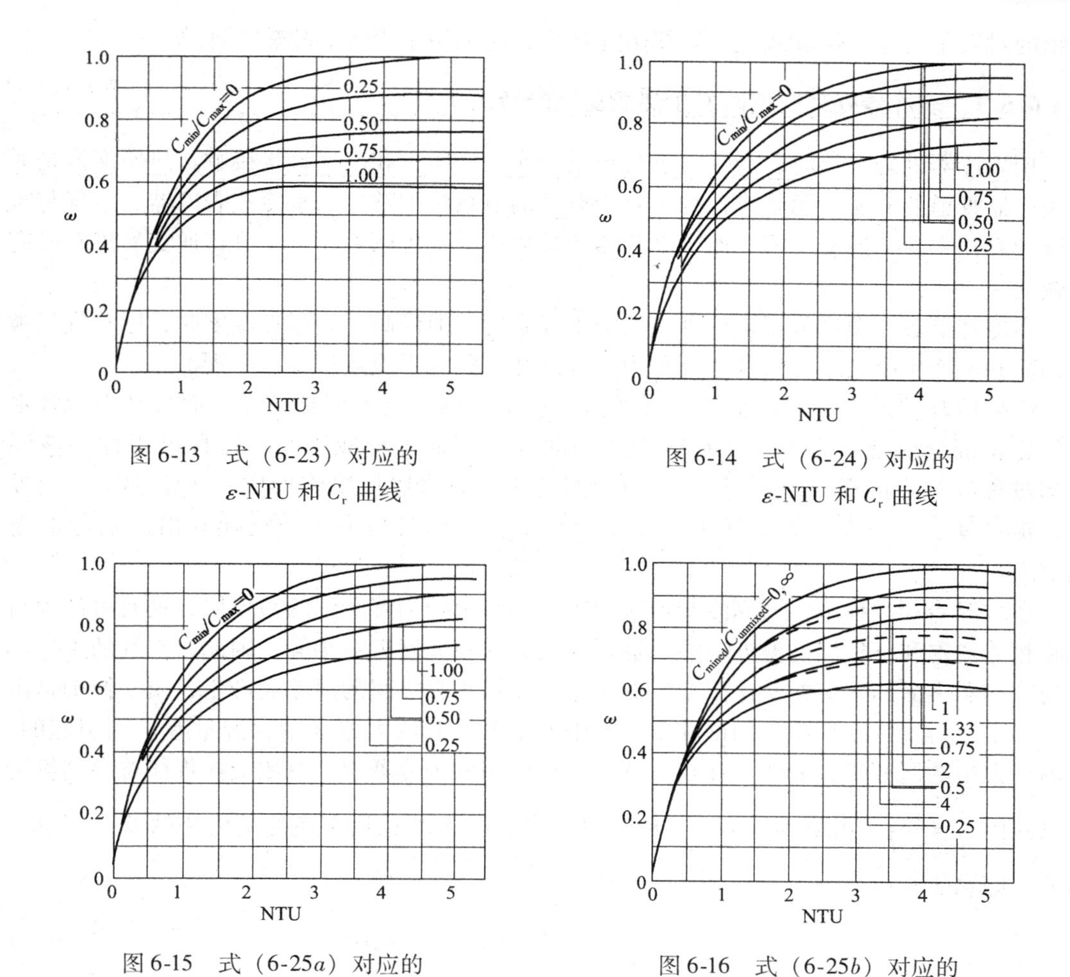

图 6-13　式（6-23）对应的 ε-NTU 和 C_r 曲线

图 6-14　式（6-24）对应的 ε-NTU 和 C_r 曲线

图 6-15　式（6-25a）对应的 ε-NTU 和 C_r 曲线

图 6-16　式（6-25b）对应的 ε-NTU 和 C_r 曲线

6.4.4 对数平均温差法与效能－传热单元数法的比较

对数平均温差法（LMTD 法）和效能－传热单元数法（ε-NTU 法）均可用于换热器的设计计算或校核计算。设计计算通常给定的量是：G_1c_1、G_2c_2 以及 4 个进出口温度中的 3 个，求传热面积；校核计算通常给定的量是：A、G_1c_1、G_2c_2、冷热流体的进口温度，求冷热流体的出口温度或热量。这两种方法的设计计算繁琐程度差不多。但采用 LMTD 法可从求出的温差修正系数的大小，看出选用的流动形式与逆流相比的差距，有助于流动形式的改进选择，这是 ε-NTU 法做不到的。对于校核计算，虽两种方法均需试算传热系数，但由于 LMTD 法需反复进行对数计算，比 ε-NTU 法要麻烦一些。当传热系数已知时，由 ε-NTU法可直接求得结果，要比 LMTD 法方便得多。

6.5 表面式冷却器的热工计算

表面式冷却器属于典型的间壁式热质交换设备的一种，其热工计算方法有多种。前面介绍的对数平均温差法和效能－传热单元数法，均可用于表冷器的热工计算。

6.5.1　表冷器处理空气时发生热质交换的特点

用表冷器处理空气时，与空气进行热质交换的介质不和空气直接接触，热质交换是通过表冷器管道的金属壁面来进行的。对于空气调节系统中常用的水冷式表冷器，空气与水的流动方式主要为逆交叉流，而当冷却器的排数达到 4 排以上时，又可将逆交叉流看成完全逆流。

当冷却器表面温度低于被处理空气的干球温度，但尚高于其露点温度时，则空气只被冷却而并不产生凝结水。这种过程称为等湿冷却过程或干冷过程（干工况）。

如果冷却器的表面温度低于空气的露点温度，则空气不但被冷却，而且其中所含水蒸气也将部分地凝结出来，并在冷却器的肋片管表面上形成水膜。这种过程称为减湿冷却过程或湿冷过程（湿工况）。在这个过程中，在水膜周围将形成一个饱和空气边界层，被处理空气与表冷器之间不但发生显热交换，而且也发生质交换和由此引起的潜热交换。

在减湿冷却过程中，紧靠冷却器表面形成的水膜处为湿空气的边界层，这时可认为与水膜相邻的饱和空气层的温度与冷却器表面上的水膜温度近似相等。因此，空气的主体部分与冷却器表面的热交换是由于空气的主流与凝结水膜之间的温差而产生，质交换则是由于空气主流与凝结水膜相邻的饱和空气层中的水蒸气分压力差（即含湿量差）而引起的。国内外大量的研究资料表明，在空气调节工程应用的表冷器中，热质交换规律符合刘伊斯关系式$\left(h_{md}=\frac{h}{c_p}\right)$。由第 4 章第 2 节内容可知，这时推动总热交换的动力是焓差，而不是温差。即总热交换量为

$$dQ_t = h_{md}(i - i_b)dA = \frac{h}{c_p}(i - i_b)dA \tag{6-27}$$

由温差引起的热交换量为

$$dQ = h(t - t_b)dA$$

现引入换热扩大系数 ξ 来表示由于存在湿交换而增大了的换热量

$$\xi = \frac{dQ_t}{dQ} = \frac{(i - i_b)}{c_p(t - t_b)} \tag{6-28}$$

式（6-28）即为 ξ 的定义式。其值的大小直接反映了表冷器上凝结水析出的多少，因此，ξ 又称为析湿系数。显然，干工况的 $\xi=1$。

析湿系数是计算湿工况下表面换热器换热的一个重要参数，这里，从基本的热质传递理论出发推导析湿系数 ξ 的理论表述式。

取冷表面的微元面积 dA，设 $t_{1,2}$ 为湿空气进出冷却设备时的平均温度，h 为对流换热系数，则由温差而引起的显热传递为：

$$dQ = hdA(t_{1,2} - t_w) \tag{6-29}$$

由冷表面和湿空气之间水蒸气压差产生的质量传递而引起的潜热传热量为：

$$dQ_q = h_{md}dA(d_{1,2} - d_w)(i_{1,2} - i_w) \tag{6-30}$$

式中　h_{md}——对流传质系数，kg/(m²·s)；

$d_{1,2}$——湿空气进出冷却设备的平均含湿量，kg/kg 干空气；

$i_{1,2}$——水蒸气的平均焓值，$i_{1,2}=r_0+c_{pv}t_{1,2}$，kJ/kg；

r_0——水的汽化潜热，$r_0=2501.6$kJ/kg；

c_{pv}——水蒸气的定压比热，$c_{pv}=1.86$kJ/（kg·℃）；

i_w——冷表面温度对应的饱和水的焓值，$i_w=t_w\cdot c_w$；

c_w——水的比热，$c_w=4.186$kJ/（kg·℃）。

因此，$dQ_q=(r_0+t_{1,2}c_{pv}-t_wc_w)\cdot h_{md}dA(d_{1,2}-d_w)$。

根据刘伊斯关系式，知 h 和 h_{md} 存在如下关系

$$h_{md}=h/c_p \tag{6-31}$$

由以上各式可导出析水工况的析湿系数。

$$\begin{aligned}\xi_r&=\frac{dQ+dQ_q}{dQ}=1+\frac{h_{md}(d_{1,2}-d_w)(r_0+t_{1,2}c_{pv}-t_wc_w)}{h\cdot(t_{1,2}-t_w)}\\&=1+\frac{r_0+t_{1,2}c_{pv}-t_wc_w}{c_p}\frac{d_{1,2}-d_w}{t_{1,2}-t_w}\end{aligned} \tag{6-32}$$

6.5.2 表冷器的传热系数

影响表冷器处理空气效果的因素有许多，对其进行强化换热的一般途径和方法可参考传热学有关内容。当表冷器的传热面积和交换介质间的温差一定时，其热交换能力可归结于其传热系数的大小。所以，下面分析表冷器的传热系数问题。

前已述及，用肋片管制成的肋管式换热器在空调工程中得到了广泛的应用。由传热学知，对于既定结构的此类换热器，其传热系数为：

$$K=\frac{1}{\frac{1}{h_w\eta}+\frac{\beta\delta}{\lambda}+\frac{\beta}{h_n}} \tag{6-33}$$

另外，由式（6-28）可得

$$i-i_b=\xi c_p(t-t_b)$$

将其代入式（6-27）有

$$dQ_t=h_w\xi(t-t_b)dA \tag{6-34}$$

式中，h_w 指表冷器外表面的换热系数。式（6-34）表明，当表冷器上出现凝结水时，可以认为其外表面的换热系数比干工况时增大了 ξ 倍。于是，此时表冷器的传热系数 K_s 的表达式可写成：

$$K_s=\frac{1}{\frac{1}{h_w\eta\xi}+\frac{\beta\delta}{\lambda}+\frac{\beta}{h_n}} \tag{6-35}$$

式中　K_s——湿工况下表冷器的传热系数，W/（m^2·℃）。

因此，对于既定结构的表冷器，影响其传热系数的主要因素为其内、外表面的换热系数和析湿系数。

表冷器外表面的换热系数与空气的迎面风速 V_y 或质量流速 $v\rho$ 有关，当以水为传热介质时，内表面换热系数与水的流速 w 有关，析湿系数与被处理空气的（初）状态和管内水温有关。因此在实际工作中，通常通过测定，将表冷器的传热系数整理成以下形式

的公式：

$$K_s = \left[\frac{1}{AV_y^m\xi^p} + \frac{1}{Bw^n}\right]^{-1} \tag{6-36}$$

式中　V_y——被处理空气通过表冷器时的迎面风速，m/s；

w——水在表冷器管内的流速，m/s；

A、B——由实验得出的系数，无因次；

m、p、n——由实验得出的指数，无因次。

国产的一些表冷器的传热系数实验公式参见附录 6-3。

对于干工况，式（6-36）仍可使用，只不过要取 $\xi=1$。

6.5.3　表冷器的热工计算[13]

用表面式冷却器处理空气，依据计算的目的不同，可分为设计性计算和校核性计算两种类型。设计性计算多用于选择表冷器，以满足已知初、终参数的空气处理要求；校核性计算多用于检查已确定了型号的表冷器，将具有一定初参数的空气能处理到什么样的终参数。每种计算类型按已知条件和计算内容又可分为数种，表 6-2 是最常见的计算类型。

表面冷却器的热工计算类型　　**表 6-2**

计算类型	已知条件	计算内容
设计性计算	空气量 G 空气初状态 t_1，i_1（$t_{s1}\cdots$） 空气终状态 t_2，i_2（$t_{s2}\cdots$）	冷却器型号、台数、排数（冷却面积 A），冷水初温 t_{w1}（或冷水量 W）和终温 t_{w2}（冷量 Q）
校核性计算	空气量 G 空气初参数 t_1，i_1（$t_{s1}\cdots$） 冷却器型号、台数、排数（冷却面积 A） 冷水初温 t_{w1}，冷水量 W	空气终参数 t_2，i_2（$t_{s2}\cdots$） 冷水终温 t_{w2}（冷量 Q）

前面介绍的常用于间壁式热质交换设备的对数平均温差法和效能 - 传热单元数法，均可用于表冷器的热工计算。在此，用效能 - 传热单元数法说明水冷式表冷器的设计计算步骤。由于实际工程中更多地使用热交换效率和接触系数的概念，所以在具体介绍表冷器的热工计算之前，首先介绍表冷器的热交换效率系数和接触系数，然后再介绍其计算原则和具体的计算步骤。

（1）表冷器的热交换效率

如图 6-17 所示，该系数的定义式为：

$$\varepsilon_1 = \frac{t_1 - t_2}{t_1 - t_{w1}} \tag{6-37}$$

式中　t_1——处理前空气的干球温度，℃；

t_2——处理后空气的干球温度，℃；

t_{w1}——冷水初温，℃。

式（6-37）同时考虑了空气和水的状态变化。其中 $t_1 - t_{w1}$ 表示了表冷器中可能发生的最大温差。将式（6-37）分子分母同时乘以空气的热容量有：

$$\varepsilon_1 = \frac{Gc_p(t_1 - t_2)}{Gc_p(t_1 - t_{w1})} = \frac{\text{表冷器中的实际换热量}}{\text{表冷器中最大可能换热量}}$$

于是，ε_1 实质上就是前面讲的换热器的传热效能。

另外，在表冷器的某微元面上，由于存在温差，空气温度下降 dt 放出的热量为：

$$dQ = Gc_p\xi dt \tag{6-38}$$

其中 ξ 为冷却过程中的平均析湿系数。当温差一定时，对于表冷器表面上有凝结水的湿工况而言，传热系数由 K 变为了 K_s。式（6-38）表明相当于空气的热容量增大了 ξ 倍。将此引入到式（6-16）、（6-17）所表示的无因次量有：

热容比：

$$C_r = \frac{(Gc)_{\text{空气}}}{(Gc)_{\text{水}}} = \frac{\xi Gc_p}{Wc} \tag{6-39}$$

传热单元数：

$$\text{NTU} = \frac{K_sA}{(Gc)_{\text{空气}}} = \frac{AK_s}{\xi Gc_p} \tag{6-40}$$

式中　W——冷水量，单位是 kg/s。

由前边分析知，空调工程中所用的表冷器处理空气时，一般均可视为逆流流动，这时其热交换效率 ε_1 按逆流传热效能公式（6-21）可得为

$$\varepsilon_1 = \frac{1 - \exp[-\text{NTU}(1 - C_r)]}{1 - C_r\exp[-\text{NTU}(1 - C_r)]}$$

对比以前的《空气调节》教材如文献［13］，不难发现，它与热交换效率系数 ε_1 的表达式是完全一样的。

（2）表冷器的接触系数

同样如图 6-17，接触系数的定义式为：

$$\varepsilon_2 = \frac{t_1 - t_2}{t_1 - t_3} \tag{6-41}$$

式中　t_3——表冷器在理想条件下（接触时间非常充分）工作时，空气终状态的干球温度，℃。

ε_2 不像 ε_1，它只考虑空气的状态变化。它的物理意义是，空气在表冷器里的实际温降与理想温降的接近程度。

根据定义

$$\varepsilon_2 = \frac{t_1 - t_2}{t_1 - t_3} = 1 - \frac{t_2 - t_3}{t_1 - t_3}$$

根据相似三角形对应边成比例得

$$\varepsilon_2 = 1 - \frac{\overline{23}}{\overline{13}} = 1 - \frac{\overline{22'}}{\overline{11'}} = 1 - \frac{t_2 - t_{s2}}{t_1 - t_{s1}}$$

上式也可写成：

$$\varepsilon_2 = \frac{i_1 - i_2}{i_1 - i_3} = 1 - \frac{i_2 - i_3}{i_1 - i_3}$$

如图 6-18 所示，在微元面积 dA 上由于存在热交换，空气放出的热量 $-Gdi$ 应该等于冷却器表面吸收的热量 $h_{md}(i - i_3)dA$，即：$-Gdi = h_{md}(i - i_3)dA$。

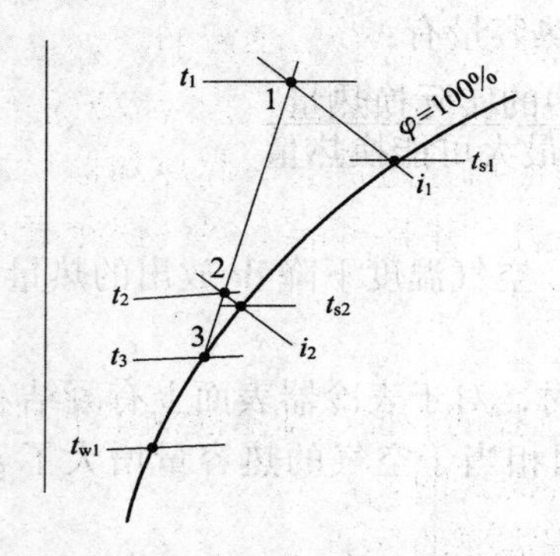

图 6-17　表冷器处理空气时的各个参数

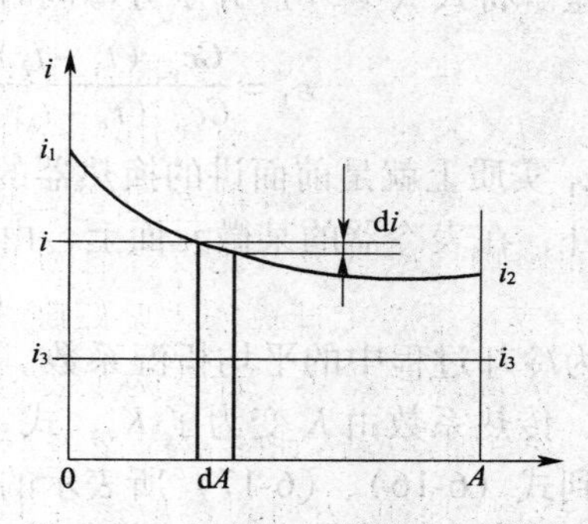

图 6-18　表冷器 ε_2 的推导示意图

将 $h_{md}=h_w/c_p$ 代入上式，经整理后可得：

$$\frac{di}{i-i_3}=-\frac{h_w}{Gc_p}dA$$

在空气调节工程的范围内，可以假定冷却器的表面温度恒定为其平均值。因此可以认为 i_3是一常数

将上式从 0 到 A 积分得：

$$\ln\left(\frac{i_2-i_3}{i_1-i_3}\right)=-\frac{h_wA}{Gc_p}$$

即

$$\frac{i_2-i_3}{i_1-i_3}=\exp\left(-\frac{h_wA}{Gc_p}\right)$$

所以

$$\varepsilon_2=1-\exp\left(-\frac{h_wA}{Gc_p}\right) \tag{6-42}$$

如果将 $G=A_yV_y\rho$ 代入上式，则：

$$\varepsilon_2=1-\exp\left(-\frac{h_wA}{A_yV_y\rho c_p}\right)$$

通常将每排肋片管外表面面积与迎风面积之比称做肋通系数 a，那么：

$$a=\frac{A}{NA_y}$$

式中，N 为肋片管的排数。

将 a 值代入上式，则：

$$\varepsilon_2=1-\exp\left(-\frac{h_waN}{V_y\rho c_p}\right) \tag{6-43}$$

由此可见，对于结构特性一定的表面冷却器来说，由于肋通系数是个定值，空气密度也可看成常数，而 h_w一般是正比于 V_y^m 的。所以 ε_2就成了 V_y和 N 的函数，即：

$$\varepsilon_2=f(V_y,N)$$

而且 ε_2将随冷却器排数的增加而变大，并随 V_y的增加而变小。当 N 与 V_y确定之后，如再能求得 h_w，就可用式（6-43）算出表面冷却器的 ε_2值。此外，表面冷却器的 ε_2值也可通过实测得到。

国产的一些表面冷却器的 ε_2值可由附录 6-4 查得。

虽然增加排数和降低迎面风速都能增加表冷器的 ε_2 值，但是排数的增加也将使空气阻力增加。而排数过多时，后面几排还会因为冷水与空气之间温差过小而减弱传热作用，所以排数也不宜过多，一般多用4～8排。此外，迎面风速过低会引起冷却器尺寸和初投资的增加，过高除了会降低 ε_2 外，也将增加空气阻力，并且可能由空气把冷凝水带入送风系统而影响送风参数。比较合适的 V_y 值是2～3m/s。

(3) 表冷器热工计算的主要原则

进行表面冷却器热工计算的主要目的是要使所选择的表面冷却器能满足下列要求：

1) 该冷却器能达到的 ε_1 应该等于空气处理过程需要的 ε_1；

2) 该冷却器能达到的 ε_2 应该等于空气处理过程需要的 ε_2；

3) 该冷却器能吸收的热量应该等于空气放出的热量。

上面三个条件可以用下面三个方程式来表示

$$\varepsilon_1 = \frac{t_1 - t_2}{t_1 - t_{w1}} = \frac{1 - \exp[-\mathrm{NTU}(1 - C_r)]}{1 - C_r\exp[-\mathrm{NTU}(1 - C_r)]} = f(V_y, w, \xi) \tag{6-44}$$

$$\varepsilon_2 = 1 - \frac{t_2 - t_{s2}}{t_1 - t_{s1}} = 1 - \exp\left(-\frac{h_w A}{Gc_p}\right) = f(V_y, N) \tag{6-45}$$

$$Q = G(i_1 - i_2) = Wc(t_{w2} - t_{w1}) \tag{6-46}$$

式中 C_r、NTU分别如式 (6-39)、(6-40) 所定义。

(4) 表冷器的设计计算步骤

在进行设计计算时，一般是先根据给定的空气初、终参数计算需要的 ε_2，根据 ε_2 再确定冷却器的型号、台数与排数，然后就可以求出该冷却器能够达到的 ε_1。有了 ε_1 之后不难依下式确定冷水初温 t_{w1}：

$$t_{w1} = t_1 - \frac{t_1 - t_2}{\varepsilon_1} \quad (℃) \tag{6-47}$$

如果在已知条件中给定了冷水初温 t_{w1}，则说明空气处理过程需要的 ε_1 已定，热工计算的目的就在于通过调整水流速 w（改变水量 W）或者调整迎面风速 V_y 和排数 N（改变传热系数 K_s 和传热面积 A）等办法，使所选择的冷却器能够达到空气处理过程需要的 ε_1。

附带说明，联立解三个方程式只能求出三个未知数。然而上述热平衡式（6-46）中实际上又包括 $Q = G(i_1 - i_2)$ 和 $Q = Wc(t_{w2} - t_{w1})$ 两个方程。所以，解题时如需求出冷量 Q，即需要增加一个未知数时，则应联立解四个方程。这就是人们常说的表冷器计算方程组由四个方程组成的原因。

此外，由表6-2可知，无论是哪种计算类型，已知的参数都是6个，未知的参数都是3个（按四个方程计算时，未知参数是四个），进行计算时所用的方程数目与要求的未知数个数是一致的。如果已知参数给多了，即所用方程数目比要求的未知数多，就可能得出不正确的解；同理，如果使用的方程数目少于所求的未知数，也会得出不合理的解。关于这一点进行计算时必须注意。

【例6-1】 已知被处理的空气量 G 为30000kg/h（8.33kg/s）；当地大气压力为101325Pa；空气的初参数为 $t_1 = 25.6℃$、$i_1 = 50.9\text{kJ/kg}$、$t_{s1} = 18℃$、$\varphi_1 = 47\%$。空气的终参数为 $t_2 = 11℃$、$i_2 = 30.7\text{kJ/kg}$、$t_{s2} = 10.6℃$、$\varphi_2 = 95\%$。试选择JW型表面冷却器，并确定水温水量（JW型表面冷却器的技术数据见附录6-5）。

【解】 1）计算需要的接触系数 ε_2，确定冷却器的排数

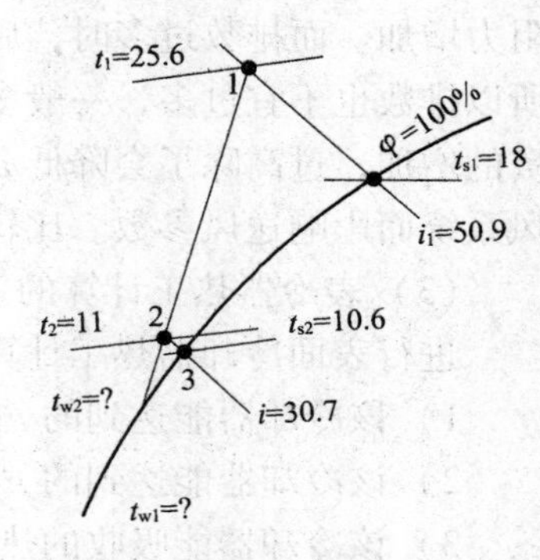

例题6-1图

如图所示，根据

$$\varepsilon_2 = 1 - \frac{t_2 - t_{s2}}{t_1 - t_{s1}}$$

得
$$\varepsilon_2 = 1 - \frac{11 - 10.6}{25.6 - 18} = 0.947$$

根据附录6-4可知，在常用的 V_y 范围内，JW型8排表面冷却器能满足 $\varepsilon_2 = 0.947$ 的要求，所以决定选用8排。

2）确定表面冷却器的型号

先假定一个 V'_y，算出所需冷却器的迎风面积 A'_y，再根据 A'_y 选择合适的冷却器型号及并联台数，并算出实际的 V_y 值。

假定 $V'_y = 2.5\text{m/s}$，根据 $A'_y = \dfrac{G}{V'_y \rho}$，可得：$A'_y = \dfrac{8.33}{2.5 \times 1.2} = 2.8\text{m}^2$

根据 $A'_y = 2.8\text{m}^2$，查附录6-5可以选用JW30-4型表面冷却器一台，其 $A_y = 2.57\text{m}^2$，所以实际的 V_y 为：

$$V_y = \frac{G}{A_y \rho} = \frac{8.33}{2.57 \times 1.2} = 2.7\text{m/s}$$

再查附录6-4可知，在 $V_y = 2.7\text{m/s}$ 时，8排JW型表面冷却器实际的 $\varepsilon_2 = 0.950$，与需要的 $\varepsilon_2 = 0.947$ 差别不大，故可继续计算。如果二者差别较大，则应改选别的型号的表面冷却器或在设计允许范围内调整空气的一个终参数，变成已知冷却面积及一个空气终参数求解另一个空气终参数的问题。

由附录6-5还可知道，所选表冷器的每排传热面积 $A_d = 33.4\text{m}^2$，通水截面积 $A_w = 0.00553\text{m}^2$。

3）求析湿系数

根据 $\xi = \dfrac{i_1 - i_2}{c_p\ (t_1 - t_2)}$ 得 $\xi = \dfrac{50.9 - 30.7}{1.01 \times\ (25.6 - 11)} = 1.37$

4）求传热系数

由于题中未给出水初温或水量，缺少一个已知条件，故采用假定水流速的办法补充一个已知数。按表冷器管内经济流速考虑，一般应控制在 $0.6 \sim 1.8\text{m/s}$。

假定水流速 $w = 1.2\text{m/s}$，根据附录6-3中的相应公式可计算出传热系数

$$K_s = \left[\frac{1}{35.5 V_y^{0.58} \xi^{1.0}} + \frac{1}{353.6 w^{0.8}}\right]^{-1}$$

$$= \left[\frac{1}{35.5 \times 2.7^{0.58} \times 1.37} + \frac{1}{353.6 \times 1.2^{0.8}}\right]^{-1}$$

$$= 71.42\text{W/(m}^2 \cdot ℃)$$

5）求冷水量

根据 $W = A_w w 10^3$ 得：$W = 0.00553 \times 1.2 \times 10^3 = 6.64\text{kg/s}$

6）求表冷器能达到的 ε_1

先求传热单元数及水当量比

根据式（6-40）得

$$NTU = \frac{71.42 \times 33.4 \times 8}{1.37 \times 8.33 \times 1.01 \times 10^3} = 1.66$$

根据式（6-39）得

$$C_r = \frac{1.37 \times 8.33 \times 1.01 \times 10^3}{6.64 \times 4.19 \times 10^3} = 0.41$$

根据 NTU 和 C_r值查图 6-12 或按式（6-21）计算可得 $\varepsilon_1 = 0.74$

7）求水温

由公式（6-47）可得冷水初温：

$$t_{w1} = 25.6 - \frac{25.6 - 11}{0.74} = 5.9℃$$

冷水终温：

$$t_{w2} = t_{w1} + \frac{G(i_1 - i_2)}{Wc} = 5.9 + \frac{8.33(50.9 - 30.7)}{6.64 \times 4.19} = 11.9℃$$

8）求空气阻力和水阻力

查附录 6-3 中 JW 型 8 排表冷器的阻力计算公式可得：

$$\Delta H_s = 70.56 V_y^{1.21} = 70.56 \times 2.7^{1.21} = 235\text{Pa}$$

$$\Delta h = 20.19 w^{1.93} = 20.19 \times 1.2^{1.93} = 28.6\text{kPa}$$

（5）表冷器的校核计算[13]

表冷器的校核计算也要满足同其设计计算一样的三个条件，即要满足式（6-44）~式（6-46）。对于校核计算，由于在空气终参数未求出之前，尚不知道过程的析湿系数 ξ，因此为了求解空气终参数和水终温，需要增加辅助方程，使解题程序变得更为复杂。在这种情况下倒不如采用试算法更为方便，具体做法将通过下面例题说明。

【例 6-2】 已知被处理的空气量为 16000kg/h（4.44kg/s）；当地大气压力为 101325Pa；空气的初参数为：$t_1 = 25℃$、$i_1 = 59.1\text{kJ/kg}$、$t_{s1} = 20.5℃$；冷水量为 $W = 23500\text{kg/h}$（6.53kg/s）、冷水初温为 $t_{w1} = 5℃$。试求用 JW20-4 型 6 排冷却器处理空气所能达到的终状态和水终温。

【解】 如题图所示。

1）求冷却器迎面风速 V_y及水流速 w

由附录 6-5 知 JW20-4 型表面冷却器迎风面积 $A_y = 1.87\text{m}^2$，每排散热面积 $A_d = 24.05\text{m}^2$，通水断面 $A_w = 0.00407\text{m}^2$，所以

$$V_y = \frac{G}{A_y \rho} = \frac{4.44}{1.87 \times 1.2} = 1.98\text{m/s}$$

$$w = \frac{W}{A_w \times 10^3} = \frac{6.53}{0.00407 \times 10^3} = 1.6\text{m/s}$$

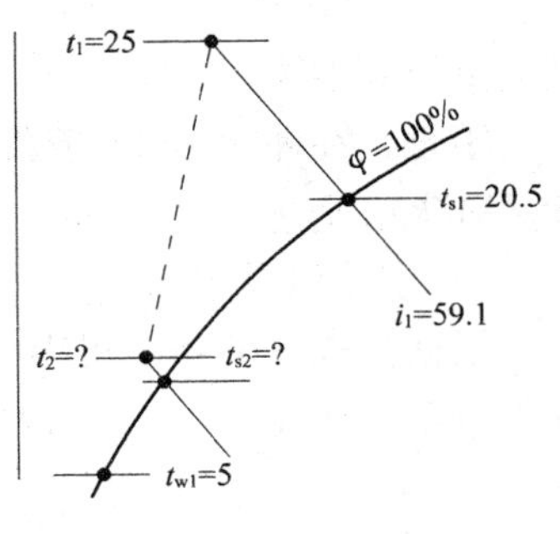

例题 6-2 图

2）求冷却器可提供的 ε_2

根据附录 6-4，当 $V_y = 1.98\text{m/s}$、$N = 6$ 排时，$\varepsilon_2 = 0.911$

3）假定 t_2确定空气终状态

先假定 $t_2=10.5$℃，（一般可按 $t_2=t_{w1}+(4\sim6)$℃假设）。

根据 $t_{s2}=t_2-(t_1-t_{s1})(1-\varepsilon_2)$ 可得：

$$t_{s2}=10.5-(25-20.5)(1-0.911)=10.1℃$$

查 $i-d$ 图可知，当 $t_{s2}=10.1$℃时，$i_2=29.7$kJ/kg。

4）求析湿系数

根据 $\xi=\dfrac{i_1-i_2}{c_p(t_1-t_2)}$ 可得：

$$\xi=\frac{59.1-29.7}{1.01(25-10.5)}=2.01$$

5）求传热系数

根据附录 6-3，对于 JW 型 6 排冷却器

$$K_s=\left[\frac{1}{41.5V_y^{0.52}\xi^{1.02}}+\frac{1}{325.6w^{0.8}}\right]^{-1}$$

$$=\left[\frac{1}{41.5\times1.98^{0.52}\times2.01^{1.02}}+\frac{1}{325.6\times1.6^{0.8}}\right]^{-1}$$

$$=96.2\mathrm{W/(m^2\cdot℃)}$$

6）求表面冷却器能达到的 ε_1' 值

传热单元数按式（6-40）求得：

$$\mathrm{NTU}=\frac{96.2\times24.05\times6}{2.01\times4.44\times1.01\times10^3}=1.54$$

水当量比按式（6-39）求得：

$$C_r=\frac{2.01\times4.44\times1.01\times10^3}{6.53\times4.19\times10^3}=0.33$$

根据 NTU 和 C_r 值查图 6-12 或按式（6-21）计算可得 $\varepsilon_1'=0.73$

7）求需要的 ε_1 并与上面得到的 ε_1' 比较

$$\varepsilon_1=\frac{t_1-t_2}{t_1-t_{w1}}=\frac{25-10.5}{25-5}=0.725$$

当 $|\varepsilon_1-\varepsilon'_1|\leqslant\delta$（一般计算可取 $\delta=0.01$）时，证明所设 $t_2=10.5$℃合适；如不合适，则应重设 t_2 再算。

于是，在本例题的条件下，得到空气终参数为：$t_2=10.5$℃、$t_{s2}=10.1$℃、$i_2=29.7$kJ/kg。

8）求冷量及水终温

根据公式（6-46）可得

$$Q=4.44(59.1-29.7)=130.5\mathrm{kW}$$

$$t_{w2}=5+\frac{4.44(59.1-29.7)}{6.53\times4.19}=9.8℃$$

上面例题如用计算机解，可按图 6-19 所示的框图编制程序。

（6）关于安全系数的考虑

表冷器经长时间使用后，因外表面积灰、内表面结垢等因素影响，其传热系数会有所降低。为了保证在这种情况下表冷器的使用仍然安全可靠，在选择计算时应考虑一定的安

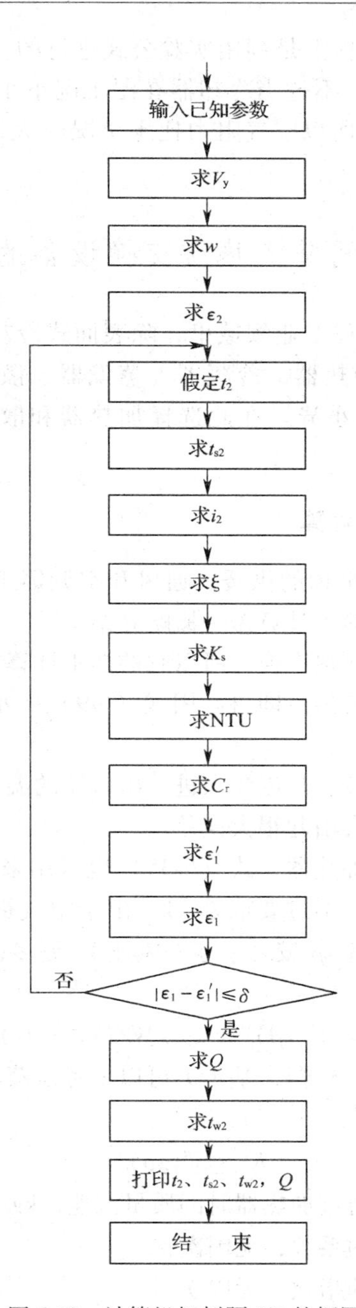

图 6-19　计算机解例题 6-2 的框图

全系数，具体地说可以加大传热面积。增加传热面积的做法有两种：一是在保证 V_y 的情况下增加排数；二是减少 V_y 增加 A_y，保持排数不变。但是，由于表冷器的产品规格所限，往往不容易做到安全系数正好合适，或至少给选择计算工作带来麻烦（计算类型可能转化成校核性的）。因此，也可考虑在保持传热面积不变的情况下，用降低水初温 t_{w1} 的办法来满足安全系数的要求。比较起来，不用增加传热面积，而用降低一些水初温的办法来考虑安全系数，更要简单合理。

表面冷却器的阻力计算工程上是利用实验公式进行的。国产的部分水冷式表面冷却器的阻力计算公式见附录6-3。不过当冷却器在湿工况下工作时，由于流通空气的有效截面被凝结水膜占去一部分，所以空气阻力比干工况时大，计算时应根据工况的不同，选用相应的阻力计算公式。

6.6 其他间壁式热质交换设备的热工计算

在建筑环境与能源应用工程专业领域里，除表面式冷却器外，还有大量的其他形式的间壁式热质交换设备，如加热器、冷凝器、蒸发器、散热器、省煤器、空气预热器等，它们的热工计算方法大同小异。在此选择加热器和散热器举例说明，其他的可举一反三，在此不再赘述。

6.6.1 空气加热器的热工计算

空气加热器广泛应用于建筑物的供暖、通风和空调等工程中，其所用热媒可以是热水，也可以是蒸汽。下面对其热工计算做一概略介绍。

因为在空气加热器中只有显热交换，所以它的热工计算方法比较简单，只要让加热器供给的热量等于加热空气需要的热量即可。用式（6-9）所示的对数平均温差法可以解决这个问题。

对于加热过程来说，由于冷、热流体在进、出口端的温差比值小于2，可以用算术平均温差代替对数平均温差，不会引起很大误差。

对于以热水为热媒的空气加热器，式（6-35）也可用来求其传热系数。实际工程中，也可整理成式（6-36）的形式，不过要取 $\xi=1$。由于空气被加热时温度变化导致的密度变化较大，所以一般用质量流速 $v\rho$ 较之于迎面风速 V_y 更多，因此，实际工作中，传热系数又常整理成如下形式的公式：

$$K = A'(v\rho)^{m'}w^{n'} \quad [\mathrm{W/(m^2 \cdot ℃)}] \tag{6-48}$$

对于以蒸汽为热媒的空气加热器，基本上可以不考虑蒸汽流速的影响，而将传热系数整理成

$$K = A''(v\rho)^{m''} \tag{6-49}$$

上两式中 $v\rho$——被处理空气通过加热器时的质量流速，kg/（$\mathrm{m^2 \cdot s}$）；

A'、A''——由实验得出的系数，无因次；

m'、n'、m''——由实验得出的指数，无因次。

国产的部分空气加热器的传热系数实验公式和技术数据分别见附录6-6和附录6-7。

详细分析与选择计算的方法和步骤，参见文献［4］。

【例6-3】 需要将40000kg/h空气从 $t_1=5℃$ 加热到 $t_2=30℃$，热媒是工作压力为 3.04×10^8Pa的蒸汽，试选择合适的空气加热器。

【解】 （1）选加热器型号

因为 $G=40000\mathrm{kg/h}=11.11\mathrm{kg/s}$，假定 $(v\rho)'=8\mathrm{kg/(s \cdot m^2)}$，则需要的加热器通风有效截面积为

$$f' = \frac{G}{(v\rho)'} = \frac{11.11}{8} = 1.39\text{m}^2$$

根据算得的f'值，查空气加热器技术数据（附录6-7），可选2台SRZ15×7X型空气加热器并联，每台有效通风截面积为0.698m²。散热面积为26.32m²。

根据实际有效截面积可算出$v\rho$为

$$v\rho = \frac{G}{f} = \frac{11.11}{2 \times 0.698} = 7.96\text{kg}/(\text{s}\cdot\text{m}^2)$$

（2）求加热器传热系数

由附录6-6查得SRZ-7X型加热器的传热系数经验公式为

$$K = 15.1(v\rho)^{0.571}[\text{W}/(\text{m}^2\cdot{}^\circ\text{C})]$$

所以 $$K = 15.1 \times 7.96^{0.571} = 49.4\text{W}/(\text{m}^2\cdot{}^\circ\text{C})$$

（3）计算加热器面积及台数

先计算需要的加热量

$$Q = Gc_p(t_2 - t_1) = 11.11 \times 1010 \times (30 - 5) = 280528\text{W}$$

因压力为4.05×10^5Pa时，水蒸气温度为143℃，所以对数平均温差为

$$\Delta t_m = \frac{(t_{w2} - t_1) - (t_{w1} - t_2)}{\ln[(t_{w2} - t_1)/(t_{w1} - t_2)]} = \frac{(143 - 5) - (143 - 30)}{\ln[(143 - 5)/(143 - 30)]}$$

$$= 125.1{}^\circ\text{C}$$

需要的加热面积A为

$$A = \frac{Q}{K\Delta t_m} = \frac{280528}{49.4 \times 125.1} = 45.4\text{m}^2$$

需要的加热器串联（对空气）台数为

$$N = \frac{45.4}{2 \times 26.32} = 0.86$$

所以，只需要2台加热器并联，总面积A_2，为

$$A_2 = 2 \times 26.32 = 52.64\text{m}^2$$

（4）检查安全系数

$$(A_2 - A)/A = (52.64 - 45.4)/45.4 = 0.16$$

即安全系数为1.16，说明所选加热器是合适的。

说明：如果安全系数不在推荐范围之内，应重新选择换热器型号。

这是对此类间壁式换热器理论分析与工程处理的一种做法。

另一种处理方法见下面散热器的热工计算。

6.6.2 散热器的热工计算

散热器是向房间供暖时采用的主要设备。此种换热器较之前面介绍的最大不同之处在于，流过其一侧的空气不再是受迫流动，而基本是处于一种自然对流状态。

在散热器内流动的热水或蒸汽通过它时将热量散发，以补充房间的热损失，使室内保持需要的温度。散热器的热工计算主要是决定供暖房间所需散热器的散热面积和片数。其热工计算采用的基本公式仍为

$$Q = KA\Delta t_m$$

式中　Q——散热器的散热量，一般取为房间的热负荷，W；

Δt_m——散热器内热媒与室内空气的对数平均温差,℃。

流过散热器的热媒通过散热器将热量传递给室内空气而使自身温度降低，部分室内空气流经散热器时被加热而温度升高，然后与室内空气混合以提高整体温度。由于流经散热器的室内空气温度一般是未知的，所以对数平均温差不能求得。考虑到实际生活中关心的是房间内空气的平均温度，而非流经散热器空气的温度和流量，同时影响散热器散热量的最主要因素又是热媒平均温度与室内空气温度的差值，因此工程上将散热器散热量的公式改写为：

$$Q = KA(t_{pj} - t_n) = KA\Delta t_p$$

式中　t_{pj}——散热器内热媒平均温度,℃；

t_n——供暖室内计算温度,℃；

K——散热器的传热系数，W/(m² · ℃)。

公式中散热器内热媒的平均温度随供暖热媒（蒸汽或热水）的参数和供暖系统的形式而定。在热水供暖系统中，可取为所计算散热器进、出口水温的算术平均值。在蒸汽供暖系统中，当蒸汽表压力≤0.03MPa 时，可取 100℃；当蒸汽表压力 >0.03MPa 时，取与散热器进口蒸汽压力相对应的饱和蒸汽温度。

公式中由于温差形式的改变引起的误差，归到了传热系数的计算中去考虑。由于散热器传热系数 K 值的影响因素很多：散热器的制造情况（如采用的材料、几何尺寸、结构形式、表面喷漆等因素）和散热器的使用条件（如使用的热媒、温度、流量、室内空气温度及流速、安装方式及组合片数等因素），因而难以用理论的数学模型表征出各种因素对它的影响，一般通过实验方法确定。

采用影响传热系数和散热量的最主要因素——散热器热媒与空气平均温差 Δt_p 来反映 K 和 Q 值随其变化的规律，是符合散热器的传热机理的。因为散热器向室内散热，主要取决于散热器外表面的换热阻；而在自然对流换热下，外表面换热阻的大小主要取决于温差 Δt_p。Δt_p 越大，则传热系数及散热量值越高。

散热器散热面积的计算方法、其传热系数和散热量值的实验测定值及其修正等，详见文献［14］。

思　考　题

1. 间壁式换热器可分为哪几种类型？如何提高其换热系数？

2. 在湿工况下，为什么一台表冷器，在其他条件相同时，所处理的空气湿球温度愈高则换热能力愈大？

3. 说明水冷式表面冷却器在以下几种情况其传热系数是否发生变化？如何变化？（*a*）改变迎面风速；（*b*）改变水流速；（*c*）改变进水温度；（*d*）空气初状态发生变化。

4. 什么叫析湿系数？它的物理意义是什么？

5. 空气加热器传热面积 $F = 10\text{m}^2$，管内蒸汽凝结换热系数 $\alpha_1 = 5800\text{W/(m}^2 \cdot ℃)$，管外空气总换热系数 $\alpha_2 = 50\text{W/(m}^2 \cdot ℃)$，蒸汽为饱和蒸汽，并凝结为饱和水，饱和温度为 $t_1 = 120℃$，空气由 10℃ 被加热到 50℃，管束为未加肋的光管，管壁很薄，其导热热阻可忽略不计，求：

（*a*）传热系数 K；（*b*）平均温差 Δt_m；（*c*）传热量 Q。

6. 已知热油（$c_p = 2.09$kJ/（kg·℃）），流过逆流换热器，其流量为0.63kg/s，进口温度为193℃，出口温度为65℃。冷油（$c_p = 1.67$kJ/（kg·℃））的流量为1.05kg/s，出口温度为149℃。按内表面积计算传热系数为0.7kW/（m^2·℃），试问保持这负荷需要多少换热面积？

7. 用两种流体都不混合的叉流式换热器，将水（$c_p = 4.18$kJ/(kg·℃)）从40℃加热到80℃，其流量为1.0kg/s。如果机油（$c_p = 1.9$kJ/（kg·℃））的进口温度为100℃，流量为2.6kg/s，换热面积是$20m^2$，试问传热系数是多大？

8. 压缩空气在中间冷却器的管外横掠流过，$\alpha_o = 90$W/(m^2·℃)。冷却水在管内流过，$\alpha_i = 6000$W/(m^2·℃)。冷却管是外径为16mm、厚1.5mm的黄铜管。求：（a）此时的传热系数；（b）如管外换热系数增加一倍，传热系数有何变化；（c）如管内换热系数增加一倍，传热系数又作何变化。

9. 在一台螺旋板式换热器中，热水流量为2000kg/h，冷水流量为3000kg/h，热水进口温度$t_1' =$ 80℃，冷水进口温度$t_2' = 10$℃。如果要求将冷水加热到$t_2'' = 30$℃，试求顺流和逆流时的平均温差。

10. 已知需冷却的空气量为36000kg/h，空气的初状态为$t_1 = 29$℃、$i_1 = 56$kJ/kg、$t_{s1} = 19.6$℃，空气终状态为$t_2 = 13$℃、$i_2 = 33.2$kJ/kg、$t_{s2} = 11.7$℃，当地大气压力为101325Pa，试选择JW型表面冷却器，并确定水温、水量及表冷器的空气阻力和水阻力。

11. 已知需冷却的空气量为$G = 24000$kg/h，当地大气压力为101325Pa，空气的初参数为$t_1 = 24$℃、$i_1 = 55.8$kJ/kg、$t_{s1} = 19.5$℃，冷水量为$W = 30000$kg/h，冷水初温$t_{w1} = 5$℃。试求JW30-4型8排冷却器处理空气所能达到的空气终状态和水终温。

第7章　混合式热质交换设备的热工计算

混合式热质交换设备最主要的特征是空气和水表面的直接接触，并进行热质交换。在建筑环境与能源应用工程领域中应用比较广泛的这类设备主要有喷淋室和冷却塔等。前者的主要目的是用水来处理空气，后者则主要是用空气来冷却水。处理对象虽然不同，但都是通过空气和水的直接接触进行热质交换来达到目的的。本节首先综合分析影响混合式设备热质交换的主要因素，然后以喷淋室和冷却塔为例，阐述混合式热质交换设备发生的热质交换的特点，最后详细给出喷淋室和冷却塔的热工计算方法，同时也简单介绍别的诸如加湿器、喷射泵等混合式热质交换设备的热工计算方法。

7.1　混合式换热器的形式与结构

混合式热交换器是依靠冷、热流体直接接触而进行传热的，这种传热方式避免了传热间壁及其两侧的污垢热阻，只要流体间的接触情况良好，就有较大的传热速率。故凡允许流体相互混合的场合，都可以采用混合式热交换器，例如气体的洗涤与冷却、循环水的冷却、汽-水之间的混合加热、蒸汽的冷凝等。它的应用遍及化工和冶金企业、动力工程、建筑环境与能源应用工程以及其他许多生产部门中。

7.1.1　混合式热交换器的种类

按照用途的不同，可将混合式热交换器分成以下几种不同的类型：

（1）冷却塔（或称冷水塔）

在这种设备中，用自然通风或机械通风的方法，将生产中已经提高了温度的水进行冷却降温之后循环使用，以提高系统的经济效益。例如热力发电厂或核电站的循环水、合成氨生产中的冷却水等，经过水冷却塔降温之后再循环使用，这种方法在实际工程中得到了广泛的使用。

（2）气体洗涤塔（或称洗涤塔）

在工业上用这种设备来洗涤气体有各种目的，例如用液体吸收气体混合物中的某些组分，除净气体中的灰尘，气体的增湿或干燥等。但其最广泛的用途是冷却气体，而冷却所用的液体以水居多。空调工程中广泛使用的喷淋室，可以认为是它的一种特殊形式。喷淋室不但可以像气体洗涤塔一样对空气进行冷却，而且还可对其进行加热处理。但是，它也有对水质要求高、占地面积大、水泵耗能多等缺点。所以，目前在一般建筑中，喷淋室已不常使用或仅作为加湿设备使用。但是，在以调节湿度为主要目的的纺织厂、卷烟厂等仍大量使用。

（3）喷射式热交换器

在这种设备中，使压力较高的流体由喷管喷出，形成很高的速度，低压流体被引入混合室与射流直接接触进行传热传质，并一同进入扩散管，在扩散管的出口达到同一压力和温度后送给用户。

（4）混合式冷凝器

这种设备一般是用水与蒸汽直接接触的方法使蒸汽冷凝，最后得到的是水与冷凝液的混合物。可以根据需要，或循环使用，或就地排放。

以上这些混合式热交换器的共同优点是结构简单，消耗材料少，接触面大，并因直接接触而有可能使得热量的利用比较完全。因此它的应用日渐广泛，对其传热传质机理的探讨和结构的改进等方面，也进行了较多的研究。但是应该说，混合热交换理论的研究水平，还远远不能与这类设备的广泛应用相适应。有关这类设备的热工计算问题的研究，还有大量工作可做。在这里，本节重点介绍喷淋室和冷却塔这两类混合式热交换器的类型与结构。

7.1.2　喷淋室的类型和构造

（1）喷淋室的构造

图 7-1（*a*）是应用比较广泛的单级、卧式、低速喷淋室，它由许多部件组成。前挡水板有挡住飞溅出来的水滴和使进风均匀流动的双重作用，因此有时也称它为均风板。被处理空气进入喷淋室后流经喷水管排，与喷嘴中喷出的水滴相接触进行热质交换，然后经后挡水板流走。后挡水板能将空气中夹带的水滴分离出来，防止水滴进入后面的系统。在喷淋室中通常设置一至三排喷嘴，最多四排喷嘴。喷水方向根据与空气流动方向相同与否分为顺喷、逆喷和对喷，从喷嘴喷出的水滴完成与空气的热质交换后，落入底池中。

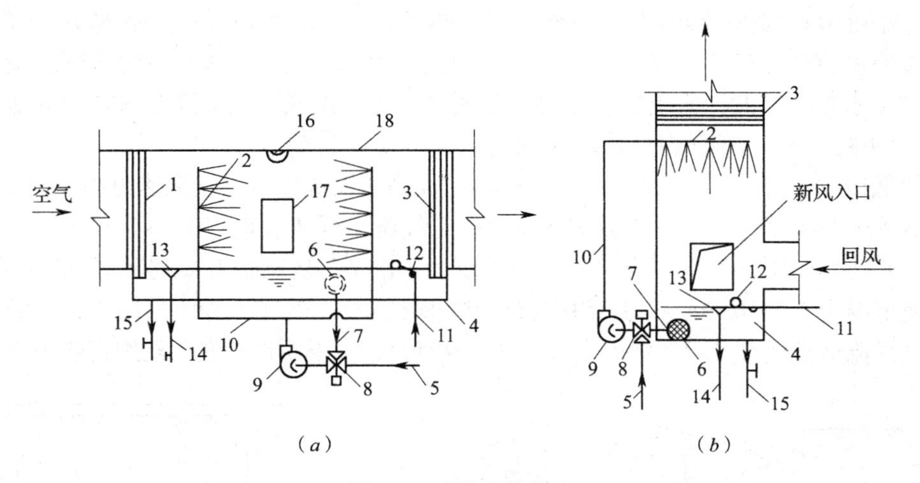

图 7-1　喷淋室的构造

1—前挡水板；2—喷嘴与排管；3—后挡水板；4—底池；5—冷水管；6—滤水器；7—循环水管；8—三通混合阀；9—水泵；10—供水管；11—补水管；12—浮球阀；13—溢水器；14—溢水管；15—泄水管；16—防水灯；17—检查门；18—外壳

底池和四种管道相通，它们是：

1）循环水管：底池通过滤水器与循环水管相连，使落到底池的水能重复使用。滤水器的作用是清除水中杂物，以免喷嘴堵塞。

2）溢水管：底池通过溢水器与溢水管相连，以排除水池中维持一定水位后多余的水。在溢水器的喇叭口上有水封罩可将喷淋室内、外空气隔绝，防止喷淋室内产生异味。

3）补水管：当用循环水对空气进行绝热加湿时，底池中的水量将逐渐减少，由于泄漏等原因也可能引起水位降低。为了保持底池水面高度一定，且略低于溢水口，需设补水管并经浮球阀自动补水。

4）泄水管：为了检修、清洗和防冻等目的，在底池的底部需设有泄水管，以便在需要泄水时，将池内的水全部泄至下水道。

为了观察和检修的方便，喷淋室还设有防水照明灯和密闭检查门。

喷嘴是喷淋室的最重要部件。我国曾广泛使用 Y-1 型离心喷嘴，此外，国内还有其他几种喷嘴，如 BTL-1 型、PY-1 型、FL 型、FKT 型等。由于使用 Y-1 型喷嘴的喷淋室实验数据较完整，故在后面本章的例题中仍加以引用。

挡水板是影响喷淋室处理空气效果的又一重要部件。它由多折的或波浪形的平行板组成。当夹带水滴的空气通过挡水板的曲折通道时，由于惯性作用，水滴就会与挡水板表面发生碰撞，并聚集在挡水板表面上形成水膜，然后沿挡水板下流到底池。

用镀锌钢板或玻璃钢条加工而成的多折形挡水板，由于其阻力较大、易损坏，现已较少使用。而用各种塑料板制成的波形和蛇形挡水板，阻力较小且挡水效果较好。

（2）喷淋室的类型

喷淋室有卧式和立式、单级和双级、低速和高速之分。此外，在工程上还使用带旁通和带填料层的喷淋室。

如图 7-1（*b*）所示，立式喷淋室的特点是占地面积小，空气流动自下而上，喷水由上而下，因此空气与水的热湿交换效果更好，一般是在处理风量小或空调机房层高允许的地方采用。

双级喷淋室能够使水重复使用，因而水的温升大、水量小，在使空气得到较大焓降的同时节省了水量。因此，它更适宜于用在使用自然界冷水或空气焓降要求较大的地方。双级喷淋室的缺点是占地面积大，水系统复杂。

一般低速喷淋室内空气的流速为 2 ~ 3m/s，而高速喷淋室内空气流速更高。图 7-2 是美国 Carrier 公司的高速喷淋室。在其圆形断面内空气流速可高达 8 ~ 10m/s，挡水板在高速气流驱动下旋转，靠离心力作用排除所夹带的水滴。图 7-3 是瑞士 Luwa 公司的高速喷淋室，它的风速范围为 3.5 ~ 6.5m/s，其结构与低速喷淋室类似。为了减少空气阻力，它的均风板用流线型导流格栅代替，后挡水板为双波型。这种高速喷淋室已在我国纺织行业推广应用。

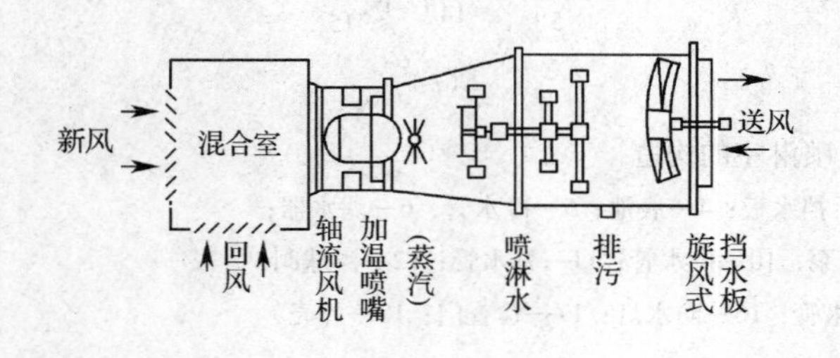

图 7-2　Carrier 公司高速喷淋室

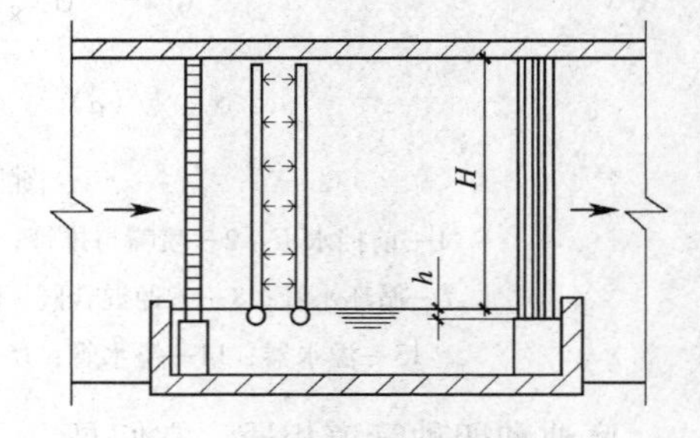

图 7-3　Luwa 公司高速喷淋室

带旁通的喷淋室是在喷淋室的上面或侧面增加一个旁通风道，它可使一部分空气不经过喷水处理而与经过喷水处理的空气混合，得到要求处理的空气终参数。

带填料层的喷淋室，是由分层布置的玻璃丝盒组成。在玻璃丝盒上均匀地喷水（图

7-4)，空气穿过玻璃丝层时与各玻璃丝表面上的水膜接触，进行热湿交换。这种喷淋室对空气的净化作用更好，它适用于空气加湿或蒸发式冷却，也可作为水的冷却装置。

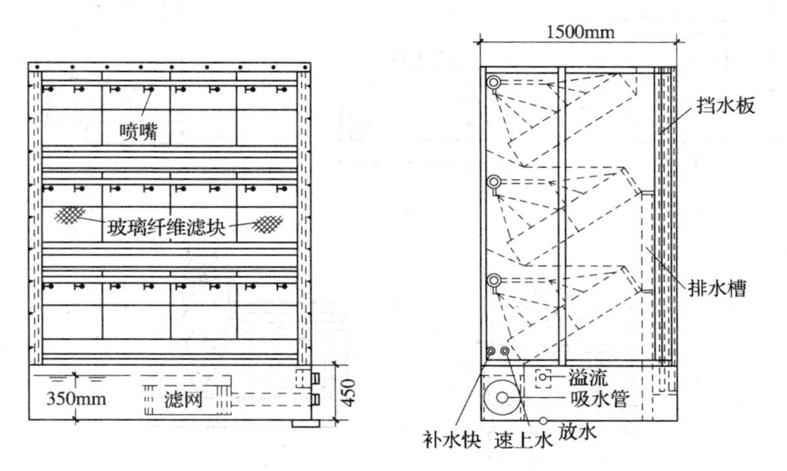

图7-4　玻璃丝盒喷淋室

7.1.3　冷却塔的类型与结构[2]

（1）冷却塔的类型

冷却塔有很多种类，根据循环水在塔内是否与空气直接接触，可分成干式、湿式。干式冷却塔是把循环水通入安装于冷却塔中的散热器内被空气冷却，这种塔多用于水源奇缺而不允许水分散失或循环水有特殊污染的情况。湿式冷却塔则让水与空气直接接触，它是本章所要讨论的对象。

图7-5列出了湿式冷却塔的各种类型。在开放式冷却塔中，利用风力和空气的自然对流作用使空气进入冷却塔，其冷却效果要受到风力及风向的影响，水的散失比其他形式的冷却塔大。在风筒式自然通风冷却塔中，利用较大高度的风筒，形成空气的自然对流作用使空气流过塔内与水接触进行传热，其特点是冷却效果比较稳定。在机械通风冷却塔中，如图中的（*c*）是空气以鼓风机送入，而图中的（*d*）则显示的是以抽风机吸入的形式，所以机械通风冷却塔具有冷却效果好和稳定可靠的特点，它的淋水密度（指在单位时间内通过冷却塔的单位截面积的水量）可远高于自然通风冷却塔。

按照热质交换区段内水和空气流动方向的不同，还有逆流塔、横流塔之分，水和空气流动方向相反的为逆流塔，方向垂直交叉的为横流塔，如图7-5（*e*）所示。

（2）冷却塔的构造

各种形式的冷却塔，一般包括下面所述几个主要部分，这些部分的不同结构，可以构成不同形式的冷却塔。

1）淋水装置

淋水装置又称填料，其作用在于将进塔的热水尽可能形成细小的水滴或水膜，增加水和空气的接触面积，延长接触时间，以增进水气之间的热质交换。在选用淋水装置的形式时，要求它能提供较大的接触面积并具有良好的亲水性能，制造简单而又经久耐用，安装检修方便、价格便宜等。

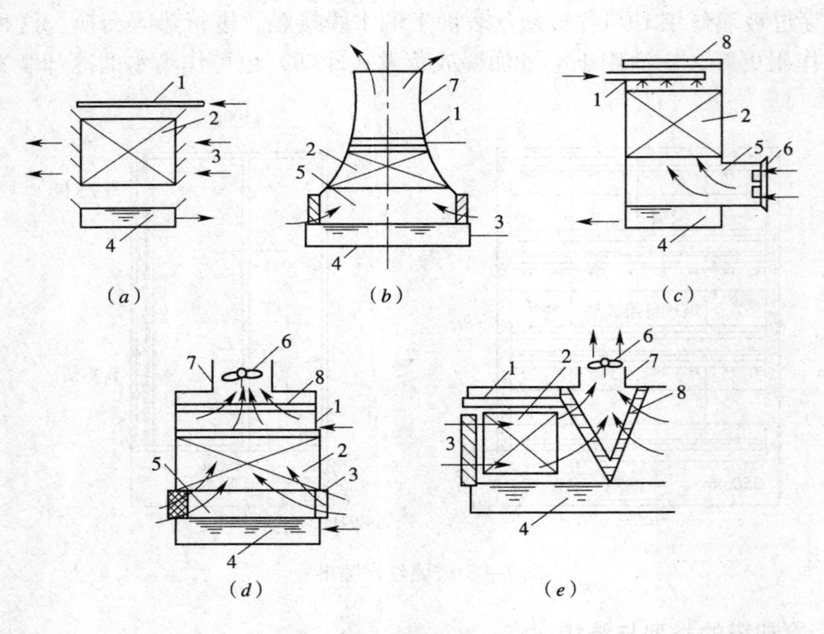

图7-5 各式冷却塔示意图

(a) 开放式冷却塔；(b) 风筒式冷却塔；(c) 鼓风逆流式冷却塔；(d) 抽风逆流式冷却塔；(e) 抽风横流式冷却塔
1—配水系统；2—淋水装置；3—百叶窗；4—集水池；5—空气分配区；6—风机；7—风筒；8—收水器

淋水装置可根据水在其中所呈现的现状分为点滴式、薄膜式及点滴薄膜式三种。

A. 点滴式 这种淋水装置通常用水平的或倾斜布置的三角形或矩形板条按一定间距排列而成，如图7-6所示。在这里，水滴下落过程中水滴表面的散热以及在板条上溅散而成的许多小水滴表面的散热约占总散热量的60%～75%，而沿板条形成的水膜的散热只占总散热量的25%～30%。一般来说，减小板条之间的距离 S_1、S_2 可增大散热面积，但会增加空气阻力，减小溅散效果。通常取 S_1 为150mm，S_2 为300mm。风速的高低也对冷却效果产生影响，一般在点滴式机械通风冷却塔中可采用1.3～2m/s，自然通风冷却塔中采用0.5～1.5m/s。

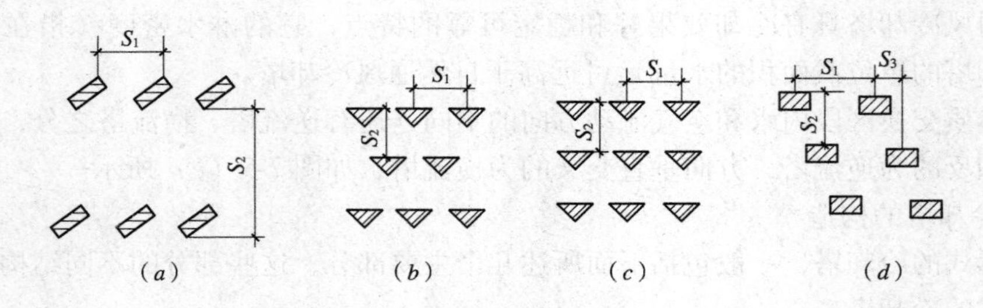

图7-6 点滴式淋水装置板条布置方式

(a) 倾斜式；(b) 棋盘式；(c) 方格式；(d) 阶梯式

B. 薄膜式 这种淋水装置的特点是利用间隔很小的平膜板或凹凸形波板、网格形膜板所组成的多层空心体，使水沿其表面形成缓慢的水流，而冷空气则经多层空心体间的空隙，形成水气之间的接触面。水在其中的散热主要依靠表面水膜、格网间隙中的水滴表面

和溅散而成的水滴的散热等三个部分，而水膜表面的散热居主要地位。图 7-7 中表示出了其中四种薄膜式淋水装置的结构。对于斜波交错填料，安装时可将斜波片正反叠置，水流在相邻两片的棱背接触点上均匀地向两边分散。其规格的表示方法为“波矩 × 波高 × 倾角 - 填料总高”，以“mm”为单位。蜂窝淋水填料是用浸渍绝缘纸制成毛坯在酚醛树脂溶液中浸胶烘干制成六角形管状蜂窝体构成，以多层连续放于支架上，交错排列而成。它的孔眼的大小以正六边形内切圆的直径 d 表示。其规格的表示方法为：d（直径），总高 H = 层数 × 每层高 - 层距，例如：d20，$H = 12 \times 100 - 0 = 1200$mm。

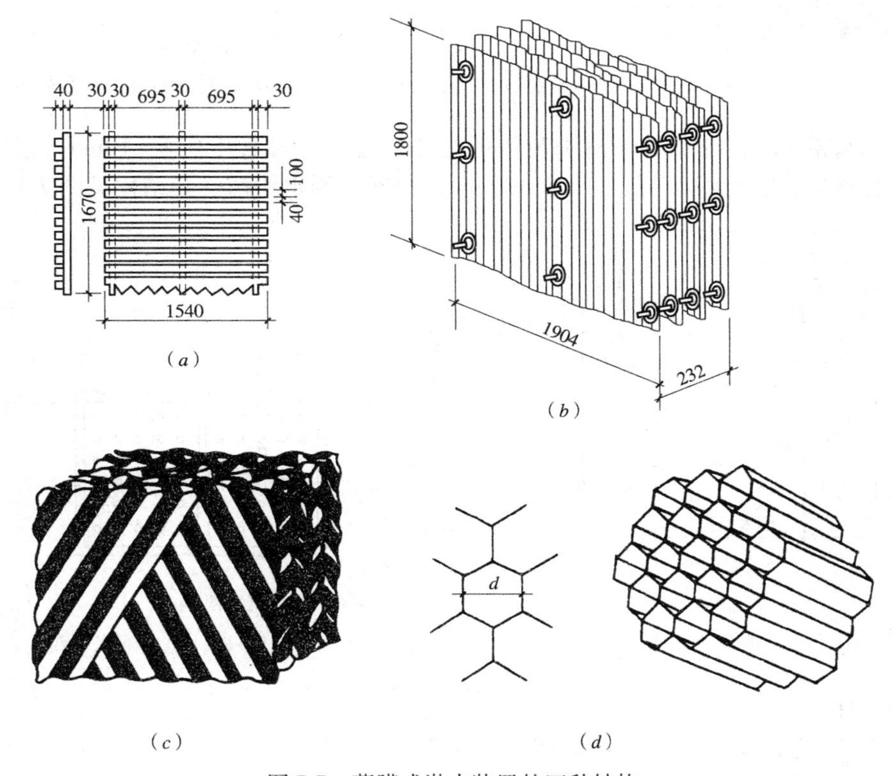

图 7-7　薄膜式淋水装置的四种结构

（a）小间距平板淋水填料；（b）石棉水泥板淋水填料；（c）斜波交错填料；（d）蜂窝淋水填料

C. 点滴薄膜式　铅丝水泥网格板是点滴薄膜式淋水装置的一种（图 7-8）。它是以 16 ~ 18 号铅丝作筋制成的 50mm × 50mm × 50mm 方格孔的网板，每层之间留有 50mm 左右的间隙，层层装设而成。热水以水滴形式淋洒下去，故称点滴薄膜式。其表示方法：G 层数 × 网孔 - 层距（mm）。例如 G16 × 50 - 50。

2）配水系统

配水系统的作用在于将热水均匀地分配到整个淋水面积上，从而使淋水装置发挥最大的冷却能力。常用的配水系统有槽式、管式和池式三种。

槽式配水系统通常由水槽、管嘴及溅水碟组成，热水从管嘴落到溅水碟上，溅成无数小水滴射向四周，以达到均匀布水的目的（图 7-9）。

管式配水系统的配水部分由干管、支管组成，它可采用不同的布水结构，只要布水均匀即可。图 7-10 所示为一种旋转布水管式的平面图。

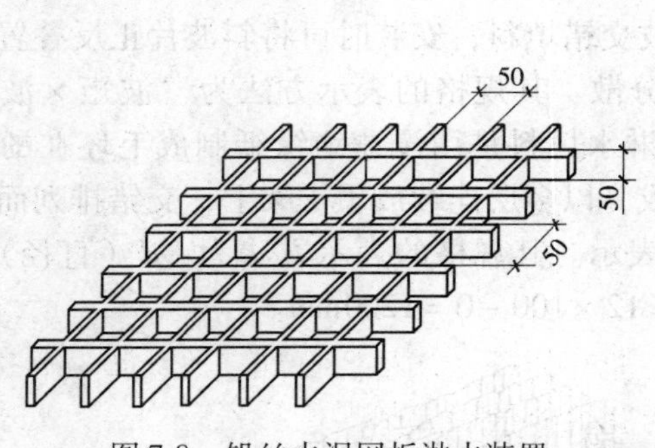

图7-8　铅丝水泥网板淋水装置

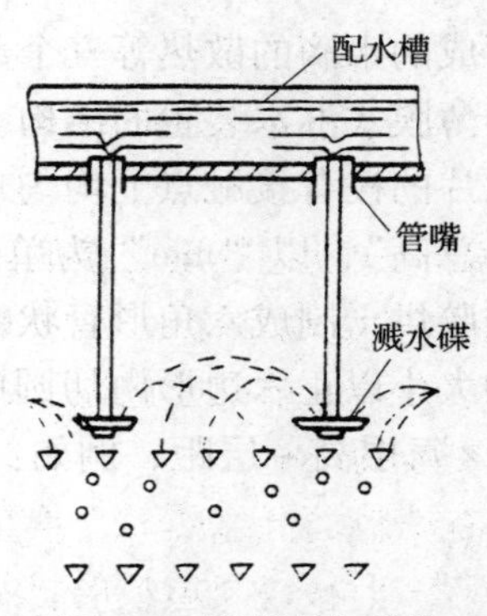

图7-9　槽式配水系统

池式配水系统的配水池建于淋水装置正上方，池底均匀地开有4～10mm孔口（或者装喷嘴、管嘴），池内水深一般不小于100mm，以保证洒水均匀。其结构见图7-11。

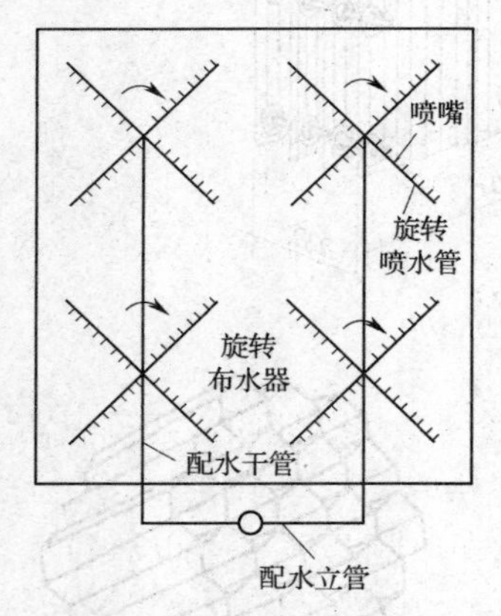

图7-10　旋转布水的管式配水系统

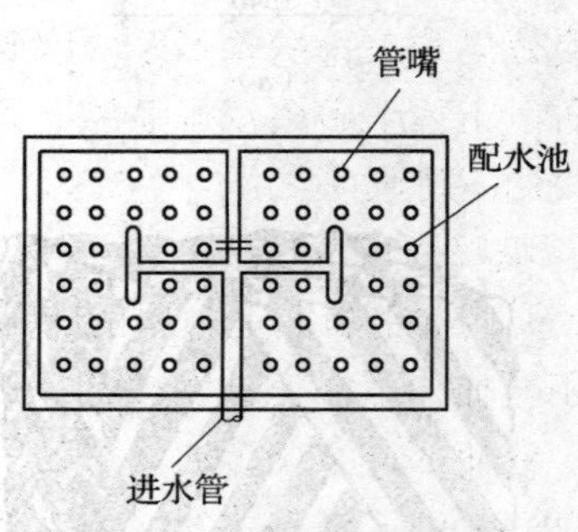

图7-11　池式配水系统

3）通风筒

通风筒是冷却塔的外壳，气流的通道。自然通风冷却塔一般都很高，有的达150m以上。而机械通风冷却塔的风筒一般在10m左右。包括风机的进风口和上部的扩散筒，如图7-12所示。为了保证进、出风的平缓性和清除风筒口的涡流区，风筒的截面一般用圆锥形或抛物线形。

在机械通风冷却塔中，若鼓风机装在塔的下部区域，操作比较方便，这时由于它送的是较冷的干空气，而不像装在塔顶的抽风机那样是用于排除受热而潮湿的空气，因此鼓风机的工作条件较好。但是，采用鼓风机时，从冷却塔排出的空气流速，仅有1.5～2.0m/s左右，而且由于这种塔的高度不大，因此只要有微风吹过，就有可能将塔顶排出的热而潮湿的空气吹向下部，以致被风机吸入，造成热空气的局部循环，恶化了冷却效果。

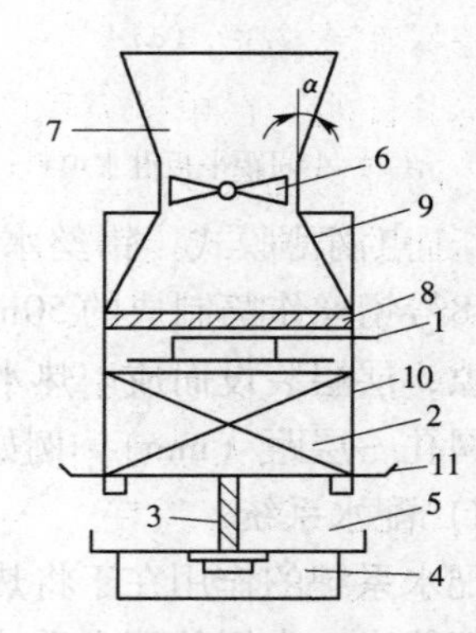

图7-12　通风筒

1—布水器；2—填料；3—隔墙；4—集水池；5—进风口；6—风机；7—风筒；8—收水器；9—风伞；10—塔体；11—导风板

7.2 影响混合式设备热质交换效果的主要因素

影响混合式设备热质交换的因素有很多，主要包括五个方面：1）空气与水之间的焓差；2）空气的流动状况；3）水滴大小；4）水气比；5）设备的结构特性。前四个方面的影响因素在第4章中已论述，详见4.3.5节，这里仅讨论一下设备的结构特性对混合式设备热质交换的影响。

对于有填料的混合热质交换设备而言，如冷却塔，其结构特性主要是指填料的形式、填料的面积、形状以及填料的材料等。对于有填料的混合热质交换设备而言，如喷淋室，其结构特性主要是指喷嘴排数、喷嘴密度、排管间距、喷嘴形式、喷嘴孔径和喷水方向等，它们对喷淋室的热交换效果均有影响。当热质交换设备结构特性不同时，即使 $v\rho$ 及 μ 值完全相同，热质交换效果也将不同。下面简单分析一下喷淋室的结构特性对空气处理的影响。

（1）喷嘴排数

以各种减焓处理过程为例，实验证明单排喷嘴的热交换效果比双排的差，而三排喷嘴的热交换效果和双排的差不多。因此，三排喷嘴并不比双排喷嘴在热工性能方面有多大优越性，所以工程上多用双排喷嘴。只有当喷水系数较大，如用双排喷嘴，须用较高的水压时，才改用三排喷嘴。

（2）喷嘴密度

每 $1m^2$ 喷淋室断面上布置的单排喷嘴个数叫喷嘴密度。实验证明，喷嘴密度过大时，水苗互相叠加，不能充分发挥各自的作用。喷嘴密度过小时，则因水苗不能覆盖整个喷淋室断面，致使部分空气旁通而过，引起热交换效果的降低。所以，一般以取喷嘴密度 $n=13\sim24$ 个/（m^2·排）为宜。当需要较大的喷水系数时，通常靠保持喷嘴密度不变，提高喷嘴前水压的办法来解决。但是喷嘴前的水压也不宜大于2.5atm（工作压力）。如果需要更大水压，则以增加喷嘴排数为宜。

（3）喷水方向

实验证明，在单排喷嘴的喷淋室中，逆喷比顺喷热交换效果好；在双排的喷淋室中，对喷比两排均逆喷效果更好。显然，这是因为单排逆喷和双排对喷时水苗能更好地覆盖喷淋室断面的缘故。如果采用三排喷嘴的喷淋室，则以应用一顺两逆的喷水方式为好。

（4）排管间距

实验证明，对于使用Y-1型喷嘴的喷淋室而言，无论是顺喷还是对喷，排管间距均可采用600mm。加大排管间距对增加热交换效果并无益处。所以，从节约占地面积考虑，排管间距取600mm为宜。

（5）喷嘴孔径

实验证明，在其他条件相同时，喷嘴孔径小则喷出水滴细，增加了水与空气的接触面积，所以热交换效果好。但是，孔径小易堵塞，需要的喷嘴数量多而且对冷却干燥过程不利。所以，在实际工作中应优先采用孔径较大的喷嘴。

（6）空气与水的初参数

对于结构一定的喷淋室而言，空气与水的初参数决定了喷淋室内热湿交换推动力的方向和大小。因此，改变空气与水的初参数，可以导致不同的处理过程和结果。

7.3　混合式设备发生热质交换的特点

7.3.1　喷淋室热质交换的特点

用喷淋室处理空气时，空气与经喷嘴喷出的水滴表面直接发生接触，这时，空气与水表面之间不但有热量交换，而且一般同时还有质量交换。根据喷水温度不同，二者之间可能仅有显热交换；也可能既有显热交换，又有质量交换引起的潜热交换，显热交换与潜热交换之和构成它们之间的总热交换。空气与水表面直接接触时发生的热质交换详见第 4 章第 3 节。其中讨论了发生在设备内部的空气与水直接接触时的空气状态变化过程（见图 4-7）。

在实际的喷淋室里，喷水量总是有限的，空气与水的接触时间也不可能很长，所以空气状态和水温都是不断变化的，而且空气的终状态也很难达到饱和。

在焓－湿（$i-d$）图上，实际的空气状态变化过程并不是一条直线，而是曲线，同时该曲线的弯曲形状又和空气与水滴的相对运动方向有关系。前边 4.3.3 节已经分析了发生在设备内部空气与水直接接触时的变化过程（图 4-16），下面再讨论一下用喷淋室处理空气的实际变化过程。

假设水滴与空气的运动方向相同（顺流），因为空气总是先与具有初温 t_{w1} 的水相接触，而有小部分达到饱和，且温度等于 t'_w，如图 7-13（a）所示。这小部分空气与其余空气混合得到状态点 1，此时水温已升至 t'_w。然后具有 1 状态的空气与温度为 t'_w 的水滴相接触，又有一小部分达到饱和，其温度等于 t'_w。这部分空气再与其余空气混合得到状态 2，此时水温已升至 t''_w。如此继续下去，最后可得到一条表示空气状态变化过程的折线，点取得多时，便变成了曲线。在逆流的情况下，按同样的分析方法，可以看到曲线将向另一方向弯曲，如图 7-13（b）所示。

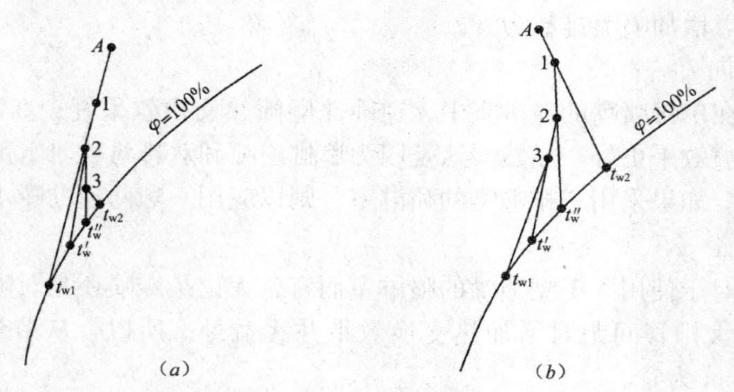

图 7-13　用喷淋室处理空气的实际过程

7.3.2　冷却塔热质交换的特点

冷却塔是利用环境空气温度处理用于冷却制冷机组冷凝器的冷却循环水。冷却塔内水的降温主要是由于水的蒸发换热和气水之间的接触传热。因为冷却塔多为封闭形式，且水温与周围构件的温度都不是很高，故辐射传热量可不予考虑。

在冷却塔内，不论水温高于还是低于周围空气温度，总能进行水的蒸发，蒸发所消耗的热量 Q_β 总是由水传给空气。而水和空气温度不等导致的接触传热 Q_α 的热流方向可从空气流向水，也可从水流向空气，这要看两者的温度哪个高。在冷却塔中，一般空气量很大，空气温度变化较小。当水温高于气温时，蒸发散热和接触传热都向同一方向（即由水向空气）传热，因而由水放出的总热量为

$$Q = Q_\beta + Q_\alpha \tag{7-1}$$

其结果是使水温下降。当水温下降到等于空气温度时，接触传热量 $Q_\alpha = 0$。这时

$$Q = Q_\beta$$

故蒸发散热仍在进行。而当水温继续下降到低于空气温度时，接触传热量 Q_α 的热流方向从空气流向水，与蒸发散热的方向相反，于是由水放出的总热量为：

$$Q = Q_\beta - Q_\alpha \tag{7-2}$$

如果 $Q_\beta > Q_\alpha$，水温仍将下降。但是 Q_β 逐渐减小，而 Q_α 逐渐增加，于是当水温下降到某一程度时，由空气传向水的接触传热量等于由水传向空气的蒸发散热量，这时

$$Q = Q_\beta - Q_\alpha = 0$$

从此开始，总传热量等于零，水温也不再下降，这时的水温为水的冷却极限。对于一般的水的冷却条件，此冷却极限与空气的湿球温度近似相等。因而湿球温度代表着在当地气温条件下，水可能冷却到的最低温度。水的出口温度越接近于湿球温度 t_s 时，所需冷却设备越庞大，故在生产中要求冷却后的水温比 t_s 高 3～5℃。

当然，在水温 $t = t_s$ 时，两种传热量之间的平衡具有动态平衡的特征，因为不论是水的蒸发或是水气间的接触传热都没有停止，只不过由接触传热传给水的热量全部都被消耗在水的蒸发上，这部分热量又由水蒸气重新带回到空气中。

从上述可见，蒸发冷却过程中伴随着物质交换，水可以被冷却到比用以冷却它的空气的最初温度还要低的程度，这是蒸发冷却所特有的性质。

关于水在塔内的接触面积，在薄膜式中，它取决于填料的表面积；而在点滴式淋水装置中，则取决于流体的自由表面积。然而具体确定比值是十分困难的，对于某种特定的淋水装置而言，一定量的淋水装置体积相应具有一定量的面积，称为淋水装置（填料）的比表面积，以 α（m^2/m^3）表示。因此实际计算中就不用接触面积而改用淋水装置（或填料）体积以及与体积相应的传质系数和换热系数了。

7.4 喷淋室的热工计算

7.4.1 喷淋室的热交换效率系数和接触系数

对于冷却干燥过程，空气的状态变化和水温变化如图 7-14 所示。在空气与水接触时，如果热、湿交换充分，则具有状态 1 的空气最终可变到状态 3。但是由于实际过程中热、湿交换不够充分，空气的终状态只能达到点 2。进入喷淋室的水初温为 t_{w1}，因为水量有限，与空气接触之后水温将升高，在理想条件下，水终温也应达到点 3，实际上水终温只能达到 t_{w2}。

为了说明喷淋室里发生的实际过程与水量有限、但接触时间足够充分的理想过程接近

的程度，在喷淋室的热工计算中，是把实际过程与这种理想过程进行比较，而将比较结果用所谓热交换效率系数和接触系数表示，并且用它们来评价喷淋室的热工性能。下面介绍这两个系数的定义。

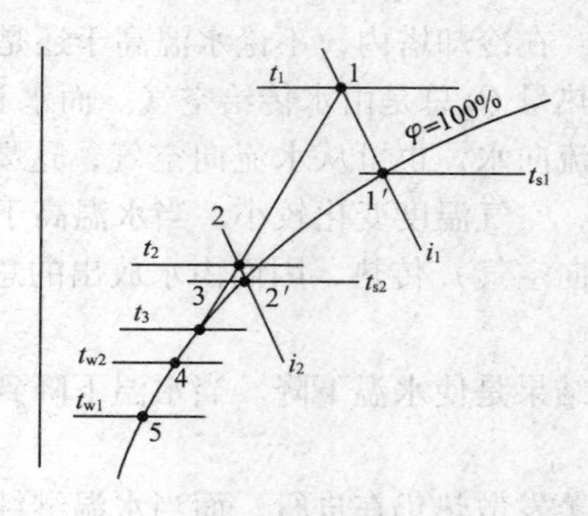

图 7-14　冷却干燥过程空气与水的状态变化

（1）喷淋室的热交换效率系数 η_1

喷淋室的热交换效率系数也叫第一热交换效率或全热交换效率，如同表冷器的热交换效率，也是同时考虑空气和水的状态变化。如果把空气的状态变化过程线沿等焓线投影到饱和曲线上，并近似地将这一段饱和曲线看成直线，则热交换效率系数可以表示为：

$$\eta_1 = \frac{\overline{1'2'} + \overline{45}}{\overline{1'5}} = \frac{(t_{s1} - t_{s2}) + (t_{w2} - t_{w1})}{t_{s1} - t_{w1}}$$

$$= \frac{(t_{s1} - t_{w1}) - (t_{s2} - t_{w2})}{t_{s1} - t_{w1}}$$

即

$$\eta_1 = 1 - \frac{t_{s2} - t_{w2}}{t_{s1} - t_{w1}} \tag{7-3}$$

由此可见，当 $t_{s2} = t_{w2}$时，即空气的终状态与水终温相同时，$\eta_1 = 1$。t_{s2}与 t_{w2}的差值愈大，说明热、湿交换愈不完善，因而 η_1 愈小。

（2）喷淋室的接触系数 η_2

喷淋室的接触系数也叫第二热交换效率或通用热交换效率，是只考虑空气状态变化的，因此它可以表示为

$$\eta_2 = \frac{\overline{12}}{\overline{13}}$$

如果也把 i_1 与 i_3之间一段饱和曲线近似地看成直线，则有

$$\eta_2 = \frac{\overline{12}}{\overline{13}} = \frac{\overline{1'2'}}{\overline{1'3}} = \frac{\overline{1'3} - \overline{2'3}}{\overline{1'3}} = 1 - \frac{\overline{2'3}}{\overline{1'3}}$$

由于 Δ131′与 Δ232′几何相似，因此

$$\frac{\overline{2'3}}{\overline{1'3}} = \frac{\overline{22'}}{\overline{11'}} = \frac{t_2 - t_{s2}}{t_1 - t_{s1}}$$

即

$$\eta_2 = 1 - \frac{t_2 - t_{s2}}{t_1 - t_{s1}} \tag{7-4}$$

对于绝热加湿过程，由于可以将空气的状态变化看做等焓过程，所以空气初、终状态的湿球温度相等，而且水温不变，并等于空气的湿球温度，即空气的状态变化过程线在饱和曲线上的投影成了一个点（图 7-15）。在这种情况下，η_1已无意义，所以喷淋室的热交换效果只能用表示空气状态变化完善程度的 η_2来表示，即：

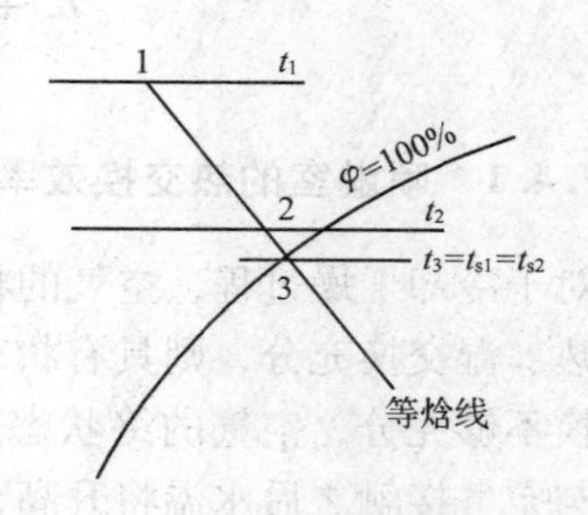

图 7-15　绝热过程空气与水的状态变化

$$\eta_2 = \frac{\overline{12}}{\overline{13}} = \frac{t_1 - t_2}{t_1 - t_3} = \frac{t_1 - t_2}{t_1 - t_{s1}} = 1 - \frac{t_2 - t_{s1}}{t_1 - t_{s1}} \tag{7-5}$$

7.4.2 喷淋室的热交换效率系数和接触系数的实验公式

通过以上的分析可以看到，影响喷淋室热交换效果的因素是极其复杂的，不能用纯数学方法确定热交换效率系数和接触系数，而只能用实验的方法为各种结构特性不同的喷淋室提供各种空气处理过程下的实验公式。这些公式可反映喷淋室的热交换效果受各种喷淋室下的空气质量流速、空气与水的接触状况等因素的影响，其具体形式是：

$$\eta_1 = A(v\rho)^{m}\mu^{n} \tag{7-6}$$

$$\eta_2 = A'(v\rho)^{m'}\mu^{n'} \tag{7-7}$$

上两式 A、A'、m、m'、n、n'均为实验的系数和指数，可由附录 7-1 查得。$v\rho$ 是通过喷淋室的空气的质量流速。μ 是喷淋室的喷水系数，它反映的是处理每 kg 空气所用的水量，即

$$\mu = \frac{W}{G} \quad \text{kg(水)/kg(空气)}$$

由于附录 7-1 的数据是在嘴喷密度 $n=13$ 个/（m^2 · 排）情况下得到的，当实际喷嘴密度变化较大时应引入修正系数。对于双排对喷的喷淋室，当 $n=18$ 个/（m^2 · 排）时，修正系数可取 0.93；当 $n=24$ 个/（m^2 · 排）时，修正系数可取 0.9。

7.4.3 喷淋室的计算类型

喷淋室的热工计算方法有多种，下面仅介绍以两个热交换效率的实验公式为基础的计算方法，即所谓“双效率法”。

同表面式冷却器一样，依据计算的目的不同，喷淋室的热工计算也可分为设计性计算和校核性计算两种类型，每种计算类型按已知条件和计算内容又分为数种，表 7-1 是最常见的计算类型。

喷淋室的热工计算类型 **表 7-1**

计算类型	已 知 条 件	求 解 内 容
设计性计算	空气量 G 空气初状态 t_1, t_{s1} （$i_1 \cdots$） 空气终状态 t_2, t_{s2} （$i_2 \cdots$）	喷淋室结构，喷水量 W 冷水初、终温 t_{w1}、t_{w2}
校核性计算	空气量 G 空气初参态 t_1, t_{s1} （$i_1 \cdots$） 喷淋室结构 喷水量 W，冷水初温 t_{w1}	空气终参数 t_2, t_{s2} （$i_2 \cdots$） 冷水终温 t_{w2}

7.4.4 喷淋室计算的主要原则

喷淋室的热工计算任务，通常是对既定的空气处理过程，选择一个喷淋室来达到下列要求：

1）该喷淋室能达到的 η_1 应该等于空气处理过程需要的 η_1；

2）该喷淋室能达到的 η_2 应该等于空气处理过程需要的 η_2；

3）该喷淋室喷出的水能够吸收（或放出）的热量应该等于空气失去（或得到）的热量。

上述三个条件可以用下面三个方程式表示：

$$\eta_1 = A(v\rho)^m \mu^n = 1 - \frac{t_{s2} - t_{w2}}{t_{s1} - t_{w1}} \tag{7-8}$$

$$\eta_2 = A'(v\rho)^{m'} \mu^{n'} = 1 - \frac{t_2 - t_{s2}}{t_1 - t_{s1}} \tag{7-9}$$

$$Q = Wc(t_{w2} - t_{w1}) = G(i_1 - i_2) \tag{7-10}$$

由于 $W/G = \mu$，所以方程式（7-10）也可以写成：

$$i_1 - i_2 = \mu c(t_{w2} - t_{w1}) \tag{7-11}$$

由于联立求解以上三个方程式可以得到三个未知数，所以在实际工作中，根据要求确定哪三个未知数而将喷淋室的热工计算区别成表 7-1 所示的计算类型。

由此可见，喷淋室的热工计算和表面冷却器的热工计算基本相似，也应该通过解类似的三个方程式的方法进行，不过在具体作法上还有些区别，下面分别加以说明。

7.4.5　喷淋室的设计计算方法

（1）计算用方程组

由于计算中常用湿球温度而不用空气的焓，故引入空气的焓与湿球温度的比值 a，并用下式代替方程式（7-11）：

$$a_1 t_{s1} - a_2 t_{s2} = \mu c(t_{w2} - t_{w1}) \tag{7-12}$$

a 值取决于湿球温度本身和大气压力，可由相应的 i-d 图或其他更准确的计算公式得出。在空气调节的常用范围内，部分 a 值列于表 7-2 中。

空气的焓与湿球温度的比值 a　　**表 7-2**

大气压力	湿　球　温　度 t_s（℃）					
（Pa）	5	10	15	20	25	28
101325	3.73	2.93	2.81	2.87	3.06	3.21
99325	3.77	2.98	2.84	2.90	3.08	3.23
97325	3.90	3.01	2.91	2.97	3.14	3.28
95325	3.94	3.06	2.94	2.98	3.18	3.31

由表 7-2 可见，在大气压力为 101325Pa 左右，湿球温度为 10～20℃ 的范围内，如果采用 $a = 2.9$ 作为常数计算也不会造成很大误差，而且还可简化计算。否则，进行计算时，就应采用相应的 a 值，而在空气终参数未定的校核计算中还要先假定一个 a 值，然后再加以复核。

于是，式（7-8）、式（7-9）和式（7-12）即构成了喷淋室热工计算的方程组。

（2）循环水量 W_x 的确定

在设计计算中，通过上述方法可以得到喷水初温，然后决定采用什么样的冷源。如果天然冷源满足不了要求，则应采用人工冷源。如果喷水初温比冷源水温高（一般冷冻水温为 5～7℃），则需使用一部分循环水。这时需要的冷水量 W_l、循环水量 W_x 和回水（或溢流水）量 W_h 的大小可由热平衡关系（图 7-16）确定如下：

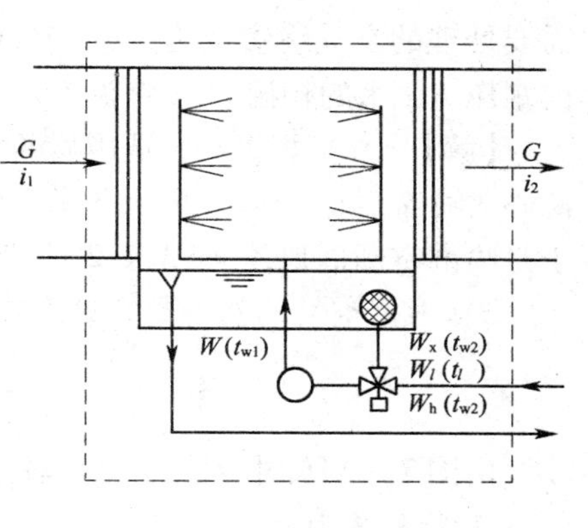

图 7-16　喷淋室的热平衡图

因为　　$Gi_1 + W_l ct_l = Gi_2 + W_h ct_{w_2}$

而　　$W_l = W_h$

所以　　$G(i_1 - i_2) = W_l c(t_{w2} - t_l)$

即
$$W_l = \frac{G(i_1 - i_2)}{c(t_{w2} - t_l)} \quad (7\text{-}13)$$

又由　　$W = W_l + W_x$

所以
$$W_x = W - W_l \quad (7\text{-}14)$$

（3）喷淋室的阻力计算

喷淋室的阻力由前、后挡水板的阻力，喷嘴排管阻力和水苗阻力三部分组成，可按下述方法计算。

1）前后挡水板的阻力

这部分阻力的计算公式是：

$$\Delta H_d = \sum \zeta_d \frac{v_d^2}{2}\rho \quad (\text{Pa}) \quad (7\text{-}15)$$

式中　$\sum \zeta_d$——前、后挡水板局部阻力系数之和，取决于挡水板的结构，一般可取 $\sum \zeta_d = 20$；

v_d——空气在挡水板断面上的迎面风速，因为挡水板的迎风面积等于喷淋室断面积减去挡水板边框后的面积，所以一般取 $v_d =（1.1 \sim 1.3）v$（m/s）。

2）喷嘴排管阻力

这部分阻力的计算公式为：

$$\Delta H_p = 0.1z \frac{v^2}{2}\rho \quad (\text{Pa}) \quad (7\text{-}16)$$

式中　z——排管数；

v——喷淋室断面风速，m/s。

3）水苗阻力

这部分阻力的计算公式为：

$$\Delta H_w = 118 b\mu P \quad (\text{Pa}) \quad (7\text{-}17)$$

式中　P——喷嘴前水压，atm（工作压力）；

b——由喷水和空气运动方向所决定的系数，一般取单排顺喷时 $b = -0.22$；单排逆喷时 $b = +0.13$；双排对喷时 $b = +0.075$。

对于定型喷淋室，其总阻力已由实测后的数据制成表格或曲线，根据工作条件便可查出。

（4）喷淋室设计计算方法与步骤举例

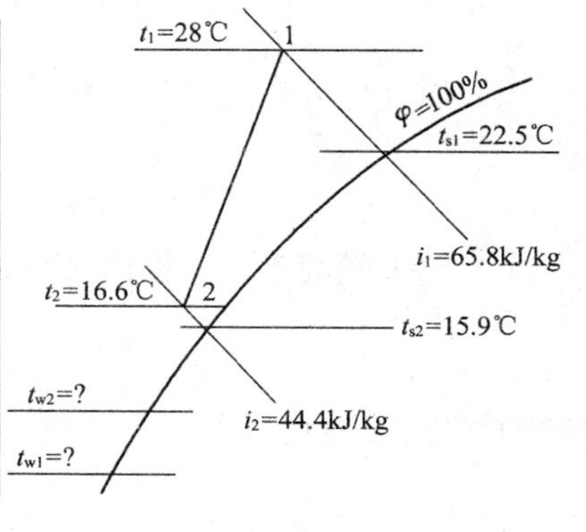

例题 7-1 图

【例 7-1】　如图所示，已知需处理的空气量 G 为 21600kg/h；当地大气压力为 101325Pa；空气初参数为：$t_1 = 28$℃，$t_{s1} = 22.5$℃，$i_1 = 65.8$kJ/kg；

需要处理的空气终参数为：$t_2=16.6℃$，$t_{s2}=15.9℃$，$i_2=44.4\text{kJ/kg}$。求喷水量 W、喷嘴前水压 P、水的初温 t_{w1}、终温 t_{w2}、冷冻水量 W_l 及循环水量 W_x。

【解】　1）根据经验选用喷淋室结构。喷淋室一经选定就变成了已知条件：选 Y-1 型离心式喷嘴，$d_0=5\text{mm}$，$n=13$ 个/（m^2·排）和双排对喷的喷淋室，取 $v\rho=3\text{kg/(m}^2\cdot\text{s)}$，于是喷淋室断面风速 $v=3/1.2=2.5\text{m/s}$。

2）根据空气的初参数和处理要求可得需要的喷淋室接触系数为：

$$\eta_2=1-\frac{t_2-t_{s2}}{t_1-t_{s1}}=1-\frac{16.6-15.9}{28-22.5}=0.873$$

由图7-1可知本例的空气处理过程是冷却干燥过程，根据附录7-1查得相应的喷淋室的 η_2 实验公式为：

$$\eta_2=0.755(v\rho)^{0.12}\mu^{0.27}$$

根据方程式（7-9），两个 η_2 应相等，即

$$0.755(v\rho)^{0.12}\mu^{0.27}=0.873$$

将 $v\rho=3$ 代入上式得：

$$0.755\times3^{0.12}\mu^{0.27}=0.873;\mu=1.05$$

求出 μ 值之后，可得总喷水量为：

$$W=\mu G=1.05\times21600=22680\text{kg/h}$$

3）由附录7-1查出相应的喷淋室的 η_1 实验公式，并列出方程：

$$\eta_1=1-\frac{t_{s2}-t_{w2}}{t_{s1}-t_{w1}}=0.745(v\rho)^{0.07}\mu^{0.265}$$

将 $t_{s1}=22.5$、$t_{s2}=15.9$、$v\rho=3$、$\mu=1.05$ 代入上式可得：

$$1-\frac{15.9-t_{w2}}{22.5-t_{w1}}=0.745\times3^{0.07}\times1.05^{0.265}=0.815$$

$$\frac{15.9-t_{w2}}{22.5-t_{w1}}=1-0.815=0.185\qquad(1)$$

4）根据热平衡方程式（7-11），将已知数代入可得：

$$i_1-i_2=\mu c(t_{w2}-t_{w1})$$

$$65.8-44.4=1.05\times4.19(t_{w2}-t_{w1})$$

$$t_{w2}-t_{w1}=\frac{65.8-44.4}{1.05\times4.19}=4.86℃\qquad(2)$$

5）联立解方程式（1）和（2）得，

$$t_{w1}=8.45℃$$

$$t_{w2}=4.86+8.45=13.31℃$$

6）求喷嘴前水压。根据已知条件知喷淋室断面为：

$$A_c=\frac{G}{v\rho\times3600}=\frac{21600}{3\times3600}=2.0\text{m}^2$$

两排喷嘴的总喷嘴数为：

$$N=2nA_c=2\times13\times2=52\text{个}$$

根据计算所得的总喷水量 W，知每个喷嘴的喷水量为：

$$\frac{W}{N}=\frac{22680}{52}=436\text{kg/h}$$

根据每个喷嘴的喷水量436kg/h 及喷嘴孔径 $d_0=5\text{mm}$，查图7-17，可得喷嘴前所需水压为1.8atm（工作压力）。

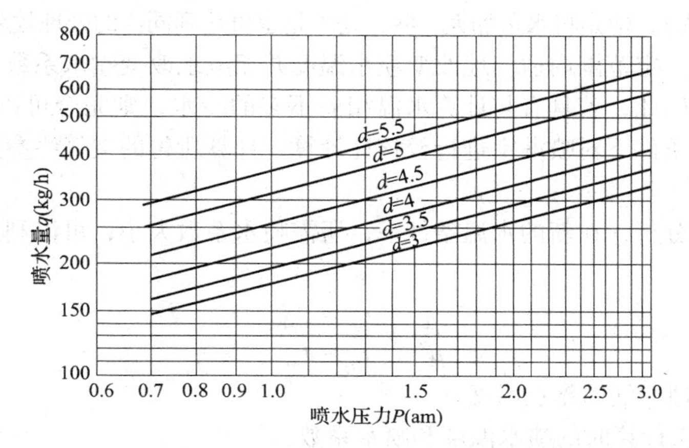

图7-17 Y-1型喷嘴在不同喷水孔径下喷水量与喷水压力的关系

7）求冷冻水量及循环水量。根据前面的计算知 $t_{w2}=13.31℃$，若冷冻水初温 $t_l=5℃$，则根据公式（7-13）可得需要的冷冻水量为：

$$W_l=\frac{G(i_1-i_2)}{c(t_{w2}-t_l)}=\frac{21600(65.8-44.4)}{4.19(13.31-5)}=13270\text{kg/h}$$

同时可得需要的循环水量为：

$$W_x=W-W_l=22680-13270=9410\text{kg/h}$$

8）阻力计算。前后挡水板的阻力由式（7-15）可得。

空气在挡水板断面上的迎面风速为 $v_d=1.2v=1.2\times2.5=3\text{m/s}$

于是
$$\Delta H_d=20\times\frac{3^2}{2}\times1.2=108\text{Pa}$$

喷嘴排管阻力由式（7-16）可得

$$\Delta H_p=0.1\times2\times2.5^2/2\times1.2=0.8\text{Pa}$$

水苗阻力由式（7-17）可得

$$\Delta H_w=118\times0.075\times1.05\times1.8=16.7\text{Pa}$$

以上就是单级喷淋室设计性的热工计算方法和步骤。在热工计算的基础上就可以具体设计满足这一处理要求的喷淋室结构及水系统等。

对于全年都使用的喷淋室，一般也可仅对夏季进行热工计算，冬季就取夏季的喷水系数，如有必要也可以按冬季的条件进行校核计算，以检查冬季经过处理后空气的终参数是否满足设计要求。必要时，冬夏两季可采用不同的喷水系数。

7.4.6 喷淋室的校核计算方法[1]

（1）喷水温度与喷水量的关系

根据上面的介绍，进行喷淋室热工计算必须同时满足三个方程式，而这样解出来的喷水初温必然是一个定值，例如，在例7-1中，解得喷水初温为8.45℃。这就是说，即使有9℃的地下水，也因其温度比要求的喷水初温高而不能使用，而为了获得8.45℃的冷冻水不得不设置价格较贵的制冷设备。这与一般的理解似乎有些矛盾。人们不禁要问，如果水初温偏高一些（不是比计算值偏高很多），但是将水量加大一些，是不是也可达到同样的处理效果呢？

研究表明，在一定范围内适当地改变喷水温度并相应地改变喷水系数，确实可以达到同样的处理效果。因此，若具有与计算水温相差不多的冷水，则完全可以满足使用要求，不过要在新的水温条件下对喷淋室进行校核性计算，计算所得的空气终参数与设计要求相差不多即可。

根据实验资料分析，在新的水温条件下，所需喷水系数大小，可以利用下面的热平衡关系式求得。

$$\frac{\mu}{\mu'} = \frac{t_{l1} - t'_{w1}}{t_{l1} - t_{w1}} \tag{7-18}$$

式中　t_{l1}——被处理空气的露点温度；

t_{w1}、μ——第一次计算时的喷水温度和喷水系数；

t'_{w1}、μ'——新的水温和在此喷水温度下的喷水系数。

（2）计算方法与步骤举例

为说明问题起见，下面仍按例7-1的条件，但将喷水初温改成10℃，进行校核性计算，以检验能否满足要求。

【例7-2】　在例7-1中已知 $G = 21600\text{kg/h}$，$t_1 = 28℃$，$t_{s1} = 22.5℃$，$t_{l1} = 20.4℃$，$t_2 = 16.6℃$，$t_{s2} = 15.9℃$。并曾通过计算得到 $\mu = 1.05$，$t_{w1} = 8.45℃$，$W = 22680\text{kg/h}$。求空气的终参数。

【解】　现在 $t'_{w1} = 10℃$，则依据式（7-18）可求出新水温下的喷水系数为：

$$\mu' = \frac{\mu(t_{l1} - t_{w1})}{t_{l1} - t'_{w1}} = \frac{1.05(20.4 - 8.45)}{20.4 - 10} = 1.2$$

于是可得新条件下的喷水量为：

$$W = 1.2 \times 21600 = 25920\text{kg/h}$$

下面利用新条件下的各参数计算该喷淋室能够得到的空气终状态。

由
$$\eta_1 = 1 - \frac{t_{s2} - t_{w2}}{t_{s1} - t_{w1}} = 0.745(v\rho)^{0.07}\mu^{0.265}$$

将已知数代入得
$$1 - \frac{t_{s2} - t_{w2}}{22.5 - 10} = 0.745(3)^{0.07}(1.2)^{0.265}$$

所以
$$t_{s2} - t_{w2} = 1.88 \tag{1}$$

由
$$a_1 t_{s1} - a_2 t_{s2} = \mu c(t_{w2} - t_{w1})$$

根据表7-2，当 $t_{s1} = 22.5℃$ 时 $a_1 = 2.94$，由于 t_{s2} 尚属未知数，故暂设 $a_2 = 2.81$ 代入上式有：

$$2.94 \times 22.5 - 2.81t_{s2} = 1.2 \times 4.19(t_{w2} - 10)$$

经过整理可得：

$$t_{w2} + 0.56t_{s2} = 23.15 \tag{2}$$

联立解方程式（1）和（2）可得：

$$t_{s2} = 16℃、t_{w2} = 14.1℃$$

由
$$\eta_2 = 1 - \frac{t_2 - t_{s2}}{t_1 - t_{s1}} = 0.755(v\rho)^{0.12}\mu^{0.27}$$

将已知数代入上式可得：

$$1 - \frac{t_2 - t_{s2}}{28 - 22.5} = 0.755(3)^{0.12}(1.2)^{0.27}$$

所以
$$t_2 - t_{s2} = (1 - 0.9)(28 - 22.5) = 0.56$$

将 $t_{s2}=16℃$ 代入上式可得 $t_2=16.6℃$。

由 $t_{s2}=16℃$ 查表 7-2 知 $a_2=2.82$，证明所设正确。

可见所得空气的终参数与例 7-1 要求的基本相同。

喷淋室能使用的最高水温可按 $\eta_2=1$ 的条件求得。对于本例，$\eta_2=1$ 时，$\mu=1.73$，$t_{w1}=12.2℃$。

顺便指出，采用水温与计算要求相差不多的水源时，除可用上面介绍的方法先确定喷水量 W 再校核 t_2、t_{s2}外，也可以通过保持 t_2不变、校核 W 和 t_{s2}或保持 t_{s2}不变、校核 W 和 t_2的办法达到同样目的。

7.5 冷却塔的热工计算

7.5.1 冷却塔的热工计算方法

冷却塔的热工计算，对逆流式与顺流式有所不同。由于塔内的热量、质量交换的复杂性，影响因素很多，国内外很多研究者提出了多种计算方法。在逆流塔中，水和空气参数的变化仅在高度方向，而横流式冷却塔的淋水装置中，在垂直和水平两个方向都有变化，情况更为复杂。下面仅对逆流式冷却塔计算时的焓差法作一介绍。

(1) 用焓差法计算冷却塔的基本方程

1925 年麦凯尔（Merkel）首先引用了热焓的概念建立了冷却塔的热焓平衡方程式。利用 Merkel 热焓方程和水气的热平衡方程，可比较简便地求解水温 t 和热焓 i，因而它至今仍是国内外对冷却塔进行热工计算时所采用的主要方法，称其为焓差法。

通过取逆流塔中某一微元段 dZ 进行研究可得[2]，

$$dQ = h_{md}(i'' - i)\alpha A dZ \tag{7-19}$$

式中 dQ——微元段内总的传热量，kW；

h_{md}——以含湿量差表示的传质系数，kg/（$m^2 \cdot s$）；

i''——水面饱和空气层的焓，kJ/kg；

i——塔内任何计算部位处空气的焓，kJ/kg；

α——填料的比表面积，m^2/m^3；

A——塔的横截面积，m^2；

Z——塔内填料高度，m。

此即 Merkel 焓差方程。它表明塔内任何部位水、气之间交换的总热量与该点水温下饱和空气焓 i''与该处空气焓 i 之差成正比。该方程可视为能量扩散方程，焓差正是这种扩散的推动力。但应指出，Merkel 方程存在一定的近似性。

除了 Merkel 方程之外，在没有热损失的情况下，水和空气之间还存在着热平衡方程，亦即水所放出的热量应当等于空气增加的热量。在微元段 dZ 内水所放出的热为：

$$dQ = Wc(t + dt) - (W - dW)ct = (Wdt + tdW)c \tag{7-20}$$

其中　W——进入微元段 dZ 内的总水量，kg/s；

t——微元段 dZ 的出水温度，℃。

而空气在该微元段吸收的热为：

$$dQ = Gdi \tag{7-21}$$

式中　G——进入微元段内的空气量，kg/s。

因而

$$Gdi = c(Wdt + tdW) \tag{7-22}$$

式（7-22）右边第一项为水温降低 dt 放出之热，第二项为由于蒸发了 dW 水量所带走的热，将式（7-22）做一变换有：

$$Gdi = \frac{cWdt}{\left(1 - \frac{ctdW}{Gdi}\right)} \tag{7-23}$$

令

$$K = 1 - \frac{ctdW}{Gdi} \tag{7-24}$$

则

$$Gdi = \frac{cWdt}{K} \tag{7-25}$$

K 是考虑蒸发水量带走热量的系数。计算表明，式（7-22）中的第二项表示的热量通常只有总传热量的百分之几，因而 K 接近于 1。对 K 的分析可以看出，它基本上是出口水温 t_2 的函数[3]，其关系如图 7-18 所示。

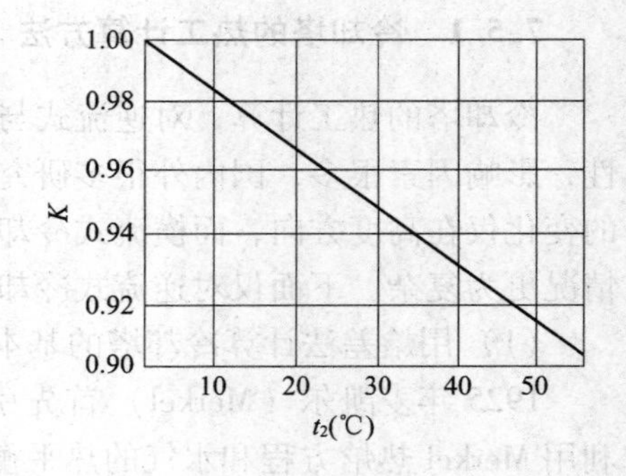

图 7-18　K 值与冷却水温的关系

用式（7-25）对全塔积分可得：

$$i_2 = i_1 + \frac{cW}{KG}(t_1 - t_2) \tag{7-26}$$

式（7-26）可用于求解与每个水温相对应的空气的焓值。

综合上面所得的各式（7-19），（7-21），（7-25）可得：

$$h_{md}(i'' - i)\alpha AdZ = cWdt/K$$

对此进行变量分离并加以积分：

$$\frac{c}{K}\int_{t_2}^{t_1}\frac{dt}{i'' - i} = \int_0^Z h_{md}\frac{\alpha A}{W}dZ = h_{md}\frac{\alpha AZ}{W} \tag{7-27}$$

式（7-27）是在迈克尔方程基础上以焓差为推动力进行冷却时，计算冷却塔的基本方程。若以 N 代表两式的左边部分，即：

$$N = \frac{c}{K}\int_{t_2}^{t_1}\frac{dt}{i'' - i} \tag{7-28}$$

N 为按温度积分的冷却数，简称冷却数，它是一个无量纲数。

另外若以 N'表示式（7-27）右边部分，即：

$$N' = h_{\mathrm{md}} \frac{\alpha AZ}{W} \tag{7-29}$$

称无因次量 N' 为冷却塔特性数。冷却数表示水温从 t_1 降到 t_2 所需要的特征数数值，它代表冷却负荷的大小。在冷却数中的（$i''-i$）是指水面饱和空气层的焓与外界空气的焓之差 Δi，此值越小，水的散热就越困难。所以它与外部空气参数有关，而与冷却塔的构造和形式无关。在气量和水量之比相同时，N 值越大，表示要求散发的热量越多，所需淋水装置的体积越大。特性数中的 h_{md} 反映了淋水装置的散热能力，因而特性数反映了冷却塔所具有的冷却能力，它与淋水装置的构造尺寸、散热性能及水、气流量有关。

冷却塔的设计计算问题，就是要求冷却任务与冷却能力相适应，因而在设计中应使 $N=N'$，以保证冷却任务的完成。

（2）冷却数的确定

在冷却数的定义式（7-28）中，（$i''-i$）与水温 t 之间的函数关系极为复杂，不可能直接积分求解，因此一般采用近似求解法。如辛普逊（Simpson）近似积分法是根据将冷却数的积分式分项计算求得近似解[2]，

$$i_n - i_{n-1} = \frac{cL}{KG}\left(\frac{t_1 - t_2}{n}\right) \tag{7-30}$$

式中，i_n、i_{n-1} 分别为将积分区间等分为偶数 n 时，后一个等分的 i_n 值与前一个等分的 i_{n-1} 值。

在计算时，应从淋水装置底层开始，先算出该层的 i 值，再逐步往上算出以上各段的 i 值，各段的 K 值也应根据相应段的水温按图 7-18 查得。

若精度要求不高，且水在塔内的温降 $\Delta t<15$℃时，常用下列的两段公式简化计算：

$$N = \frac{c\Delta t}{6K}\left(\frac{1}{i''_1 - i_1} + \frac{4}{i''_{\mathrm{m}} - i_{\mathrm{m}}} + \frac{1}{i''_2 - i_2}\right) \tag{7-31}$$

式中　i''_1、i''_2、i''_{m}——与水温 t_1、t_2、$t_{\mathrm{m}}=(t_1+t_2)/2$ 对应的饱和空气焓，kJ/kg；

i_1、i_2——分别为冷却塔中空气进口、出口处的焓，kJ/kg。

而　$i_{\mathrm{m}}=(i_1+i_2)/2$。

（3）特性数的确定

为使实际应用方便，常将式（7-29）定义的特性数改写成：

$$N' = h_{\mathrm{mdv}} \frac{V}{W} \tag{7-32}$$

式中　h_{mdv}——容积传质系数，$h_{\mathrm{mdv}}=h_{\mathrm{md}}\alpha$，kg/(m^3·s)；

V——填料体积，m^3。

可见特性数取决于容积传质系数、冷却塔的构造及淋水情况等因素。

（4）换热系数与传质系数的计算

在计算冷却塔时要求确定换热系数和传质系数。假定热交换和质交换的共同过程是在两者之间的类比条件得到满足的情况下进行，因此刘伊斯关系式成立。由此得到一个重要结论，即当液体蒸发冷却时，在空气温度及含湿量的适用范围变化很小时，换热系数和传质系数之间必须保持一定的比例关系，条件的变化可使一个增大或减小，从而导致另一个也相应地发生同样的变化。因而，当缺乏直接的实验资料时就可根据其比例关系予以近似估计。

可以说直到现在为止，还没有一个通用的方程式可以计算水在冷却塔中冷却时的换热

系数和传质系数，因此更有意义的是针对具体淋水装置进行实验，取得资料。图 7-19 和图 7-20 给出了由实验得到的两种填料的 h_{mdv} 曲线。图 7-21 则是已经把不同气水比（空气量与水量之比，以 λ 表示）整理成与特性数之间的关系曲线，图中表示出了两种填料的特性，更多的资料见文献［4］等。

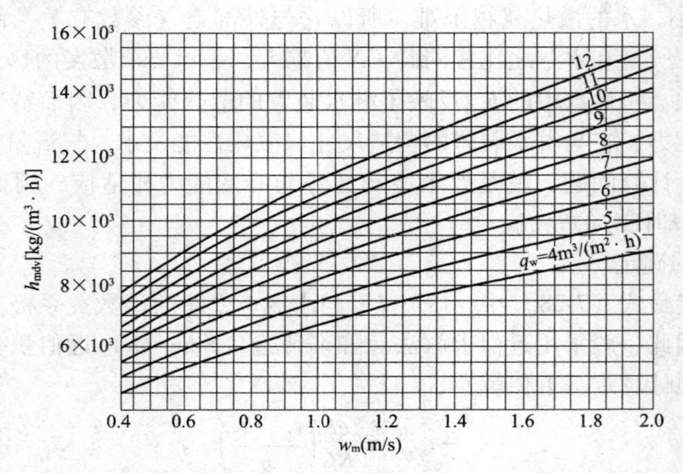

图 7-19　塑料斜波 55×12.5×60°-1000 型容积传质系数曲线[5]

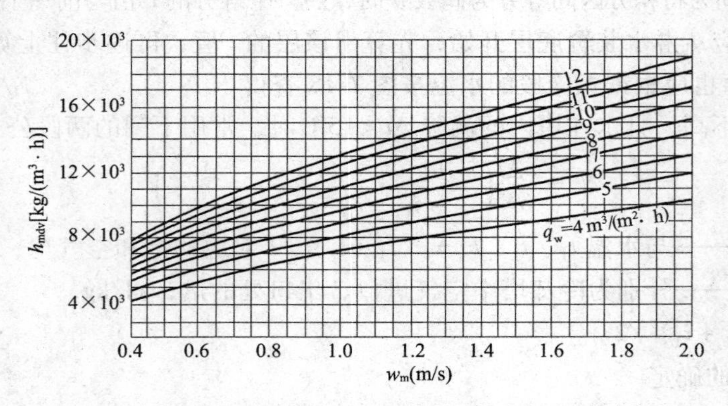

图 7-20　纸质蜂窝 d_{20}-1000 型容积传质系数曲线[5]

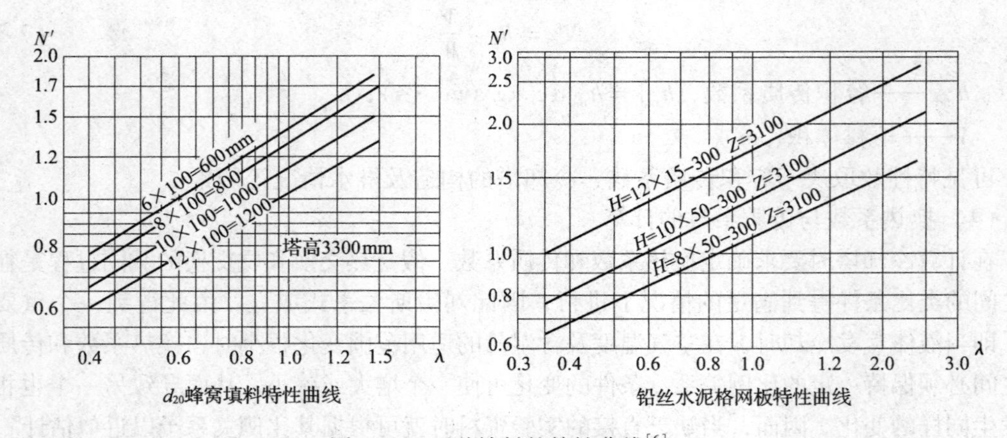

图 7-21　两种填料的特性曲线[6]

(5) 气水比的确定

气水比是指冷却每千克水所需的空气千克数，气水比越大，冷却塔的冷却能力越大，一般情况下可选 $\lambda=0.8\sim1.5$。

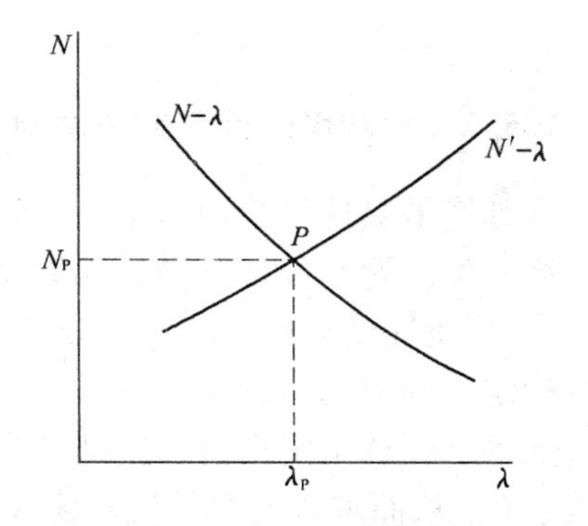

图 7-22 气水比及冷却数的确定

由于空气的焓 i 与气水比有关，因而冷却数也与气水比有关。同时特性数也与气水比有关，因此要求被确定的气水比能使 $N=N'$。为此，可用牛顿迭代法上机计算或在设计计算、假设几个不同的气水比算出不同的冷却数 N 的基础上，做如图 7-22 所示的 $N\sim\lambda$ 曲线。再在同一图上作出填料特性曲线 $N'\sim\lambda$，这两条曲线的交点 P 所对应的气水比 λ_P 就是所求的气水比。P 点称为冷却塔的工作点。

(6) 冷却塔的通风阻力计算

通风阻力计算的目的是在求得阻力之后选择适当的风机（对机械通风冷却塔）或确定自然通风冷却塔的高度。考虑到在建筑环境与能源应用工程专业中的应用，此处仅介绍机械通风冷却塔的阻力计算。

空气流动阻力包括由空气进口之后经过各个部位的局部阻力。各部位的阻力系数常采用试验数值或利用经验公式计算。表 7-3 列出了局部阻力系数的计算公式，文献 [4，5] 列出了多种填料的阻力特性曲线。

塔的总阻力为各局部阻力之和，根据总阻力和空气的容积流量，即可选择风机。

冷水槽各部位的局部阻力系数 **表 7-3**

部位名称	局部阻力系数	说明
进风口	$\zeta_1=0.55$	
导风装置	$\zeta_2=(0.1+0.000025q_w)\,l$	q_w—淋水密度 $m^3/(m^2\cdot h)$； l—导风装置长度，m，对流塔取其长度的一半，对顺流塔取总长
淋水装置处气流转弯	$\zeta_3=0.5$	
淋水装置进口气流突然收缩	$\zeta_4=0.5(1-A_0/A_s)$	A_0—淋水装置有效截面积，m^2； A_s—淋水装置总截面积，m^2
淋水装置	$\zeta_5=\zeta_0(1+k_sq_w)\,Z$	ζ_0—单位高度淋水装置阻力系数； k_s—系数，可查有关手册； Z—淋水装置高度，m
淋水装置进口气流突然扩大	$\zeta_6=(1-A_0/A_s)^2$	
配水装置	$\zeta_7=[0.5+1.3(1-A_{ch}/A_s)^2](A_s/A_{ch})^2$	A_{ch}—配水装置中气流通过的有效截面积，m^2
收水器	$\zeta_8=[0.5+2(1-A_n/A_g)](A_n/A_g)^2$	A_g—收水器有效截面积，m^2； A_n—收水器总截面积，m^2
风机进风口（渐缩管形）	ζ_9	可查文献 [4]
风机扩散口	ζ_{10}	可查文献 [5]
气流出口	$\zeta_{11}=1.0$	

7.5.2　冷却塔的计算方法举例

冷却塔的具体计算通常也要遇到两类不同的问题：

第一类问题是设计计算，即在规定的冷却任务下，已知冷却水量，冷却前后的水温 t_1、t_2，当地气象资料（t_1、t_s、φ、P 等），选择淋水装置形式，通过热工计算、空气动力计算确定冷却塔的结构尺寸等。

如果已经选定定型塔，则结合当地气象参数，确定冷却曲线与特性曲线的交点（工作点）P，从而求得所要的气水比 λ_P，最后确定冷却塔的总面积、段数等。

第二类问题是校核计算，即在气量、水量、塔总面积、进水温度、空气参数、填料种类均已知的条件下，校核水的出口温度 t_2 是否符合要求。

前已提到，水能被冷却的理论极限温度是空气的湿球温度 t_s，当水的出口温度越接近 t_s 时冷却的效果越好，但冷却塔的尺寸越大。虽冷却温差（即冷却前后水温之差）、冷却水量均影响着冷却塔尺寸大小，但（t_2-t_s）值（称为冷幅）的大小居主要地位。因而生产上一般要求 t_2 要比 t_s 高 3～5℃。由于冷却塔通常按夏季不利气象条件计算，如果采用外界空气最高温度进行计算，t_s 值就高，而在一年当中所占时间很短，则塔的尺寸很大，其余时间里，冷却塔不能充分发挥作用；反之，如采用较低的 t_s 值，塔体是小了，但有可能使得在炎热季节中冷却塔实际出水温度超过计算温度 t_2。由此可见，选择适当的 t_s 很重要。在具体选取时，建议根据夏季每年最热的 10 天排除在外的最高日平均干、湿球温度（气象资料不少于 5～10 年）进行计算。例如北京日平均干球温度 30.1℃超过 10 天，日平均湿球温度 25.6℃超过 10 天，就可以 30.1℃和 25.6℃作为干、湿球温度进行设计。这样在夏季三个月（6～8 月）共 92 天中，能保证冷却效果的时间（称为 t_s 的保证率）有 82/92 = 89.1%，而不能保证的时间为10/92 = 10.9%。

下面举例说明冷却塔的设计计算。

【例 7-3】　要求将流量为 4500t/h、温度为 40℃的热水降温至 32℃，已知当地的干球温度 $t=25.7$℃，湿球温度 $t_s=22.8$℃，大气压力 $P=99.3$kPa，试计算机械通风冷却塔所需要的淋水面积。

【解】　1）冷却数计算

水的进出口温差　$t_1-t_2=40-32=8$℃

水的平均温度　$t_m=(40+32)/2=36$℃

由 $t_2=32$℃查图 7-18 得 $K=0.944$

由附录 7-2 查得：

与 $t_1=40$℃相应的饱和空气焓 $i''_2=165.8$kJ/kg

与 $t_m=36$℃时相应的饱和空气焓 $i'_m=135.65$kJ/kg

与 $t_2=32$℃时相应的饱和空气焓 $i''_1=110.11$kJ/kg

进口空气的焓近似等于湿球温度 $t_s=22.8$℃时的焓，查得该值 $i_1=67.1$kJ/kg。

由于水的进出口温差（t_1-t_2）<15℃，故可用 Simpson 积分法的两段公式简化计算冷却数 N。假设不同的水气比，计算过程及结果列于表 7-4。表中出口空气焓 i_2 按式（7-26）计算。

冷却数的计算　　表 7-4

项　目	单　位	计算公式	数　值		
气水比，G/W			0.5	0.625	1.0
出口空气焓，i_2	kJ/kg	按式（7-26）	138.1	123.9	102.6
空气进出口焓平均值，i_m	kJ/kg	$(i_1+i_2)/2$	102.6	95.5	84.9
Δi_2	kJ/kg	i''_2-i_2	27.7	41.9	63.2
Δi_1	kJ/kg	i''_1-i_1	43.1	43.1	43.1
Δi_m	kJ/kg	i''_m-i_m	33.0	40.2	50.8
冷却数，N		按式（7-28）	1.01	0.867	0.697

2）求气水比，计算空气流量

将不同气水比时的冷却数作于图 7-23 上。选择的填料为 d_{20}、$Z=10\times100=1000$mm 的蜂窝式填料，将此种填料的特性曲线（见图 7-22）也绘到此图上，两曲线交点 P 的气水比 $\lambda_p=0.61$，$N_p=0.86$。故当 $W=4500$t/h 时，空气流量 $G=0.61\times4500=2745$t/h。

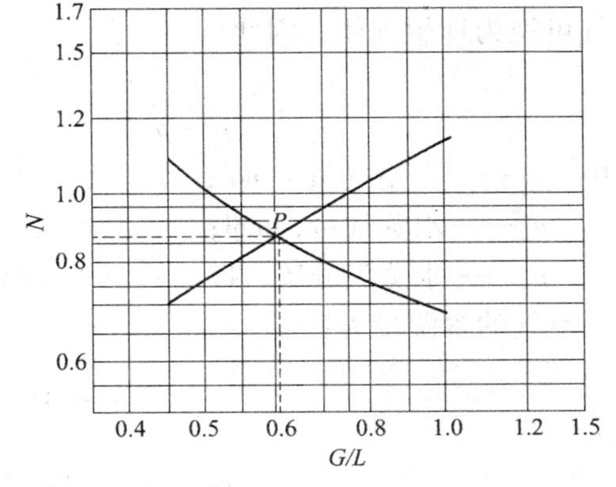

图 7-23　N-G/L 曲线

由 $t=25.7$℃ 及 $i_1=67.1$kJ/kg，查得进口空气的比容 $v=0.8689\text{m}^3/\text{kg}$，故其密度 $\rho=1.15\text{kg/m}^3$。故空气的容积流量为：

$G'=2745\times1000/(3600\times1.15)=663\text{m}^3/\text{s}$

3）选择平均风速，确定塔的总面积

选取塔内平均风速　$w_m=2$m/s

则塔的总面积　$A=G'/w_m=663/2=331.5\text{m}^2$

若采用四格 9m×9m 的冷却塔，减去柱子所占面积之后，可认为它的平均断面积为 80m^2，因此塔的有效设计面积为 $4\times80=320\text{m}^2$。

从而淋水密度为 $q_w=4500/320=14.1\text{m}^3/(\text{m}^2\cdot\text{h})$

每格塔的进风量为 $663/4=165.75\text{m}^3/\text{s}$

7.6　其他混合式热质交换设备的热工计算

在建筑环境与能源应用工程专业领域里，除喷淋室、冷却塔等典型的混合式热质交换设备外，还有大量的其他形式的这类设备，如加湿器、喷射泵、吸收器等。在此选择加湿器、喷射泵举例说明，别的不再赘述。

7.6.1　加湿器的热工计算[7]

不论是工业生产中（如纺织工业）还是公共与民用建筑中（如北方冬季宾馆内），常常提出对建筑室内的空气进行必要的加湿的要求。目前加湿器行业主要以生产家用加湿器为主，其加湿量不大，达不到工业厂房内空气加湿的要求。一般工业用加湿器要求每小时的加湿量是用水500g左右。

空气的加湿处理有四种：1）等温加湿；2）等焓加湿；3）升温加湿；4）冷却加湿。其中利用等焓加湿原理制造的加湿器，如超声波加湿器、喷淋室、板面蒸发加湿器、透膜式加湿器等具有运行可靠、费用低的特点，而且不会因加湿而使室内温度波动。所以，本节仅对等焓加湿的热工计算进行阐述，其他情况可举一反三。

利用循环水进行的等焓加湿，也就是用循环水喷淋空气。当系统达到稳定状态时，水的温度等于空气的湿球温度，且维持不变，这时空气被加湿了，但水与空气之间始终没有热交换，所以空气状态的变化是等焓的，空气由初状态1向终状态2变化是沿着等焓线下降的，如图7-24所示。在湿空气总压p接近常压的情况下，湿空气可视为理想气体，因此

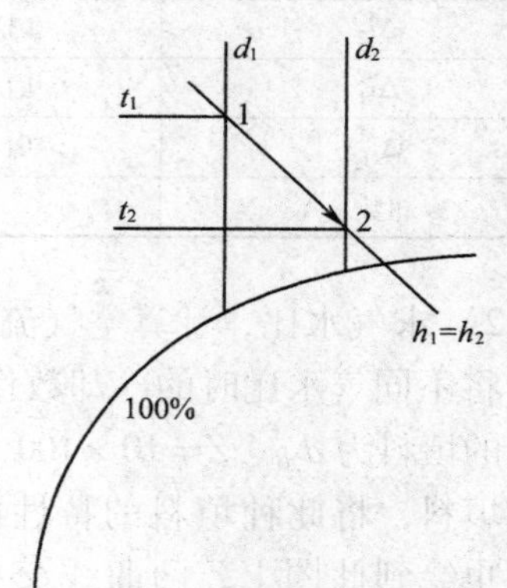

图7-24 等焓加湿过程湿空气状态变化

$$\frac{n_w}{n_g}=\frac{p_w}{(p-p_w)} \tag{7-33}$$

式中 n_g——干空气量，mol；

n_w——水蒸气量，mol；

p_w——水蒸气分压，Pa。

空气的含湿量为：

$$d=M_w\times\frac{n_w}{(M_g\times n_g)}$$

$$d=18\times\frac{p_w}{[29(p-p_w)]}=0.622\times\frac{p_w}{(p-p_w)} \tag{7-34}$$

式中 d——空气的含湿量，kg/kg干空气；

M_g——干空气的相对分子质量，$M_g=29$；

M_w——水蒸气的相对分子质量，$M_w=18$。

水分子在流动界面蒸发时，理论上已知其浓度（mol/m³）分布就能求得界面与流体间的传质速率。根据流体传热速率的牛顿冷却定律，水蒸气传质速率可用传质通量方程表示为：

$$N=h_{md}\cdot(d''-d)\cdot A_s \tag{7-35}$$

式中 N——水蒸气的传质速率，kg/s；

h_{md}——以湿度差为推动力的传质系数，kg/（m²·s）；

d''——空气的饱和含湿量，kg/kg干空气；

A_s——水蒸气的有效蒸发面积，m²。

实验证明，h_{md}和h_m（以温度差为推动力的传质系数）都与空气流动速度G的0.8次幂成正比，所以h_m/h_{md}与空气流动速度无关，只和体系的状态有关。对于空气－水蒸气系统，$h_m/h_{md}=1.09$。当空气流动方向与物料表面平行时，则$h_m=0.020\times G^{0.8}$。即

$$h_{md}=0.020\times G^{0.8}/1.09=0.01835\times G^{0.8} \tag{7-36}$$

$$N=0.01835\times(d''-d)\times A_s\times G^{0.8} \tag{7-37}$$

等焓加湿过程中，整个系统与外界没有能量的交换（理想状态），所以在设计分水器时，应尽可能增大蒸发面积以增大传质速率。

分水器分为若干层，每层是由两片挂网夹一层脱脂棉构成；每层呈波浪状，层间用胶粘接。向分水器上喷淋水时，挂网的前后面都可形成蒸发面，较大地增加了蒸发面积，脱脂棉则使挂网持续处于着水状态。分水器的蒸发面积，即水蒸气的有效蒸发面积为：

$$A_s = 2C \cdot L \cdot W \tag{7-38}$$

式中，C 为层数；L 为长度；W 为宽度。

7.6.2　喷射泵的热工计算[3]

喷射泵也是一种典型的混合式热质交换设备，它是一种以热交换为目的的喷射器，和其他喷射器一样，是使压力、温度不同的两种流体相互混合并在混合过程中进行能量交换的一种设备。

将混合过程中压力较高的流体称工作流体。按照工作流体与被引射流体相互作用的性质和条件的不同，喷射式热交换器中可以是汽－水之间的热交换、水－水之间的热交换、汽－汽间的热交换等等。图 7-25 是喷射式热交换器的原理图。它的主要部件有：工作喷管、引入室、混合室和扩散管。

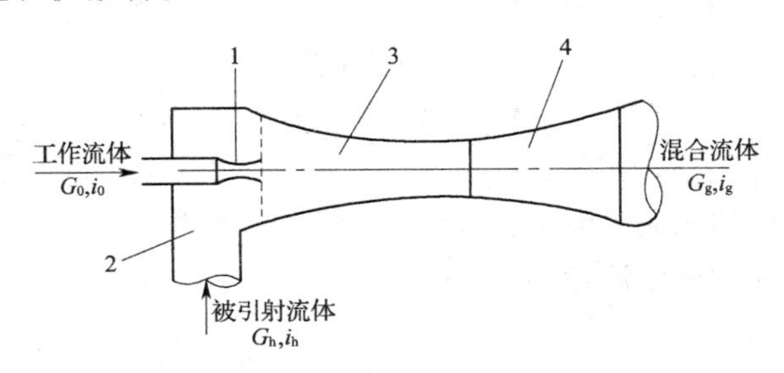

图 7-25　喷射式热交换器原理图

1—工作喷管；2—引入室；3—混合室；4—扩散管

工作流体通过喷管的膨胀，使其势能转变为动能，以很高的速度从喷管喷出，并将压力较低的流体（称被引射流体）卷吸到引入室内。工作流体把一部分动能传给被引射流体，在沿喷射器流动过程中，工作流体与被引射流体混合后的混合流体的速度渐趋均衡，动能相反地转变为势能，然后送给用户。喷射式热交换器内发生的过程可用质量守恒定律、动量守恒定律和能量守恒定律来描述。

喷射式热交换器的优点是在提高被引射流体的压力的过程中不直接消耗机械能，结构简单，与各种系统连接方便，因而在工程上有着广泛的应用。例如水－水喷射式热交换器可将高温水与部分低温水混合，得到一定温度的混合水，供室内采暖。下面即对水－水喷射式热交换器加以介绍。

（1）水－水喷射式热交换器的构造与工作原理

水－水喷射式热交换器又称水喷射器，它的构造及运行时压力的变化情况如图 7-26 所示。压力为 P_0 的高温水为工作流体，压力为 P_h 的低温水为被引射流体。高温水从喷管中喷射出来时具有很高的速度 w_p，由于它的卷吸作用，在混合室入口处造成一个压力比 P_h 还低，其值为 P_2 的低压区，使被引射的低温水以 w_2 的速度进入混合室。在混合室中两股流体互相混合且使其流速和温度逐渐趋向相等，混合流以 w_3 的流速进入扩散管，在扩散管中混合流的流速逐渐降为 w_g、压力逐渐升高到 P_g 后流出喷射器。

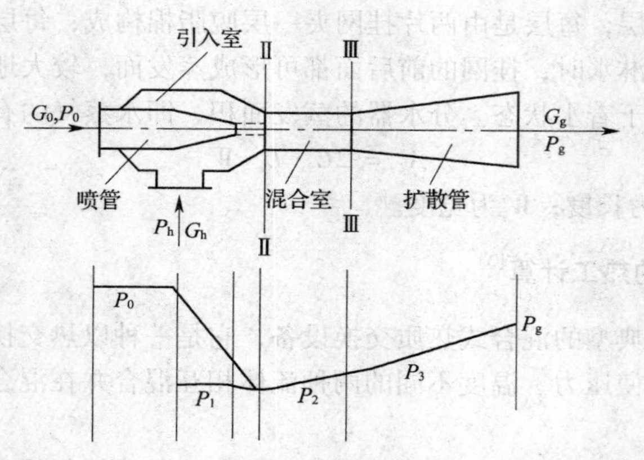

图7-26　水－水喷射式热交换器的原理图

水喷射器在喷管内的流体属于亚音速流动，故一般用的是渐缩喷管。

（2）水－水喷射式热交换器的特性方程式

水喷射器的质量守恒方程式为：

$$G_g = G_0 + G_h$$

或

$$G_g = (1 + u) G_0 \tag{7-39}$$

式中　G_0——工作流体的质量流量，kg/s；

G_h——被引射流体的质量流量，kg/s；

G_g——混合流体的质量流量，kg/s；

u——喷射系数，$u = G_h/G_0$。

能量守恒方程式为：

$$i_0 + u i_h = (1 + u) i_g \tag{7-40}$$

式中　i_0——喷射器前工作流体的焓，kJ/kg；

i_h——喷射器前被引射流体的焓，kJ/kg；

i_g——喷射器后混合流体的焓，kJ/kg。

能量守恒方程式（7-40）还可写成：

$$t_0 + u t_h = (1 + u) t_g \tag{7-41}$$

式中　t_0——喷射器前工作流体的温度，℃；

t_h——喷射器前被引射流体的温度，℃；

t_g——喷射器后混合流体的温度，℃。

它的动量方程式，对圆筒形混合室而言，可由截面Ⅱ-Ⅱ、Ⅲ-Ⅲ得到：

$$\varphi_2 (G_0 w_P + G_h w_2) - (G_0 + G_h) w_3 = (P_3 - P_2) A_3 \tag{7-42}$$

式中　w_P——混合室入口截面上工作流体的流速，m/s；

w_2——混合室入口截面被引射流体的流速，m/s；

w_3——混合室出口截面混合流体的流速，m/s；

P_2——混合室入口截面流体的压力，Pa；

P_3——混合室出口截面流体的压力，Pa；

A_3——圆筒形混合室的截面积，m^2；

φ_2——混合室的速度系数。

为简化特性方程的推导，可以认为工作流体与被引射流体在进混合室前不相混合，因而工作流体在混合室入口处所占面积与喷管出口面积 A_p 相等，如图7-26中所示那样。这一假定对于 $A_3/A_p \geqslant 4$ 时具有足够的准确性。因而被引射流体在混合室入口截面上所占面积 A_2 为：

$$A_2 = A_3 - A_p$$

式中 A_2——被引射流体在混合室入口截面上所占面积，m^2。

通过喷管的工作流体流量应为：

$$G_0 = \varphi_1 A_p \sqrt{\frac{2(P_0 - P_h)}{v_p}} \tag{7-43}$$

式中 φ_1——喷管的速度系数；

P_0——工作流体进喷管的压力，Pa；

P_h——被引射流体在引入室的压力，Pa；

v_p——工作流体的比容，m^3/kg。

由于引入室中被引射水的流速 w_h 和混合室流体出扩散管的流速 w_g 都相对较低，可忽略不计。那么根据动量守恒原理，被引射流体在混合室入口截面处的压力 P_2 与混合流体在混合室出口截面处的压力 P_3 可表示为：

$$P_2 = P_h - \frac{(w_2/\varphi_4)^2}{2v_h} \quad (\mathrm{Pa}) \tag{7-44}$$

$$P_3 = P_g - \frac{(\varphi_3 w_3)^2}{2v_g} \quad (\mathrm{Pa}) \tag{7-45}$$

式中 P_g——扩散管出口处混合水的压力，Pa；

φ_3——扩散管速度系数；

φ_4——混合室入口段的速度系数；

v_h——被引射流体的比容，m^3/kg；

v_g——混合流体的比容，m^3/kg。

在水喷射器中，工作流体与被引射流体都是非弹性流体，因而各截面处的水流速可用连续性方程式计算，即：

$$w_p = \frac{G_0 v_p}{A_p} = \varphi_1 \sqrt{2v_p(P_0 - P_h)} \quad (\mathrm{m/s}) \tag{7-46}$$

$$w_2 = \frac{uG_0 v_h}{A_2} = \varphi_1 u A_p \frac{v_h}{A_2}\sqrt{\frac{2(P_0 - P_h)}{v_p}} \quad (\mathrm{m/s}) \tag{7-47}$$

$$w_3 = (1+u)\frac{G_0 v_g}{A_2} = (1+u)\varphi_1 A_p \frac{v_g}{A_3}\sqrt{\frac{2(P_0 - P_h)}{v_p}} \quad (\mathrm{m/s}) \tag{7-48}$$

将以上各式所示关系代入式（7-42）并经整理后可得到水喷射器的特性方程式：

$$\begin{aligned}\frac{\Delta P_g}{\Delta P_p} &= \frac{P_g - P_h}{P_0 - P_h} \\ &= \varphi_1^2 \frac{A_p}{A_3}\left[2\varphi_2 + \left(2\varphi_2 - \frac{A_3}{\varphi_4^2 A_2}\right)\frac{A_p v_h}{A_2 v_p}u^2 - (2 - \varphi_3^2)\frac{A_p v_g}{A_3 v_p}(1+u)^2\right]\end{aligned} \tag{7-49}$$

式中　$\Delta P_g = P_g - P_h$——水喷射器的扬程，Pa；

$\Delta P_p = P_0 - P_h$——工作流体在喷管内的压降，Pa。

$\Delta P_g / \Delta P_p$ 称为喷射器形成的相对压降。式（7-49）表明：当给定 u 值时，喷射器的扬程与工作流体的可用压降成正比。

在 $v_g = v_p = v_h$ 的条件下，并取 $\varphi_1 = 0.95$、$\varphi_2 = 0.975$、$\varphi_3 = 0.9$、$\varphi_4 = 0.925$ 时，则特性方程简化为：

$$\frac{\Delta P_g}{\Delta P_h} = \frac{A_p}{A_3}\left[1.76 + \left(1.76 - 1.05\frac{A_3}{A_2}\right)\frac{A_p}{A_2}u^2 - 1.07\frac{A_p}{A_3}(1+u)^2\right] \tag{7-50}$$

若将式中各截面比作如下变换：

$$\frac{A_3}{A_2} = \frac{A_3}{A_3 - A_p} = \frac{A_3/A_p}{\dfrac{A_3}{A_p} - 1}; \quad \frac{A_p}{A_2} = \frac{A_p}{A_3 - A_p} = \frac{1}{\dfrac{A_3}{A_p} - 1}$$

则式（7-50）变成了：

$$\frac{\Delta P_g}{\Delta P_p} = \frac{1.76}{A_3/A_p} + 1.76\frac{u^2}{\dfrac{A_3}{A_p}\left(\dfrac{A_3}{A_p} - 1\right)} - 1.05\frac{u^2}{\left(\dfrac{A_3}{A_p} - 1\right)} - 1.07\left(\frac{1+u}{A_3/A_p}\right)^2 \tag{7-51}$$

由此可见，水喷射器的特性 $\Delta P_g / \Delta P_p = f(u, A_3/A_p)$，不决定于它的绝对尺寸。如果绝对尺寸不同，但截面比（A_3/A_p）相同，就具有相同的特性，$\Delta P_g / \Delta P_P = f(u)$。因而，$A_3/A_p$ 是水喷射器的几何相似参数，这样就可使水喷射器的试验研究工作得以简化。

（3）水－水喷射式热交换器的最佳截面比与可达到的参数

在设计水喷射器时，要求选择最佳截面比，以保证在工作流体压降（ΔP_p）和喷射系数（u）给定的情况下，使它具有最大的扬程（ΔP_g）。

因为 $\Delta P_g / \Delta P_P = f(u, A_3/A_p)$，所以最佳截面比可根据特性方程式（7-51）求偏微分的方法求得，即：

$$\frac{\partial(\Delta P_g / \Delta P_p)}{\partial(A_3/A_p)} = 0$$

当喷射系数 u 一定时，$\Delta P_g / \Delta P_p$ 是 A_3/A_p 的一元函数，可以计算出最佳截面比 $(A_3/A_p)_{zj}$ 以及可产生的最大相对压降 $(\Delta P_g / \Delta P_p)_{max}$，表 7-5 中摘录了文献［8］中用计算机所得的部分数据。

$(\Delta P_g / \Delta P_p)_{max}$、$(A_3/A_p)_{zj}$ 与 u 之间的关系　　表 7-5

u	0.2	0.4	0.6	0.8	1.0	1.2	1.4	1.6	1.8	2.0	2.2
$(\Delta P_g/\Delta P_p)_{max}$	0.4869	0.3673	0.2930	0.2419	0.2046	0.1761	0.1538	0.1358	0.1211	0.1087	0.0983
$(A_3/A_p)_{zj}$	1.9	2.6	3.2	3.8	4.5	5.2	5.9	6.7	7.5	8.3	9.2
u	2.4	2.6	2.8	3.0	3.2	3.4	3.6	3.8	4.0	4.2	4.4
$(\Delta P_g/\Delta P_p)_{max}$	0.0895	0.0818	0.0751	0.0693	0.0642	0.0596	0.0555	0.0518	0.0486	0.0456	0.0419
$(A_3/A_p)_{zj}$	10.1	11.0	11.9	12.9	14.0	15.0	16.1	17.2	18.4	19.6	20.8

（4）水－水喷射式热交换器的几何尺寸的计算

喷管出口截面积由下式计算：

$$A_p = \frac{G_0}{\varphi_1}\sqrt{\frac{v_p}{2\Delta P_p}} \quad (m^2) \tag{7-52}$$

喷管出口截面与圆筒形混合室入口截面之间的最佳距离 L_c 为

$$L_c = (1.0 \sim 1.5)d_3 \tag{7-53}$$

式中 d_3——圆筒形混合室的直径，可根据 $(A_3/A_p)_{zj}$ 及 A_p 求得 A_3 之后求出。

圆筒形混合室的长度 L_h，建议取 $L_h=(6\sim10)d_3$。

扩散管的扩散角，一般取 $\theta=6°\sim8°$。

（5）水－水喷射式热交换器的计算举例

【例 7-4】 已知水喷射器热水供热系统的室外热水管网供水温度（即喷射器的工作流体温度）$t_0=130℃$，回水温度（即被引射水温）$t_h=70℃$，混合流体温度（即向用户供水温度）$t_g=95℃$。供热系统的压力损失 $\Delta P_g=9810Pa$，用户热负荷 $Q=8.4\times10^5 kJ/h$。试确定安装在用户入口处的水喷射器的主要尺寸，并计算在设计工况下，工作流体所需要的压降 ΔP_p，绘出喷射器的特性曲线。

【解】 由式（7-41）确定喷射系数得

$$u = \frac{t_0 - t_g}{t_g - t_h} = \frac{130-95}{95-70} = 1.4$$

由表 7-5，当 $u=1.4$ 时，可查得：最大相对压降 $(\Delta P_g/\Delta P_p)_{max}=0.15378$；最佳截面积 $(A_3/A_p)_{zj}=5.9$。

于是，工作流体在喷管内的压降为

$$\Delta P_p = \Delta P_g/0.15378 = 9810/0.15378 = 63792Pa$$

由热负荷计算工作流体的流量 G_0

$$G_0 = \frac{Q}{3600c(t_0-t_h)} = \frac{8.4\times10^5}{3600\times4.19(130-70)} = 0.928kg/s$$

由式（7-52）计算喷管出口截面积

$$A_p = \frac{G}{\varphi_1}\sqrt{\frac{v_p}{2\Delta P_p}} = \frac{0.928}{0.95}\sqrt{\frac{0.001}{2\times63792}} = 8.65\times10^{-5}m^2$$

由于

$$A_p = \frac{\pi}{4}d_p^2$$

故喷管出口直径

$$d_p = \sqrt{\frac{4}{\pi}A_p} = 1.13\sqrt{8.65\times10^{-5}} = 0.0105m$$

圆筒形混合室尺寸：

截面积 $A_3=\left(\frac{A_3}{A_p}\right)_{zj}\cdot A_p=5.9\times8.65\times10^{-5}=51\times10^{-5}m^2$

直径 $d_3=1.13\sqrt{A_3}=1.13\sqrt{51\times10^{-5}}=0.0255m$

长度 $L_h=8d_3=8\times0.0255=0.204m$

喷管出口截面与混合室入口截面间的距离：

$$L_c = 1.2d_3 = 1.2\times0.0255 = 0.0306m$$

扩散管的尺寸：取其出口处的混合水速度 $w_g = 1\text{m/s}$，扩散角 $\theta = 8°$，则

出口截面积

$$A_g = \frac{(1+u)G_0 v_g}{\omega_g} = \frac{(1+1.4)\times 0.928\times 0.001}{1.0} = 2.23\times 10^{-3}\text{m}^2$$

出口直径

$$d_g = 1.13\sqrt{A_g} = 1.13\sqrt{2.23\times 10^{-3}} = 0.0534\text{m}$$

长度

$$L_k = \frac{d_g - d_3}{2\tan\dfrac{\theta}{2}} = \frac{0.0534-0.0255}{2\tan 4°} = 0.199\text{mm}$$

喷射器各截面比：

$$\frac{A_3}{A_p} = \frac{51\times 10^{-5}}{8.65\times 10^{-5}} = 5.9;\quad \frac{A_p}{A_3} = \frac{1}{5.9} = 0.169$$

$$\frac{A_p}{A_2} = \frac{A_p}{A_3 - A_p} = \frac{8.65\times 10^{-5}}{(51-8.65)\times 10^{-5}} = 0.204;\quad \frac{A_3}{A_2} = \frac{51\times 10^{-5}}{(51-8.65)\times 10^{-5}} = 1.204$$

将上述各数值代入特性方程式（7-50），得

$$\frac{\Delta P_g}{\Delta P_p} = \frac{A_p}{A_3}\left[1.76 + \left(1.76 - 1.05\frac{A_3}{A_2}\right)\frac{A_p}{A_2}u^2 - 1.07\frac{A_p}{A_3}(1+u)^2\right]$$

$$= 0.169[1.76 + (1.76 - 1.05\times 1.204)\times 0.204u^2 - 1.07\times 0.169(1+u)^2]$$

$$= 0.297 + 0.017u^2 - 0.0306(1+u)^2$$

以不同的喷射系数代入之后，可求出不同的（$\Delta P_g/\Delta P_p$），其结果列于表 7-6 及图 7-27 上。图中的 α 点为设计工况。

不同喷射系数时的（$\Delta P_g/\Delta P_p$）　　表 7-6

u	1	1.25	1.5	1.75	2	2.5
$\Delta P_g/\Delta P_p$	0.1916	0.1687	0.1440	0.1176	0.0896	0.0284

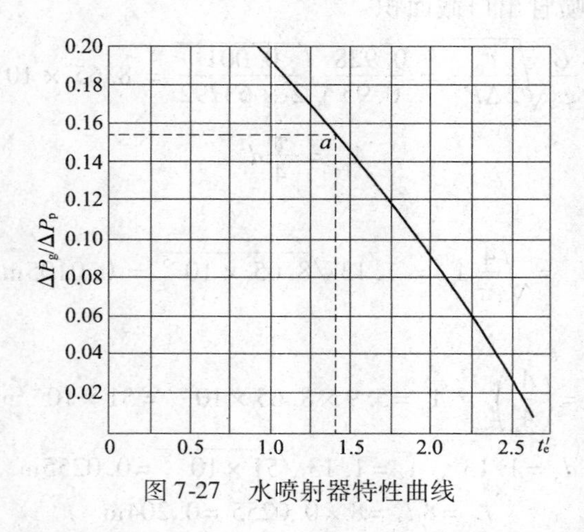

图 7-27　水喷射器特性曲线

绘出工作流体在不同压力下的 $\Delta P_g = f(V_g)$ 的特性曲线，根据这些特性曲线的管网阻力特性曲线的交点，即可确定水喷射器在不同 ΔP_g时的工作点。

思 考 题

1. 混合式换热器分为哪几种类型？各种类型的特点是什么？

2. 湿式冷却塔可分为哪几类？各类型的特点是什么？

3. 简述冷却塔的各主要部件及其作用。

4. 用16℃的地下水进行喷淋，能把 $t_1=35$℃、$t_{s1}=27$℃的空气处理成 $t_2=20$℃、$\phi=95\%$ 的空气，所处理的风量为10000kg/h，喷水量为12000kg/h。试问喷淋后的水温是多少？如果条件不变，但是把 $t_1=10$℃、$t_s=5$℃的空气处理成 $t_2=13$℃的饱和空气，试求水的终温是多少？

5. 已知室外空气状态为 $t=21$℃、$d=9$g/kg，送风状态要求 $t=20$℃、$d=10$g/kg，试在 i-d 图上确定空气处理方案。如果不进行处理就送入房间有何问题（指余热、余湿量不变时）？

6. 已建成的喷淋室经测试发现其热交换效率不能满足设计要求时，应采取什么措施来提高其热交换效率？能否通过降低喷水水温来提高其热交换效率值吗？为什么？

7. 温度 $t=20$℃、相对湿度 $\phi=40\%$ 的空气，其风量为 $G=2000$kg/h，用压力为 $p'=0.15$MPa 的饱和蒸汽加湿，求加湿空气到 $\phi=80\%$ 时需要的蒸汽量和此时空气的终参数。

8. 已知通过喷淋室的风量为 $G=30200$kg/h，空气的初状态为 $t_1=30$℃、$t_{s1}=22$℃，终状态为 $t_2=16$℃、$t_{s2}=15$℃，冷冻水温 $t_l=5$℃，当地大气压力为101325Pa，喷淋室的工作条件为双排对喷，$d_0=5$，$n=13$ 个/（m^2·排），$v\rho=2.8$kg/（m^2·s），试计算喷水量 W、水初温 t_{w1}、水终温 t_{w2}、喷嘴前水压 P_0、冷冻水量 W_l、循环水量 W_x。

9. 仍用上题的喷淋室，喷水量和空气的初状态均不变，而改用9℃的水喷淋，试求空气的终状态及水终温。

10. 用总压为100kPa、温度为30℃、湿含量为0.00614kg水/kg干空气的空气冷却46℃的水，假设所用填料冷却塔足够高，试求按以下气液比操作时水的极限出口温度：（a）$V/L=0.35$；（b）$V/L=0.84$；（c）$V/L=1.6$。

11. 冷却塔内用空气直接冷却45℃的热水，空气的干球温度为30℃，湿球温度为13℃，要求出口水温不超过30℃，气液两相在塔内逆流流动，操作压强为常压，试求需要的最小气液比。

12. 若某冷却塔足够高，其入塔空气干球温度为20℃，试求温度为16℃，入塔水温为60℃，液气比很小，则出塔水温为多少？若入塔空气湿度增大，其他条件均不变，则出塔水温怎么变？（上升，下降或不变）为什么？

第8章　复合式热质交换设备的热工计算

前面章节介绍的不论是表面式冷却器、散热器，或者是喷淋室、冷却塔等，都属于单一的间壁式或混合式热质交换设备，在实际工程中，还有一种设备是同时具有间壁式和混合式设备两者的特点的，这类设备称为复合式热质交换设备。

例如蒸发冷却空调机，对于直接式的或间接式的蒸发冷却设备，严格意义上它们应该分别属于混合式和间壁式热质交换设备，但由于气候和地域等条件的限制，实际应用时单独一级的蒸发冷却设备经常不能满足要求较高的场合使用，因此，出现了间接蒸发冷却与直接蒸发冷却复合组成在一起的多级蒸发冷却空调系统。从这个意义上讲，这就是复合式的热质交换设备。

再比如温湿度独立处理空调系统，如果单纯从对空气的处理上讲，特别是对湿度的处理上，不论内冷型还是绝热型的湿度处理设备，它们对空气的除湿过程的热质交换均发生在液膜表面，是典型的混合式设备，但是很多对温度的处理设备又属于间壁式热质交换设备，即使是对湿度处理的混合式设备，例如内冷型处理设备，很多时候又用间壁式的设备带走反应时出现的融解热，另外，对溶液除湿系统溶液的再生，也经常使用间壁式的设备，所以，从整个温湿度独立处理空调系统层面讲，它也可看做是复合式的热质交换设备。另外，喷水式表面冷却器等，也都可看做是复合式热质交换设备。

本章首先分析影响复合式设备热质交换效果的主要因素，然后在对蒸发冷却式空调系统类型与性能介绍的基础上，介绍其热工计算方法，最后对温湿度独立处理空调系统的设备进行介绍。

8.1　影响复合式设备热质交换效果的主要因素

复合式热质交换设备是间壁式和混合式热质交换设备的组合，因此影响复合式热质交换设备效果的因素综合了间壁式和混合式设备的影响因素。在对其进行讨论时，仍可将整个复合式热质交换设备分成两部分：间壁部分和混合部分，根据整个系统的工作特性，分别讨论影响上述两个部分热质交换效果的因素。

对间壁式设备热质交换的主要影响因素，传热学教材有详细、明确的阐述，主要有以下几个方面：

（1）设备内流体流动状况。介质的流动状况（流速、扰动强度等）对传热系数有一定的影响。增加流速、增强扰动、搅拌、采用旋流及射流等都能起到增强传热的效果。增加流速可改变流态，提高紊流强度。管内加进插入物，如金属丝、金属螺旋环、麻花铁等措施可以增强扰动、破坏流动边界层，增强传热，但容易引起堵塞及结垢等问题。这些措施也都将使流动阻力增大，增加动力消耗。

（2）流体物性。流体热物性中导热系数和体积比热容对表面传热系数的影响较大。

在流体内加入一些添加剂可以改变流体的某些热物理性能，达到强化传热的效果。添加剂可以是固体或液体，它与换热的主流体组成气－固、气－液以及液－液混合流动系统。

（3）设备表面状况。表面粗糙度、结构及涂层等也直接影响传热效果。增加粗糙度不仅对管内流动换热等有利，也有利于沸腾换热和凝结换热。采用烧结、机械加工或电火花加工等方法在表面形成一很薄的金属层，以增强沸腾换热；在壁上切削出沟槽或螺纹也是改变表面结构，增强凝结换热的实用技术。选择亲水铝箔、多孔陶瓷等管材也可以增强换热。在换热表面涂镀表面张力很小的材料，如纳米亲水涂层、亲水膜等以造成珠状凝结，增强传热。

（4）设备换热面形状和大小。如用小直径管子代替大直径管子，用椭圆管代替圆管的措施，可以提高传热系数。

对混合式设备热质交换的主要影响因素，在本书前面7.2节已有论述，主要包括以下五个方面：

空气与水之间的焓差；空气的流动状况；水滴大小；水气比；设备的结构特性。

需要说明的是，影响复合式设备热质交换效果的因素，除了上述之外，还应考虑将间壁式和混合式设备有效组合之后的影响因素。例如，多级复合式设备间接蒸发冷却段中，应仔细考虑布水器的设计以提高水膜在竖直平板表面的覆盖率。布水器，特别是喷嘴型布水器，对平板表面浸润系数的影响因素主要有以下几个方面：

（1）布水器与平板顶部间距大小。间距过大、过小，都易形成布水空白区。

（2）喷嘴间距。直接影响喷淋密度和分布。喷淋密度过大，能量消耗大，水流呈柱带状流下，恶化热质交换效果。喷淋密度过小，易形成空洞。喷淋分布有密排、方形、菱形、梅花形分布等。由于空间限制，仍然存在布水空洞。

（3）喷嘴形式。喷嘴型号不同，出水量、出水压力、出水方式、喷射角、雾化程度（水滴粒径）都会不同。

8.2　蒸发冷却式空调系统的热工计算

蒸发冷却式空调系统是由水的蒸发而提供制冷量，它不必将蒸发后的水蒸气再经压缩冷凝回到液态水后再蒸发，可直接补充水分来维持蒸发过程的进行，因此，可大大节省运行能耗。这种空调系统的工作原理如图8-1所示，设备下部设有集水箱，循环水经过水泵及流量调节阀送至填料顶部，将水均匀淋在填料层上，然后淋水依靠重力下流，润湿整个填料表面，空气通过淋水填料层时，与填料层表面水膜进行热湿交换，空气传递显热给水，干球温度降低，而水分蒸发成水蒸气进入空气中，空气的含湿量增加，潜热增加。冷却后的空气送入房间用于空调。

可以看出，直接蒸发冷却空调机是利用水的蒸发吸热来冷却空气，冷却后的空气送入空调房间，而水只在空调机内部循环使用。蒸发冷却空调设备中除了所需风机和水泵动力外，无需输入能量，因此具有良好的节能特性。

对室外大气环境而言，由于蒸发冷却空调设备以水为制冷剂，对大气无污染；对室内空气环境而言，该设备采用全新风，且具有空气过滤器和加湿功能，对空气进行净化和加湿处理，大大改善房间的室内空气品质，因此也具有良好的环境特性。

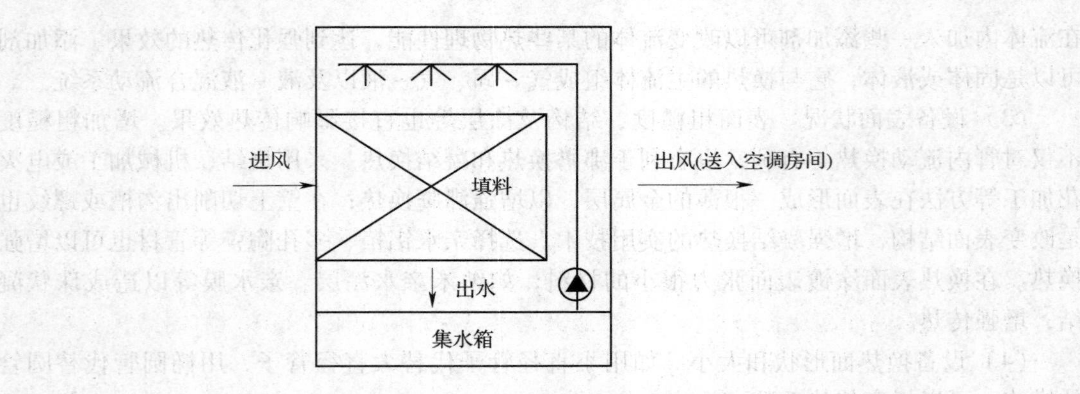

图 8-1　蒸发冷却空调机工作原理示意图

我国像西北等地区的气候比较干燥，夏季室外空调计算湿球温度较低，昼夜温差大，冬季多为干冷气候，这些独特的气象条件为蒸发冷却技术提供了天然的良好应用场所。

蒸发冷却式空调系统的关键设备是空气蒸发冷却器，它一般可分为直接蒸发冷却器和间接蒸发冷却器两种形式。

8.2.1　直接蒸发冷却器的类型与性能

直接蒸发冷却器是利用淋水填料层直接与待处理的空气接触来冷却空气。这时由于喷淋水的温度一般都低于待处理空气（即准备送入室内的空气）的干球温度又高于其露点温度，空气将会因不断地把自身的显热传递给水而得以降温；与此同时，淋水也会因不断吸收空气中的热量作为自身蒸发所耗，而蒸发后的水蒸气随后又会被气流带走，于是空气既得以降温，又实现了加湿。所以，这种用空气的显热换得潜热的处理过程，既可称为空气的直接蒸发冷却，又可称为空气的绝热降温加湿。它适用于低湿度地区，如我国海拉尔—锡林浩特—呼和浩特—西宁—兰州—甘孜一线以西的地区（如甘肃、新疆、内蒙古、宁夏等省区）。

目前，直接蒸发冷却器主要有两种类型：一类是将直接蒸发冷却装置与风机组合在一起，成为单元式空气蒸发冷却器；另一类是将该装置设在组合式空气处理机组内作为直接蒸发冷却段。

(1) 单元式直接蒸发冷却器

单元式空气蒸发冷却器通常是由离心（或轴流）风机、水泵、集水箱、喷水管路及喷嘴、填料层、自动水位控制器和箱体组成。其结构原理示意图如图 8-2 所示。室外热空气通过填料，在蒸发冷却的作用下，热空气被冷却。水泵将水从底部的集水箱送到顶部的布水系统，由布水系统均匀地淋在填料上，水在重力作用下，回到集水盘。被冷却的空气可通过送风格栅直接送到房间或输送到风管系统，由送风系统输送到各个房间。

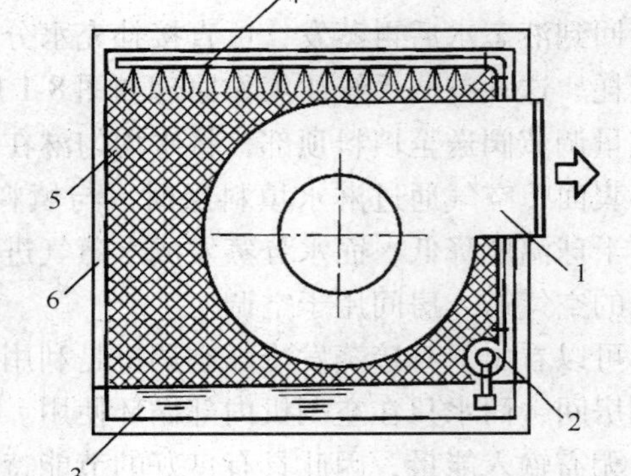

图 8-2　单元式空气直接蒸发冷却器结构示意图

1—离心风机；2—水泵；3—集水箱；
4—喷水管路；5—填料层；6—箱体

单元式空气蒸发冷却器的填料层可以设置在箱体的一个表面、两个表面或三个表面上。其出风口位置可以有下出风、侧出风和上出风三种形式。

图8-3所示为另一种结构形式的单元式空气蒸发冷却器。它是由轴流风机、水泵、喷水管路（含水过滤器）、填料层、自排式水盘和电控制装置组成，一般具有加湿和蒸发降温的双重功能。

单元式蒸发冷却器是仅供一个房间或几个房间的小型冷却器。它的水泵通常采用小型的潜水离心泵，水泵由安装在集水箱水平面上的干燥位置上的风冷式电机通过一垂直的轴来驱动。对于较大型的冷却器，由于将空气输送到风管系统中需克服较高的气流阻力，因此应选用离心风机。大多数单元式蒸发冷却器采用双速电机。

（2）组合式空气处理机组的蒸发冷却段

组合式空气处理机组的蒸发冷却段如图8-4所示。它是由填料层、挡水板、水泵、集水箱、喷水管、泵吸入管、溢流管、自动补水管、快速充水管及排水管等组成。

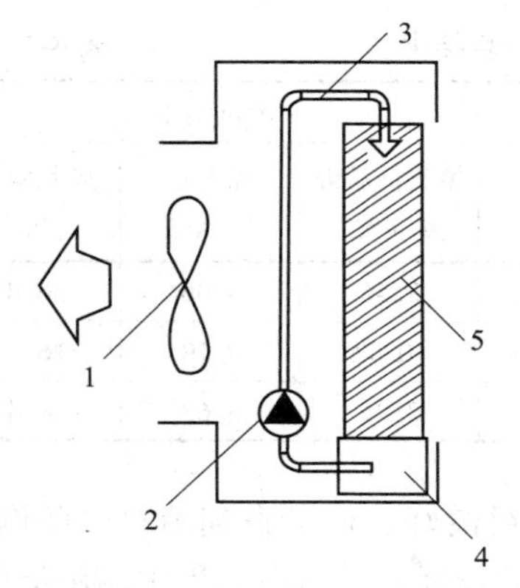

图8-3　另一种结构形式的单元式空气蒸发冷却器

1—轴流风机；2—水泵；3—喷水管路；4—水盘；5—填料层

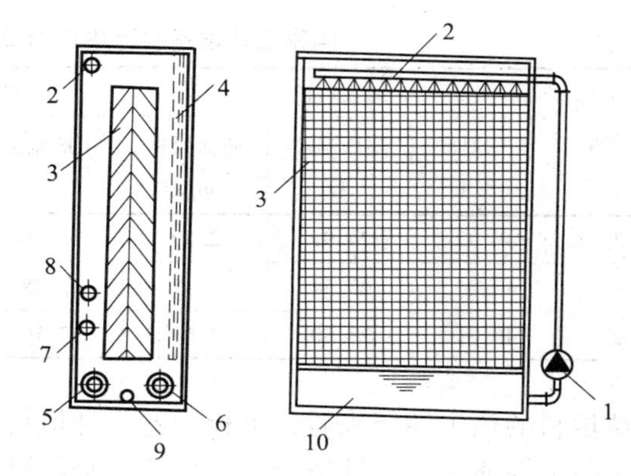

图8-4　组合式空气处理机组的蒸发冷却段

1—水泵；2—喷水管；3—填料层；4—挡水板；5—泵吸入管；6—溢流管；7—自动补水管；8—快速充水管；9—排水管；10—集水箱

组合式空气处理机组的蒸发冷却段与喷淋段相比，具有更高的冷却效率，由于不需消耗喷嘴前压力（约0.2MPa左右），所需的水压很低，用水量也少，因此，较喷淋段节能。同时，也不会因水质不好而导致喷嘴堵塞现象发生。并且体积比喷淋段小得多，对灰尘的净化效果也比喷淋段好。

组合式空气处理机组的蒸发冷却段还兼有加湿段的功能，达到对空气的加湿处理作用。

8.2.2　直接蒸发冷却器的热工计算

8.2.2.1　直接蒸发冷却器对填料的性能要求

直接蒸发冷却器的填料或介质是直接蒸发冷却器的核心构件。一种理想的填料应具有以下特征：

（1）流动阻力小。

（2）有较大的空气－水接触面积。

（3）气流阻力、空气－水接触面积及水流等均匀分布。
（4）能阻止化学或生物的分解退化。
（5）具有自身清洁空气中的尘埃的能力。
（6）经久耐用，使用周期内性能稳定。
（7）投资低。

目前常用的填料有有机填料、无机填料和金属填料三类。有机填料如公司的产品 CELdek，它是由加入了特殊化学原料的植物纤维纸浆制成。$1m^3$ 的 CELdek 填料可提供 440～660m^2 的接触面积。无机填料如某公司的产品 GLASdek，它是以玻璃纤维为基材，经特殊成分树脂浸泡，再经烧结处理的高分子复合材料。GLASdek 填料具有较强的吸水性，$1m^3$ 的 GLASdek 可吸水 100kg。金属填料主要有铝合金填料和不锈钢填料两种，金属铝箔填料的比表面积为 400～500m^2/m^3。国家空调设备质量监督检验中心对三种主要填料的检验结果如表 8-1 所示。

国家空调设备检验中心对三种填料的检验结果　　表 8-1

湿材类型	加填料前			加填料后		测试结果		
	干球温度（℃）	湿球温度（℃）	迎面风速（m/s）	干球温度（℃）	湿球温度（℃）	填料前后温差（℃）	加湿量（g/kg）	风侧阻力（Pa）
有机	40.02	24.99	2.59	32.66	25.48	7.36	4.06	36.8
无机	40.06	23.54	2.45	29.58	23.74	10.48	9.70	26.7
金属	40.01	23.50	2.61	37.10	25.01	2.91	3.63	38.4

从填料的热工性能来看，被检测的三种填料中无机填料最好。但考虑到填料的防腐耐久性、防火性能、除尘性能及经济性等，金属填料综合性能较好，目前在工程中应用最广。

8.2.2.2　直接蒸发冷却器的热工计算方法

直接蒸发冷却器的热工设计计算方法同前边第 7 章讲的混合式热质交换设备的热工计算，特别是喷淋室的热工计算方法非常类似，也是通过热交换效率的引入来进行的，相关的计算类型和主要原则在此不再赘述，具体的计算方法和步骤见表 8-2 所示。

直接蒸发冷却器热工设计计算　　表 8-2

计算步骤	计算内容	计算公式
1	预定直接蒸发冷却器的出口温度 t_{g2}，计算换热效率 η_{DEC}	$\eta_{DEC}=\frac{t_{g1}-t_{g2}}{t_{g1}-t_{s1}}$　（8-1）
2	计算送风量 L，v_y 按 2.7m/s 计算，计算填料的迎风断面积 A_y	$L=\frac{Q}{\rho\cdot c_p\cdot(t_n-t_o)}$；$A_y=\frac{L}{v_y}$　（8-2）
3	计算填料的厚度 δ	$\eta_{DEC}=1-\exp(-0.029t_{g1}^{1.678}t_{s1}^{-1.855}v_y^{-0.97}\xi\delta)$　（8-3）
4	根据填料的迎风面积和厚度，设计填料的具体尺寸	
5	如果填料的具体尺寸能够满足工程实际的要求，计算完成，否则重复步骤 1～5	

表中符号：

η_{DEC}——直接蒸发冷却器的换热效率；

t_{s1}——直接蒸发冷却器进口湿球温度,℃；

Q——空调房间总的冷负荷，kW；

t_n——空调房间的干球温度,℃；

A_y——填料的迎风面积，m^2；

t_{g1}、t_{g2}——直接蒸发冷却器进、出口干球温度,℃；

L——直接蒸发冷却段的送风量，m^3/h；

t_o——空调房间的送风温度,℃；

v_y——直接蒸发冷却器的迎面风速，m/s；

ξ——填料的比表面积，m^2/m^3。

CELdek 填料的特性曲线见图 8-5 和图 8-6。

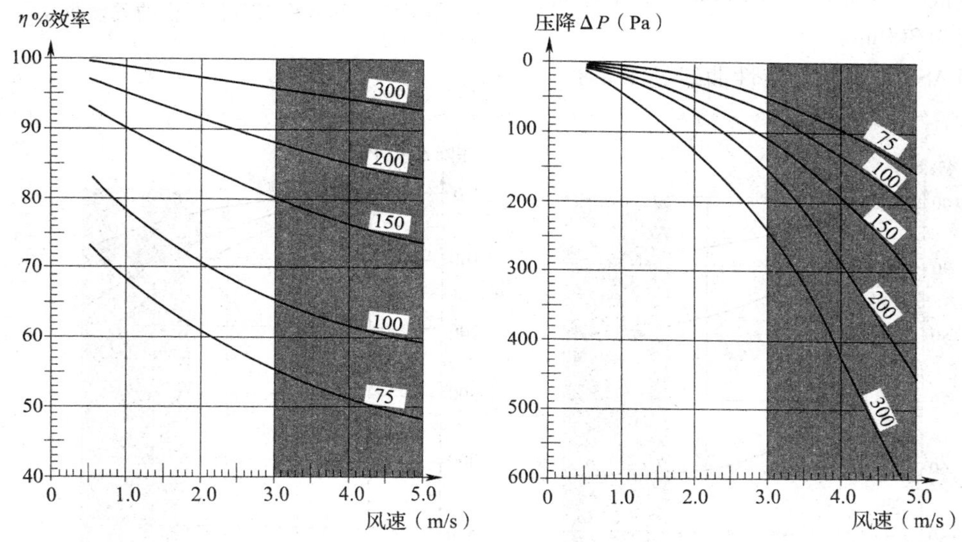

图 8-5 CELdek7090 填料的特性曲线

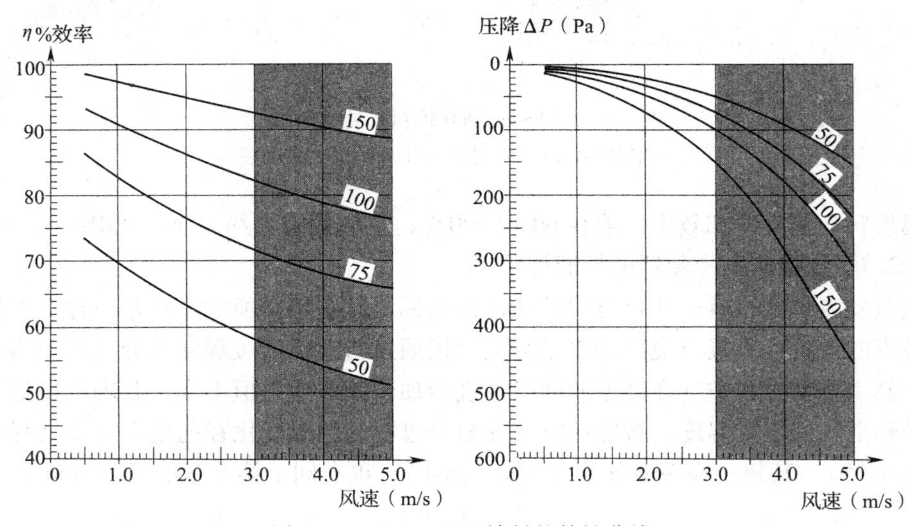

图 8-6 CELdek5090 填料的特性曲线

图 8-7 所示的是迎面风速为 2.0m/s 时两种类型的 CELdek 填料冷却效率与厚度间的关系。可见，当填料厚度增加时，空气与水的热湿交换时间增加，冷却效率增大。由于空气出口的干球温度最低只能达到入口空气的湿球温度，当填料厚度增加到一定数值时，空气的出口温度已基本接近入口空气的湿球温度，此时，再增加填料的厚度，效率也不会再继续提高，反而会大幅度增大空气阻力。因此，通常选择 CELdek 填料的最佳厚度为 300mm。

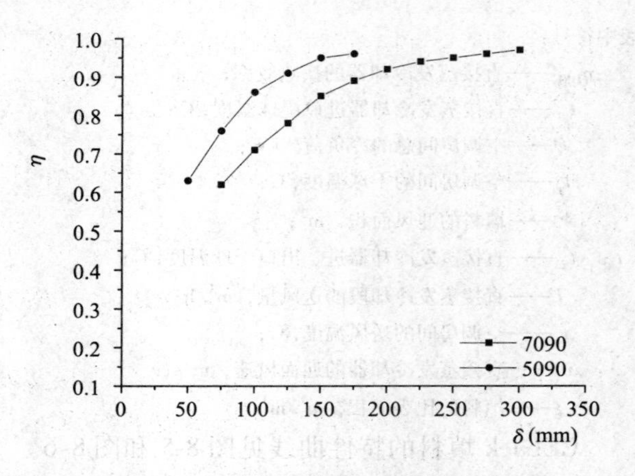

图 8-7　冷却效率与填料厚度的关系曲线

GLASdek 填料的特性曲线见图 8-8。

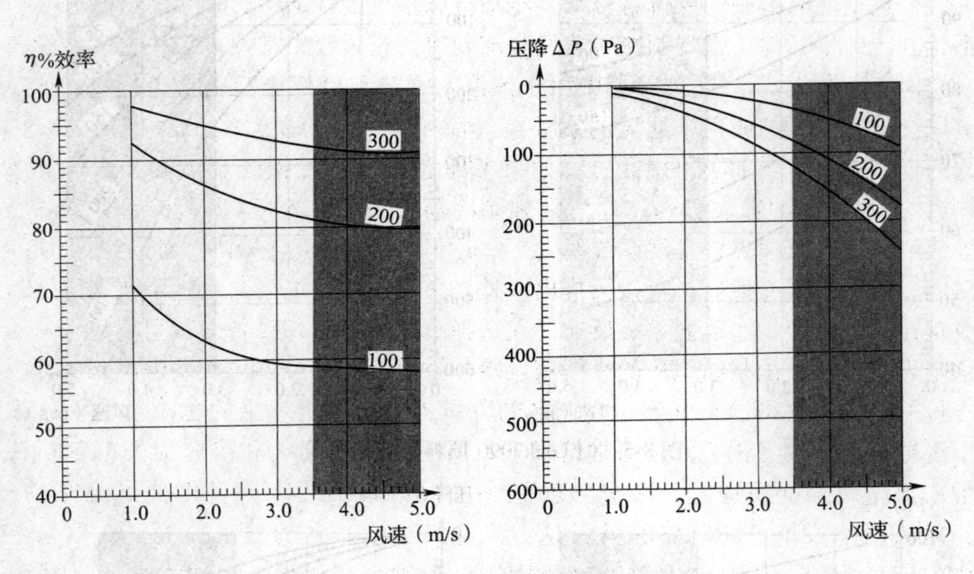

图 8-8　GLASdek7060 填料的特性曲线
（当风速曲线在阴影范围内时须加装挡水板）

金属填料的蒸发冷却效率一般在 60% ~90%，空气侧阻力约为 30 ~ 90Pa。

8.2.2.3　直接蒸发冷却器的性能评价

直接蒸发冷却器也有一些自身的性能评价指标，其中热交换效率就是一种。类似于前面对喷淋室的评价，直接蒸发冷却也是空气直接通过与湿表面接触使水分蒸发而达到冷却的目的，其主要特点是空气在降温的同时湿度增加，而水的焓值不变，其理论最低温度可达到被冷却空气的湿球温度。被冷却空气在整个过程的焓湿变化在前边 7.4 节已有类似叙述（见图 7-15），其热交换效率如下（同式（8-1），也类同于第 7 章的式（7-5））。

$$\eta_{DEC} = \frac{t_{g1} - t_{g2}}{t_{g1} - t_{s1}}$$

式中，η_{DEC}即为直接蒸发冷却器的热交换效率，t_{g1}为进风干球温度，t_{g2}为出风干球温度，t_{s1}为进风湿球温度。η_{DEC}的大小反映了空气在直接蒸发冷却器里的实际温降与理想温降的接近程度。

除了热交换效率外，直接蒸发冷却空调的性能还可用能效比EER_{DEC}作为评价指标，具体可表述为

$$EER_{DEC} = EER \cdot \frac{\Delta t_{des}}{\Delta t_{avr}} \tag{8-4}$$

式中 EER—— 按常规制冷模式计算的直接蒸发冷却空调的能效比；

Δt_{avr}—— 供冷期平均干湿球温度差,℃；

Δt_{des}—— 当地设计干湿球温度差,℃。

对于直接蒸发冷却空调系统来说，仅有上述指标还不够。一般来讲，蒸发冷却空调的送风温差不如常规制冷的大，这时就要求送风量很大，因此冷风在送入的过程中会有一部分损失，要想全面而准确的评价直接蒸发冷却空调系统的性能，必须考虑这部分冷损失。

不管制冷效果如何，常规制冷与蒸发冷却制冷传送过程中都要承担一定的冷量和风量损失。它由三部分组成：① 在管道中由于渗漏、吸热和摩擦引起的损失；② 在房间内，由于冷风会被过滤后的或用来通风的室外空气稀释而引起的损失；③ 由回风的吸热和渗漏引起的损失（对于有回风的系统）。如果考虑总的管道冷损失和渗漏损失（按5%计算），与因通风引起的损失算在一起，常规制冷损失为0～25%，蒸发冷却系统损失0～90%。蒸发冷却冷风损失较常规系统要大一些，因为常规制冷有回风，而蒸发冷却的冷风送入房间，进行热湿交换后，直接被排出室外。由此产生的损失与室外干湿球温度差、送风量成正比关系，而与送风温差成反比。在选择直接蒸发冷却设备时，可借助于表8-3进行。这个表是根据美国某纺织厂的直接蒸发冷却空调系统，经多年实验得出来的。反映了有效冷量的百分比（即冷空气到达空调区的冷量占空调机组产生的总冷量的百分比）同室外干湿球温度差的变化关系。通常情况下，所有的管道损失和渗漏损失都包括在这个百分数中。送风温度差越大，冷损失就越小。因为较小的冷风量就能满足室内负荷。相反，送风温度差越小，所需的风量越大，这又导致额外的通风损失。在效果上，如果室内温度场均匀，那么室内温度略微比送风温度高。相反，室内大的干湿球温度差将使送风量减小，送风温差增大。在效果上，送风口附近温度明显低。而在排风口处，温度又明显高。

在表的左边，粗体阶梯线左下方表示大风量情况，它适合在以通风为主的情况下，能量损失大约在61%～90%之间。在表中间，粗体阶梯线右上方，代表房间的送风量不是很足，温度场不均匀的情况，从冷风进入到排出去，温度是明显上升的，这仅适合用于较小的房间中，冷损失低，在0～38%之间。在表中部的粗体阶梯线与细体阶梯线之间是推荐工作区，在细阶梯线附近，很容易达到舒适的要求，送风温差在4.4℃左右。冷损失在43%～60%之间。一般情况下，如果室内负荷以显热为主、房间较小、通风要求不高时，适当提高送风温差是可行的。当室内空气对流不佳时，可以在顶棚上装一个风扇，就能增大对流换热，且费用很低。相反，若负荷以潜热为主，可适当降低送风温差。当然，在实际的使用当中，还应针对我国的具体情况酌情考虑。

直接蒸发冷却器输出有效冷量百分比　　表 8-3

被处理空气的干、湿球温差(℃)	送风温差(℃)													
	1.7	2.2	2.8	3.3	3.9	4.4	5.0	5.6	6.1	6.7	7.2	7.8	8.3	8.9
6.7	31	42	52	63	73	84	94%							
7.8	27	36	45	54	63	71	80	89	98%					
8.9	23	31	39	47	55	62	70	78	86	94%				
10.0	21	28	35	42	49	56	63	69	76	84	90	97%		
11.1	19	25	31	37	44	50	56	62	69	75	81	88	94	100%
12.2	17	23	28	34	40	45	51	57	62	68	74	80	85	91%
13.3	16	21	26	31	36	42	47	52	57	63	68	73	78	83%
14.4	14	19	24	29	34	38	43	48	53	58	63	67	72	77%
15.6	13	18	22	27	31	36	40	45	49	54	58	63	67	71%
16.7	12.5	17	21	25	29	33	37	42	46	50	54	58	62	67%
17.8	12	16	20	23	27	31	35	39	43	47	51	55	59	62%
18.9	11	15	18	22	26	29	33	37	40	44	48	51	55	59%
20.0	10	14	17	21	24	28	31	35	38	42	45	49	52	56%
21.1		13	16.5	20	23	26	30	33	36	40	43	46	49	53%
22.2		12.5	16	19	22	25	29	31	34	38	41	44	47	50%
23.3		12	15	18	21	24	27	30	33	36	39	42	45	48%

摘自：J. R. Watt：蒸发冷却空调手册（第二版），版权 1986 Chapman 和 Hall，纽约。

8.2.3　间接蒸发冷却器的类型与性能

在某些情况下，当对待处理空气有进一步的要求，例如要求较低含湿量或焓时，就不得不采用间接蒸发冷却技术。间接蒸发冷却技术是利用一股辅助气流先经喷淋水（循环水）直接蒸发冷却，温度降低后，再通过空气 - 空气换热器来冷却待处理空气（即准备进入室内的空气），并使之降低温度。由此可见，待处理空气通过间接蒸发冷却所实现的便不再是等焓加湿降温过程，而是减焓等湿降温过程，从而得以避免由于加湿把过多的湿量带入室内。故这种间接蒸发冷却器除了适用于低湿度地区外，在中等湿度地区，如我国哈尔滨 - 太原 - 宝鸡 - 西昌 - 昆明一线以西地区，也有应用的可能性。

间接蒸发冷却器的核心构件是空气 - 空气换热器。通常称被冷却的干侧空气为一次空气，而蒸发冷却发生的湿侧空气称为二次空气。目前，这类间接蒸发冷却器主要有板翅式、管式和热管式三种。不论哪种换热器都具有两个互不连通的空气通道。让循环水和二次空气相接触产生蒸发冷却效果的是湿通道（湿侧），而让一次空气通过的是干通道（干侧）。借助两个通道的间壁，使一次空气得到冷却。

（1）板翅式间接蒸发冷却器

板翅式间接蒸发冷却器是目前应用最多的间接蒸发冷却形式。它的核心是板翅式换热器，其结构示意图如图 8-9 所示。换热器所采用的材料为金属薄板（铝箔）和高分子材料（塑料等）。

板翅式间接蒸发冷却器中的二次空气可以来自于室外新风，房间排风或部分一次空气。一、二次空气侧均需要设置风机。一、二次空气的比例对板翅式间接蒸发冷却器的冷却效率影响较大。

（2）管式间接蒸发冷却器

管式间接蒸发冷却器的结构如图 8-10 所示。目前，常用的管式间接蒸发冷却器的管子断面形状有圆形和椭圆形（异形管）两种。所采用的材料有聚氯（苯）乙烯等高分子材料和铝箔等金属材料。管外包覆有吸水性纤维材料，使管外侧保持一定的水分，以增强蒸发冷却的效果。这层吸水性纤维套对管式间接蒸发冷却器的冷却效率影响很大。喷淋在蒸发冷却管束外表面的循环水，是通过上部多孔板淋水盘来实现的。

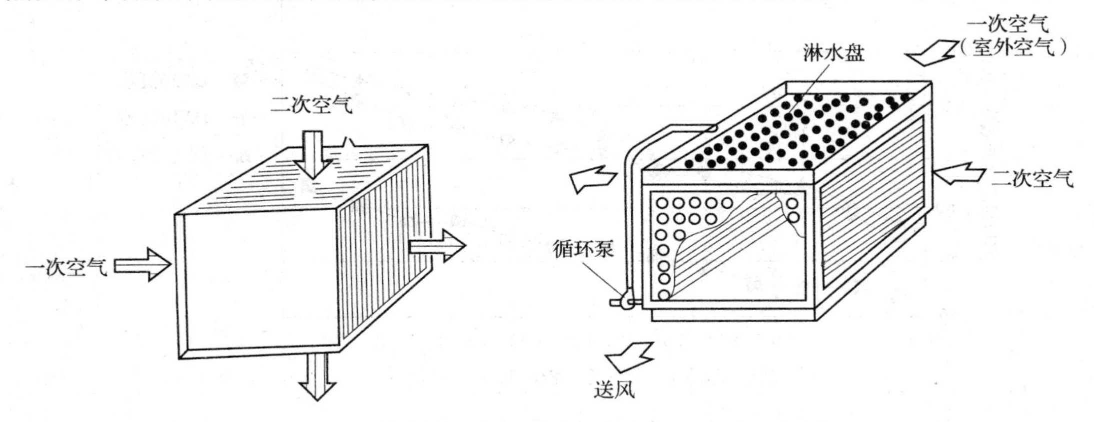

图 8-9　板式间接蒸发冷却器结构示意图　　图 8-10　管式间接蒸发冷却器结构示意图

测试数据表明管式间接蒸发冷却器中一次风受到的阻力较大，因此流量及流速衰减得较大。图 8-11 和图 8-12 所示为间接蒸发冷却机芯在二次空气流量为定值（$3600m^3/h$）时，一次空气流速变化对间接蒸发冷却器冷却效率的影响。一般而言，在二次风量一定时，随着一次空气流速（流量）的增大，间接蒸发冷却器的冷却效率是降低的。但对于不同类型的间接蒸发冷却器机芯，有一个一次空气流速的适宜区域，对于管式间接蒸发冷却器，管径为 *DN*10 的机芯一次空气的流速在 2.4～2.8m/s 之间，管径为 *DN*20 的机芯一次空气的流速宜选择在 2.95～3.2m/s 之间。

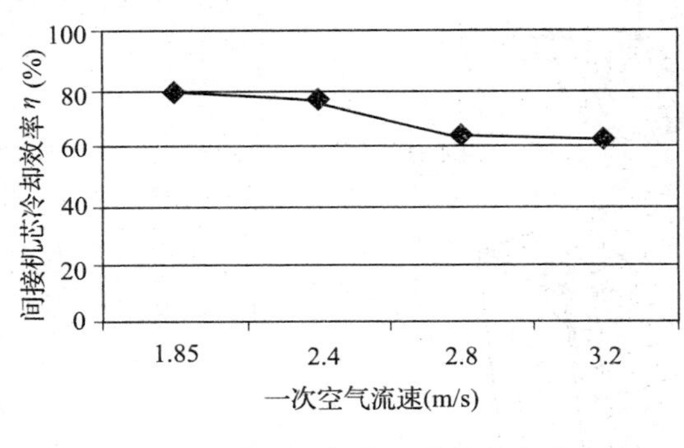

图 8-11　*DN*10 机芯一次空气流速与冷却效率的关系

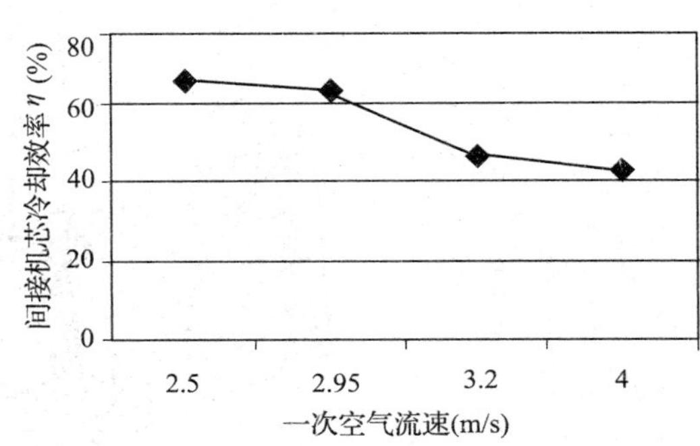

图 8-12　*DN*20 机芯一次空气流速与冷却效率的关系

图 8-13 所示的是不同风量比时的实测数据和理论数据的比较。

从图 8-13 的变化趋势来说，除了在较低的流量比处有两点实测值与理论计算值有误差外，三条曲线的走势基本吻合，在各点的变化趋势也是一致的。

从图 8-13 还可以看到，除了个别点外，*DN*10 管径的间接蒸发冷却机芯的实测值与理论计算值吻合得较好，*DN*20 管径的机芯实测值与理论值偏离较大。这是因为理论计算数值是在假定一次空气与壁面的换热效率为 100%，二次空气与水膜的热湿交换（焓效率）为 100% 的情况下得到的，由于 *DN*20 管径的机芯其换热器的比表面积远小于 *DN*10 管径的间接蒸发冷却器机芯，相对于小管径其一次空气的换热效率较小，因此与理论计算值偏离得较大。

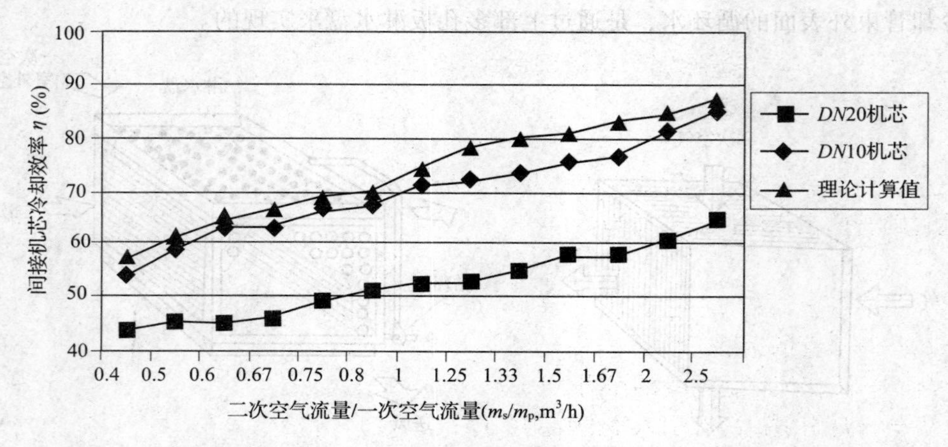

图 8-13　间接蒸发冷却机芯冷却效率和理论计算值对比

（3）热管式间接蒸发冷却器

热管式间接蒸发冷却器的核心是热管换热器，其结构如图 8-14 所示。与一般的热管换热器不同的是：一次空气通过热管换热器的蒸发段被冷却，冷凝段散发的热量由直接淋在冷凝段的水和二次空气带走。

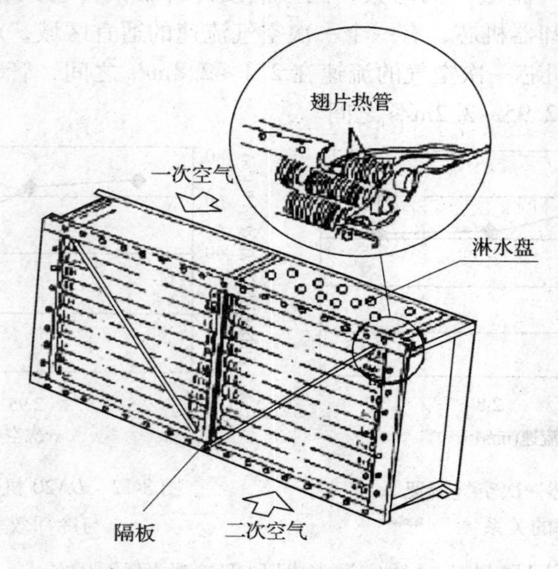

图 8-14　热管式间接蒸发冷却器结构示意图

热管式间接蒸发冷却器按热管的冷凝段与蒸发冷却的结合形式的不同主要有以下三种形式：

1）填料层直接蒸发冷却与热管冷凝段结合。这类系统利用排气通过湿填料层来实现蒸发冷却。当热管冷凝段盘管表面风速较低时，系统只需设一个相对小的小室。填料层的平均寿命一般可持续 10 年，并且维修量相对少些。对于这些系统，冷凝段盘管无需特殊涂料。

2）冷凝段盘管直接喷淋，排气与直接喷淋到冷凝段盘管上的雾化水直接接触得到处理。一些水直接蒸发到空气中冷却排气。通过转移一些空气传播的污染物使空气和盘管表面得到一定程度的净化。当盘管表面风速较低时，水从盘管滴到排水盘和集水箱内。这类热管式间接蒸发冷却器的性能比填料层的好，所需空间小。因此，目前得到广泛的应用。

3）喷水室直接蒸发冷却与热管冷凝段结合。这类系统利用排气通过喷水室来实现蒸发冷却。部分水蒸发，冷却排气，空气也被净化。在喷水室后设有挡水板，去除排气中的小水滴。此系统的压降与以上两个系统相比是最小的，并可在很大设计条件范围内工作。

（4）冷却塔＋空气冷却器式间接蒸发冷却器

冷却塔＋空气冷却器式间接蒸发冷却器，实际上是将空气冷却器作为间接蒸发冷却器。所不同的是采用冷却塔供冷方式（免费供冷）。

8.2.4　间接蒸发冷却器的热工计算

8.2.4.1　间接蒸发冷却器的热工设计计算方法

间接蒸发冷却器同直接蒸发冷却器一样，其热工设计计算方法在前边也做了类似叙述，此处也只将其具体的计算方法和步骤列于表8-4中。

间接蒸发冷却器热工设计计算　　**表8-4**

计算步骤	计算内容	计算公式
1	给定要求的热交换效率 η_{IEC}（小于75%），计算一次空气出风干球温度 t'_{g2}	$\eta_{IEC}=\frac{t'_{g1}-t'_{g2}}{t'_{g1}-t''_{s1}}$　(8-5)
2	根据室内冷负荷或对间接蒸发冷却器制冷量的要求和送风温差计算机组送风量 L'，根据 M'/M'' 的最佳值计算 L''	$L'=\frac{Q}{\rho\cdot c_p\cdot(t_n-t_o)}$　(8-6)
3	按照一次风迎面风速 v' 为2.7m/s，M''/M' 在0.6～0.8之间，计算一、二次风道迎风断面积 A_y'、A_y''	$L''=0.6-0.8L'$；$A_y'=\frac{L'}{v'}$；$A_y''=\frac{L''}{v''}$
4	预算具体尺寸，即一、二次通道的宽度 B'、B''（5mm左右）和长度 l'（1m左右）、l''，计算一、二次通道的当量直径 d_e'、d_e'' 和空气流动的雷诺数 Re'、Re''	$d_e=\frac{4f}{U}$；$Re'=\frac{v'd_e'}{\nu}$；$Re''=\frac{v''d_e''}{\nu}$
5	一次空气在单位壁面上的对流换热热阻 $\frac{1}{h'}$，二次空气侧的对流换热系数 h''	$\frac{1}{h'}=\frac{d_e'^{0.2}}{0.023\left(\frac{v'}{\nu}\right)^{0.8}\cdot Pr^{0.3}\cdot\lambda}$； $h''=\frac{0.023\left(\frac{v'}{\nu}\right)^{0.8}\cdot Pr^{0.3}\cdot\lambda}{d_e''^{0.2}}$
6	根据间接蒸发冷却器所用材料计算间隔平板的导热热阻 $\frac{\delta_m}{\lambda_m}$	

续表

计算步骤	计算内容	计算公式
7	计算以二次空气干、湿球温度差表示的相界面对流换热系数 h_w	$h_w=\alpha''\left(1.0+\dfrac{2500}{c_p\cdot k}\right)$ (8-7)
8	根据实验确定的单位淋水长度上的淋水量 Γ 为 4.4×10^{-3}kg/（m·s），计算得到 δ_w 为 0.51mm，计算 $\dfrac{\delta_w}{\lambda_w}$	
9	计算板式间接蒸发冷却器平均传热系数 K	$K=\left[\dfrac{1}{h'}+\dfrac{\delta_m}{\lambda_m}+\dfrac{\delta_w}{\lambda_w}+\dfrac{1}{h_w}\right]^{-1}$ (8-8)
10	给出关于总换热面积 A 的 NTU 表达式	$NTU=\dfrac{KA}{M'c_p}$ (8-9)
11	根据当地大气压下的焓湿图，分别计算湿空气饱和状态曲线的斜率 k 和以空气湿球温度定义的湿空气定压比热 c_{pw}	$k=\overline{\dfrac{t_s-t_1}{d_b-d}}$；$c_{pw}=1.01+2500\cdot\overline{\dfrac{d_b-d}{t_s-t_1}}$
12	根据步骤 1 预定的 η_{IEC}，计算板式间接蒸发冷却器的总换热面积 A	$\eta_{IEC}=\left[\dfrac{1}{1-\exp(-NTU)}+\dfrac{\dfrac{M'c_p}{M''c_{pw}}}{1-\exp\left(-\dfrac{M'c_p}{M''c_{pw}}\cdot NTU\right)}-\dfrac{1}{NTU}\right]^{-1}$ (8-10)
13	按照 A，确定间接蒸发冷却器的具体尺寸，如果尺寸和换热效率同时满足工程要求，则计算完成，否则重复步骤（1）~（12）	

表中符号：

η_{IEC}—间接蒸发冷却却器的换热效率；

t'_{g1}、t'_{g2}—间接蒸发冷却器一次空气的进、出口干球温度，℃；

t''_{s1}—二次空气的进口湿球温度，℃；

Q—空调房间总冷负荷，kW；

t_o—空调房间的送风温度，℃；

t_n—空调房间的干球温度，℃；

L'、L''—一、二次风量，m^3/h；

A_y'—一次空气通道总的迎风面积，m^2；

v'、v''—一次空气通道的空气流速，m/s；

B'、B''—一、二次空气通道宽度，m；

l'、l''—一、二次通道沿空气流动方向的长度，m；

d_e—当量直径，m；

f—通道的内断面面积，m^2；

U—湿周，m；

Re—雷诺准则；

ν—运动黏度，m^2/s；

Pr—普朗特准则；

λ—空气的导热系数，W/（m·℃）；

$\dfrac{1}{h'}$—一次空气在单位壁表面积上的对流换热热阻，m^2·℃/W；

h''—二次空气侧显热对流换热系数，W/（m^2·℃）；

h_w—以二次空气干、湿球温度差表示的相界面对流换热系数，W（m^2·℃）；

c_p—干空气的定压比热，kJ/（kg·℃）；

k—湿空气饱和状态曲线的斜率；
δ_m—板材的厚度，m；
δ_w—水膜厚度，m；
NTU—传热单元数；
M'、M''——、二次空气的质量流速，kg/s；
t_1—空气的露点温度，℃；
d—空气的含湿量，kg/kg；
K—板式间接蒸发冷却器平均传热系数，W/（m^2·℃）；
λ_m—板材的导热系数，W/（m·℃）；
λ_w—水的导热系数，W/（m·℃）；
A—间接蒸发冷却器总传热面积，m^2；
t_s—空气的湿球温度，℃；
d_b—空气饱和状态含湿量，kg/kg；
c_{pw}—以空气湿球温度定义的空气定压比热容，kJ/（kg·℃）；
ρ—水的密度，kg/m^3；
Γ—单位淋水长度上的淋水量，kg/（m·s）。

8.2.4.2 间接蒸发冷却器的性能评价

如前所述，间接蒸发冷却是通过换热器使被冷却空气（一次空气）不与水接触，利用另一股气流（二次空气）与水接触让水分蒸发吸收周围环境的热量而降低空气和其他介质的温度。一次气流的冷却和水的蒸发分别在两个通道内完成，因此间接蒸发冷却的主要特点是降低了温度并保持了一次气流的湿度不变，其理论最低温度可降至蒸发侧二次空气流的湿球温度。一次气流在整个过程的焓湿变化如图 8-15 所示，温度由 t'_{g1} 沿等湿线降到 t'_{g2}，其换热效率（同式（8-5））为：

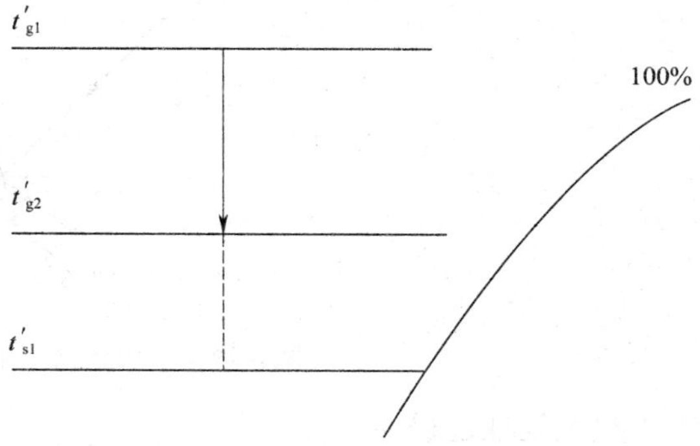

t'_{g1}
t'_{g2}
t'_{s1}
100%

图 8-15 间接蒸发冷却过程焓湿图

$$\eta_{IEC}=\frac{t'_{g1}-t'_{g2}}{t'_{g1}-t''_{s1}}$$

类似于直接蒸发冷却器热交换效率的意义，η_{IEC}的大小也反映了空气在间接蒸发冷却器里的实际温降与理想温降的接近程度。

8.2.5 一级蒸发冷却空调系统设计计算方法

8.2.5.1 一级蒸发冷却空调系统处理过程

前面所述的蒸发冷却空调系统不论是直接式的还是间接式的，由于气候和地域等条件的限制，实际应用时会存在空气调节区湿度偏大、温降有限、不能满足要求较高的场合使用等问题。因此，提出了间接蒸发冷却与直接蒸发冷却复合组成在一起的二级或三级蒸发冷却空调系统。下面还是从一级蒸发冷却系统的空气处理过程讲起。

蒸发冷却最简单的方式是由单元式空气蒸发冷却器或只有直接蒸发冷却段的组合式空气处理机组所组成，这样的系统就叫一级（直接）蒸发冷却系统。一级（直接）蒸发冷却系统制造技术和工艺都相对成熟，初投资和运行费用低，占地空间小，安装方便。在低湿球温度地区，一级（直接）蒸发冷却空调系统相对于机械制冷系统而言，具有节能一半以上的效果。

直接蒸发冷却实际上是一个等焓（绝热）加湿过程。首先根据室外干球温度 t_{wx} 和湿

球温度 t_{ws} 确定夏季室外空气状态点 W_x（t_{Wx}，t_{Ws}），然后从 W_x 作等焓线与 $\varphi = 95\%$（或 90%）线相交于 L_x 点（机器露点，送风状态点），通过 L_x 点作空调房间的热湿比线 $\varepsilon_x = \frac{\sum Q}{\sum W}$，该线与室内设计温度 t_{Nx} 相交于 N_x，此为室内空气状态点。检查室内空气的相对湿度 φ_{Nx} 是否满足要求，$\Delta t_O = t_{Nx} - t_{Lx}$ 是否符合规范要求。如果符合，则焓湿图（$i-d$ 图）绘制完毕。见图 8-16。

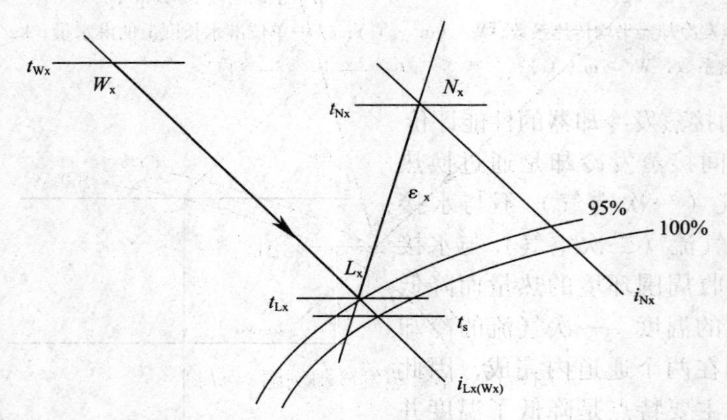

图 8-16　一级蒸发冷却系统夏季空气处理过程

空气处理过程为

$$W_x \xrightarrow[\text{直接蒸发冷却器}]{\text{绝热加湿}} L_x \xrightarrow{\varepsilon_x} N_x \longrightarrow \text{排至室外}$$

空调房间需要的送风量 q_m（kg/s）为

$$q_m = \frac{\sum Q}{i_{Nx} - i_{Lx}} \tag{8-11}$$

直接蒸发冷却器处理空气所需显热冷量 Q_0（kW）为

$$Q_0 = q_m C_p (t_{Wx} - t_{Lx}) \tag{8-12}$$

式中 C_p 是定压比热，$C_p = 1.01\text{kJ/(kg·K)}$。$t_{Wx}$、$t_{Lx}$ 分别是夏季室外干球温度和夏季机器露点温度。

于是，直接蒸发冷却器的加湿量 W（kg/s）为

$$W = q_m \left(\frac{d_{Lx}}{1000} - \frac{d_{Wx}}{1000} \right) \tag{8-13}$$

8.2.5.2　一级蒸发冷却空调系统设计实例

【实例 1】西藏自治区昌都市某办公楼，室内设计状态参数为：$t_{Nx} = 24℃$，$\varphi_{Nx} = 60\%$，夏季室外空气设计状态参数为：$t_{Wx} = 26℃$，$d_{Wx} = 11.22$ g/kg（干空气），$t_{Ws} = 14.8℃$。室内余热量为 100kW，室内余湿量为 36kg/h（0.01kg/s）。

【求】采用一级直接蒸发冷却空调的换热效率、送风量与制冷量。

【设计步骤】

1. 确定 W_x 点，过 W_x 点画等焓线与 $\varphi = 90\%$ 线相交于 O_x 点，该点为机器露点，也是送风状态点。从 O_x 点作 $\varepsilon = \frac{Q}{W} = \frac{100}{0.01} = 10000\text{kJ/kg}$ 线与室内设计温度 $t_{Nx} = 24℃$ 交于 N_x

点。经查当地大气压 $P=68133\text{Pa}$ 的 $i-d$ 图，知：$t_{\text{Ox}}=15.2℃$，$d_{\text{Ox}}=15.72\text{g/kg}$（干空气）。如图 8-17 所示。

2．直接蒸发冷却空调的换热效率：

$$\eta_{\text{DEC}}=\frac{t_{\text{Wx}}-t_{\text{Ox}}}{t_{\text{Wx}}-t_{\text{Ws}}}=\frac{26-15.2}{26-14.8}=0.96$$

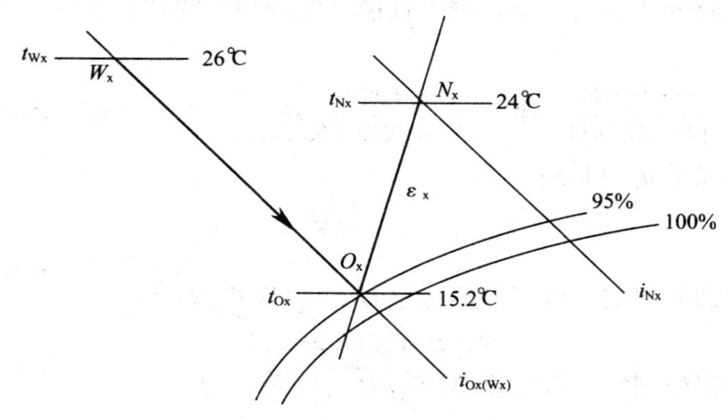

图 8-17　单级蒸发冷却例题 $i-d$ 图

3．送风量

$$q_{\text{m}}=\frac{\sum Q}{i_{\text{Nx}}-i_{\text{Ox}}}\approx\frac{\sum Q_{\text{显}}}{C_{\text{p}}\ (t_{\text{Nx}}-t_{\text{Ox}})}=\frac{100}{1.01\times(24-15.2)}\text{kg/s}=11.3\text{kg/s}$$

4．制冷量：

$$Q=q_{\text{m}}C_{\text{p}}\ (t_{\text{Wx}}-t_{\text{Ox}})\ =11.3\times1.01\times(26-15.2)\ \text{kW}=123.2\text{kW}$$

8.2.6　二级蒸发冷却空调系统设计计算方法

8.2.6.1　二级蒸发冷却空调系统处理过程

二级蒸发冷却空调系统是指，间接蒸发冷却与直接蒸发冷却复合的蒸发冷却系统，即间接＋直接的蒸发冷却系统。前面已讲，间接蒸发冷却是一个等湿降温的过程，不会增加空调被处理空气的含湿量，而间接＋直接蒸发冷却两级的总温（焓）降大于单级直接蒸发冷却。如图 8-18 所示。目前，二级蒸发冷却空调系统在实际工程中应用最广。

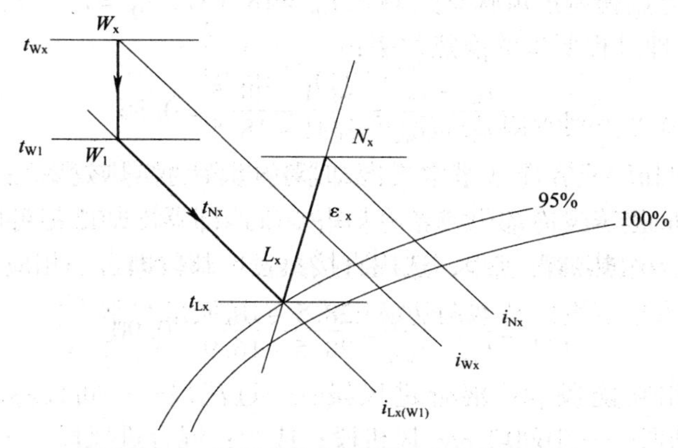

图 8-18　二级蒸发冷却系统夏季空气处理过程

二级蒸发冷却空调系统的空气处理过程在焓湿图上的表示方法为：首先确定室内空气状态点 N_x（t_{Nx}，φ_{Nx}）和夏季室外空气设计状态点 W_x（t_{Wx}，t_{Ws}），过 N_x 点作空调房间的热湿比线 $\varepsilon_x = \frac{\sum Q}{\sum W}$，该线与 $\varphi = 95\%$ 线相交于 L_x，该点为机器露点和送风状态点。从 W_x 向下作等含湿量线，同时从 L_x 点作等焓线，这两条线相交于 W_1 点，该点为室外新风经间接蒸发冷却器冷却后的状态点，也是进入直接蒸发冷却器的初状态点。因此，空气的处理过程可简单表示为

$$W_x \xrightarrow[\text{间接蒸发冷却器}]{\text{等湿冷却}} W_1 \xrightarrow[\text{直接蒸发冷却器}]{\text{绝对加湿}} L_x \xrightarrow{\varepsilon_x} N_x \longrightarrow \text{排至室外}$$

空调房间的送风量 q_m（kg/s）为

$$q_m = \frac{\sum Q}{i_{Nx} - i_{Lx}} \tag{8-14}$$

间接蒸发冷却器处理空气所需显热冷量 Q_{01}（kW）为

$$Q_{01} = q_m(i_{Wx} - i_{Lx}) \tag{8-15}$$

直接蒸发冷却器处理空气所需显热冷量 Q_{02}（kW）为

$$Q_{02} = q_m c_p(t_{W1} - t_{Lx}) \tag{8-16}$$

8.2.6.2　二级蒸发冷却空调系统设计实例

【实例 2】已知乌鲁木齐市某栋二层高级办公楼面积为 1800m²，其室内设计参数为：$t_{Nx} = 26$℃，$\varphi_{Nx} = 60\%$，$i_{Nx} = 61.2$kJ/kg。乌鲁木齐市室外空气设计状态参数为：干球温度 $t_{Wx} = 34.1$℃，湿球温度 $t_{Ws} = 18.5$℃，室外空气焓值 $i_{Wx} = 56.0$kJ/kg，经计算夏季室内冷负荷 $Q = 126$kW，室内散湿量 $W = 45$kg/h（0.0125kg/s），因此热湿比 $\varepsilon = Q/W = 10080$kJ/kg。

【求】确定夏季机组功能段，并求系统送风量及设备总显热制冷量。

【设计步骤】

1. 空气处理过程在 $i-d$ 图上的表示：根据已知条件，室外空气焓值小于室内焓值，故采用直流式系统。按 8.2.6.1 节所述方法，将空气处理过程在 $i-d$ 图上表示出来，见图 8-19。于是可得，室外状态 W_x（$t_{Wx} = 34.1$℃，$t_{Ws} = 18.5$℃）等含湿量冷却处理至 W_1（$t_{W1} = 28.5$℃，$i_{W1} = 50.2$kJ/kg，$t_{W1s} = 16.9$℃）点，再经绝热加湿处理至与 ε 线相交的机器露点 L_x 点，此点就是送风状态点 O_x（$t_{Ox} = 18.1$℃，$i_{Ox} = i_{W1}$，$t_{Os} = t_{W1s}$）。

$W_x \longrightarrow W_1$ 点处理过程要求的换热效率：

$$\eta_{IEC} = \frac{t_{Wx} - t_{W1}}{t_{Wx} - t_{Ws}} = \frac{34.1 - 28.5}{34.1 - 18.5} = 0.36$$

由于间接蒸发冷却段或者冷却塔空气冷却器冷却段的换热效率一般不超过 60%，所以 $W_x \longrightarrow W_1$ 段选择间接蒸发冷却段或者冷却塔空气冷却器冷却段都可以。

$W_1 \longrightarrow O_x$ 点，为绝热加湿过程，选用直接蒸发冷却段即可。相应加湿换热效率：

$$\eta_{DEC} = \frac{t_{W1} - t_{Ox}}{t_{W1} - t_{W1s}} = \frac{28.5 - 18.1}{28.5 - 16.9} = 0.90$$

符合要求。机组功能段为：混合进风段——过滤段——间接蒸发冷却段——中间段——直接蒸发冷却段——中间段——风机段；或为：混合进风段——过滤段——冷却塔空气冷却器段——中间段——直接蒸发冷却段——中间段——风机段。

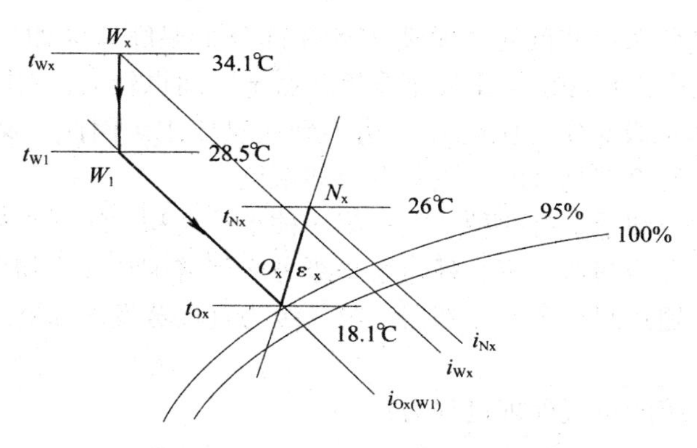

图 8-19　二级蒸发冷却例题 $i-d$ 图

2．系统送风量

$$q_m = \frac{Q}{(i_{Nx} - i_{Ox})} = \frac{126}{(60.8 - 50.2)} \text{kg/s} = 11.9 \text{kg/s}$$

3．总显热量

（1）$W_x \rightarrow W_1$ 过程的显热量按下式计算：

$$Q_1 = q_m c_p (t_{Wx} - t_{W1}) = 11.9 \times 1.01 \times (34.1 - 28.5) \text{ kW} = 67.3 \text{kW}$$

（2）$W_1 \rightarrow O_x$ 点的冷却加湿过程显热量应按下式计算：

$$Q_2 = q_m c_p (t_{W1} - t_{Ox}) = 11.9 \times 1.01 \times (28.5 - 18.1) \text{ kW} = 125.0 \text{kW}$$

于是，机组提供的总显热量：$Q_o = Q_1 + Q_2 = (67.3 + 125.0) \text{ kW} = 192.3 \text{kW}$

8.2.7　三级蒸发冷却空调系统设计计算方法

8.2.7.1　三级蒸发冷却空调系统处理过程

三级（二级间接+一级直接）蒸发冷却空调系统对空气的处理过程如图 8-20 所示。虽然二级蒸发冷却系统得到了广泛应用，取得了一定的效果，但在有些特定地区和场

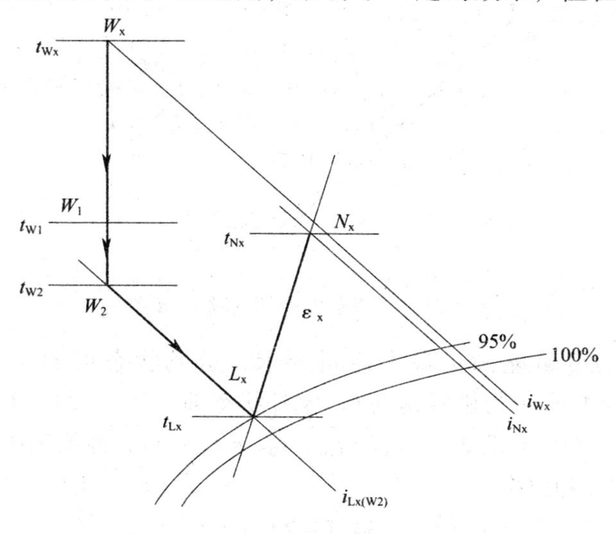

图 8-20　三级蒸发冷却系统夏季空气处理过程

合，使用这种系统仍存在一些问题。主要表现在部分中湿度地区如果达到室内空气状态点，需要的送风量较大，从经济上来讲不合算，占地空间也较大，对于一些室内空气条件要求较高的场所（如星级宾馆、医院等）达不到送风要求。因此，又提出了两级间接蒸发冷却与一级直接蒸发冷却复合的三级蒸发冷却系统。

典型的三级蒸发冷却系统有两种类型：第一种是一级和二级均为板翅式间接蒸发冷却器，第三级为直接蒸发冷却器；第二种是第一级为冷却塔 + 空气冷却器所构成的间接蒸发冷却器，第二级为板翅式间接蒸发冷却器，第三级为直接蒸发冷却器。目前，该系统正在推广应用中。

三级蒸发冷却系统的空气处理过程为：

$$W_x \xrightarrow[\text{第一级间接蒸发冷却器}]{\text{等湿冷却}} W_x \xrightarrow[\text{第二级间接蒸发冷却器}]{\text{等湿冷却}} W_2 \xrightarrow[\text{直接蒸发冷却器}]{\text{绝热加湿}} L_x \xrightarrow{\varepsilon_x} N_x \longrightarrow \text{排至室外}$$

8.2.7.2　三级蒸发冷却空调系统设计实例

【实例 3】其他条件同实例 2，仅提高室内舒适标准为：$t_{Nx}=25℃$，$\varphi_{Nx}=55\%$，$i_{Nx}=55\text{kJ/kg}$。

【求】确定夏季机组功能段，并求系统送风量及设备总显热制冷量。

【设计步骤】

1. 空气处理过程在 $i-d$ 图上的表示见图 8-21。根据已知条件，室外空气焓值（$i_W=56.0\text{kJ/kg}$）与室内焓值（$i_{Nx}=55.0\text{kJ/kg}$）几乎相等，可以使用 100% 新风。

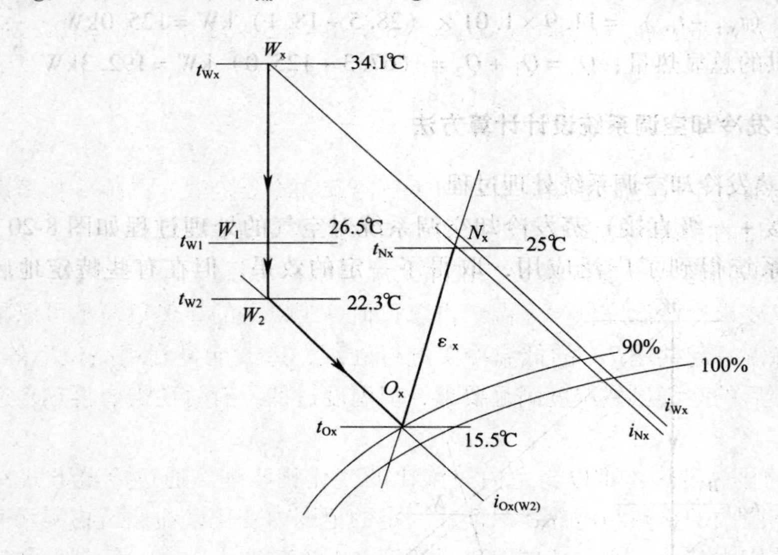

图 8-21　三级蒸发冷却例题 $i-d$ 图

假设机组提供的冷量能满足最大冷量要求，送风状态点 O_x（$t_{Ox}=15.5℃$，$i_O=43.0\text{kJ/kg}$，$t_{Os}=14.6℃$）仍为机器露点 L。室外状态 W_x（$t_{Wx}=34.1℃$，$t_{Ws}=18.5℃$）等含湿量冷却处理至 W_2（$t_{W2}=22.3℃$，$i_{W2}=i_{Ox}$，$t_{W2s}=t_{Os}$）点，经绝热加湿至送风状态 O_x。

$W_x \longrightarrow W_2$ 点的冷却效率：

$$\eta_{IEC}=\frac{t_{Wx}-t_{W2}}{t_{Wx}-t_{Ws}}=\frac{34.1-22.3}{34.1-18.5}=76.1\% > 60\%$$

所以仅靠一级的间接蒸发冷却段处理空气，制冷能力难以达到。所以整个要靠三级蒸发冷却处理空气才能把室外空气处理至送风状态 O 点。

假定冷却塔空气冷却器冷却段处理空气的终状态 W_1（$t_{W1}=26.5℃$，$t_{W1s}=16.4℃$，$i_{W1}=48.0kJ/kg$），相应换热效率：

$$\eta_{DEC}=\frac{t_{W1}-t_{W2}}{t_{W1}-t_{W1s}}=\frac{26.5-22.3}{26.5-16.4}=41.6\%<60\%$$

满足要求。机组功能段为：混合进风段——过滤段——冷却塔空气冷却器段——中间段——间接蒸发冷却段——中间段——直接蒸发冷却段——中间段——风机段。

2. 系统送风量：

$$q_m=\frac{Q}{(i_{Nx}-i_{Ox})}=\frac{126}{(55.0-43.0)}kg/s=10.5kg/s$$

3. 总显热冷量：

（1）$W_x \to W_1$ 的显热冷量：

$$Q_1=q_m c_p(t_{Wx}-t_{W1})=10.5\times1.01\times(34.1-26.5)kW=80.6kW$$

（2）$W_1 \to W_2$ 点的显热冷量：

$$Q_2=q_m c_p(t_{W1}-t_{W2})=10.5\times1.01\times(26.5-22.3)kW=44.5kW$$

（3）$W_2 \to Q_x$ 点的显热冷量：

$$Q_3=q_m c_p(t_{W2}-t_{Ox})=10.5\times1.01\times(22.3-15.5)kW=72.1kW$$

机组提供的总显热冷量：$Q_o=Q_1+Q_2+Q_3=(80.6+44.5+72.1)kW=197.2kW$

8.3 温湿度独立调节空调系统

目前空调方式均通过空气冷却器同时对空气进行冷却和冷凝除湿，产生冷却干燥的送风，实现排热排湿的目的。这种热湿联合处理的空调方式存在如下问题：

（1）热湿联合处理所造成的能源浪费。排除余湿要求冷源温度低于室内空气的露点温度，而排除余热仅要求冷源温度低于室温。占总负荷一半以上的显热负荷本可以采用高温冷源带走，却与除湿一起共用7℃的低温冷源进行处理，造成能量利用品位上的浪费。而且，经过冷凝除湿后的空气虽然湿度满足要求，但温度过低，有时还需要再热，造成了能源的进一步浪费。

（2）空气处理的显热潜热比难以与室内热湿比的变化相匹配。通过冷凝方式对空气进行冷却和除湿，其吸收的显热与潜热比只能在一定的范围内变化，而建筑物实际需要的热湿比却在较大的范围内变化。当不能同时满足温度和湿度的要求时，一般是牺牲对湿度的控制，通过仅满足温度的要求来妥协，造成室内相对湿度过高或过低的现象。过高的结果是不舒适，进而降低室温设定值，来改善热舒适，造成能耗不必要的增加；相对湿度过低也将导致室内外焓差增加使新风处理能耗增加。

（3）室内空气品质问题。冷凝除湿产生的潮湿表面成为霉菌繁殖的最好场所。空调系统繁殖和传播霉菌成为空调可能引起健康问题的主要原因。

综上所述，空调的广泛需求、人居环境健康的需要和能源系统平衡的要求，对目前空调方式提出了挑战。新的空调应该具备的特点为：

1）加大室外新风量，能够通过有效的回收方式，有效地降低由于新风量增加带来的能耗增大问题；

2）减少室内送风量，部分采用与采暖系统公用的末端方式；

3）取消潮湿表面，采用新的除湿途径；

4）不用空气过滤式过滤器，采用新的空气净化方式；

5）少用电能，以低品位热能为动力；

6）能够实现高体积利用率的高效蓄能。

从如上要求出发，目前普遍认为温湿度独立控制系统可能是一个有效的解决途径。

8.3.1　温湿度独立调节空调系统简介

空调系统承担着排除室内余热、余湿、CO_2 与异味的任务。由于排除室内余热与排除 CO_2、异味所需要的新风量与变化趋势一致，即可以通过新风同时满足排除余湿、CO_2 与异味的要求，而排除室内余热的任务则通过其他的系统（独立的温度控制方式）实现。由于无需承担除湿的任务，因而较高温度的冷源即可实现排除余热的控制任务。温湿度独立控制空调系统中，采用温度与湿度两套独立的空调控制系统，分别控制、调节室内的温度与湿度，从而避免了常规空调系统中热湿联合处理所带来的损失。由于温度、湿度采用独立的控制系统，可以满足不同房间热湿比不断变化的要求，克服了常规空调系统中难以同时满足温、湿度参数的要求，避免了室内湿度过高（或过低）的现象。

室内环境控制系统优先考虑被动方式，尽量采用自然手段维持室内热舒适环境。春秋两季可通过大换气量的自然通风来带走余热余湿，保证室内舒适的环境，缩短空调系统运行时间。当采用主动式时，温湿度独立控制空调系统的基本组成参见图 8-22。高温冷源、余热消除末端装置组成了处理显热的空调系统，采用水作为输送媒介，其输送能耗仅是输送空气能耗的 1/10 ~ 1/5。处理潜热（湿度）的系统由新风处理机组、送风末端装置组成，采用新风作为能量输送的媒介，同时满足室内空气品质的要求。

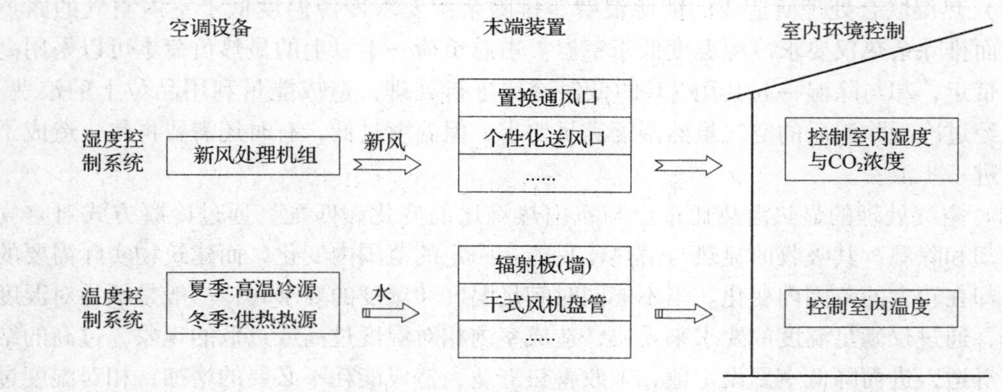

图 8-22　温湿度独立控制空调系统

我国幅员辽阔，各地气候存在着显著差异，如果以最湿月平均含湿量 12g/kg 为界，可以分为西北干燥地区和东南潮湿地区。在西北干燥地区，室外空气比较干燥，空气处理过程的核心任务是对空气的降温处理过程。而在东南潮湿地区，室外空气非常潮湿，需要除湿之后才能送入室内，空气处理过程的核心任务是对新风的除湿处理过程。

由图 8-22 可以看出，温湿度独立控制系统的四个核心组成部件分别为：高温冷水机组（出水温度 18℃）、新风处理机组（制备干燥新风）、去除显热的室内末端装置、去除潜热的室内送风末端装置。下面分别介绍这几个核心部件以及在不同气候地区的推荐形式。

8.3.2 温度调节系统

8.3.2.1 高温冷源的制备

由于除湿的任务由处理潜热的系统承担，因而显热系统的冷水供水温度由常规空调系统中的 7℃提高到 18℃左右。此温度的冷水为天然冷源的使用提供了条件，如地下水、土壤源换热器等。在西北干燥地区，可以利用室外干燥空气通过直接蒸发或间接蒸发的方法获取 18℃冷水。即使没有地下水等自然冷源可供利用，需要通过机械制冷方式制备出 18℃冷水时，由于供水温度的提高，制冷机的性能系数也有明显提高。

（1）深井回灌供冷技术

10m 以下的地下水水温一般接近当地的年均温，如果当地的年均温低于 15℃，通过抽取深井水作为冷源，使用后再回灌到地下的方法就可以不使用制冷机而获得高温冷源。表 8-5 列出了我国一些城市的年平均温度。当采用这种方式时，一定要注意必须严格实现利用过的地下水的回灌，否则将造成巨大的地下水资源浪费。

我国一些城市年平均温度（℃） **表 8-5**

城市	哈尔滨	长春	西宁	乌鲁木齐	呼和浩特	拉萨	沈阳	银川	兰州	太原
年均温	3.6	4.9	5.7	5.7	5.8	7.5	7.8	8.5	9.1	9.5
城市	北京	天津	西安	石家庄	郑州	济南	洛阳	昆明	南京	贵阳
年均温	11.4	12.2	13.3	12.9	14.2	14.2	14.6	14.7	15.3	15.3
城市	上海	合肥	成都	杭州	武汉	长沙	南昌	重庆	福州	广州
年均温	15.7	15.7	16.2	16.2	16.3	17.2	17.5	18.3	19.6	21.8

（2）通过土壤换热器获取高温冷水

可以直接利用土中埋管构成土壤源换热器，让水通过埋管与土壤换热，使水冷却到 18℃以下，使其成为吸收室内显热的冷源。土壤源换热器可以为垂直埋管形式，也可以是水平埋管方式。当采用垂直埋管形式时，埋管深度一般在 100m 左右，管与管间距在 5m 左右。当采用土壤源方式在夏季获取冷水时，一定注意要同时在冬季利用热泵方式从地下埋管中提取热量，以保证系统（土壤）全年的热平衡。否则长期抽取冷量就会使地下逐年变热，最终不能使用。当采用大量的垂直埋管时，土壤源换热器成为冬夏之间热量传递蓄热型换热器。此时夏季的冷却温度就不再与当地年平均气温有关，而是由冬夏的热量平衡和冬季取热蓄冷时的蓄冷温度决定。只要做到冬夏间的热量平衡，在南方地区也可以通过这一方式得到合适温度的冷水。

（3）间接蒸发冷水机组

间接蒸发冷水机组的原理前边 4.3.2 节已介绍了（图 4-13），其在焓湿图上的过程如图 8-23 所示。

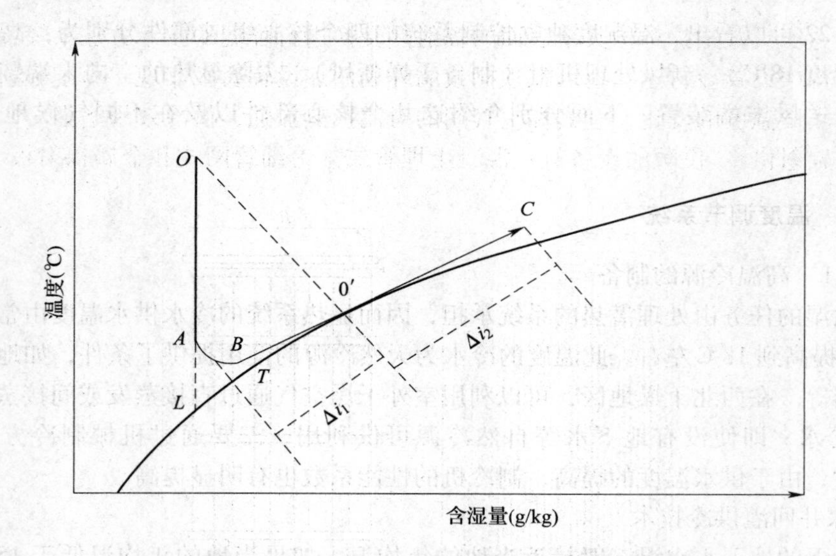

图 8-23　间接蒸发冷水机组冷水产生过程在焓湿图上的表示

状态为 *O* 的室外干燥空气进入空气冷却器 1，被从塔底部流出的冷水等湿冷却到 *A* 状态，之后进入塔的尾部喷淋区，和 *T* 状态的冷水进行充分的热湿交换，之后沿近似等焓的过程到达 *B*，此时状态已接近饱和线，在排风机的作用下，空气进一步沿塔内填料层上升，上升过程与顶部喷淋水逆流接触，沿饱和线升至 *C* 后排出。在塔内的热湿交换过程同时产生 *T* 状态的冷水，一部分进入空气冷却器冷却进风；另一部分输出到用户，两部分回水混合到塔顶部分喷淋产生冷水，完成水侧循环。

利用此间接蒸发冷水机组，在理想工况下，即各部件的换热面积无限大且各部件风、水流量比满足匹配时，出水温度可无限接近进风的露点温度。而实际开发的机组，考虑到各部件的效率，实测冷水出水温度低于室外湿球温度，基本处在湿球温度和露点温度的平均值。由于间接蒸发冷水机组产生冷量的过程，只需花费风、水间接和直接接触换热过程所需风机和水泵的电耗，和常规机械压缩制冷方式相比，不使用压缩机，机组的性能系数 *COP*（设备获得冷量与风机、水泵电耗的比值）很高。在乌鲁木齐的气象条件下，实测机组 *COP* 约为 12 ~ 13。室外空气越干燥，获得冷水的温度越低，间接蒸发冷水机组的 *COP* 越高。

（4）高温冷水机组

在无法利用地下水等天然冷源或冬蓄夏取技术获取冷水时，即使采用机械制冷方式，由于要求的水温高，制冷压缩机需要的压缩比很小，制冷机的性能系数也可以大幅度提高。如果将蒸发温度从常规冷水机组的 2 ~ 3℃ 提高到 14 ~ 16℃，当冷凝温度恒为 40℃ 时，卡诺制冷机的 *COP* 将从 7.2 ~ 7.5 提高到 11.0 ~ 12.0。对于现有的压缩式制冷机，怎样改进其结构形式，使其在小压缩比时能获得较高的效率，是对制冷机制造者提出的新课题。

8.3.2.2　温度调节室内末端设备

余热消除末端装置可以采用辐射板、干式风机盘管等多种形式。

(1) 辐射供冷技术

辐射供冷是指降低围护结构内表面中一个或多个表面的温度，形成冷辐射面，依靠辐射面与人体、家具及围护结构其余表面的辐射热交换进行降温的技术方法。辐射面可以通过在围护结构中设置冷管道，也可在顶棚或墙外表面加设辐射板实现。由于辐射面及围护结构和家具表面温度的变化，它们和空气间的对流换热加强，供冷效果增强。

常用的辐射供冷/供暖的设备有：混凝土埋管式、毛细管网式和金属辐射板。

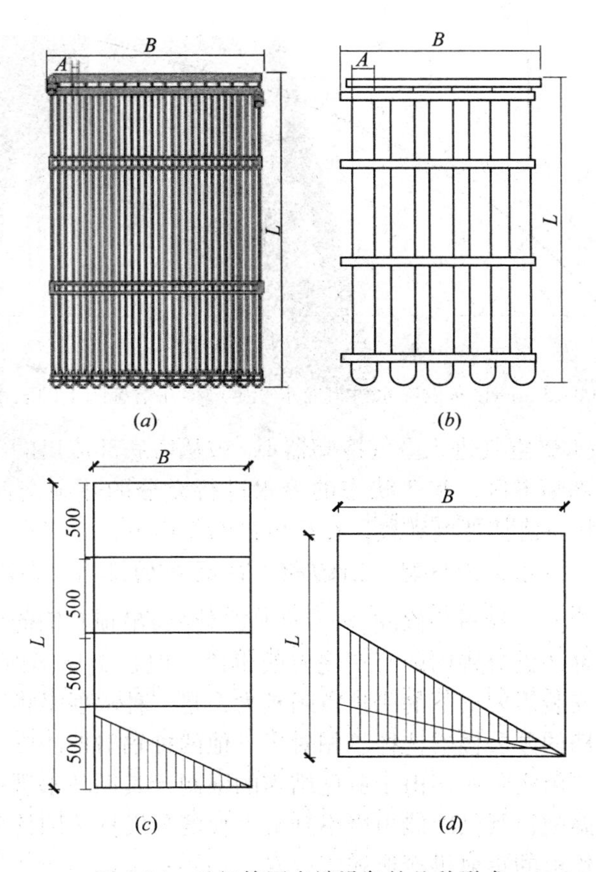

图 8-24 毛细管网末端设备的几种形式

（a）毛细管席；（b）高压型毛细管席；（c）石膏板模块；（d）金属板模块

在常用的三种辐射供冷系统中，混凝土埋管式辐射供冷造价最低，与我国普及率已经较高的地板供暖相当，易于安装，也适合大规模的应用。其特点是供冷能力最小，供冷能力一般仅有 30W/m^2，释冷较慢，有 8～10h 的滞后，但可以利用楼板进行蓄能，从而节省运行费用，因此是目前商业开发建筑利用温湿度单独处理系统时的主要方式。

毛细管网模拟叶脉和人体毛细血管机制，由外径为 4.3mm（壁厚 0.9mm）的毛细管构成。毛细管网以水作为介质传递热量，以辐射方式调节室温。毛细管网平面辐射空调系统一般组成：热交换器 + 带循环泵的分配站 + 温控调节系统 + 毛细管网（图 8-24）。毛细管席 60% 的冷量是通过辐射形式进行传递，40% 的冷量是通过对流方式进行传递。毛细管网栅（图 8-25）安装简单、控制系统完善、供冷能力及释冷速度都适中，供冷能力可以达到 60W/m^2，启动约 1h 后即可实现室内降温。

但该类辐射供冷系统价格较贵，实现国产化目前尚不具备规模化。目前国内主要代理

BEKA 和 CLINA 两种毛细管空调末端装置。

BEKA 毛细管平面空调系统技术参数，夏季：供水温度为 16℃/18℃，辐射面表面温度约为 20℃，室内温度为 26℃时，制冷量为 80W/m²；冬季：系统供水温度为 32℃/28℃，辐射面表面温度为 30℃，室内温度为 20℃时，制热量为 86W/m²。

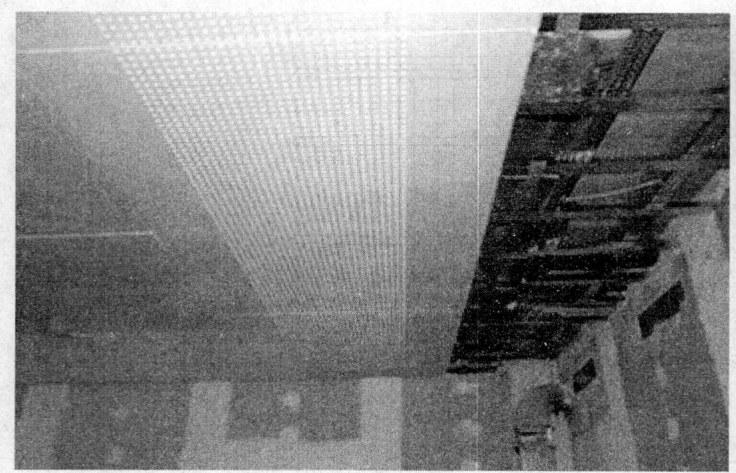

(a)石膏板吊顶模块

(b) 墙面抹灰安装

图 8-25　毛细管网末端安装实例

金属辐射板美观大方，易与装修配合，可以直接作为吊顶装饰面使用，也是三种辐射供冷中供冷最快的一种，数分钟内即可实现有效供冷。但是金属辐射板供冷耗费金属多、辐射金属板材昂贵、安装需要梁下的吊顶空间较大，是三种辐射吊顶中造价最高的辐射末端，仅适合作为较高档的办公楼的选择。相对于其他两种辐射供冷方式，金属辐射板可以提供更高的供冷能力，但实际应用由于避免结露的限制，其循环水进口水温不能高于室内设计空气状态的露点温度，其供冷能力得不到最大程度的发挥，因此目前只能作为一种易于配合较高吊顶装修要求的辐射供冷形式。

(2) 干式风机盘管

干式风机盘管技术是让风机盘管在干工况下运行，只承担室内的部分显热负荷，因此冷水供水温度可以提高到 18℃左右，风机盘管内无冷凝水产生。空气处理过程如图 8-26 所示。

它不同于湿工况下运行的风机盘管，不承担室内的湿负荷，干式风机盘管主要有以下特点：

1) 解决了湿工况下盘管表面积存湿垢产生霉菌的问题，改善了室内空气品质；

2) 不需设置冷凝水系统，减少初投资和安装费用；

3) 防止冷凝水渗漏对建筑物及装饰物品造成破坏；

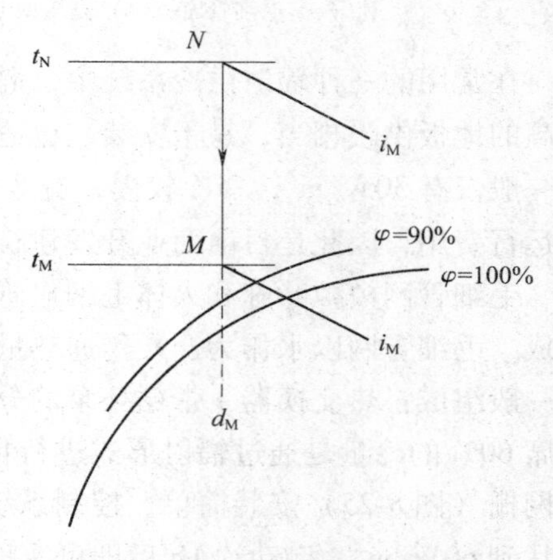

图 8-26　干式风机盘管的空气处理过程

4）低焓差送风有助于提高空调精度和舒适性。

常规湿工况风机盘管用于干工况要进行校核计算，在给定供回水温度情况下，同一盘管干工况的制冷量约为湿工况的30% ~40% 。

8.3.3 湿度独立处理设备

对新风有效的湿度控制是温湿度独立处理设备所面临的关键问题。常用的除湿方式有固体除湿和溶液除湿等。

8.3.3.1 固体除湿设备

本书前边第5章讲述了用吸附材料处理空气的原理和方法，其中叙述了转轮式固体除湿设备在本专业得到了广泛的应用，它可实现连续的除湿和再生。前边图5-15给出了转轮式固体除湿设备工作原理示意图，其核心部件除湿器内部可用硅胶、分子筛等吸湿材料附着于轻质骨料制作的转轮表面，进而当待除湿的空气通过转轮的一部分表面时，空气中的部分水分被吸附于表面吸湿材料，实现除湿，接着进行再生、下一个循环等。

除湿轮被加工成密集的蜂窝状孔道，湿交换面积很大（3000m^2吸湿面积/m^3体积），因此当需要除湿的被处理空气通过除湿轮的除湿区时，能充分与吸湿剂接触，使空气中所含的水蒸气大部分被除湿轮中的吸湿剂吸收并放出吸附热。于是通过除湿轮吸湿区的被处理空气成为湿度降低温度升高的干燥空气从除湿轮的另一侧流出。

用作再生的空气经加热器加热到预定的温度，以和处理空气相反的方向流入除湿轮，并从旋转着的除湿轮再生区的蜂窝状通道中通过，吸湿剂温度升高，从而使其所含水分汽化并被热的再生空气带走，从除湿轮的另一侧流出。

转轮式除湿器的内部结构按吸附除湿剂的安排可分为以下三种形式，见图8-27。

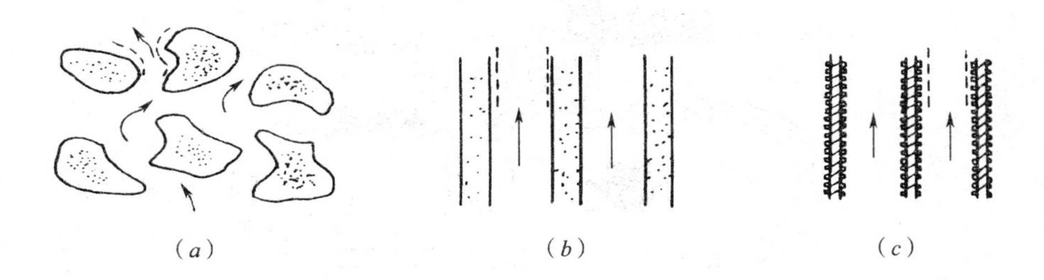

图8-27 干除湿轮中吸附除湿剂的不同排列结构图
(*a*) 堆积床结构；(*b*) IIT平板结构；(*c*) UCLA覆盖层结构

早期的转轮除湿器内部结构设计采用“堆积床”（Packed bed）结构，即吸附除湿剂微粒堆积于除湿器中，这种结构因吸附除湿剂微粒间的水蒸气扩散而导致固体吸附除湿剂侧阻力较大。美国伊利诺伊工学院（IIT）研制的转轮除湿器所采取的“平板结构”为：含有9μm的硅胶微粒的Teflon网做成平板结构，被处理气流从这些平板间通过。这种结构中水蒸气的传质阻力由三部分组成：气体侧阻力、Teflon网板的阻力和吸附除湿剂微粒的阻力。对某平板结构的转轮除湿器（板厚0.7mm，通道宽度3.1mm）的测试表明：气体侧的传质阻力约为总阻力的一半，吸附除湿剂微粒的阻力很小。美国加州大学洛杉矶分校（UCLA）研制的转轮除湿器所采用的覆盖层平板结构为：气流通道壁上覆盖单层吸附除湿剂，使吸附除湿剂的传质阻力降低到与吸附除湿剂微粒尺寸相对应的而不是与通道壁厚度相对应的量级，所以这种结构更好。

转轮吸湿过程接近等焓过程，减湿加热后的空气可进一步通过高温冷源（例如 18℃ 的冷水）冷却降温，从而实现温度与湿度的独立控制。

固体除湿方式是动态的运行过程，期间混合损失大，影响效率。另外，这种形式很难实现等温的除湿过程，而除湿过程释放出的潜热使除湿剂的温度升高，吸湿能力大打折扣，整个过程传热传质的不可逆损失较大，效率不高。

实际应用中固体转轮除湿器可以利用空—空换热器进行余热回收，以节约再生热量或电能消耗；如果与风冷或水冷冷凝器配合使用，则除湿器可用于不便排放热湿废气的场所。其流程分别如图 8-28、图 8-29 所示。

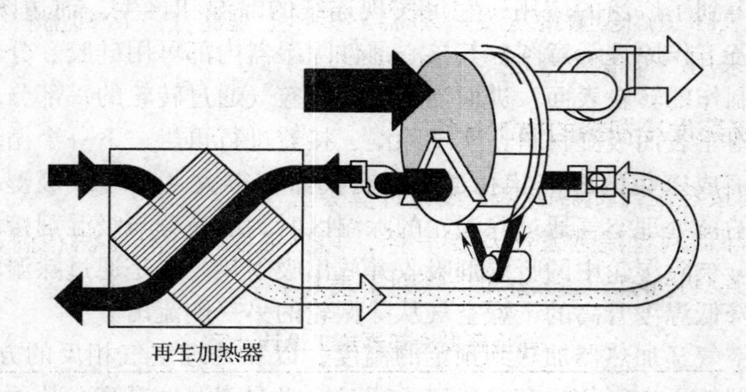

图 8-28　带回热的吸附除湿器流程图

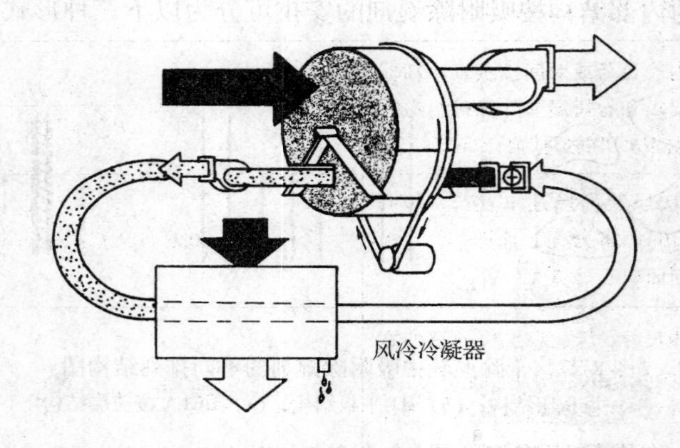

图 8-29　带水冷冷凝器的吸附除湿器流程图

8.3.3.2　液体除湿设备

相对于固体吸附材料，由于液体具有流动性，采用液体吸湿材料的传热传质设备比较容易实现；另外，液体除湿过程容易被冷却，从而实现等温的除湿过程，不可逆损失可以减小。所以采用液体吸收除湿的方法能够达到较好的热力学效果。利用溶液的吸湿能力去除空气中的水分，溶液通过加热再生后循环利用。除湿后的空气再由表冷器除去显热，构成除湿 - 新风系统。溶液再生可以使用低品位能源（如太阳能、地热、余热等）。

除湿器是液体除湿系统的核心部分，其工作机理在前边第5章已有论述，此处再简述如图8-30所示：高温高湿的空气由送风管道自下而上通过紧密床体（大多由填料层构成），液体除湿剂由溶液泵通过液体分布器喷淋到紧密床体上并形成均匀的液膜向下流动，与空气在除湿器内进行热质交换，达到除湿的目的。

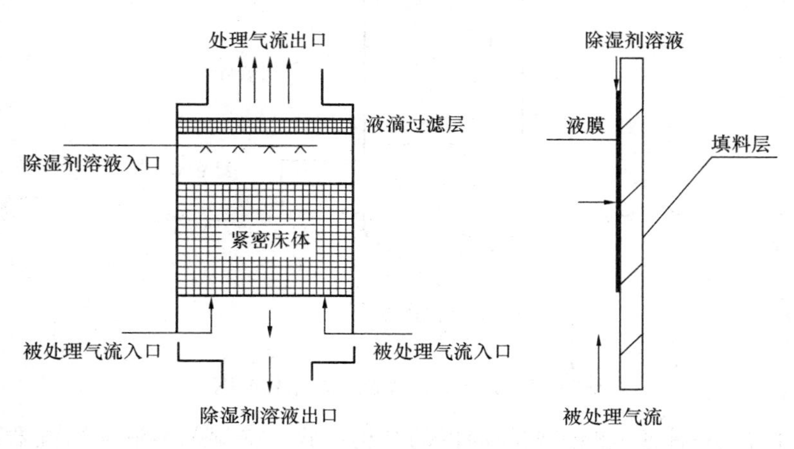

图8-30 溶液除湿器工作原理

除湿器的结构是影响除湿系统性能的关键因素之一。对除湿器结构，需要满足如下要求：

1）高的传热传质单元数；

2）宣乌特数和摩擦因子的比值要大；

3）单位体积的表面积要大；

4）固相阻力要小；

5）要有合适的除湿剂。

宣乌特数即是第2章提到的无量纲数，也被称为质量传递努谢尔特数，以流体的边界扩散阻力与对流传质阻力之比来标志，计算式为：

$$Sh = \frac{h_{\mathrm{m}} \cdot l}{D_{\mathrm{i}}}$$

式中，h_{m} 为对流传质系数；l 为定型尺寸；D_{i} 为物体的互扩散系数。为了得到最大的除湿效果，尽可能地减少空气在除湿器内的压损，已有许多形式的除湿器被开发和研究，目前应用的除湿器的结构形式多种多样，根据其在除湿过程中冷却与否可以分为两类：绝热型和内冷型。

（1）绝热型除湿器

绝热型除湿器是指在空气和液体除湿剂的流动接触中完成除湿，除湿器与外界的热传递很小，可以忽略，除湿过程可近似看成绝热过程。一般采用填料喷淋塔式布液方式，塔内可以填充不同类型的填料，具有结构简单、比表面积大等优点，但同时，空气流动的阻力增大，由于除湿溶液的绝热吸湿升温，除湿效率低，使其应用受到了限制。

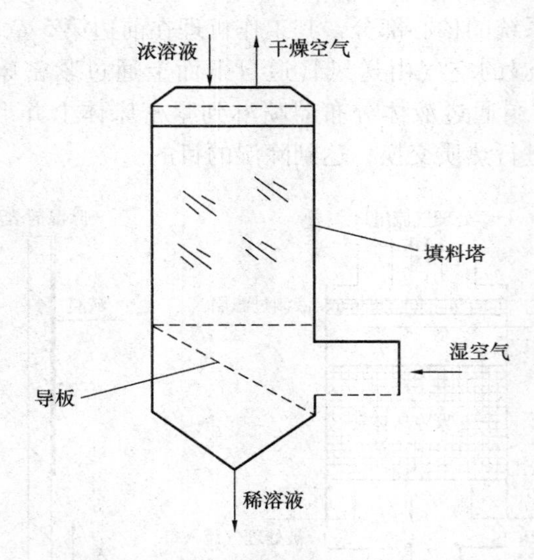

图 8-31　逆流绝热型除湿器结构简图

图 8-31 给出了一种逆流绝热型除湿器的结构形式，除湿剂溶液从除湿器顶部喷洒而下，在填料塔内的填料层上以均匀薄膜的形式缓缓下流，被处理的空气从塔的下部逆流而上，在塔内与除湿溶液发生热质交换。另外，保持溶液的大流量，可以起到溶液对自身的冷却效果，以保持良好的除湿性能。

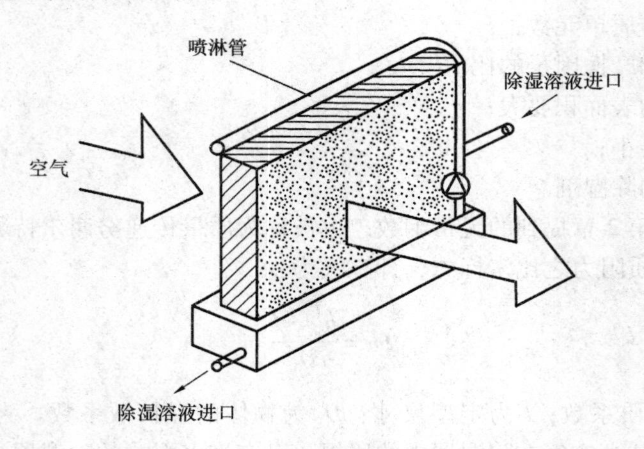

图 8-32　叉流填料式除湿器结构简图

图 8-32 所示的装置为一叉流除湿结构单元，吸湿溶液由喷淋管均匀地喷淋在填料层顶部，空气则从一侧穿过填料层，溶液与空气呈交叉流动，在温度差和浓度差推动力作用下，发生相际传热传质。

在绝热型除湿器中，除湿液绝热吸湿升温，导致除湿效率下降，保持除湿液的大流量可以起到对自身的冷却作用，可以保持较好的除湿性能。图 8-33 所示为带有中间换热器的溶液空气热湿交换单元，由溶液泵作为动力使溶液循环喷洒在塔板上与空气进行湿交换，循环回路中串联的中间换热器用来吸收湿交换过程中产生的热量或冷量，通过控制调节中间换热器另一侧的水温水量，就可使空气在接近等温状态下减湿或加湿。溶液和水之

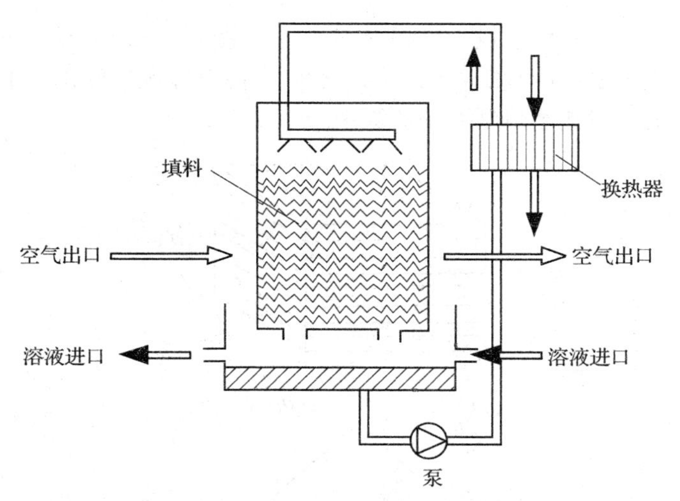

图 8-33 带有板式换热器的溶液－空气热质交换单元

间是交叉流，不可能实现真正的逆流，但如果单元内溶液的循环量足够大，空气通过这样一个单元的湿度变化量又较小时，其不可逆损失可大大减小，除湿器性能得到改善。

（2）内冷型除湿器

早期对除湿器的研究主要集中在绝热型除湿器上，20 世纪 90 年代以来，内冷型除湿器受到了人们的普遍关注。内冷型除湿器中空气和液体除湿剂之间进行除湿的同时，被外加的冷源（如冷却水或冷却空气等）所冷却，借以带走除湿过程中所产生的潜热（水蒸气液化所放出的潜热），该除湿过程近似于等温过程。一般采用冷水盘管或冷却空气（都不与除湿溶液直接接触）将除湿过程释放出的部分潜热带走，抑制除湿溶液的温升，提高除湿效率。由于绝热型除湿器中空气与溶液的质量比一般比较小，因此它的蓄能能力差，而内冷型除湿器的蓄能能力较强。

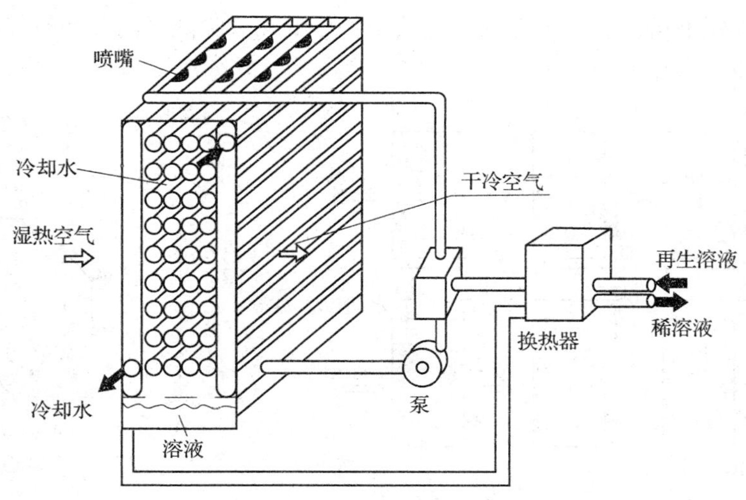

图 8-34 内冷型除湿器结构简图

图 8-34 显示的是一种内冷型除湿器。除湿剂溶液从除湿器上部沿着平板往下流动，平板上的涂层使除湿剂溶液均布于整个平板上，被处理的空气从左向右流动，在板间与溶

液发生热质交换。而冷却水管敷设于平板内部，这样湿空气内的水蒸气液化所产生的潜热会被冷却水带走。冷却水或冷却空气的泄漏会影响内冷型除湿器的正常工作，因此要求密封性好，这使得它的制造比绝热型除湿器复杂。

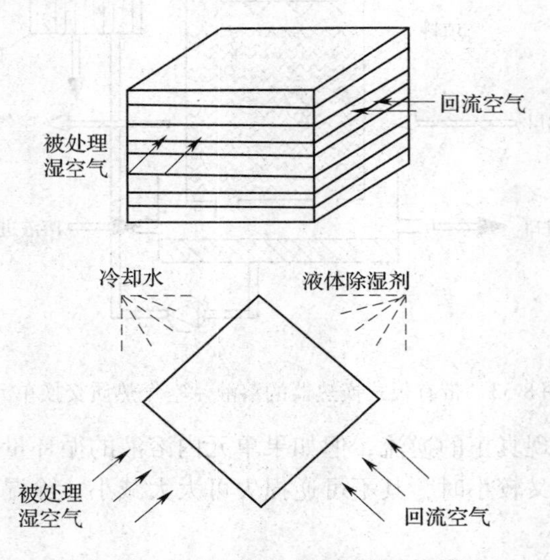

图 8-35　交叉流型板式除湿器结构简图

图 8-35 所示也是一种内冷型除湿器。被处理的空气在平板的一侧与除湿剂溶液直接接触从而被除湿，同时，从空调室出来的回风与水在平板的另一侧直接接触发生热质交换，带走主流空气侧在除湿过程中所产生的潜热。从图中可以看出，平板两侧的流体是以交叉流的形式流动的，所以这种除湿器也被称为交叉流型板式除湿器。液体除湿系统中的关键设备是除湿器中的床层，一般情况下，常常使用喷淋塔；但考虑到溶液在床层内的停留时间和接触面积以及床层压降等因素，把填料应用到床层中，这样，使用填料的填料塔在以上方面优于喷淋塔。得到最大的除湿效果，尽量减少除湿器内部的空气压降，是研究开发新型除湿器的重点方向。

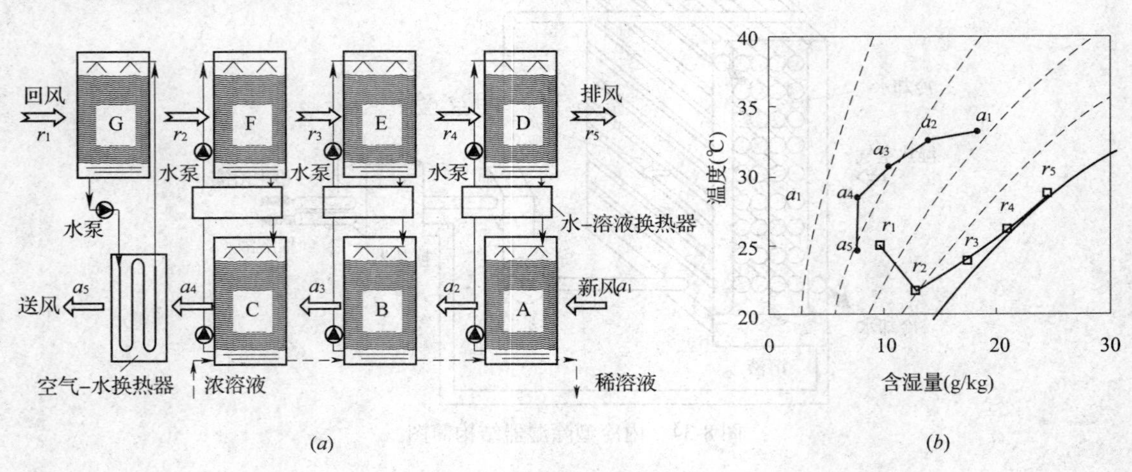

图 8-36　溶液除湿机组

（a）原理图；（b）空气状态变化

溶液除湿器在机组中常串联成多级使用，并且溶液除湿机组还可采用太阳能、城市热网、工业废热等热源驱动（75℃）来再生溶液。图 8-36 给出了一种形式的溶液新风机组的工作原理，利用排风蒸发冷却的冷量通过水－溶液换热器来冷却下层新风通道内的溶液，从而提高溶液的除湿能力。室外新风依次经过除湿模块 A、B、C 被降温除湿后，继而进入回风模块 G 所冷却的空气－水换热器被进一步降温后送入室内。

8.3.4 温湿度独立设备的应用

8.3.4.1 固体除湿设备的应用

常见的固体除湿设备的应用有再循环除湿型空调系统、通风除湿型空调系统和 Dunkle 除湿型空调系统。各系统的结构流程图及对应的温湿图如图 8-37～图 8-39 所示。

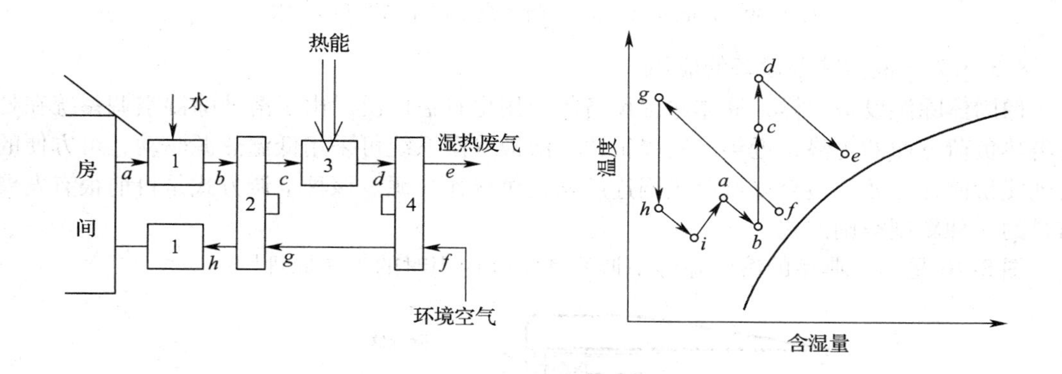

图 8-37 除湿型新风空调系统工作原理图和温湿图

在这种称为除湿型新风空调系统中，环境空气即新风经过除湿器被除湿并产生温升（$f \rightarrow g$），然后气流通过蒸发冷却器降温达送风状态（$g \rightarrow h \rightarrow i$）。而从蒸发冷却器另一侧流出的气流被加热器 3 加热，相对湿度变低（$c \rightarrow d$），然后通过除湿器对其中的除湿剂干燥再生，使其能够循环使用，从除湿器出来的湿热气体最后排向大气（$d \rightarrow e$）。

另外两种形式的除湿型空调系统的工作原理图和温湿图如图 8-38 和图 8-39 所示。

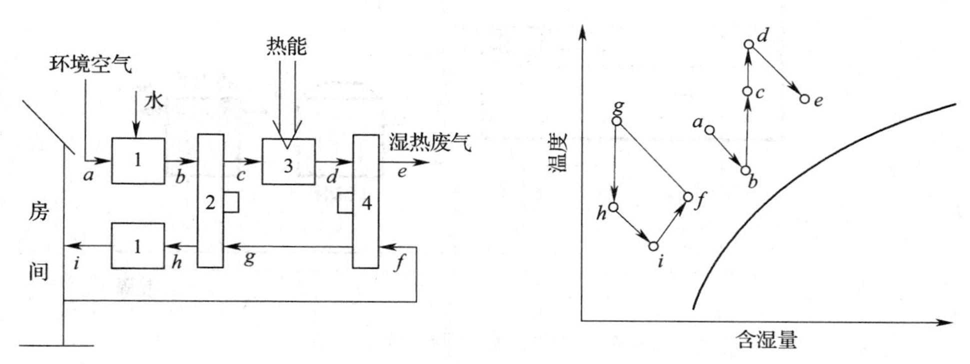

图 8-38 全回风除湿型空调系统工作原理图和温湿图

图 8-39 所示的 Dunkle 循环综合了全回风和新风型除湿循环的特点。Dunkle 循环系统与新风型和回风型系统的不同之处是增加了一个显热换热器 3。

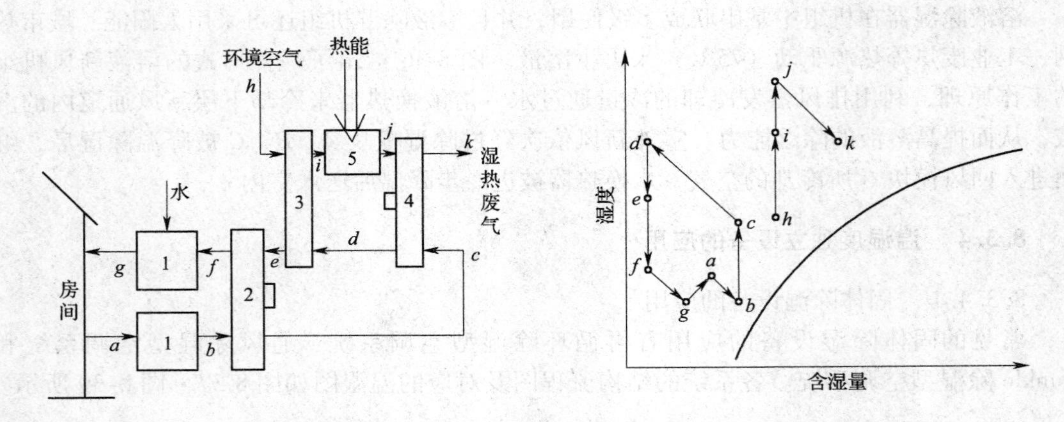

图 8-39　Dunkle 型除湿空调系统工作原理图和温湿图

8.3.4.2　液体除湿设备的应用

像固体除湿设备一样，液体除湿设备的应用也日益广泛。由于溶液除湿空调系统在处理潜热负荷方面的优势，近年来发展很快。溶液除湿系统可采用低温热源驱动，可方便的实现能量储存，尤其适合以城市热网连续均匀供热作热源。该种空调方式是目前很有发展前景的一种新型空调方式。

图 8-40 是一个典型的溶液除湿空调系统实际应用时的工作原理图。

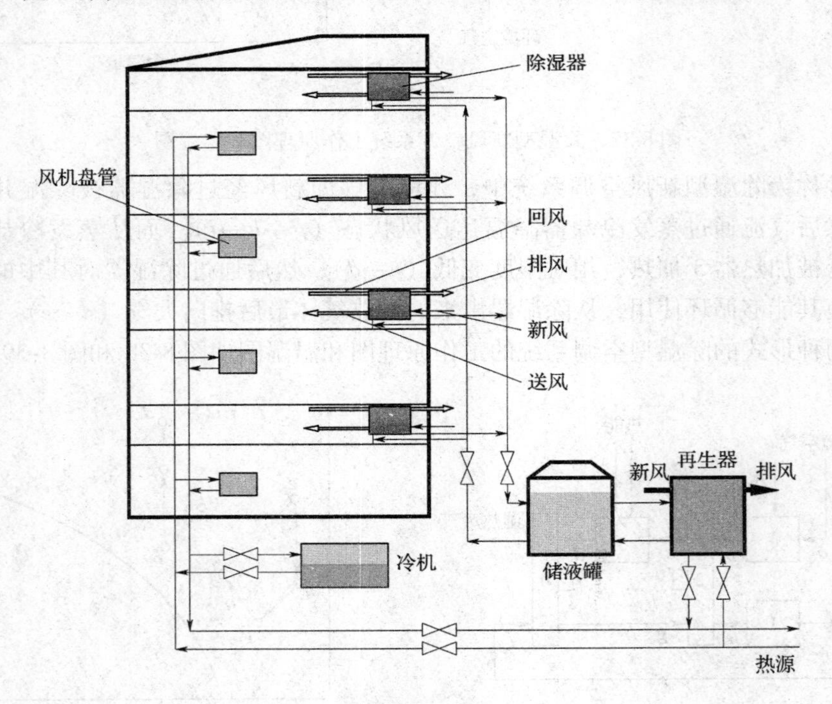

图 8-40　溶液除湿空调系统示意图

除湿器向室内提供新风，新风量可与人数成正比，新风用于去除建筑的所有潜热负荷。冷机提供冷冻水排除建筑的围护结构、设备等的显热负荷。由于不承担湿负荷，冷冻水的温度为 15～18℃，高于室内的露点温度，不会产生凝水，从而消除了室内的一大污染源。夏季热源向再生器提供热量，完成溶液的浓缩再生过程；冬季除湿器可运行热回收模式，从而降低了新风处理能耗。相对一般空调系统而言相当于节省了一套专门的热回收装置的投资。和目前应用较多的转轮式全热回收器相比不仅全热回收效率高，而且可完全避免气流的交叉污染，并且通过溶液的喷洒，可除去空气夹带的灰尘、细菌，起到净化的作用。

除湿器和再生器是相对独立的设备，它们通常在建筑物不同的位置用管路连接起来，这样可以大幅度的减小风管的投资和设备用地。通常，一台再生器可以和多台除湿器联合工作，除湿器吸湿后产生的稀溶液由再生器统一处理。一般条件下，送风的含湿量是固定的，那么所需的溶液浓度也一定，由于室外新风含湿量的变化较大，除湿器吸收的水蒸气量也随之变化，那么进入除湿器的浓溶液量是随新风含湿量而变化的。较简单的控制方式是通过测量喷洒的溶液的浓度，调节进入除湿器的浓溶液的流量，使得与空气接触的溶液的浓度是一定值，这样就能够保证出口空气的含湿量维持恒定。通过液位控制，调节从除湿器回来的稀溶液流量，从而保持除湿器的运行液位是一个定值。再生器中同样通过液位控制调节再生的加热量。

一般来说，除湿器处理的湿负荷受环境影响较大，新风湿度越大则要求除湿量也越大。而再生器的再生能力主要受到热源温度以及溶液所要求的再生浓度的影响，热源温度越高，所需再生的溶液浓度越低，再生能力越强。在溶液系统中，由于能量是以化学能的形式蓄存起来，因此溶液的能量蓄积密度高，而且无需保温等措施。可充分利用溶液的蓄能特点优化系统设计，除湿器可按瞬时负荷选型，而再生器可按平均负荷选型，通过溶液的蓄能起到“移峰填谷”的作用。

再生器采用热驱动，驱动热源可以是城市热网的热水或蒸汽，从而提高了热网的利用效率；可以是发电产生的余热，从而实现热电冷三联供，提高能源的利用效率；也可以是太阳能，溶液系统高蓄能密度可以很好的解决由于太阳能在时间分布的不均匀性所带来的应用上的困难。总之，采用溶液除湿空调系统可大大减小电能消耗，有效地缓解用电量的峰谷现象，优化城市能源结构。

思　考　题

1. 空气冷却除湿有什么特点？
2. 说明空气调节方式中热湿独立除湿的优缺点。
3. 蒸发冷却器可以实现哪些空气处理过程？
4. 蒸发式冷却器的工作过程有什么特点？什么条件下使用较好？
5. 液体除湿器分为哪几类？各有什么特点？
6. 常用的固体除湿空调系统有哪几种？各自的工作原理和特点是什么？
7. 比较盐水空调和常规压缩式制冷空调的优缺点。
8. 某办公楼，室内设计状态参数为：$t_{Nx}=25℃$，$\varphi_{Nx}=55\%$，夏季室外空气设计状态参数为：干球温度 $t_{Wx}=27℃$，湿球温度 $t_{Ws}=15℃$。室内余热量为 110kW，室内余湿量为 36kg/h（0.01kg/s）。求采用一级直接蒸发冷却空调的换热效率，送风量与制冷量。
9. 已知新疆克拉玛依市某综合楼面积为 $2000m^2$，其室内设计参数为：$t_{Nx}=25℃$，$\varphi_{Nx}=55\%$。室外空气设计状态参数为干球温度 $t_{Wx}=35℃$，湿球温度 $t_{Ws}=19℃$。经计算夏季室内冷负荷 $Q=152kW$，室内散湿量 $W=63kg/h$。确定夏季机组功能段，并求系统送风量及设备总显热制冷量。

第9章　热质交换设备的优化设计及性能评价

9.1* 热质交换设备仿真建模方法

前面对热质交换设备的热工计算进行了详细地阐述，主要是针对工程设计的实际应用。而这一节准备从热质交换设备的运行过程出发，介绍几种典型的热质交换设备的仿真模型，目的是让读者掌握基本的建模方法和步骤，为今后在该领域中的深入研究和学习奠定一定的基础。

一般来讲，热质交换设备仿真模型的建立需要经过以下几个步骤：

1）根据设备的实际运行过程建立简单的物理模型；

2）经一些必要的假设后，建立设备实际运行过程的数学模型；

3）对数学模型进行求解，若不能得到解析解时，就将它转变成能在计算机上进行运行计算的数学模型；

4）对仿真模型进行实验验证，根据实验结果进行适当修改。

下面分别以水冷式表面换热器、喷淋室和冷却塔为例分别介绍间壁式和混合式热质交换设备的建模方法和步骤。

9.1.1　间壁式换热器的建模[1~4]

间壁式换热器的一种较为典型的建模方法是“微小控制体法”。下面以水冷式表面式换热器（简称“表冷器”）这种典型的间壁式换热设备为例介绍这种建模方法。

9.1.1.1　表冷器物理模型的建立

图9-1为表冷器处理空气的物理描述，如图所示按空气流动的方向，可将换热器分割成N个大小相等的控制体。由于，空气流动方向与换热管道中水的流动方向相反，所以，可认为前一个控制体空气的出口参数（温度或湿度）是后一个控制体空气的进口参数（温度或湿度），而前一个控制体冷水的进口温度是后一个控制体空气的出口温度，图9-1中，i_a表示湿空气的焓值，d_a表示湿空气的含湿量，t_w表示冷冻水的温度值。

9.1.1.2　数学模型的建立

在数学模型建立之前，首先作如下几点假设：

1）干空气和空气中的水蒸气都看成为理想气体；

2）在表冷器对湿空气进行降温降湿处理过程当中，将空气和水流动的交叉方式近似按照全逆流方式进行处理，因为当管程数大于3时，交叉流换热器的换热性能与全逆流换热器的换热性能十分接近[5,6]；

3）空气侧对流换热热阻包括铜管和肋片外表面冷凝水形成的额外热阻；忽略铜管热阻，认为表冷器任意处的铜管内表面温度与外表面温度相等；

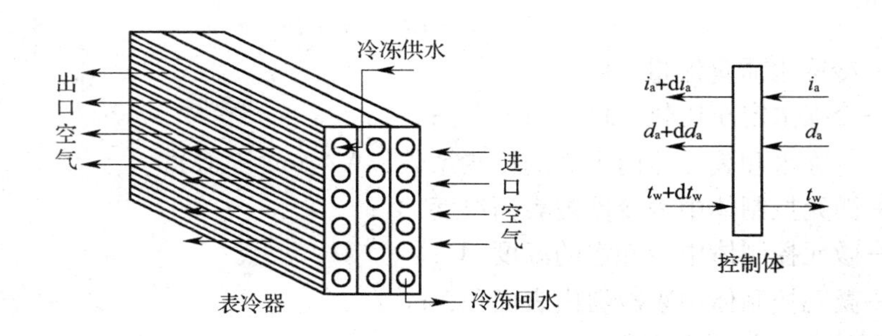

图 9-1　表冷器物理模型示意图

4）湿空气与表冷器外表面的冷凝水之间的热质交换达到平衡，刘伊斯数 $Le=1.0$；

5）空气流均匀地通过表冷器，且流速不变，同时，冷冻水流量也保持不变。

（1）空气侧能量平衡方程式

湿空气通过表冷器的一个微元控制体后，其焓变化量应该等于它与微元控制体中表冷器外表面的能量交换量。这样，可以建立以下关系式：

$$G_a di_a = -\frac{h_0}{c_{p,m}}\left[(i_a - i_{s,ts}) + (d_a - d_{s,ts})\cdot\left(\frac{1}{Le_0} - 1\right)\cdot i_{v,ts}\right]\cdot dA_0 \tag{9-1}$$

其中　G_a——湿空气的质量流量，kg/s；

$c_{p,m}$——湿空气的定压比热，J/(kg·℃)；

di_a——湿空气通过微元控制体后的焓变化量，J/kg；

h_0——湿空气与表冷器外表面的对流换热系数，W/（m^2·℃）；

i_a，$i_{s,ts}$，$i_{v,ts}$——分别为进入微元控制体的湿空气焓值，温度为表冷器外表面温度时的饱和空气焓值，以及温度为表冷器表面温度时的水蒸气焓值，J/kg；

d_a，$d_{s,ts}$——分别为进入微元控制体的湿空气含湿量和温度为表冷器外表面温度时的饱和空气含湿量，kg/kg 干空气；

Le_0——刘伊斯数，是一个与质量传递和热量传递有关的无量纲量；

dA_0——微元控制体中表冷器外表面面积，m^2。

由前面的假设，$Le=1$，则式（9-1）可简化为：

$$G_a c_{p,m} di_a = -h_0\cdot(i_a - i_{s,ts})dA_0 \tag{9-2}$$

（2）空气侧湿度平衡方程式

湿空气通过表冷器的一个微元控制体后，其含湿量变化应该等于它与微元控制体中表冷器外表面冷凝水之间的质量交换量。这样，可以建立以下等式：

$$G_a dd_a = -h_{md}(d_a - d_{s,ts})dA_0 \tag{9-3}$$

其中　dd_a——湿空气通过微元控制体后的湿度的变化量，kg/kg 干空气；

h_{md}——湿空气与表冷器外表面冷凝水之间的质交换系数，kg/（m^2·s）。

其他量的物理意义与前面一致。

（3）水侧能量平衡方程式

冷冻水通过微元控制体后，其能量的变化量应该等于冷冻水与微元控制体中表冷器内表面的换热量。方程式如下：

$$G_{\mathrm{w}} c_{\mathrm{p,w}} \mathrm{d} t_{\mathrm{w}} = h_i (t_{\mathrm{w}} - t_{\mathrm{s}}) \mathrm{d} A_i \tag{9-4}$$

式中 G_{w}——冷冻水质量流量，kg/s；

$c_{\mathrm{p,w}}$——冷冻水定压比热，J/（kg·℃）；

h_i——冷冻水和表冷器内表面的换热系数，W/（m^2·℃）；

t_{s}——微元控制体中表冷器内表面温度，℃；

t_{w}——微元控制体中冷冻水的温度，℃；

$\mathrm{d}A_i$——微元控制体中表冷器内表面积，m^2。

（4）控制体总能量平衡方程式

湿空气通过表冷器微元控制体后，其能量的变化是由传质和传热引起的。传质体现在微元控制体表冷器外表面冷凝水的增加；传热体现在通过微元控制体的冷冻水温度的升高。所以，可列出总能量平衡方程式：

$$G_{\mathrm{w}} c_{\mathrm{p,w}} \frac{\mathrm{d} t_{\mathrm{w}}}{\mathrm{d} A_i} + G_{\mathrm{a}} \frac{\mathrm{d} d_{\mathrm{a}}}{\mathrm{d} A_0} i_{\mathrm{f,ts}} = G_{\mathrm{a}} \frac{\mathrm{d} i_{\mathrm{a}}}{\mathrm{d} A_0} \tag{9-5}$$

式中 $i_{\mathrm{f,ts}}$——温度为表冷器外表面温度时的冷凝水焓值，J/kg。

其他字符的物理意义与前面一致。

这样，只要知道表冷器进口湿空气的焓值、湿度值和流量值以及冷冻水的进口温度和流量值，便可以根据以上几个控制方程式求解出表冷器出口湿空气的焓值、湿度值以及出口冷冻水温度值，进而求解出表冷器的冷负荷值。

9.1.1.3 数学模型的求解方法

首先，将微分方程（9-2）~（9-5）按欧拉法[7]进行离散化：

$$i_{\mathrm{a,n+1}} = \left(1 - \Delta A_0 \cdot \frac{h_0}{G_{\mathrm{w}} c_{\mathrm{p,m}}}\right) \cdot i_{\mathrm{a,n}} + \Delta A_0 \cdot \frac{h_0}{G_{\mathrm{a}} c_{\mathrm{p,m}}} \cdot i_{\mathrm{s,ts,n}} \tag{9-6}$$

$$d_{\mathrm{a,n+1}} = \left(1 - \Delta A_0 \cdot \frac{h_{\mathrm{md}}}{G_{\mathrm{a}}}\right) \cdot d_{\mathrm{a,n}} + \Delta A_0 \cdot \frac{h_{\mathrm{md}}}{G_{\mathrm{a}}} \cdot d_{\mathrm{s,ts,n}} \tag{9-7}$$

$$t_{\mathrm{w,n+1}} = \left(1 + \Delta A_i \cdot \frac{h_i}{G_{\mathrm{w}} c_{\mathrm{p,w}}}\right) \cdot t_{\mathrm{w,n}} - \Delta A_{\mathrm{i}} \cdot \frac{h_i}{G_{\mathrm{w}} c_{\mathrm{p,w}}} \cdot t_{\mathrm{s,n}} \tag{9-8}$$

$$h_i \cdot (t_{\mathrm{w,n}} - t_{\mathrm{s,n}}) - h_{\mathrm{md}} (d_{\mathrm{a,n}} - d_{\mathrm{s,ts,n}}) \cdot i_{\mathrm{f,ts,n}} = -\frac{h_0}{c_{\mathrm{p,m}}} \cdot (i_{\mathrm{a,n}} - i_{\mathrm{s,ts,n}}) \tag{9-9}$$

以上诸式中，下标 n 取 $0 \sim N-1$ 的序列数（N 见前文说明）。$n=0$ 时，表示按湿空气流动方向划分的第一个微元控制体；$n=1$ 时，表示按湿空气流动方向划分的第二个微元控制体；依此类推，$n=N-1$ 时，表示表冷器的最后一个微元控制体。$i_{\mathrm{a,0}}$、$d_{\mathrm{a,0}}$ 分别为第一个微元控制体的进口湿空气的焓值和含湿量，也是整个表冷器进口湿空气的状态参数；$t_{\mathrm{w,N-2}}$、$t_{\mathrm{w,N-1}}$ 分别为第一个微元控制体的冷冻水进口温度和出口温度，其中 $t_{\mathrm{w,N-1}}$ 也是整个表冷器冷冻水出口温度。ΔA_0、ΔA_i 分别为各个微元控制体中的表冷器外表面积和内表面积。

由于方程（9-6）、（9-7）中部分参数 $i_{\mathrm{a,ts,n}}$、$d_{\mathrm{a,ts,n}}$ 取决于控制体表冷器外表面温度 $t_{\mathrm{s,n}}$，所以，必须先根据式（9-9）利用拼凑方法求解出 $t_{\mathrm{s,n}}$。另外，为了从第一个微元控制体开始按顺序依次求解各个控制体的控制方程，还需假设表冷器冷冻水出口温度值。当计算出的表冷器冷冻水进口温度值与给定的进口温度值之间的差值达到一定精度时，那么，这个假设的出口温度值便是表冷器冷冻水出口温度的计算值。

9.1.2　混合式换热器的建模

混合式换热器的主要特征是水、汽直接接触的热质传递过程，以喷淋室和冷却塔为例介绍混合式换热设备仿真模型的建立过程。

9.1.2.1　喷淋室模型[7]

(1) 喷淋室物理模型的建立

考察一个喷淋室，假设其横截面积为 A_{cn}，长度为 l，如图 9-2 所示。由于气水直接接触的实际面积很难确定，所以通常以喷淋室的单位体积所具有的接触面积进行计算。以 a_H 和 a_M 分别表示单位体积的传热和传质面积，其单位是（m^2/m^3），那么，传热和传质总面积 A_H 和 A_M 为

$$A_H = a_H A_{cn} l$$

$$A_M = a_M A_{cn} l$$

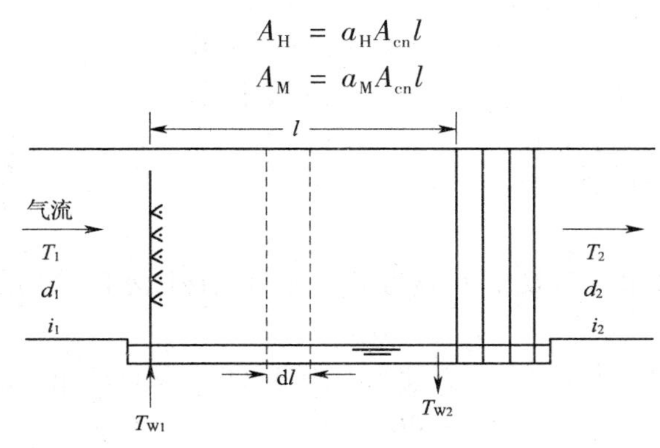

图 9-2　喷淋室示意图

(2) 数学模型的建立

喷淋室模型的建立是基于以下三个条件：

1) 采用薄膜模型；

2) 在空调范围内，空气与水表面之间的传质速率比较小，因此可以不考虑传质对传热的影响；

3) 在空调范围内，认为刘伊斯关系成立，即 $Le = 1$。

下面分析在微元段 dl 长度上发生的热质传递过程。根据薄膜模型，在气水交界面的两侧分别存在一层气膜和水膜，气膜中的空气是饱和的，气水之间的热质交换就是通过两层膜进行的，两膜阻力是热交换过程的控制因素。气水交界面上总处于平衡状态，并且阻力为零，所以气膜和水膜的温度都与交界面上的温度相等。

1) 由主流空气与气水交界面上的饱和空气中含湿量差产生质交换：

$$-\mathrm{d}G_w = G_a \mathrm{d}d = h_{md} a_M (d_b - d)\mathrm{d}l \tag{9-10}$$

式中　G_w——单位横截面积水流量，kg/（$m^2 \cdot s$）；

G_a——单位横截面积空气流量，kg/（$m^2 \cdot s$）；

h_{md}——以含湿量差为推动力的质交换系数，kg/（$m^2 \cdot s$）；

d——空气含湿量，kg/kg；

d_b——气水交界面上的饱和空气含湿量，kg/kg。

上式表明，水蒸发量与空气中水蒸气增量以及传质量彼此相等。

2）由气水交界面上的饱和空气传给主流空气的显热量：

$$G_a c_p \mathrm{d}T = h_a a_H (T_b - T)\mathrm{d}l \tag{9-11}$$

式中 c_p——湿空气比热，J/（kg·℃）；

h_a——空气换热系数，W/（m^2·℃）；

T——空气温度，℃；

T_b——气水交界面上的空气温度，℃。

3）传给空气的总能量

$$G_a(c_p \mathrm{d}T + r\mathrm{d}d) = [h_{md} a_M (d_b - d) r + h_a a_H (T_b - T)]\mathrm{d}l \tag{9-12}$$

式中 r——气水交界面上的汽化潜热，J/kg。

假设：$a_H = a_M$，$Le = 1$，并忽略汽化潜热的变化，则得

$$G_a \mathrm{d}i = h_{md} a_M (i_b - i)\mathrm{d}l \tag{9-13}$$

式中 h_{md}——原为传质系数，这里应理解为总热交换系数；

i——湿空气的焓，J/kg；

i_b——饱和空气的焓，J/kg。

4）能量平衡

进入微元段该层的水量为 G_w，水温为 T_w，则进入该段水的含热量为：

$$G_w c_w T_w$$

若从该段蒸发掉的水量为 $\mathrm{d}G_w$，并使水温降低 $\mathrm{d}T_w$，从该段出来的水中含热量为：

$$(G_w - \mathrm{d}G_w)[T_w - \mathrm{d}T_w]c_w$$

则在该段内水散失的热量为 $\mathrm{d}Q$：

$$\begin{aligned} \mathrm{d}Q &= G_w c_w T_w - [(G_w - \mathrm{d}G_w)(T_w - \mathrm{d}T_w)c_w] \\ &= G_w c_w T_w - [G_w c_w T_w - G_w c_w \mathrm{d}T_w - T_w \mathrm{d}G_w c_w + \mathrm{d}G_w \mathrm{d}T_w c_w] \\ &= [G_w \mathrm{d}T_w + T_w \mathrm{d}G_w]c_w \end{aligned} \tag{9-14}$$

（略去二阶微量 $\mathrm{d}G_w \mathrm{d}T_w c_w$）

与此同时，空气流过该段后的焓值增量为 $\mathrm{d}i$，所以空气通过该段所吸收的热量 $\mathrm{d}Q$ 为：

$$\mathrm{d}Q = G_a \mathrm{d}i$$

对于稳定过程，在微元段内，水散失的热量应该等于空气吸收的热量，即

$$G_a \mathrm{d}i = \pm [G_w \mathrm{d}T_w + T_w \mathrm{d}G_w]c_w \tag{9-15a}$$

或

$$G_a \mathrm{d}i = \pm \frac{c_w G_w \mathrm{d}T_w}{1 - \dfrac{T_w \mathrm{d}G_w c_w}{G_a \mathrm{d}i}} \tag{9-15b}$$

令

$$1 - \frac{T_w \mathrm{d}G_w c_w}{G_a \mathrm{d}i} = K \tag{9-16}$$

则

$$G_a \mathrm{d}i = \pm \frac{1}{K} c_w G_w \mathrm{d}T_w \tag{9-17}$$

式中的“+”号表示气水逆向流动，“-”号表示气水同向流动，K是水蒸发所带走热量的系数，K值越大表示带走的热量越少。关于K值的分析如下：

众所周知，水通过淋水装置散失的热量应为进出该装置水的含热量之差：

$$c_w G_w T_{w1} - c_w (G_w - G_{we}) T_{w2} = c_w G_w (T_{w1} - T_{w2}) + c_w G_{we} T_{w2} \tag{9-18}$$

式中 G_{we}——该装置内蒸发水量。

而水散失的热量又等于空气得到的热量，即

$$c_w G_w (T_{w1} - T_{w2}) + c_w G_{we} T_{w2} = G_a (i_2 - i_1) \tag{9-19}$$

或

$$\frac{c_w G_w (T_{w1} - T_{w2})}{G_a (i_2 - i_1)} = 1 - \frac{c_w G_{we} T_{w2}}{G_a (i_2 - i_1)} \tag{9-20}$$

比较式（9-17）与式（9-20），得到

$$K = 1 - \frac{c_w G_{we} T_{w2}}{G_a (i_2 - i_1)} \tag{9-21}$$

5）传给水的热量

$$\pm G_w c_w \mathrm{d}T_w = h_w a_H (T_w - T_b) \mathrm{d}l \tag{9-22}$$

式中 h_w——水的换热系数，其他符号意义同前。

以上推导的式（9-10）、式（9-11）、式（9-13）、式（9-17）和式（9-22）等五个方程，就是气水之间的热质交换基本方程式。根据这些基本方程式，可分别组合得到以下关系模型：

由式（9-17）得到：

$$\frac{\mathrm{d}i}{\mathrm{d}T_w} = \pm \frac{c_w G_w}{K G_a} \tag{9-23}$$

由式（9-11）、式（9-13）组合得到：

$$\frac{\mathrm{d}i}{\mathrm{d}T_w} = \frac{i - i_b}{T_a - T_b} \tag{9-24}$$

由式（9-13）、式（9-17）和式（9-22）组合得到：

$$\frac{i_b - i}{T_b - T_w} = -\frac{h_w c_p}{h_a} \tag{9-25}$$

以上三个组合方程的物理意义是：式（9-23）是空气操作线的斜率；式（9-25）是空气处理过程线的斜率；式（9-25）反映了推动力与热阻之间的关系。它们在设备计算中都有重要应用。

由公式（9-23）得到：

$$\frac{\mathrm{d}i}{\mathrm{d}T_w} = \pm \frac{c_w G_w}{K G_a} = \pm c_w \mu / K \tag{9-26}$$

式（9-26）是空气操作线斜率的表达式，它反映了热质交换工程中焓与水温之间的变化关系。式中正号表示气水逆向，负号表示气水同向。在焓-温图上，空气操作线与饱和焓曲线之间的纵坐标差（即焓差），就是总热交换的推动力。

下面在i-T图（图9-3）上分析水气比对水冷却过程的影响（气水逆向流动）：

1）在i-T图上作空气饱和焓曲线$A'B'$；

2）在i-T图上作空气操作线；

由式（9-26）确定空气操作线的斜率：

$$\frac{\mathrm{d}i}{\mathrm{d}T_{\mathrm{w}}}=\frac{c_{\mathrm{w}}\mu}{K} \tag{9-27}$$

若进口空气焓 i_1 和出口水温 T_{w2} 为边界条件，通过对式（9-27）积分，得到直线方程：

$$G_{\mathrm{a}}(i-i_1)=\frac{1}{K}G_{\mathrm{w}}(T_{\mathrm{w}}-T_{\mathrm{w2}})c_{\mathrm{w}} \tag{9-28}$$

由式（9-28）可求得出口空气的焓 i_2：

$$i_2=i_1+\frac{\Delta T_{\mathrm{w}}c_{\mathrm{w}}\mu}{K} \tag{9-29}$$

式中　ΔT_{w}——进出口水温差。

利用式（9-29）就可以作出空气操作线 AB。

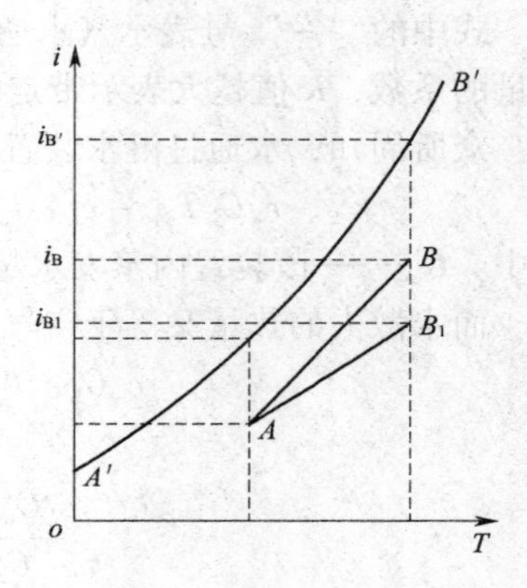

图 9-3　水气比对热质交换过程的影响

图中 $A'B'$ 为饱和焓曲线，AB 为空气操作线。点 A （i_1，T_{w2}）表示出口水温 T_{w2} 与进口空气焓 i_1 的关系，点 B（i_2，T_{w1}）表示进口水温 T_{w1} 与出口空气焓 i_2 的关系。从图上看出，饱和焓曲线 $A'B'$ 空气操作线 AB 两条线之间的垂直距离 Δi 就是焓差推动力。

在一定大气压力下，饱和焓线是确定不变的，但操作线却随着水气比 μ 和 K 的变化而变化。当 K 一定时，有一个 μ 值，就有一条空气操作线及其相应的推动力。μ 值愈小，操作线愈平，推动力愈大。

由于饱和焓曲线具有"先平后陡"的特点，即温度愈高，饱和焓曲线愈陡。因此，为了提高平均推动力，对于气水逆向流动，水气比 μ 应该较大，对于气水同向流动，水气比 μ 应该较小。

9.1.2.2　冷却塔模型[8~10]

（1）冷却塔物理模型的建立

冷却塔内的水的散热方式主要靠接触散热与蒸发散热，辐射散热量很小，可以不考虑。冷却塔的传热传质过程如图 9-4 所示。图 9-4 中 G 为质量流量；i 为焓；T 为水温；第一下标 a、w 分别表示空气和水；第二下标 i、o 分别表示进口和出口，以下相同。

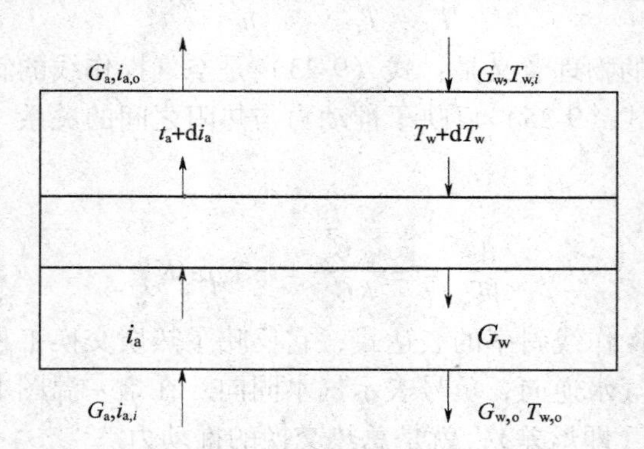

图 9-4　冷却塔内传热传质过程

（2）数学模型的建立

为便于模型的建立，首先作如下假设：1）塔内传热传质过程只沿流动方向进行；

2）传热传质变化过程为稳态过程；3）忽略水侧热阻；4）忽略冷却塔向环境的散热；5）饱和空气焓与水温的关系为线性；6）刘伊斯数为1。

根据微元体的质量平衡方程、热量平衡方程及质量传递方程，Sutherland[11]在刘伊斯数近似为1的条件下导出：

$$\frac{di_a}{dV} = -\frac{NTU}{V_T}(i_a - i_{sw}) \tag{9-30}$$

式中 i_{sw}——对应水温下饱和空气焓，kJ/kg；

dV——塔体填料微元体积，m^3；

V_T——塔体填料区总体积，m^3；

NTU——传热单元数，$\frac{h_{md}A_V V_T}{m_a}$；

h_{md}——传质系数，kg/（m^2·s）；

A_V——单位体积水滴表面积，m^2/m^3。

热量平衡方程为：

$$G_a di_a = c_w G_{wi} dT_w + c_w T_w G_a dd \tag{9-31}$$

式中，c_w为水的比热容，J/(kg·℃)；d为空气湿度，kg/kg干空气。

从式（9-31）看出，等式右端第二项是蒸发水分所带走的显热，其值相对第一项较小，但为精确计算，引入一系数k进行修正。

$$G_a di_a = c_{pw} \cdot G_{wi} dT_w / k \tag{9-32}$$

式中，c_{pw}为常压下水的比热容，J/(kg·℃)。

式（9-32）两边同乘以c_s并整理得：

$$\frac{di_{sw}}{dV} = k\frac{G_a c_s \frac{di_a}{dV}}{G_w c_{pw}} \tag{9-33}$$

$$c_s = \left[\frac{di_s}{dT}\right]_{T=T_w} \tag{9-34}$$

式中，c_s为对应温度下的饱和空气比热容，J/(kg·℃)。

由于饱和空气焓随饱和温度的变化近似为直线，所以c_s可取平均值为：

$$c_s = \frac{i_{swi} - i_{swo}}{T_{wi} - T_{wo}} \tag{9-35}$$

式中，i_{swi}为对应水温下进口饱和空气的焓，i_{swo}为对应水温下出口饱和空气的焓，kJ/kg。

水蒸发的热量由接触散热与蒸发散热两部分组成，而在夏季接触散热比较小，所以取：

$$Q = r_m(G_{wi} - G_{wo}) \tag{9-36}$$

式中，Q为水蒸发的热量，J；r_m为塔内平均汽化潜热，J/kg。

由式（9-36）结合式（9-31）和式（9-32），可以导出：

$$k = 1 - \frac{c_{pw}}{r_m}T_{wo} \tag{9-37}$$

$$\frac{G_{wo}}{G_{wi}} = 1 - \frac{1}{k}\frac{c_{pw}}{r_m}(T_{wi} - T_{wo}) \tag{9-38}$$

从形式看，式（9-30）、式（9-33）和换热公式极其相似，只不过 c_s、i_a、i_{sw} 代替了 c_p、T_a、T_w，可类比于显热换热器的效能－传热单元数法计算公式。

效能 ε 的定义为：最大可能传热和实际传热量比值。应用空气侧的效能，即用空气侧的最大传热为进口空气焓和对应于进口水温下饱和空气焓的差值。实际传热方程可表示为：

$$Q = \varepsilon_a G_a (i_{swi} - i_{ai}) \tag{9-39}$$

$$\varepsilon_a = \frac{1 - \exp[-NTU(1 - m^*)]}{1 - m^* \exp[-NTU(1 - m^*)]} \tag{9-40}$$

$$m^* = \frac{KG_a}{G_{wi}\left(\frac{c_{pw}}{c_s}\right)} \tag{9-41}$$

式中，ε_a 为系数；m^* 为水的当量比。

$$i_{ao} = i_{ai} + \varepsilon_a (i_{swi} - h_{ai}) \tag{9-42}$$

$$T_{wo} = T_{ref} + \frac{G_{wi}(T_{wi} - T_{ref})c_{pw} - G_a(i_{ao} - i_{ai})}{G_{wo}c_{pw}} \tag{9-43}$$

式中，T_{ref} 为水的焓为零时的参考温度，℃。

如果忽略水损失，可以简化为：

$$T_{wo} = T_{wi} - \frac{G_a}{G_{wi}c_{pw}}(i_{ao} - i_{ai}) \tag{9-44}$$

因为 c_s 同出口水温 T_{wo} 有关，在进口参数一定的条件下，c_s 只与 T_{wo} 有关。所以可先假定 T_{wo} 值，将式（9-35）及式（9-37）~式(9-43）迭代求解，直到满足精度为止。一般只需几次迭代计算即可收敛。

冷却塔的水损失在 1% ~4% 之间，忽略此损失，会对计算结果造成一定的影响，出口水温的计算误差可达 2℃。对于水损失，不同的国家处理的方法不同，西方国家常忽略水损失；我国冷却塔计算常计入水损失。为此，在计及水损失的情况下可采用系数进行修正，给出以上较为简单的公式。如果给定进口条件和传热量，由产品数据、传递单元数 NTU 可以从式（9-39）和式（9-40）估算得出损失的水量。

9.2　热质交换设备的优化设计与分析

热质交换设备在余热回收与热力系统中是一种广泛应用的设备，但它的使用也要增加制造投资和运行费用。因此，需要进行热质交换设备的优化计算以获得最大的经济效益。热质交换设备的优化设计，就是要求所设计的热质交换设备在满足一定的要求下，人们所关注的一个或数个指标达到最好。

热质交换设备的优化计算有多种不同的方法[12~15]，目前还没有统一的为大家公认的最好的优化方法。本书在此介绍一种基于最优化方法的最优设计方法。[12]

经验证明，一个好的设计，往往能使热质交换设备的投资节省 10% ~20% 。因此，“经济性” 常常成为热质交换设备优化设计中的目标。在优化方法上，把所要研究的目标，如“经济性”，称为目标函数，其目的就是要通过优化设计，使这个目标函数达到最佳值，亦即达到最经济。由于实际问题的要求不同，如有的设计要在满足一定热负荷下阻力最小，有的要求传热面最小等等，因而就有不同的目标函数。

（1）基本原理

任何一个优化设计方案都要用一些相关的物理量和几何量来表示。由于设计问题的类别或要求不同，这些量可能不同，但不论哪种优化设计，都可将这些量分成给定的和未给定的两种。未给定的那些量就需要在设计中优选，通过对它们的优选，最终使目标函数达到最优值，我们把这些未定变量称为设计变量。如以热质交换设备的传热系数为目标函数的优化设计，流体的流速、温度等就是设计变量。这样，对于有 n 个设计变量 x_1，x_2，……，x_n的最优化问题，目标函数 $F(x)$ 可写作

$$F(x)=F(x_1,x_2,\cdots,x_n)$$

显然，目标函数是设计变量的函数。最优化过程就是设计变量的优选过程，最终使目标函数达到最优值。最优化问题中设计变量的数目称为该问题的维数。设计者应尽量地减少设计变量的数目，把对设计所追求目标影响比较大的少数变量选为设计变量，以便使最优化问题较易求解。

在优化设计过程中，常常对设计变量的选取加以某些限制或一些附加设计条件，这些设计条件称为约束条件。如求解热质交换设备传热性能最好的问题，常常有阻力损失不能超过某个数值的约束条件。约束条件可分为等式约束条件和不等式约束条件。在某些特殊情况下，还会有无约束的最优化问题。最优化问题的求解可以是求取目标函数的最小值或最大值。一般情况下，习惯上都是求取目标函数的最小值，所以，对于求取 $F(x)$ 的最大值问题应转化成求取相反数 $-F(x)$ 的最小值问题。例如，求取热质交换设备传热系数最大的问题就是求取传热热阻最小的问题。

这样，最优化问题的一般形式可表达为

$$\min F(X)$$

约束条件

$$h_i(X)=0(i=1,2,\cdots,m)$$

$$g_j(X)\leqslant 0(j=1,2,\cdots,n)$$

式中，$X=[x_1,x_2,\cdots,x_n]^{\mathrm{T}}$，表示为一个由 n 个设计变量所组成的矩阵（角码 T 为矩阵的转置）。$h_i(X)$ 及 $g_j(X)$ 分别表示 i 个等式约束及 j 个不等式约束条件。在上式所表达的最优化问题中，根据 $F(X)$、$h(X)$ 和 $g(X)$ 与变量 X 之间的函数关系不同及变量 X 的变化不同，可分为不同类型的最优化问题，因而其数学求解的方法也不同。热质交换设备优化设计问题一般都是约束（非线性）最优化问题（也可称为约束规划问题）。约束最优化问题的求解方法有消元法、拉格朗日乘子法、复合形法等多种，读者可参阅有关书籍来了解这些方法。

（2）最优化设计方法举例

今以热交换器的经济性问题为例来讨论设计的最优化。设一台热交换器的投资费用为 D（RMB￥/unit），它的使用年限为 n 年，亦即折旧率为 $1/n\times100\%=\eta'\%$，而输送热交换器中流体所需能耗费用为 C（RMB￥/a），则考虑了这些因素的热交换器的经济指标 ϕ 可表示为

$$\phi=C+D/n\quad(\text{RMB￥/a})\tag{9-45}$$

现在要求设计出来的热交换器为最经济，即这是一个 $\min F(X)=\min\phi$ 的最优化问

题。固然可以把上式中的 C、D 等量当做设计变量，但是它们不能直接反映出与热交换器设计中有密切关系的一些几何量与物理量，所以应该进一步对 C、D 等量作一分析。

已知传热的基本方程式为

$$A = \frac{Q}{K\Delta t_{m}}$$

对于热力系统中的一台热交换器，流体的进、出口温度及所需传递的热量 Q 一般都已被流程本身所决定，平均温差 Δt_{m} 自然也就确定，则传热面积 A 成为仅是传热系数 K 的函数。在确定了某种结构类型的热交换器前提下，K 值与传热面的具体布置等有关，要由设计者确定。

如果忽略热交换器金属壁的热阻并且不考虑污垢热阻，则传热系数 K 由前边的分析可知仅为内外表面换热系数的函数：

$$K = \frac{h_{1}h_{2}}{h_{1} + h_{2}}$$

设该热交换器为翅片管式，管内为热水，管外为空气，对于管内强迫对流换热，h_1 可用下式求解：

$$Nu_{f} = 0.023Re_{f}^{0.8}Pr_{f}^{0.3}$$

对于管外的空气横掠翅片管，对流换热的 h_2 可用式（9-46）求解：

$$Nu_{f} = 0.023Re_{f}^{0.713}Pr_{f}^{1/3}(Y/H)^{0.296} \tag{9-46}$$

式中 Y 与 H 均为翅片管的尺寸。

根据准则的定义知：

$$Re = \frac{wd}{\nu} = \frac{wd\rho}{\mu} \text{及} Pr = \frac{\nu}{a} = \frac{\mu c_{p}}{\lambda},$$

结合以上各式，可将传热面积 A 表示为如下的函数形式

$$A = f(w_{1}, w_{2}, d, \rho_{1}, \rho_{2}, \lambda_{1}, \lambda_{2}, \mu_{1}, \mu_{2}, c_{p1}, c_{p2})$$

因为流体的进出口温度已经给定，它们的热物性参数 λ、ρ、μ、c_p 等可视为常数。为了使问题简化，如也给定某种管径 d，则

$$A = f(w_{1}, w_{2})$$

即传热面积的大小由两侧流体流速所决定。据统计，热质交换设备的金属材料费用占其费用的50%以上，即金属材料费用的多少决定了热质交换设备投资费用的增减，而金属消耗量又主要取决于传热面积，所以，从传热角度看，增大流速，可使传热面积减少，相应地也就降低了热质交换设备的投资费用 D。

但是从输送流体的能量消耗观点来看，流速的增加必然使阻力增加，即意味着输送流体的能耗费用 C 亦增加。

由以上分析可见，对于所给定的条件，两侧流体流速 w_1 及 w_2 是决定设备投资费用 D 与能耗费用 C 的关键性参数，流速的选择是否恰当，将直接影响热交换器的设计是否合理，从而影响经济指标 ϕ。

为了使问题进一步简化，对于所设计的热交换器还可从两侧流速中分析出影响最大的一侧的流速。例如气－液热交换，可以认为主要热阻在空气侧，而且水与能耗的关系不如空气时那样显著，也就是说矛盾的主要方面是在空气侧，因而可仅将空气的流速 w_2 作为

影响经济性的惟一参数。这样，通过以上分析与简化得出，该优化设计为以空气流速 w_2 为设计变量的一维无约束优化问题（严格说，应为约束优化，因风机功率有限，阻力损失总有一定限度），即

$$\min A(X) = \min \phi(w_2)$$

如果我们知道了 ϕ（w_2）这一具体的函数关系式，就可用一维搜索方法来求解。为了避免应用最优化的数学方法，下面我们采用图解方法来说明这一优化过程。

对所需设计的热交换器选取一系列不同的流速 w_2，并由传热计算求得相应所需要的一系列传热面积 A，从而由传热面的单位造价 b（RMB ¥/m^2）求得总造价 D，即

$$D = b \cdot A \qquad (\text{RMB ¥})$$

再由用户提出的使用年限 n，确定折旧率 η'（%），这样即可求得流速 w_2 与折旧费 $\eta' D$ 的关系曲线为：

$$\eta' D = f_1(w_2)$$

另外，根据不同流速 w_2 可求得相应阻力值 ΔP，于是由“泵与风机”的相关知识求得相应的功率消耗为：

$$N = \frac{V\Delta P}{1000\eta} \tag{9-47}$$

式中 N——流体输送设备（泵或风机）的输入功率，kW；

V——体积流量，m^3/s；

η——流体输送设备（泵或风机）的效率。

如果每年运行时间为 τ（h），电费为 s [RMB ¥/（kW · h）]，则能耗费用为

$$C = N\tau s \qquad (\text{RMB ¥/a})$$

于是可求得每年的能耗费用 C 与流速 w_2 的关系曲线 $C = f_2$（w_2）。

将两条曲线绘于同一图上，进行叠加，即得 ϕ-w_2 的曲线。此曲线的最低点的流速为最佳流速（即最优化点），相应的经济指标 ϕ 值即为最优值，如图 9-5 所示。

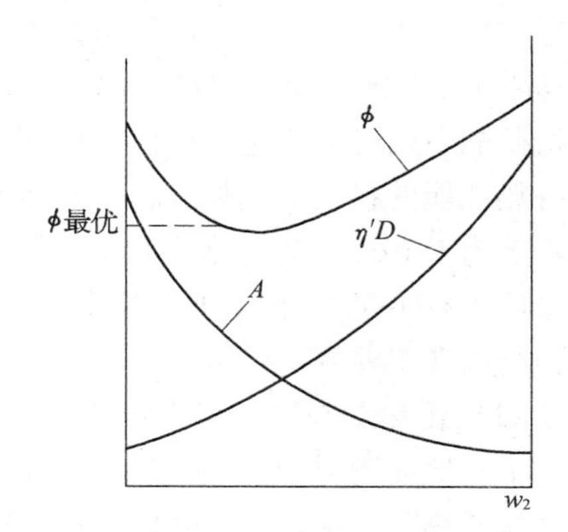

图 9-5 经济指标与流速的关系

应该指出，对于上例的热交换器优化设计，只考虑空气流速为设计变量是不够完善的。一般还应从以下这些量中选择若干个作为设计变量：管长、管径、翅片高、翅间距、工质出口温度、设备安装费、工质（如水）费用等。当然，设计变量越多，寻求最优化的过程越复杂，计算工作量越大。但是，计算技术的发展，使得热质交换设备的优化设计已不成问题，并能获得令人满意的结果。

9.3 热质交换设备的性能评价

一台符合生产需要又较完善的热质交换设备应满足以下几项基本要求：

1）保证满足生产过程所要求的热负荷；

2）强度足够及结构合理；

3）便于制造、安装和检修；

4）经济上合理。

在符合这些要求的前提下，尚需衡量热质交换设备技术上的先进性和经济上的合理性问题，即所谓热质交换设备的性能评价问题，以便确定和比较热质交换设备的完善程度。广义地说，热质交换设备的性能含义很广，有传热性能、阻力性能、机械性能、经济性能等。用一个或多个指标从一个方面或几个方面来评价热质交换设备的性能问题一直是许多专家长期以来在探索的问题，目前尚在研究改进中。本节对现在已在使用和正在探索中的一些性能评价方法及其所使用的性能评价指标作一简要介绍。

（1）热质交换设备的单一性能评价法

长期以来，对于热质交换设备的热性能，采用了一些单一性能的指标，例如：冷、热流体各自的温度效率：

$$E_c = \frac{冷流体温升}{两流体进口温差},\quad E_h = \frac{热流体温降}{两流体进口温差};$$

热交换器效率：

$$\varepsilon = \frac{Q}{Q_{max}}$$

及传热系数 K 和压力降 ΔP 等。

由于这些指标直观地从能量的利用或消耗角度描述了热质交换设备的传热或阻力性能，所以给实用带来了方便，易为用户所接受。但是，这些指标只是从能量利用的数量上，并且常常是从能量利用的某一个方面来衡量其热性能，因此应用上有其局限性，而且可能顾此失彼。例如，热质交换设备效能 ε 高，只是从热力学第一定律说明它所能传递的热量的相对能力大，不能同时反映出其他方面的性能。如果为了盲目地追求高的 ε 值，可以通过增加传热面积或提高流速的办法达到，但这时如果不同时考虑它的传热系数 K 或流动阻力 ΔP 的变化，就难于说明它的性能改善得如何。因此，在实用上对于这种单一性能指标的使用已有改进，即同时应用几个单一性能指标，以达到较为全面地反映热质交换设备热性能的目的。例如，在工业界常常选择在某一个合理流速下（如对液－液热交换时常选为1m/s），确定热交换器的传热系数和阻力（即压力降）。经过这样的改进，这种方法虽仍有不足之处，但使用简便、效果直观，而且在一定可比条件下具有一定的科学性，所以在工业界广泛采用。

（2）传热量与流动阻力损失相结合的热性能评价法

单一地或同时分别用传热量和流动压力降的绝对值的大小，难以比较不同热质交换设备之间或热质交换设备传热强化前后的热性能的高低。例如，一台热交换器加入扰动元件后，在传热量增加的同时阻力也加大了，这时比较热性能的较为科学的办法应该是把两个量相结合，采用比较这些量的相对变化的大小。为此，有人提出以消耗单位流体输送功率 N 所得传递的热量 Q，即 Q/N 作为评价热质交换设备性能的指标。它把传热量与阻力损失结合在一个指标中加以考虑了，但不足之处是该项指标仍只能从能量利用的数量上来反映热质交换设备的热性能。

（3）熵分析法

从热力学第二定律知，对于热质交换设备中的传热过程，由于存在着冷、热流体间的温度差以及流体流动中的压力损失，必然是一个不可逆过程，也就是熵增过程。这样，虽然热量与阻力是两种不同的能量形态，但是都可以通过熵的产生来分析它们的损失情况。本杰（Bejan A）提出使用熵产单元数 N_s（Number of Entropy Production Units）作为评定热质交换设备热性能的指标[16,17]。他定义 N_s为热质交换设备系统由于过程不可逆性而产生的熵增 ΔS 与两种传热流体中热容量较大流体的热容量 C_{max}之比，即

$$N_s = \Delta S / C_{max} \tag{9-48}$$

通过一个简单的传热模型，他把 N_s表达为：

$$N_s = \frac{\dot{m}}{\rho q}\left(-\frac{dp}{dx}\right) + \frac{\Delta T}{T}\left(1 + \frac{\Delta T}{T}\right)^{-1} \tag{9-49}$$

式中，$\dot{m}$ 为质量流率；ρ 为流体密度；q 为单位长度上的传热量；p 为流体压力；T 为流体的绝对温度；ΔT 为壁温与流体温度差。

等式右边第一项表示因摩阻产生的熵增对 N_s的影响，第二项则表示因传热温差（热阻）产生熵增而造成对 N_s的影响。显然，ΔT 或 ΔP 愈大，则 N_s愈大，说明传热过程中的不可逆程度愈大。如果 N_s趋近于0，则表示这是一个接近于理想情况的热质交换设备。因此，使用熵产单元数，一方面可以用来指导热质交换设备的设计，使它更接近于热力学上的理想情况；另一方面可以从能源合理利用角度来比较不同形式热质交换设备传热和流动性能的优劣。本杰（Bejan A）还利用所建立的模型，通过优化计算论证了在 Q/N 之值为最小值时，N_s并不是最小[17]。由此表明，利用上述方法（2），即 Q/N 指标，评价或设计热质交换设备时不能充分反映能源利用的合理性。通过熵分析法，采用热性能指标 N_s，把 ΔT 及 ΔP 所造成的影响都统一到系统熵的变化这一个参数上来考虑，无疑在热质交换设备的性能评价方面是一个重要进展，因为它将热质交换设备的热性能评价指标从以往的能量数量上的衡量提高到能量质量上的评价，这特别对于一个接入热力系统中的热质交换设备来说更具有实际意义。

（4）烟分析法

从能源合理利用的角度来评价热质交换设备的热性能还可以应用烟分析法[18,19]。本书在此介绍文献［18］所述方法。热交换器的烟效率定义为：

$$\eta_e = \frac{E_{2,o} - E_{2,i}}{E_{1,i} - E_{1,o}} \tag{9-50}$$

式中，$E_{1,i}$、$E_{1,o}$分别为热流体流入、流出的总烟；$E_{2,i}$、$E_{2,o}$分别为冷流体流入、流出的总烟。

此烟效率还可表达为三种效率的乘积：

$$\eta_e = \eta_t \cdot \eta_{e,T} \cdot \eta_{e,p} \tag{9-51}$$

其中，η_t为热交换器的热效率，即为冷流体的吸热量 Q_2与热流体的放热量 Q_1之比，它反映了热交换器的保温性能：

$$\eta_t = Q_2 / Q_1 \tag{9-52}$$

$\eta_{e,T}$及 $\eta_{e,p}$分别为热交换器的温度烟效率与压力烟效率：

$$\eta_{e,T} = \frac{1 - \frac{T_0}{T_2}}{1 - \frac{T_0}{T_1}} \tag{9-53}$$

$$\eta_{e,p} = \frac{1-\psi_2}{1-\psi_1} \tag{9-54}$$

式中　T_0、T_1、T_2——分别为环境温度、热流体放热的平均温度和冷流体吸热的平均温度；

ψ_2——由于流动阻力引起的冷流体的㶲损失 I_{r2} 与它吸收的热流㶲 E_{Q2} 的比值：

$$\psi_2 = \frac{I_{r2}}{E_{Q2}} \tag{9-55}$$

ψ_1——由于流动阻力引起的热流体的㶲损失 I_{r1} 与它放出的热流㶲 E_{Q1} 的比值：

$$\psi_2 = \frac{I_{r1}}{E_{Q1}} \tag{9-56}$$

显然，$(1-\eta_{e,T})$ 表示了因冷流体吸热平均温度与热流体放热平均温度不同而引起的㶲耗损；$(1-\eta_{e,p})$ 则反映了因冷、热流体流动阻力引起的㶲耗损。所以，㶲效率类似于熵产单元数那样从能量的质量上综合考虑传热与流动的影响，而且也能用于优化设计。所不同的是，熵分析法是从能量的损耗角度来分析，希望 N_s 值愈小愈好，而㶲分析法是从可用能的被利用角度来分析，希望 η_e 值愈大愈好。但是，N_s 并未表示出由于摩阻与温差而产生的不可逆损失与获得的可用能之间的正面关系，实用上不够方便。

（5）纵向比较法

纵向比较法是专门对具有强化传热表面的热交换器热性能评价的一种方法。这一方法是按强化目的分类，进行单项性能的比较。例如，威伯（Webb R. L.）在总结和分析前人工作的基础上，提出了一套较为完整的性能评价判据 PEC（Performance Evaluation Criteria）[20]。他把热质交换设备的传热强化分成三种目的——减少表面积、增加热负荷和减少功率消耗，然后分别在三种不同的几何限制条件下——几何状况固定、流通截面不变、几何状况可变，比较强化与未强化时的某些性能，如传热量之比 Q/Q_s、功率消耗之比 N/N_s（有角标 s 者表示光管时之值），从这些比值的大小可以优选出某种确定的传热表面强化技术下针对某种目的的最佳几何结构，并进而比较出哪一种强化技术下的结果最佳。此种方法比较结果明确，具有一定的实用价值，但还不够全面。

（6）两指标分析法

前边介绍的几种方法都是只就换热设备某一项指标进行讨论，对其他指标的变化情况往往不加分析，而人们对换热器有许多方面的要求，因此，衡量换热器的优劣一般应有多项指标。文献［21］在考察了人们对换热器普遍要求的基础上，以制冷剂在铜质圆管正三角形排列套平铝肋片管簇换热器管内直接蒸发为例，提出用紧凑性与经济性两指标综合衡量换热器的优劣。

对于正三角形排列套平铝肋片管簇换热器，经公式推导可知，独立的自变量可定义为如下六个：管外径、管心距、肋距、肋厚、空气最小断面质量流量和制冷剂从进口到出口流经的总管长。所谓紧凑性指标，是指换热设备单位换热能力所需的体积，其定义为：

$$V_q = \frac{866 \cdot T^2 \cdot s}{K \cdot A} \tag{9-57}$$

式中 V_q——换热设备的紧凑性指标，m^3/（kW/℃）；

T——管中心距，m；

s——肋距，m。

所谓经济性指标，是指换热设备单位换热能力所需费用，其定义为：

$$M=\frac{\frac{C_f}{\tau}+8.76\cdot C_e\cdot\psi\cdot(P+P_i)}{0.001K\cdot A} \tag{9-58}$$

式中 M——换热设备的经济性指标，(RMB￥/a)/(kW/℃)；

C_f——初投资，RMB￥；

τ——折旧年限，a；

C_e——电力成本，RMB￥/（kW·h）；

ψ——工作系数，表示换热设备预计年运行小时数与全年总小时数之比；

P——空气侧功率损失，W；

P_i——为补偿制冷剂在蒸发器中的阻力损失需多付出的压缩功率，W。

经济性指标与紧凑性指标是互相对立的。一般情况下，追求换热设备的“紧凑”，将不可避免地要提高总消耗；反之亦然。因此，在优化中，需要同时兼顾这两个指标。求解时，先分别求出两项指标的极小值，然后采用求解线性约束极值问题的数学规划方法，将紧凑指标分别固定于多个固定值，依次求解经济性指标的极小值，得出不同紧凑指标下的最经济指标，从而给出它们之间的关系，以综合权衡两项指标，确定出最优方案。

对肋片管簇换热器应用这种两指标分析法可以得出一些有参考价值的结论，它对于换热设备的优化，特别是解决肋片管簇换热器的优化问题，提供了一个良好的思路与方法。但是，这种方法也存在一些局限性，如它需要带有许多尺寸参数的准确的性能关系式，而这种关系式的获得还有一定困难；它要求一系列准确可靠的经济参数，例如折旧年限、材料价格等，而这些准确数据的获得也有不少的难度。

（7）热经济学分析法

上述几种方法的共同缺点是，它们都只从单一的科学技术观点来评价热性能。社会的发展告诉我们，科学技术的进步必须和经济的发展相结合。但是，即使我们采用了热力学第二定律的分析法（熵分析法和㶲分析法），也没有体现出经济的观点。如对于一台管壳式热交换器，通过重新选择管径和排列方式，使传热系数提高、平均温差降低、压力降增加，总的结果可能是㶲效率提高或熵产单元数减小，但这并不能说明这台热交换器的全部费用（包括设备费、运行费等多方面费用）也减小了，为了解决在工程应用上大量存在的这一类问题，一门新兴的学科——热经济学正在兴起，它把技术和经济融为一体，用热力学第二定律分析法与经济优化技术相结合的热经济学分析法，对一个系统或一个设备做出全面的热经济性评价。热经济学分析法的任务除了研究体系与自然环境之间的相互作用外，还要研究体系内部的经济参量与环境的经济参量之间的相互作用，所以，它以热力学第二定律分析法为基础，而最后得到的结果却能直接地给出经济量纲表示的答案。由于热经济学分析法牵涉面很广，比较复杂，使用中还有许多具体问题，所以目前尚未被工程设计正式使用。但应该肯定，这是一种目前所提出的各种方法中最为完善的方法，现已在美国等国家开始部分采用，并收到较好的效果。

9.4　热质交换设备的发展趋势

在实际工程中存在着千变万化的热质交换条件，所需要的热质交换设备也必然各式各样。为了满足使用的需求，国内外对热质交换设备技术的开发从传热传质机理的研究、设备结构的创新、设计计算方法的改进及制造工艺水平的提高等方面，都进行了长期而大量的工作。

直至目前，热质交换设备的基本状况是，管式换热器就使用数量或使用场所来看仍居主要地位。主要是由于它具有结构坚固，操作弹性大，适应性强，可靠程度高，选材范围广，处理能力大，能承受高温高压等特点。各式“板式”换热表明和其他新型结构换热器发展很快，在若干应用场合与管式结构竞争。相对于管壳式换热器来说，板式换热器具有传热效率高，结构紧凑，重量轻等优点。又由于流体在换热器中无论进行并流、逆流、错流都可以，板片还可以根据传热面积的大小而增减，因此适应性较大，应用日趋广泛。随着对板式换热器研究的不断深入，其形式也越来越多。从空间技术发展起来的热管技术也受到极大重视，各式热管换热器已进入工业实用阶段。热管换热器的最大特点是结构简单、换热效率高，在传递相同热量的条件下制造热管换热器的金属耗量少于其他类型的换热器。换热流体通过换热器的压力损失也比其他换热器小，因而动力消耗也少。美国 Q－Dot 公司开发的热管换热器已有 5000 多台的实际运行经验，日本古田电器公司设计的热管换热器已应用于 700 多套设施。经过 20 多年的努力，我国先后开发成功了气－气热管换热器、热管蒸汽发生器（废热锅炉）、高温热管（液态碱金属热管），并在冶金、石油、化工、动力、陶瓷以及水泥等行业领域中应用取得了可喜的成果。当前热管技术已趋成熟，应用面逐步扩大，如随着集成电路向着高密度大功率方向发展，使得芯片热流密度提高、散热空间减小，从而引出了微热管在电子器件散热方面的广泛应用。

在热质交换设备设计中采用计算机辅助设计，不仅可以缩短计算所需的时间，减少人为的差错，而且能方便地进行最优化设计。最近发展起来用于整体装置设计的数据库技术使整体装置设计变得简单。通过数据库系统，不同类型的设计应用软件可以有机地形成一个整体，设计者只需通过数据库操作系统向应用软件中输入相关参数，便可得到更多的关于设计任务的数据，并且这些数据可以反馈到数据库中。在换热器的热流分析中，引入计算机技术，对热质交换设备中介质的复杂流动过程进行定量的模拟仿真。目前，基于计算机技术的热流分析已经用于自然对流、剥离流、振动流和湍流热传导等的直接模拟仿真，以及对辐射传热、多相流和稠液流的机理仿真模拟等方面。在此基础上，利用 CFD 的分析结果和相对应的模型实验数据，使用计算机对换热器进行更为精确和细致的设计。

随着工业的发展，热质交换设备技术必将迅速地发展。就目前的情况分析，热质交换设备的基本发展趋势是：提高传热传质效率，增加紧凑性，降低材料消耗，增强承受高温、高压、超低温及耐腐蚀能力，保证互换性及扩大容量的灵活性，通过减少污塞和便于除垢以减少操作事故，从选用材料、结构设计以及运行操作等各方面增加使用寿命，并在广泛的范围内向大型化发展。

在热质交换设备制造中，专业化生产的趋势仍将继续，加工向“数字控制化”发展。

采用新技术、新工艺、新材料，提高机械化、自动化水平，提高劳动生产率，降低制造成本，仍将是基本的发展目标。

以采用强化传热元件和改进换热器结构为主的强化传热技术是一种能显著改善换热器传热性能的节能技术。改进各种高效换热管的制造技术，或开发结构简单的新型高效换热管，实现高效换热管结构和制造技术的简单化，降低成本，提高设备的使用寿命，是推广和应用各种高效换热管的前提条件，也是换热器的重要发展方向。对可以适用于除水和空气以外更多的介质中的螺旋管等槽纹管，强化管的槽深、节距、螺旋角等特性的最优化，会使强化管具有较好的传热与流体动力学特性。表面多孔管用于相变换热能够有效的提高传热系数，增加换热量。但是由于加工工艺的复杂性，至今没能够被推广，随着加工技术的提高，如果能够简化加工过程，减少加工成本，相变传热应用这种传热管是一种理想的选择。纵向流换热器的优良特性，已经引起更多的学者和工程技术人员的普遍关注。如果纵向流换热器与不同形式的强化管组合使用，能够同时实现壳侧与管侧的传热强化。这种为实现不同强化传热技术的优化组合仍需要进一步的研究。纵流式管束支撑物对壳程流体流速的调节作用较小，只有在大流量下才能显示出其优越性。因而，在小流量或低雷诺数下如何提高纵流式换热器的性能，是今后研究的一个重要方向。根据传热物流条件的不同情况，壳程传热强化的研究必然与强化传热管的优化组合相联系，这是今后热质交换设备强化传热技术发展的方向。增强介质的换热系数是近些年新开辟的领域，并迅速受到重视，成为热点课题。纳米流体具有很好的传热功能。换热器中如果利用纳米介质换热，传热效率将大大提高，与之相匹配的各种换热器将相继开发出来，并可以节约能源，降低成本。此外，换热器的场协同原理也是今后强化传热技术发展的重要方向，并在此基础上开发第三代传热技术。

在热质交换设备制造工艺上也获得了改进，具有更高性能的新材料及复合材料逐渐被广泛采用。目前，世界各国在理论研究、新技术和新产品开发方面已经进入高层次的探索阶段，涉及领域很广。具有高效、低耗、性能优越的新型热质交换设备将被推广应用。

最后需要指出的是，近几十年来针对核能、地热能、太阳能、海洋能利用的特点及存在的问题，进行了热质交换设备的大量改进与研制工作，并取得了一定的成果。例如，本专业现正广泛研究的地源热泵所使用的热交换器中传热温差小、含不凝性气体、结垢与腐蚀严重的问题；污水源热泵中换热设备结构优化与换热性能的提高，以及易堵塞、腐蚀和结垢的问题；太阳能利用中，如何提高平板型集热器的收集效率问题；海洋能发电中，传热温差小（表面与深层海水温差仅20℃左右），热交换设备体积过分庞大，以及结构与腐蚀问题等。随着能源问题的突出和新能源技术的不断发展，对这些方面的研究和利用必将更加广泛。

思 考 题

1. 热质交换设备优化设计的基本原理是什么？
2. 热质交换设备有哪些性能评价方法？简述各评价方法的优缺点。
3. 试分析热质交换设备在以后会向哪些方面发展。

附录 2-1 干饱和水蒸气的热物理性质

温度 T (℃)	压力 $P\times10^{-5}$ (Pa)	密度 ρ (kg/m^3)	焓 h (kJ/kg)	气化潜热 r (kJ/kg)	质量定压热容 c_p [kJ/(kg·K)]	导热系数 $\lambda\times10^2$ [W/(m·K)]	热扩散系数 $a\times10^3$ [kg/(m·s)]	(动力)黏度 $\mu\times10^6$ (Pa·s)	运动黏度 $\nu\times10^6$ (m^2/s)	普朗特数 Pr
0	0.00611	0.004847	2501.6	2501.6	1.8543	1.83	7313.0	8.022	1655.01	0.815
10	0.01227	0.009396	2520.0	2477.7	1.8594	1.88	3881.3	8.424	896.54	0.831
20	0.02338	0.01729	2538.0	2454.3	1.8661	1.94	2167.2	8.84	509.90	0.847
30	0.04241	0.03037	2556.5	2430.9	1.8744	2.00	1265.1	9.218	303.53	0.863
40	0.07375	0.05116	2574.5	2407.0	1.8853	2.06	768.45	9.620	188.04	0.883
50	0.12335	0.08302	2592.0	2382.7	1.8987	2.12	483.59	10.022	120.72	0.896
60	0.19920	0.1302	2609.6	2358.4	1.9155	2.19	315.55	10.424	80.07	0.913
70	0.3116	0.1982	2626.8	2334.1	1.9364	2.25	210.57	10.817	54.57	0.930
80	0.4736	0.2933	2643.5	2309.0	1.9615	2.33	145.53	11.219	38.25	0.947
90	0.7011	0.4235	2660.3	2238.1	1.9921	2.40	102.22	11.621	27.44	0.966
100	1.0130	0.5977	2676.2	2257.1	2.0281	2.48	73.57	12.023	20.12	0.984
110	1.4327	0.8265	2691.3	2229.9	2.0704	2.56	53.83	12.425	15.03	1.00
120	1.9854	1.122	2705.9	2202.3	2.1198	2.65	40.15	12.798	11.41	1.02
130	2.7013	1.497	2719.7	2173.8	2.1763	2.76	30.46	13.170	8.80	1.04
140	3.614	1.967	2733.1	2144.1	2.2408	2.85	23.38	13.543	6.89	1.06
150	4.760	2.548	2745.3	2113.1	2.3142	2.97	18.10	13.896	5.45	1.08
160	6.181	3.260	2756.6	2081.3	2.3974	3.08	14.20	14.249	4.37	1.11
170	7.920	4.123	2767.1	2047.8	2.4911	3.21	11.25	14.612	3.54	1.13
180	10.027	5.165	2776.3	2013.0	2.5958	3.36	9.03	14.965	2.90	1.15

续表

温度 T (℃)	压力 $P\times10^{-5}$ (Pa)	密度 ρ (kg/m^3)	焓 h (kJ/kg)	气化潜热 r (kJ/kg)	质量定压热容 c_p [kJ/(kg·K)]	导热系数 $\lambda\times10^2$ [W/(m·K)]	热扩散系数 $a\times10^3$ [kg/(m·s)]	(动力)黏度 $\mu\times10^6$ (Pa·s)	运动黏度 $\nu\times10^6$ (m^2/s)	普朗特数 Pr
190	12.551	6.397	2784.2	1976.6	2.7126	3.51	7.29	15.298	2.39	1.18
200	15.549	7.864	2790.9	1938.5	2.8428	3.68	5.92	15.651	1.99	1.21
210	19.077	9.593	2796.4	1898.3	2.9877	3.87	4.86	15.995	1.67	1.24
220	23.198	11.62	2799.7	1856.4	3.1497	4.07	4.00	16.338	1.41	1.26
230	27.976	14.00	2801.8	1811.6	3.3310	4.30	3.32	16.701	1.19	1.29
240	33.478	16.76	2802.2	1764.7	3.5366	4.54	2.76	17.073	1.02	1.33
250	39.776	19.99	2800.6	1714.5	3.7723	4.84	2.31	17.446	0.873	1.36
260	46.943	23.73	2796.4	1661.3	4.0470	5.18	1.94	17.848	0.752	1.40
270	55.058	23.10	2789.7	1604.8	4.3735	5.55	1.63	18.280	0.651	1.44
280	64.202	33.19	2780.5	1543.7	4.7675	6.00	1.37	18.750	0.565	1.49
290	74.461	39.16	2767.5	1477.5	5.2528	6.55	1.15	19.270	0.492	1.54
300	85.927	46.19	2751.1	1405.9	5.8632	7.22	0.96	19.839	0.430	1.61
310	98.700	54.54	2730.2	1327.6	6.6503	8.02	0.80	20.691	0.380	1.71
320	112.89	64.60	2703.8	1241.0	7.7217	8.65	0.62	21.691	0.336	1.94
330	128.63	76.99	2670.3	1143.8	9.3613	9.61	0.48	23.093	0.300	2.24
340	146.05	92.76	2626.0	1030.8	12.2103	10.70	0.34	24.692	0.266	2.82
350	165.35	113.6	2567.8	895.6	17.1504	11.90	0.22	26.594	0.234	3.83
360	186.75	144.1	2485.3	721.4	25.1162	13.70	0.14	29.193	0.203	5.34
370	210.54	201.1	2342.9	452.6	81.1025	16.60	0.04	33.989	0.169	15.7
374.15	221.20	315.5	2107.2	0.0	∞	23.80	0.0	44.992	0.143	∞

附录 2-2　饱和水的热物理性质

温度 T (℃)	压力 $P\times10^{-5}$ (Pa)	密度 ρ (kg/m³)	焓 h (kJ/kg)	质量定压热容 c_p [kJ/(kg·K)]	导热系数 λ [W/(m·K)]	热扩散系数 $a\times10^6$ [m²/s]	(动力)黏度 $\mu\times10^6$ (Pa·s)	运动黏度 $\nu\times10^6$ (m²/s)	体积膨胀系数 $\beta\times10^4$ (K⁻¹)	表面张力 $\sigma\times10^4$ (N/m)	普朗特数 Pr
0	0.00611	999.9	0	4.212	0.551	13.1	1788	1.789	-0.63	756.4	13.67
10	0.01227	999.7	42.04	4.191	0.574	13.7	1306	1.306	+0.70	741.6	9.52
20	0.02338	998.2	83.91	4.183	0.599	14.3	1004	1.006	1.82	726.9	7.02
30	0.04241	995.7	125.7	4.174	0.618	14.9	801.5	0.805	3.21	712.2	5.42
40	0.07375	992.2	167.5	4.174	0.635	15.3	653.3	0.659	3.87	696.5	4.31
50	0.12335	988.1	209.3	4.174	0.648	15.7	549.4	0.556	4.49	676.9	3.54
60	0.19920	983.2	251.1	4.179	0.659	16.0	469.9	0.478	5.11	662.2	2.98
70	0.3116	977.8	293.0	4.187	0.668	16.3	406.1	0.415	5.70	643.5	2.55
80	0.4736	971.8	335.0	4.195	0.674	16.6	355.1	0.365	6.32	625.9	2.21
90	0.7011	965.3	377.0	4.208	0.680	16.8	314.9	0.325	6.95	607.2	1.95
100	1.013	958.4	419.1	4.220	0.683	16.9	282.5	0.295	7.52	588.6	1.75
110	1.43	951.0	461.4	4.233	0.685	17.0	259.0	0.272	8.08	569.0	1.60
120	1.98	943.1	503.7	4.250	0.686	17.1	237.4	0.252	8.64	548.4	1.47
130	2.7	934.8	546.4	4.266	0.686	17.2	217.8	0.233	9.19	528.8	1.36
140	3.61	926.1	589.1	4.287	0.685	17.2	201.1	0.217	9.72	507.2	1.26
150	4.76	917.0	632.2	4.313	0.684	17.3	186.4	0.203	10.3	486.6	1.17
160	6.18	907.4	675.4	4.264	0.683	17.3	173.6	0.191	10.7	466.0	1.10
170	7.92	897.3	719.3	4.380	0.679	17.3	162.8	0.181	11.3	443.4	1.05
180	10.03	886.9	763.3	4.417	0.674	17.2	153.0	0.173	11.9	422.8	1.00

续表

温度 T (℃)	压力 $P\times10^{-5}$ (Pa)	密度 ρ (kg/m^3)	焓 h (kJ/kg)	质量定压热容 c_p [kJ/(kg·K)]	导热系数 λ [W/(m·K)]	热扩散系数 $a\times10^6$ [m^2/s]	(动力)黏度 $\mu\times10^6$ (Pa·s)	运动黏度 $\nu\times10^6$ (m^2/s)	体积膨胀系数 $\beta\times10^4$ (K^{-1})	表面张力 $\sigma\times10^4$ (N/m)	普朗特数 Pr
190	12.55	870.0	807.8	4.459	0.670	17.1	144.2	0.165	12.6	400.2	0.96
200	15.55	863.0	852.5	4.505	0.663	17.0	136.4	0.158	13.3	376.7	0.93
210	19.08	852.3	897.7	4.555	0.655	16.9	130.5	0.153	14.1	354.1	0.91
220	23.20	840.3	943.7	4.614	0.645	16.6	124.6	0.148	14.8	331.6	0.89
230	27.98	827.3	990.2	4.681	0.637	16.4	119.7	0.145	15.9	310.0	0.88
240	33.48	813.6	1037.5	4.756	0.628	16.2	114.8	0.141	16.8	285.5	0.87
250	39.78	799.0	1085.7	4.844	0.618	15.9	109.9	0.137	18.1	261.9	0.86
260	46.94	784.0	1135.1	4.949	0.605	15.6	105.9	0.135	19.7	237.4	0.87
270	55.05	767.9	1185.3	5.070	0.590	15.1	102	0.133	21.6	214.8	0.88
280	64.20	750.7	1236.8	5.230	0.574	14.6	98.1	0.131	23.7	191.3	0.90
290	74.46	732.3	1290.0	5.485	0.558	13.9	94.2	0.129	26.2	168.7	0.93
300	85.92	712.5	1344.9	5.736	0.540	13.2	91.2	0.128	29.2	144.2	0.97
310	98.70	691.1	1402.2	6.071	0.523	12.5	88.3	0.128	32.9	120.7	1.03
320	112.89	667.1	1462.1	6.574	0.506	11.5	85.3	0.128	38.2	98.10	1.11
330	128.63	640.2	1526.2	7.244	0.484	10.4	81.4	0.127	43.3	76.71	1.22
340	146.05	610.1	1594.8	8.165	0.457	9.17	77.5	0.127	53.4	56.70	1.39
350	165.35	574.4	1671.4	9.504	0.430	7.88	72.6	0.126	66.8	38.16	1.60
360	186.75	528.0	1761.5	13.984	0.395	5.36	66.7	0.126	109	20.21	2.35
370	210.54	450.5	1892.5	40.321	0.337	1.86	56.9	0.126	264	4.709	6.79

附录 3-1　干空气的热物理性质（$p=101.325$kPa）

温度 T (℃)	密度 ρ (kg/m^3)	质量定压热容 $c_p\times10^{-3}$ [J/(kg·K)]	导热系数 $\lambda\times10^2$ [W/(m·K)]	导温系数 $\alpha\times10^5$ (m^2/s)	（动力）黏度 $\mu\times10^5$ (Pa·s)	运动黏度 $\nu\times10^6$ (m^2/s)	普朗特数 Pr
-50	1.584	1.013	2.034	1.27	1.46	9.23	0.728
-40	1.515	1.013	2.115	1.38	1.52	10.04	0.728
-30	1.453	1.013	2.196	1.49	1.57	10.80	0.723
-20	1.395	1.009	2.278	1.62	1.62	11.60	0.716
-10	1.342	1.009	2.359	1.74	1.67	12.43	0.712
0	1.293	1.005	2.440	1.88	1.72	13.28	0.707
10	1.247	1.005	2.510	2.01	1.77	14.16	0.705
20	1.205	1.005	2.581	2.14	1.81	15.06	0.703
30	1.165	1.005	2.673	2.29	1.86	16.00	0.701
40	1.128	1.005	2.754	2.43	1.91	16.96	0.699
50	1.093	1.005	2.824	2.57	1.96	17.95	0.698
60	1.060	1.005	2.893	2.72	2.01	18.97	0.696
70	1.029	1.009	2.963	2.86	2.06	20.02	0.694
80	1.000	1.009	3.004	3.02	2.11	21.09	0.692
90	0.972	1.009	3.126	3.19	2.15	22.10	0.690
100	0.946	1.009	3.207	3.36	2.19	23.13	0.688
120	0.898	1.009	3.335	3.68	2.29	25.45	0.686
140	0.854	1.013	3.486	4.03	2.37	27.80	0.684
160	0.815	1.017	3.637	4.39	2.45	30.09	0.682
180	0.779	1.022	3.777	4.75	2.53	32.49	0.681
200	0.746	1.026	3.928	5.14	2.60	34.85	0.680
250	0.674	1.038	4.625	6.10	2.74	40.61	0.677
300	0.615	1.047	4.602	7.16	2.97	48.33	0.674
350	0.566	1.059	4.904	8.19	3.14	55.46	0.676
400	0.524	1.068	5.206	9.31	3.31	63.09	0.678
500	0.456	1.093	5.740	11.53	3.62	79.38	0.687
600	0.404	1.114	6.217	13.83	3.91	96.89	0.699
700	0.362	1.135	6.70	16.34	4018	115.4	0.706
800	0.329	1.156	7.170	18.88	4.43	134.8	0.713
900	0.301	1.172	7.623	21.82	4.67	155.1	0.717
1000	0.277	1.185	8.064	24.59	4.90	177.1	0.719
1100	0.257	1.197	8.494	27.63	5.12	199.3	0.722
1200	0.239	1.210	9.145	31.65	5.35	233.7	0.724

附录 3-2　扩 散 系 数

1. 气体扩散系数

系　统	温度 (K)	扩散系数 $\times 10^4$ (m^2/s)	系　统	温度 (K)	扩散系数 $\times 10^4$ (m^2/s)
空气－氨	273	0.198	氢－氩	295.4	0.83
空气－水	273	0.220	氢－氨	298	0.783
	298	0.260	氢－二氧化硫	323	0.61
	315	0.288	氢－乙醇	340	0.586
空气－二氧化碳	276	0.142	氦－氩	298	0.729
	317	0.177	氦－正丁醇	423	0.587
空气－氢	273	0.661	氦－空气	317	0.765
空气－乙醇	298	0.135	氦－甲烷	298	0.675
	315	0.145	氦－氮	298	0.687
空气－乙酸	273	0.106	氦－氧	298	0.729
空气－正己烷	294	0.080	氩－甲烷	298	0.202
空气－苯	298	0.0962	二氧化碳－氮	298	0.167
空气－甲苯	298.9	0.086	二氧化碳－氧	293	0.153
空气－正丁醇	273	0.0703	氮－正丁烷	298	0.0960
	298.9	0.087	水－二氧化碳	307.3	0.202
氢－甲烷	298	0.726	一氧化碳－氮	373	0.318
氢－氮	298	0.784	一氯甲烷－二氧化硫	303	0.0693
	358	1.052	乙醚－氨	299.5	0.1078
氢－苯	311.1	0.404			

2. 液体扩散系数

溶质（A）	溶剂（B）	温度（K）	浓度（$kmol/m^3$）	扩散系数 $\times 10^9$（m^2/s）
Cl_2	H_2O	289	0.12	1.26
HCl	H_2O	273	9	2.7
		273	2	1.8
		283	9	3.3
		283	2.5	2.5
		289	0.5	2.44
NH_3	H_2O	278	3.5	1.24
		288	1.0	1.77
CO_2	H_2O	283	0	1.46
		293	0	1.77

续表

溶质（A）	溶剂（B）	温度（K）	浓度（$kmol/m^3$）	扩散系数×10^9（m^2/s）
NaCl	H_2O	291	0.05	1.26
		291	0.2	1.21
		291	1.0	1.24
		291	3.0	1.36
		291	5.4	1.54
甲醇	H_2O	288	0	1.28
醋酸	H_2O	288.5	1.0	0.82
		288.5	0.01	0.91
		291	1.0	0.96
乙醇	H_2O	283	3.75	0.50
		283	0.05	0.83
		289	2.0	0.90
正丁醇	H_2O	288	0	0.77
CO_2	乙醇	290	0	3.2
氯仿	乙醇	293	2.0	1.25

3. 固体扩散系数

溶质（A）	固体（B）	温度（K）	扩散系数（m^2/s）
H_2	硫化橡胶	298	0.85×10^{-9}
O_2	硫化橡胶	298	0.21×10^{-9}
N_2	硫化橡胶	298	0.15×10^{-9}
CO_2	硫化橡胶	298	0.11×10^{-9}
H_2	硫化氯丁橡胶	290	0.103×10^{-9}
		300	0.180×10^{-9}
He	SiO_2	293	$(2.4\sim5.5)\times10^{-14}$
H_2	Fe	293	2.59×10^{-13}
Al	Cu	293	1.30×10^{-34}
Bi	Pb	293	1.10×10^{-20}
Hg	Pb	293	2.50×10^{-19}
Sb	Ag	293	3.51×10^{-25}
Cd	Cu	293	2.71×10^{-19}

附录 6-1　有代表性流体的污垢热阻 R_f（$m^2 \cdot K/W$）

流　　体	流速（m/s）	
	≤1	>1
海水	1.0×10^{-4}	1.0×10^{-4}
澄清的河水	3.5×10^{-4}	1.8×10^{-4}
污浊的河水	5.0×10^{-4}	3.5×10^{-4}
硬度不大的井水、自来水	1.8×10^{-4}	1.8×10^{-4}
冷却塔或喷淋室循环水（经处理）	1.8×10^{-4}	1.8×10^{-4}
冷却塔或喷淋室循环水（未经处理）	5.0×10^{-4}	5.0×10^{-4}
处理过的锅炉给水（50℃以下）	1.0×10^{-4}	1.0×10^{-4}
处理过的锅炉给水（50℃以上）	2.0×10^{-4}	2.0×10^{-4}
硬水（$>257 g/m^3$）	5.0×10^{-4}	5.0×10^{-4}
燃料油	9.0×10^{-4}	9.0×10^{-4}
制冷液	2.0×10^{-4}	2.0×10^{-4}

附录 6-2　总传热系数的有代表性的数值

流 体 组 合	K [$W/(m^2 \cdot K)$]
水-水	850~1700
水-油	110~350
水蒸气冷凝器（水在管内）	1000~6000
氨冷凝器（水在管内）	800~1400
酒精冷凝器（水在管内）	250~700
肋片管换热器（水在管内，空气为叉流）	25~50

附录 6-3 部分水冷式表面冷却器的传热系数和阻力实验公式

型 号	排数	作为冷却用之传热系数 K [W/(m²·℃)]	干冷时空气阻力 ΔH_g 和湿冷时空气阻力 ΔH_s (Pa)	水阻力 (kPa)	作为热水加热用之传热系数 K [W/(m²·℃)]	试验时用的型号
B 或 U-Ⅱ型	2	$K=\left[\frac{1}{34.3V_y^{0.781}\xi^{1.03}}+\frac{1}{207w^{0.8}}\right]^{-1}$	$\Delta H_s=20.97V_y^{1.39}$			B-2B-6-27
B 或 U-Ⅱ型	6	$K=\left[\frac{1}{31.4V_y^{0.857}\xi^{0.87}}+\frac{1}{281.7w^{0.8}}\right]^{-1}$	$\Delta H_g=29.75V_y^{1.98}$ $\Delta H_s=38.93V_y^{1.84}$	$\Delta h=64.68w^{1.854}$		B-6R-8-24
GL 或 GL-Ⅱ型	6	$K=\left[\frac{1}{21.1V_y^{0.845}\xi^{1.15}}+\frac{1}{216.6w^{0.8}}\right]^{-1}$	$\Delta H_g=19.99V_y^{1.862}$ $\Delta H_s=32.05V_y^{1.695}$	$\Delta h=64.68w^{1.854}$		GL-6R-8-24
W	2	$K=\left[\frac{1}{42.1V_y^{0.52}\xi^{1.03}}+\frac{1}{332.6w^{0.8}}\right]^{-1}$	$\Delta H_g=5.68V_y^{1.89}$ $\Delta H_s=25.28V_y^{0.895}$	$\Delta h=8.18w^{1.93}$	$K=34.77V_y^{0.4}w^{0.079}$	小型试验样品
JW	4	$K=\left[\frac{1}{39.7V_y^{0.52}\xi^{1.03}}+\frac{1}{332.6w^{0.8}}\right]^{-1}$	$\Delta H_g=11.96V_y^{1.72}$ $\Delta H_s=42.8V_y^{0.992}$	$\Delta h=12.54w^{1.93}$	$K=31.87V_y^{0.48}w^{0.08}$	小型试验样品
JW	6	$K=\left[\frac{1}{41.5V_y^{0.52}\xi^{1.02}}+\frac{1}{325.6w^{0.8}}\right]^{-1}$	$\Delta H_g=16.66V_y^{1.75}$ $\Delta H_s=62.23V_y^{1.11}$	$\Delta h=14.5w^{1.93}$	$K=30.7V_y^{0.485}w^{0.08}$	小型试验样品
JW	8	$K=\left[\frac{1}{35.5V_y^{0.58}\xi^{1.0}}+\frac{1}{353.6w^{0.8}}\right]^{-1}$	$\Delta H_g=23.8V_y^{1.74}$ $\Delta H_s=70.56V_y^{1.21}$	$\Delta h=20.19w^{1.93}$	$K=27.3V_y^{0.58}w^{0.075}$	小型试验样品
SXL-B	2	$K=\left[\frac{1}{27V_y^{0.425}\xi^{0.74}}+\frac{1}{157w^{0.8}}\right]^{-1}$	$\Delta H_g=17.35V_y^{1.54}$ $\Delta H_s=35.28V_y^{1.4}\xi^{0.183}$	$\Delta h=15.48w^{1.97}$	$K=\left[\frac{1}{21.5V_y^{0.526}}+\frac{1}{319.8w^{0.8}}\right]^{-1}$	
KL-1	4	$K=\left[\frac{1}{32.6V_y^{0.57}\xi^{0.987}}+\frac{1}{350.1w^{0.8}}\right]^{-1}$	$\Delta H_g=24.21V_y^{1.823}$ $\Delta H_s=24.01V_y^{1.913}$	$\Delta h=18.03w^{2.1}$	$K=\left[\frac{1}{28.6V_y^{0.656}}+\frac{1}{286.1w^{0.8}}\right]^{-1}$	
KL-2	4	$K=\left[\frac{1}{29V_y^{0.622}\xi^{0.758}}+\frac{1}{385w^{0.8}}\right]^{-1}$	$\Delta H_g=27V_y^{1.43}$ $\Delta H_s=42.2V_y^{1.2}\xi^{0.18}$	$\Delta h=22.5w^{1.8}$	$K=11.16V_y+15.54w^{0.276}$	KL-2-4-10/600
KL-3	6	$K=\left[\frac{1}{27.5V_y^{0.778}\xi^{0.843}}+\frac{1}{460.5w^{0.8}}\right]^{-1}$	$\Delta H_g=26.3V_y^{1.75}$ $\Delta H_s=63.3V_y^{1.2}\xi^{0.15}$	$\Delta h=27.9w^{1.81}$	$K=12.97V_y+15.08w^{0.13}$	KL-3-6-10/600

附录 6-4　水冷式表面冷却器的 ε_2 值

冷却器型号	排数	迎面风速 V_y（m/s）			
		1.5	2.0	2.5	3.0
B 或 U-Ⅱ型 GL 或 GL-Ⅱ型	2	0.543	0.518	0.499	0.484
	4	0.791	0.767	0.748	0.733
	6	0.905	0.887	0.875	0.863
	8	0.957	0.946	0.937	0.930
JW 型	2*	0.590	0.545	0.515	0.490
	4*	0.841	0.797	0.768	0.740
	6*	0.940	0.911	0.888	0.872
	8*	0.977	0.964	0.954	0.945
SXL-B 型	2	0.826	0.440	0.423	0.408
	4*	0.97	0.686	0.665	0.649
	6	0.995	0.800	0.806	0.792
	8	0.999	0.824	0.887	0.877
KL-1 型	2	0.466	0.440	0.423	0.408
	4*	0.715	0.686	0.665	0.649
	6	0.848	0.800	0.806	0.792
	8	0.917	0.824	0.887	0.877
KL-2 型	2	0.553	0.530	0.511	0.493
	4*	0.800	0.780	0.762	0.743
	6	0.909	0.896	0.886	0.870
KL-3 型	2	0.450	0.439	0.429	0.416
	4	0.700	0.685	0.672	0.660
	6*	0.834	0.823	0.813	0.802

注：表中有＊号的为试验数据，无＊号的是根据理论公式计算出来的。

附录 6-5　JW 型表面冷却器技术数据

型　号	风量 L（m^3/h）	每排散热面积 A_d（m^2）	迎风面积 A_y（m^2）	通水断面积 A_w（m^2）	备注
JW10-4	5000～8350	12.15	0.944	0.00407	共有四、六、八、十排四种产品
JW20-4	8350～16700	24.05	1.87	0.00407	
JW30-4	16700～25000	33.40	2.57	0.00553	
JW40-4	25000～33400	44.50	3.43	0.00553	

附录 6-6　部分空气加热器的传热系数和阻力计算公式

加热器型号	传热系数 K［W/(m^2·℃)］		空气阻力 ΔH（Pa）	热水阻力（kPa）
	蒸　汽	热　水		
5、6、10D	$13.6(v\rho)^{0.49}$		$1.76(v\rho)^{1.998}$	D 型：$15.2w^{1.96}$ Z、X 型：$19.3w^{1.88}$
5、6、10Z	$13.6(v\rho)^{0.49}$		$1.47(v\rho)^{1.98}$	
SRZ 型 5、6、10X	$14.5(v\rho)^{0.532}$		$0.88(v\rho)^{2.12}$	
7D	$14.3(v\rho)^{0.51}$		$2.06(v\rho)^{1.17}$	
7Z	$14.3(v\rho)^{0.51}$		$2.94(v\rho)^{1.52}$	
7X	$15.1(v\rho)^{0.571}$		$1.37(v\rho)^{1.917}$	
SRL 型 B×A/2	$15.2(v\rho)^{0.40}$	$16.5(v\rho)^{0.24}$ *	$1.71(v\rho)^{1.67}$	
SRL 型 B×A/3	$15.1(v\rho)^{0.43}$	$14.5(v\rho)^{0.29}$ *	$3.03(v\rho)^{1.62}$	
SYA 型 D	$15.4(v\rho)^{0.297}$	$16.6(v\rho)^{0.36}w^{0.226}$	$0.86(v\rho)^{1.96}$	
SYA 型 Z	$15.4(v\rho)^{0.297}$	$16.6(v\rho)^{0.36}w^{0.226}$	$0.82(v\rho)^{1.94}$	
SYA 型 X	$15.4(v\rho)^{0.297}$	$16.6(v\rho)^{0.36}w^{0.226}$	$0.78(v\rho)^{1.87}$	
Ⅰ型 2C	$25.7(v\rho)^{0.375}$		$0.80(v\rho)^{1.985}$	
Ⅰ型 1C	$26.3(v\rho)^{0.423}$		$0.40(v\rho)^{1.985}$	
GL 或 GL-Ⅱ型	$19.8(v\rho)^{0.608}$	$31.9(v\rho)^{0.46}w^{0.5}$	$0.84(v\rho)^{1.862}\times N$	$10.8w^{1.854}\times N$
B、U 型或 U-Ⅱ型	$19.8(v\rho)^{0.608}$	$25.5(v\rho)^{0.556}w^{0.0115}$	$0.84(v\rho)^{1.862}\times N$	$10.8w^{1.854}\times N$

注：1. $v\rho$——空气质量流速，kg/（m^2·s）；w——水流速，m/s；N——排数；

2. ＊——用 130°过热水，$w=0.023～0.037$m/s。

附录 6-7　部分空气加热器的技术数据

规格	散热面积（m^2）	通风有效截面积（m^2）	热媒流通截面（m^2）	管排数	管根数	连接管径（in）	质量（kg）
5×5D	10.13	0.154					54
5×5Z	8.78	0.155					48
5×5X	6.23	0.158					45
10×5D	19.92	0.302	0.0043	3	23	$1\frac{1}{4}$	93
10×5Z	17.26	0.306					84
10×5X	12.22	0.312					76
12×5D	24.86	0.378					113
6×6D	15.33	0.231					77
6×6Z	13.29	0.234					69
6×6X	9.43	0.239					63
10×6D	25.13	0.381					115
10×6Z	21.77	0.385					103
10×6X	15.42	0.393	0.0055	3	29	$1\frac{1}{2}$	93
12×6D	31.35	0.475					139
15×6D	37.73	0.572					164
15×6Z	32.67	0.579					146
15×6X	23.13	0.591					139
7×7D	20.31	0.320					97
7×7Z	17.60	0.324					87
7×7X	12.48	0.329					79
10×7D	28.59	0.450					129
10×7Z	24.77	0.456					115
10×7X	17.55	0.464					104
12×7D	35.67	0.563					156
15×7D	42.93	0.678	0.0063	3	33	2	183
15×7Z	37.18	0.685					164
15×7X	26.32	0.698					145
17×7D	49.90	0.788					210
17×7Z	43.21	0.797					187
17×7X	30.58	0.812					169
22×7D	62.75	0.991					260
15×10D	61.14	0.921					255
15×10Z	52.95	0.932					227
15×10X	37.48	0.951					203
17×10D	71.06	1.072	0.0089	3	47	$2\frac{1}{2}$	293
17×10Z	61.54	1.085					260
17×10X	43.66	1.106					232
20×10D	81.27	1.226					331

附录 7-1　喷淋室热交换效率实验公式的系数和指数

[实验条件：离心喷嘴；喷嘴密度 $n=13$ 个/m^2 排；$v\rho=1.5\sim3.0kg/(m^2\cdot s)$；喷嘴前水压 $P_0=1.0\sim2.5atm$（工作压力）]

喷嘴排数	喷孔直径(mm)	喷水方向	热交换效率	冷却干燥			减焓冷却加湿			绝热加湿			等温加湿			增焓冷却加湿			加热加湿			逆流双级喷水室的冷却干燥		
				A 或 A'	m 或 m'	n 或 n'	A 或 A'	m 或 m'	n 或 n'	A 或 A'	m 或 m'	n 或 n'	A 或 A'	m 或 m'	n 或 n'	A 或 A'	m 或 m'	n 或 n'	A 或 A'	m 或 m'	n 或 n'	A 或 A'	m 或 m'	n 或 n'
1	5	顺喷	η_1	0.635	0.245	0.42	—	—	—	—	—	—	0.87	0	0.05	0.885	0	0.61	0.86	0	0.09	—	—	—
			η_2	0.662	0.23	0.67	—	—	—	0.8	0.25	0.4	0.89	0.06	0.29	0.8	0.13	0.42	1.05	0	0.25	—	—	—
		逆喷	η_1	0.73	0	0.35	—	—	—	—	—	—	—	—	—	—	—	—	—	—	—	—	—	—
			η_2	0.88	0	0.38	—	—	—	0.8	0.25	0.4	—	—	—	—	—	—	—	—	—	—	—	—
	3.5	顺喷	η_1	—	—	—	—	—	—	—	—	—	—	—	—	—	—	—	0.875	0.06	0.07	—	—	—
			η_2	—	—	—	—	—	—	—	—	—	—	—	—	—	—	—	1.01	0.06	0.15	—	—	—
		逆喷	η_1	—	—	—	—	—	—	—	—	—	—	—	—	—	—	—	0.923	0	0.06	—	—	—
			η_2	—	—	—	—	—	—	1.05	0.1	0.4	—	—	—	—	—	—	1.24	0	0.27	—	—	—
2	5	一顺	η_1	0.745	0.07	0.265	0.76	0.124	0.234	—	—	—	0.81	0.1	0.135	0.82	0.09	0.11	—	—	—	0.945	0.1	0.36
		一逆	η_2	0.755	0.12	0.27	0.835	0.04	0.23	0.75	0.15	0.29	0.88	0.03	0.15	0.84	0.05	0.21	—	—	—	1	0	0
		两逆	η_1	0.56	0.29	0.46	0.54	0.35	0.41	—	—	—	—	—	—	—	—	—	—	—	—	—	—	—
			η_2	0.73	0.15	0.25	0.62	0.3	0.41	—	—	—	—	—	—	—	—	—	—	—	—	—	—	—
	3.5	一顺	η_1	—	—	—	—	—	—	—	—	—	—	—	—	—	—	—	0.931	0	0.13	—	—	—
		一逆	η_2	—	—	—	—	—	—	0.783	0.1	0.3	—	—	—	—	—	—	0.89	0.95	0.125	—	—	—
		两逆	η_1	—	—	—	0.655	0.33	0.33	—	—	—	—	—	—	—	—	—	—	—	—	—	—	—
			η_2	—	—	—	0.783	0.18	0.38	—	—	—	—	—	—	—	—	—	—	—	—	—	—	—

注：$\eta_1=A(v\rho)^m\mu^n$；$\eta_2=A'(v\rho)^{m'}\mu^{n'}$。

附录 7-2　湿空气的密度、水蒸气压力、含湿量和焓

（大气压 B = 1013mbar）

空气温度 t (℃)	干空气密度 ρ (kg/m^3)	饱和空气密度 ρ_b (kg/m^3)	饱和空气的水蒸气分压力 $P_{q \cdot b}$ (mbar)	饱和空气含湿量 d_b (g/kg 干空气)	饱和空气焓 i_b (kJ/kg 干空气)
-20	1.396	1.395	1.02	0.63	-18.55
-19	1.394	1.393	1.13	0.70	-17.39
-18	1.385	1.384	1.25	0.77	-16.20
-17	1.379	1.378	1.37	0.85	-14.99
-16	1.374	1.373	1.50	0.93	-13.77
-15	1.368	1.367	1.65	1.01	-12.60
-14	1.363	1.362	1.81	1.11	-11.35
-13	1.358	1.357	1.98	1.22	-10.05
-12	1.353	1.352	2.17	1.34	-8.75
-11	1.348	1.347	2.37	1.46	-7.45
-10	1.342	1.341	2.59	1.60	-6.07
-9	1.337	1.336	2.83	1.75	-4.73
-8	1.332	1.331	3.09	1.91	-3.31
-7	1.327	1.325	3.36	2.08	-1.88
-6	1.322	1.320	3.67	2.27	-0.42
-5	1.317	1.315	4.00	2.47	1.09
-4	1.312	1.310	4.36	2.69	2.68
-3	1.308	1.306	4.75	2.94	4.31
-2	1.303	1.301	5.16	3.19	5.90
-1	1.298	1.295	5.61	3.47	7.62
0	1.293	1.290	6.09	3.78	9.42
1	1.288	1.285	6.56	4.07	11.14
2	1.284	1.281	7.04	4.37	12.89
3	1.279	1.275	7.57	4.70	14.74
4	1.275	1.271	8.11	5.03	16.58
5	1.270	1.266	8.70	5.40	18.51
6	1.265	1.261	9.32	5.79	20.51
7	1.261	1.256	9.99	6.21	22.61
8	1.256	1.251	10.70	6.65	24.70
9	1.252	1.247	11.46	7.13	26.92
10	1.248	1.242	12.25	7.63	29.18
11	1.243	1.237	13.09	8.15	31.52
12	1.239	1.232	13.99	8.75	34.08
13	1.235	1.228	14.94	9.35	36.59
14	1.230	1.223	15.95	9.97	39.19
15	1.226	1.218	17.01	10.6	41.78
16	1.222	1.214	18.13	11.4	44.80
17	1.217	1.208	19.32	12.1	47.73

参 考 文 献

第 1 章

1 ［美］R. B. 伯德，W. E. 斯图瓦特，E. N. 莱特福特著．袁一，戎顺熙，石炎福译．传递现象．北京：化学工业出版社，1990.

2 刘谦．传递过程原理．北京：高等教育出版社，1990.

3 杨世铭，陶文铨编著．传热学．北京：高等教育出版社，1998.

第 2 章

1 王补宣．工程传热传质学（下册）．北京：科学出版社，1998.

2 Bird，R. B.，Stewart，W. E. and Lightfoot，E. N. Transport Phenomena（Second Edition）. John-Wiley，New York，2002.

3 章熙民，任泽霈，梅飞鸣．传热学（第三版）．北京：中国建筑工业出版社，1993.

4 Cussler，E. L.. Diffusion Mass Transfer in Fluid System（Second Edition）. Cambridge University Press，1997.

5 （挪威）A. L. 莱德森．工程传质．北京：烃加工出版社，1988.

6 Perry，J. H. and Chiltm，C. H.. Chemical Engineering Handbook，5th ed. McGraw-Hill，1973.

7 Gilliland，E. R.，IEC，26：681～685，1934.

8 Welty，J. R.，Wicks，C. E. and Wilson，R. E.. Fundamentals of Momentum. Heat and Mass Transfer，2nd ed.. John-Wiley &Sons，Inc.，1976.

9 Kays，W. M. and Crawford，M. E.. Convective Heat and Mass Transfer，2nd ed.，McGraw-Hill，1980.

10 （美）弗兰克．P. 英克鲁佩勒等．葛新石，王义方，郭宽良译．传热的基本原理．合肥：安徽教育出版社，1985.

11 Knudsen，J. D. and Kate，D. L.. Fluid Dynamics and heat Transfer. New York：McGraw-Hill，1980.

12 Incropera，F. P. and Dewitt，D. P.. Fundamentals of Heat and Mass Transfer，4th ed.. New York，John-Wiley，1996.

13 周兴禧．制冷空调工程中的质量传递．上海：上海交通大学出版社，1991.

第 3 章

1 Rohsenow，W. M. and Choi，H. Y.. Heat，Mass and Momentum Transfer，Prentice-Hall Inc，1961.

2 （美）T. K. 修伍德，R. L. 皮克福特，C. R 威尔基．时钧，李盘生等译．传质学．北京：化学工业出版社，1988.

3 （美）W. M. 罗森诺等主编．谢力译．传热学应用手册（上册）．北京：科学出版社，1992.

4 贾绍义，柴诚敬．化工传质与分离过程．北京：化学工业出版社，2001.

5 陈晋南．传递过程原理．北京：化学工业出版社，2004.

6 陈涛，张国亮．化工传递过程基础（第二版）．北京：化学工业出版社，2002.

7 李汝辉．传质学基础．北京：北京航空学院出版社，1987.

8 王涛，朴香兰，朱慎林．高等传递过程原理．北京：化学工业出版社，2005.

9 万俊华，刘顺隆，杨耀根，夏允庆．流体分子理论及性质．哈尔滨：哈尔滨工程大学出版社，1994.

10 戴干策，任德呈，范自晖．传递现象导论．北京：化学工业出版社，1996.

11 王运东，骆广生，刘谦．传递过程原理．北京：清华大学出版社，2002.

12 许为全．热质交换原理与设备．北京：清华大学出版社，1999.

13 Little J C, Hodgson A, and Gadgil A J. Modeling emissions of volatile organic compounds from new carpets. Atmospheric Environment, 1994, 28 (2): 227 ~ 234.

14 Xu Y, Zhang Y P. An improved mass transfer based model for analyzing VOCs emissions from building materials. *Atmospheric Environment*, 2003, 37 (18): 2497 ~ 2505.

15 Zhang Y P, Xu Y. Characteristics and formulae of VOCs emissions from building materials. *Inter. J. of Heat and Mass Transfer*, 2003, 46 (25): 4877 ~ 4883.

16 Deng B; Kim C N. An analytical model for VOC emission from dry building materials. Atmospheric Environment, 2004, 38 (2): 1173 ~ 1180.

17 Xu Y, Zhang YP. A general model for analyzing VOCs emission characteristics from building materials and its application. Atmospheric Environment, 2004, 38 (1): 113 ~ 119.

18 杨瑞，金招芬，张寅平，李亚栋．纳米光催化材料在处理 VOCs 方面的研究和应用简介．暖通空调，2001, 31 (1): 42 ~ 44.

19 Obee T N and Brown R T. TiO_2 Photocatalysis for indoor air applications: effects of humidity and trace contaminant levels on the oxidation rates of formaldehyde, Toluene, and 1, 3-Butadiene. Environmental Science and Technology, 1995, 29 (5): 1223 ~ 1231.

20 Obee T N. Photooxidation of sub-parts-per-million toluene and formaldehyde levels on titania using a glass-plate reactor. Environmental Science and Technology, 1996, 30 (12): 3578 ~ 3584.

21 Hossain M M and Raupp G B et al. Three-dimensional developing flow model for photocatalytic monolith reactions. AIChE Journal, 1999, 45 (6): 1309 ~ 1321.

22 Alberici R M, Jardim W F. Photocatalytic destruction of VOCs in the gas-phase using titanium dioxide. Applied Catalysis B: Environmental, 1997, 14: 55 ~ 68.

23 Zhang Y P, Yang R, Zhao R Y, A model for analyzing the performance of photocatalytic air cleaner in removing volatile organic compounds. *Atmospheric Environment*, 2003, 37 (24): 3395 ~ 3399.

24 Yang R, Zhang Y P, Zhao R Y. An improved model for analyzing the performance of photocatalytic oxidation reactor in removing volatile organic compounds and its application. *Journal of the Air and Waste Management*, 2004, 54: 1516 ~ 1524.

25 Mo J H, Zhang Y P, Yang R, Novel Insight into VOCs Removal Performance of Photocatalytic Oxidation Reactors. *Indoor Air*, 2005, 15 (4): 291 ~ 300.

26 李曦，张凯晟，杨自力，连之伟．超声雾化液体除湿系统对室内空气品质的影响 [J]．上海交通大学学报，2017, 51 (3): 257 - 262.

27 Yule, A. J. and Y. Al-Suleimani, On droplet formation from capillary waves on a vibrating surface. Proceedings of the Royal Society a-Mathematical Physical and Engineering Sciences, 2000. 456 (1997): p. 1069-1085.

28 应崇福，超声学 [M]．北京：科学出版社，1993.

29 贾立斌，油雾发生器的理论及实验研究．东北大学硕士学位论文，2009.

30 Zili Yang, Beibei Lin, Kaisheng Zhang, Zhiwei Lian. Experimental study on mass transfer performances of the ultrasonic atomization liquid desiccant dehumidification system [J]. Energy and Buildings, 2015, 93 (06): 126-136.

31 Zili Yang, Kaisheng Zhang, Yunho Hwang, Zhiwei Lian, Performance investigation on the ultrasonic atomi-

zation liquid desiccant regeneration system [J]. Applied Energy, 2016, 171: 12-25.

32 Gao, W. Z., Liu, J. H., Cheng, Y. P., et al. Experimental Investigation on the Heat and Mass Transfer between Air and Liquid Desiccant in a Cross-Flow Dehumidifier [J]. Renewable Energy, 2012, 37 (1): 117-123.

33 Liu, X. H., Jiang, Y., Chang, X. M., et al. Experimental Investigation of the Heat and Mass Transfer between Air and Liquid Desiccant in a Cross-Flow Regenerator [J]. Renewable Energy, 2007, 32 (10): 1623-1636.

第 4 章

1 赵荣义，范存养，薛殿华，钱以明. 空气调节（第三版）. 北京：中国建筑工业出版社，1994.

2 周兴禧. 制冷空调工程中的质量传递. 上海：上海交通大学出版社，1991.

3 Jones, W. P., Air Conditioning Engineering. 谭天佑等译. 北京：中国建筑工业出版社，1989.

4 Robert, A. P. (editor), ASHRAE Handbook: HAVC System and Equipment, Atlanta, ASHRAE Inc., 1996.

5 许为全. 热质交换原理与设备. 北京：清华大学出版社，1999.

6 张立志. 除湿技术. 北京：化学工业出版社，2005.

第 5 章

1 Robert A P (editor). ASHRAE HANDBOOK: Fundamentals, Atlanta: ASHRAE Inc., 1997.

2 Brunauer, S, Emmett P H, and Teller E. J. Am. Chem. Soc., 1938. 60: 309 ~ 311.

3 章燕豪. 吸附作用. 上海：上海科学技术文献出版社，1987.

4 Motoyuki S. Adsorption Engineering, Co-published by Kodansha LTD., Tokyo and Elsevier Sci. Publishers B. V., Amsterdam, 1990.

5 Langmuir I. The adsorption of gases on plane surfaces of glass, mica, and platinum. J. Am. Chem. Soc. 1918, 40: 1361 ~ 1403.

6 Fowler, R H and Guggenheim E A, Statistical Thermodynamics, Cambridge University Press, Cambridge (1939).

7 Polanyi M. Verh. Deut. Chem., 57, 106 (1914).

8 Berenyi M. Z. Physik. Chimie, 94, 628 (1920); 105, 55 (1923).

9 Dubinin M M. Chemistry and Physics of Carbon, 1960, Marcel Dekker, New York, 2: 51.

10 Dubinin M M, Astakhov V A. 2nd Int. Conf. on Molecular-sieve Zeolite, 1970.

11 周兴禧. 制冷空调工程中的质量传递. 上海：上海交通大学出版社，1991.

12 Jones W P. Air Conditioning Engineering. Oxford: Elsevier Publishing Company, 2001.

13 朱颖心，张寅平，李先庭，秦佑国，詹庆旋. 建筑环境学. 北京：建筑工业出版社，2005.

14 John D S, Jonathan M S, John F M. Indoor Air Quality Handbook, the 1st edition, New York: McGraw-Hill Companies, Inc., 2001.

15 Fujishima A, Honda K. Electrochemical photolysis of water at a semiconductor electrode. Nature, 1972, 238: 37 ~ 38.

16 杨瑞. 纳米光催化降解室内 VOCs 机理和应用研究，清华大学博士论文，2005.

17 李晓娥，祖庸. 纳米 TiO_2 光催化氧化机理及应用. 化工进展，1999，4：35 ~ 37.

18 余锡宾，王桂华，罗衍庆等. TiO_2 超微粒子的量子尺寸效应与光吸收特性. 催化学报，1999，20 (6)：613 ~ 618.

19 杨瑞，金招芬，张寅平，李亚栋. 纳米光催化材料在空调领域中的应用. 暖通空调，2001，31

(1): 42 ~ 44.

20 Maira A J, Yeung K L, Lee C Y, et al. Size effects in gas-phase photo-oxidation of trichloroethylene using nanometer-sized TiO2 catalysts. J. Catal., 2000, 192 (1): 185 ~ 196.

21 Tompkins D T. Evaluation of photocatalytic air cleaning capability, a literature review & engineering analysis, ASHRAE Research Project 1134-RP, Final Report, June21, 2001.

22 Obee T N, Brown R T. TiO2 photocatalysis for indoor air applications: effects of humidity and trace contaminant levels on the oxidation rates of formaldehyde, toluene, and 1, 3-butadiene. Environ. Sci. Technol., 1995, 29 (5): 1223 ~ 1231.

23 Obee T N. Photooxidation of sub-parts-per-million toluene and formaldehyde levels on titania using a glass-plate reactor. Environ. Sci. Technol., 1996, 30 (12): 3578 ~ 3584.

24 Cao L X, Huang A M, Spiess F J, et al. Gas-phase oxidation of 1-butene using nanoscale TiO_2 photocatalysts. J. Catal., 1999, 188 (1): 48 ~ 57.

25 Cao L X, Gao Z, Suib S L, et al. Photocatalytic oxidation of toluene on nanoscale TiO_2 catalysts: Studies of deactivation and regeneration. J. Catal., 2000, 196 (2): 253 ~ 261.

26 Blanco J, Avila P, Bahamonde A, et al. Photocatalytic destruction of toluene and xylene at gas phase on a titania based monolithic catalyst. Catal. Today, 1996, 29: 437: 442.

27 Hossain M M, Raupp G B, Hay S O, et al. Three-dimensional developing flow model for photocatalytic monolith reactiors. AIChe J., 1999, 45 (6): 1309 ~ 1321.

28 Sauer M L, Ollis D F. Acetone oxidation in a photocatalytic monolith reactor. J. Catal., 1994, 149 (1): 81 ~ 91.

29 Einaga H, Futamura S, Ibusuki T. Photocatalytic decomposition of benzene over in a humidifed TiO_2 airstream. Phys. Chem. Chem. Phys., 1999, 1: 4903 ~ 4908.

30 Alberici R M, Jardim W E. Photocatalytic destruction of VOCs in the gas-phase using titanium dioxide. Appl. Catal. B-Environ., 1997, 14 (1 ~ 2): 55 ~ 68.

31 Jo W K, Park J H, Chun H D. Photocatalytic destruction of VOCs for in-vehicle air cleaning. J. Photochem. Photobiol. A Chem., 2002, 148 (1 ~ 3): 109 ~ 119.

32 Chapuis Y, Kivana D, Guy C, et al. Photocatalytic oxidation of volatile organic compounds using fluoresent visible light. J. Air & Waste Manage. Assoc., 2002, 52 (7): 845 ~ 854.

33 Jocaby W A, Blake D M, Noble R D, et al. Kinetics of the oxidation of trichloroethylene in air via heterogeneous photocatalysis. J. Catal., 1995, 157 (1): 87 ~ 96.

34 Tronconi E, Forzatti P. Adequacy of lumped parameter models for SCR reactors with monolith structure. AIChE J., 1992, 38: 201 ~ 210.

35 Robert A P. (editor). Sorbents and desiccants. ASHRAE Handbook, Fundamentals, 2001.

36 铃木谦一郎，大矢信男著. 李先瑞译. 除湿设计. 北京：中国建筑工业出版社，1983.

37 Ertas A, Anderson E E, Kiris I. Properties of a new liquid desiccant solution lithium chloride and calthium chloride mixture. Solar Energy, 1992, 49 (3): 205 ~ 212.

38 陈宏芳，杜建华. 高等热力学. 北京：清华大学出版社，2000.

39 Khan A Y. Cooling and dehumidification performance analysis of internally-cooled liquid desiccant absorbers. Applied Thermal Engineering, 1998, 18 (5): 265 ~ 281.

40 Ameel T A, Gee K G, Wood B D. Performance predictions of alternative low cost absorbents for open-cycle absorption solar cooling. Solar Energy, 1995, 54 (2): 65 ~ 73.

41 Potnis S V, Lenz T G. Dimensionless mass-transfer correlations for packed-bed liquid-desiccant contactors. Industrial Engineering Chemistry Research, 1996, 35 (11): 4185 ~ 4193.

42 Chung T W, Ghosh T K, Hines A L. Comparison between random and structured packings for dehumidification of air by lithium chloride solutions in a packed column and their heat and mass transfer correlations. Industrial Engineering Chemistry Research, 1996, 35 (1): 192 ~ 198.

43 Albers W F, Beckman J R. Method and apparatus for simultaneous heat and mass transfer. U. S. Patent 4982782, 1991.

第 6 章

1 [德] E U 施林德尔主编. 马庆芳，马重芳主译. 换热器设计手册（一、三卷）. 北京：机械工业出版社，1988.

2 罗棣庵. 传热应用与分析. 北京：清华大学出版社，1990.

3 [美] W M 罗森诺等主编. 传热学应用手册（上册）. 北京：科学出版社，1992.

4 章熙民，任泽霈，梅飞鸣编著. 传热学（第三版）. 北京：中国建筑工业出版社，1993.

5 杨世铭，陶文铨编著. 传热学. 北京：高等教育出版社，1998.

6 朱家骅，叶世超，夏素兰编. 化工原理. 北京：科学出版社，2005.

7 李德兴编著. 冷却塔. 上海：上海科学技术出版社，1981.

8 Jakob M. Heat transfer. Vol. 2. New York: John Wiley & Sons Inc, 1957, 211 ~ 260.

9 Crozier, Jr R, Samuels M. Mean temperature difference in odd-tube-pass heat exchanger. ASME J Heat Transfer, 1997, 99 (3): 487 ~ 489.

10 Kays W M and London A L. Compact Heat Exchangers, 3rd Ed. . New York: McGraw-Hill, 1984.

11 凯斯 W M，伦敦 A L 著. 宣益民，张后雷译. 紧凑式热交换器. 北京：科学出版社，1997.

12 Tuker A. S. The LMTD correction-factor for single pass crossflow heat exchanger. ASME J Heat exchanger, 1996, 118 (2): 488 ~ 490.

13 清华大学等合编. 空气调节（第二版）. 北京：中国建筑工业出版社，1986.

14 贺平，孙刚编著. 供热工程（第三版）. 北京：中国建筑工业出版社，1993.

第 7 章

1 清华大学等合编. 空气调节（第二版）. 北京：中国建筑工业出版社，1986.

2 李德兴编著. 冷却塔. 上海：上海科学技术出版社，1981.

3 史美中，王中铮编. 热交换器原理与设计（第二版）. 南京：东南大学出版社，1996.

4 华东建筑设计院主编. 给水排水设计手册（第 4 册）. 北京：中国建筑工业出版社，1986.

5 杨世铭，陶文铨编著. 传热学. 北京：高等教育出版社，1998.

6 顾夏声等编著. 水处理工程. 北京：清华大学出版社，1985.

7 丁毅，巩桂芬，林智，杨顺清. 工业用空气加湿器加湿量的计算及测定. 西北轻工业学院学报，2002, 20 (4): 52 ~ 54.

8 贺平，孙刚编著. 供热工程（第三版）. 北京：中国建筑工业出版社，1993.

第 8 章

1 黄翔. 国内外蒸发冷却空调技术研究进展（1 − 3）[J]. 暖通空调，2007, 37 (2 − 4): 24 ~ 30, 32 ~ 37, 24 ~ 29.

2 黄翔，周斌，于向阳等. 新疆地区三级蒸发冷却空调系统工程应用分析 [J]. 暖通空调，2005, 35 (7): 104 ~ 107.

3 张丹，黄翔，吴志湘. 蒸发冷却空调系统设计方法研究——简化热工计算的步骤与内容分析 [J].

流体机械，2005（33）：32～327.

4 樊丽娟，黄翔，吴志湘. 管式间接蒸发冷却系统中强化管外传热传质方法的对比分析 [J]. 流体机械，2008，36（11）：47～51.

5 黄翔，屈元，狄育慧. 多级蒸发冷却空调系统在西北地区的应用 [J]. 暖通空调，2004，34（6）：67～71.

6 张丹，黄翔，刘舰等. 蒸发冷却空调系统的设计原则与设计方法的研究 [J]. 制冷与空调，2008，8（2）：18～24.

7 黄翔，周斌. 三级蒸发冷却空调热工计算法与工程应用分析 [A]. 制冷空调新技术进展 [C]. 2005：62～66.

8 周斌. 间接蒸发冷却技术用于纺织空调的可行性分析 [J]. 棉纺织技术，2005，33（1）：24～28.

9 屈元. 间接蒸发冷却器热工计算数学模型及验证 [J]. 流体机械，2004，32（11）：50～53.

10 黄翔，张丹，吴志湘. 蒸发冷却空调设计方法研究——两种蒸发冷却器热工计算方法的简化 [J]. 流体机械，2006，34（12）：75～78.

11 周斌，黄翔，狄育慧. 间接发冷却器中布水器对传热传质的影响 [J]. 建筑热能通风空调，2003，22（5）：24～26.

12 杜鹃，黄翔，武俊梅. 直接蒸发冷却空调机与冷却塔内部传热、传质过程的类比分析 [J]. 制冷与空调，2003，3（1）：11～14.

13 黄翔. 蒸发冷却新风空调集成系统 [J]. 暖通空调，2003，33（5）：13～16.

14 周孝清，陈沛霖. 间接蒸发冷却器的设计计算方法 [J]. 暖通空调，2000，30（1）：39～42.

15 张秀平，潘云钢等. 标准风机盘管用于温湿度独立控制系统的适应性研究 [J]. 流体机械，2009，37（1）：72～76.

16 康宁，宣永梅等. 辐射供冷现状及发展趋势 [J]. 建筑节能，2009，37（5）：74～76.

17 马宏权，龙惟定. 高湿地区温湿度独立控制系统应用分析 [J]. 暖通空调，2009，39（2）：64～69.

18 田旭东，刘华等. 高温离心式冷水机组及其特性研究 [J]. 流体机械，2009，37（10）：53～73.

19 吕守洋. 工程温湿度独立控制系统的应用 [J]. 应用能源技术，2010，148（4）：6～11.

20 闻才，张小松. 基于溶液除湿的混合式空气调节系统 [J]. 流体机械，2010，38（3）：81～84.

21 王立雷，赵菊. 温湿度独立控制空调系统的 CFD 模拟及实验研究 [J]. 建筑热能通风空调，2009，28（1）：40～42.

22 徐征，刘筱屏等. 温湿度独立控制空调系统节能性实例分析 [J]. 暖通空调，2007，37（6）：129～132.

23 程志远，代焱. 温湿度独立控制空调系统设计 [J]. 制冷空调与电力机械，2010，31（4）：28～32.

24 易晓勤. 温湿度独立控制空调系统在地铁车站的应用 [J]. 暖通空调，2010，40（7）：19～21.

25 刘晓华，江亿. 温湿度独立控制空调系统在医院建筑中的应用 [J]. 暖通空调，2009，39（4）：68～73.

26 黄翔. 蒸发冷却与干式风机盘管半集中式空调系统探讨 [J]. 西安工程科技学远学报，2006，20（6）：735～740.

27 朱冬生. 除湿器研究进展 [J]. 暖通空调，2007，37（4）：35～40.

28 刘晓华，易晓勤等. 基于溶液除湿方式的温湿度独立控制空调系统的性能分析 [J]. 中国科技论文在线，2008，3（7）：469～476.

29 江亿，李震等. 溶液除湿空调系列文章溶液式空调及其应用 [J]. 暖通空调，2004，34（11）：88～97.

30 陈颖，张永权等. 一种蜂窝纸毡填料用于除湿液体再生过程的实验研究 [J]. 制冷学报，2007，28 (3)：20～23.

31 Robert A P. (editor). ASHRAE HANDBOOK：HVAC System and Equipment，Atlanta：ASHRAE Inc.，1997.

32 Chen X Y，Jiang Y，Li Z，et al. An introduction of independent humidity control system with liquid desiccant air conditioner. The 4th international Symposium on HVAC. Beijing，China，2003.

33 Kessling W，Laevemann E，Kapfhammer C. Energy storage for desiccant cooling systems component development. Solar Energy，1998，64 (4－6)：209～221.

第9章

1 Ye Yao，ZhiweiLian，ZhijianHou. Thermal analysis of cooling coils based on a dynamic model. Applied Thermal Engineering，2004，24 (7)：1037～1050.

2 姚晔，连之伟，周湘江. 风机盘管换热器动态换热模型及计算机仿真. 上海交通大学学报，2004，38 (2)：316～320.

3 F. Jorge，C. O. Armando. Thermal behavior of closed wet cooling towers for use with chilled ceilings. Applied Thermal Engineering，2000，20 (13)：1225～1236.

4 D. R. Mirth，S. Ramadhyani，D. C. Hittle. Thermal performance of chilled-water cooling coils operating at low water velocities . ASHRAE Transactions，1993. 99 (1)：43～53.

5 Crozier，Jr R，Samuels M. Mean temperature difference in odd-tube-pass heat exchanger. ASME J Heat Transfer，1997，99 (3)：487～489.

6 Kays W M and London A L. Compact Heat Exchangers，3rd Ed.. McGraw-Hill，New York，1984.

7 许为全编著. 热质交换过程与设备. 北京：清华大学出版社，1999.

8 R. L. Webb，A. Villacres. Performance simulation of evaporative heat exchangers (cooling towers，fluid coolers，and condensers) . Heat Transfer Engineering，1985，6 (2)：31～42.

9 E. Braun ，S. A. Klein，J. W. Mitchell. Effectiveness models for cooling towers and cooling coils. ASHRAE Transactions，1989，95 (2)：164～174.

10 Nimr MA. Modeling the dynamic thermal behavior of cooling towers containing packing materials. Heat Transfer Engineering，1999，20 (1)：91～106.

11 [美] W M 罗森诺等主编. 传热学应用手册 (上册). 北京：科学出版社，1992.

12 史美中，王中铮编. 热交换器原理与设计 (第二版). 南京：东南大学出版社，1996.

13 靳明聪等编著. 换热器. 重庆：重庆大学出版社. 1990.

14 Edwards D K and Matavosian R. The thermoeconomically optimum counter-flow heat exchangers，effectiveness. Journal of heat transfer，1982，104：191～193.

15 Edwards D K，et al. Transfer process，2nd Ed.. McGraw-Hill，New York，1979：292～296.

16 Bejan A. The concept of irreversibility in heat exchange design：counter-flow heat exchangers for gas-to-gas applications，Transaction of the ASME，Series C，Journal of heat transfer，1977，99 (1)：374～380.

17 Bejan A. General criteria for rating heat exchanger performance. Int. J. Heat Mass Transfer，1978，21：655～658.

18 宋之平，王加璇. 节能原理. 北京：水利电力出版社，1986：312～382.

19 倪振伟等. 评价换热器热性能的三项指标. 工程热物理学报，1984，5 (4)：387～389.

20 Webb R L. Performance evaluation criteria for use of enhanced heat transfer surface in heat exchange design. Int. J. Heat Mass Transfer，1981，24 (4)：715～726.

21 孙德兴. 肋片管簇的优化方法. 制冷学报，1981，(4)：9～21.

22 李安军，邢桂菊，周丽雯．换热器强化传热技术的研究进展．冶金能源，2008，27（1）：50～54.

23 支浩，汤慧萍，朱纪磊．换热器的研究发展现状．化工进展，2009，28：338～342.

24 郑雪苹，孙俊杰，李宝安．新型换热器的发展趋势．内蒙古科技与经济，2010，14：79～80.

25 史秀丽，张宏峰．板壳式换热器发展现状及优越性．化学工程师，2006，125（2）：30～31.

26 方书起，祝春进，吴勇等．强化传热技术与新型高效换热器研究进展．化工机械，2004，31（4）：249～250.

教育部高等学校建筑环境与能源应用工程专业教学指导分委员会规划推荐教材

征订号	书　名	作　者	定价(元)	备　注
23163	高等学校建筑环境与能源应用工程本科指导性专业规范(2013年版)	本专业指导委员会	10.00	2013年3月出版
25633	建筑环境与能源应用工程专业概论	本专业指导委员会	20.00	
34437	工程热力学（第六版）	谭羽非 等	43.00	国家级“十二五”规划教材（可免费索取电子素材）
35779	传热学（第七版）	朱　彤 等	58.00	国家级“十二五”规划教材（可免费浏览电子素材）
32933	流体力学（第三版）	龙天渝 等	42.00	国家级“十二五”规划教材（附网络下载）
34436	建筑环境学（第四版）	朱颖心 等	49.00	国家级“十二五”规划教材（可免费索取电子素材）
31599	流体输配管网（第四版）	付祥钊 等	46.00	国家级“十二五”规划教材（可免费索取电子素材）
32005	热质交换原理与设备（第四版）	连之伟 等	39.00	国家级“十二五”规划教材（可免费索取电子素材）
28802	建筑环境测试技术（第三版）	方修睦 等	48.00	国家级“十二五”规划教材（可免费索取电子素材）
21927	自动控制原理	任庆昌 等	32.00	土建学科“十一五”规划教材（可免费索取电子素材）
29972	建筑设备自动化（第二版）	江　亿 等	29.00	国家级“十二五”规划教材（附网络下载）
34439	暖通空调系统自动化	安大伟 等	43.00	国家级“十二五”规划教材（可免费索取电子素材）
27729	暖通空调（第三版）	陆亚俊 等	49.00	国家级“十二五”规划教材（可免费索取电子素材）
27815	建筑冷热源（第二版）	陆亚俊 等	47.00	国家级“十二五”规划教材（可免费索取电子素材）
27640	燃气输配（第五版）	段常贵 等	38.00	国家级“十二五”规划教材（可免费索取电子素材）
34438	空气调节用制冷技术（第五版）	石文星 等	40.00	国家级“十二五”规划教材（可免费索取电子素材）
31637	供热工程（第二版）	李德英 等	46.00	国家级“十二五”规划教材（可免费索取电子素材）
29954	人工环境学（第二版）	李先庭 等	39.00	国家级“十二五”规划教材（可免费索取电子素材）
21022	暖通空调工程设计方法与系统分析	杨昌智 等	18.00	国家级“十二五”规划教材
21245	燃气供应（第二版）	詹淑慧 等	36.00	国家级“十二五”规划教材
34898	建筑设备安装工程经济与管理（第三版）	王智伟 等	49.00	国家级“十二五”规划教材
24287	建筑设备工程施工技术与管理（第二版）	丁云飞 等	48.00	国家级“十二五”规划教材（可免费索取电子素材）
20660	燃气燃烧与应用（第四版）	同济大学 等	49.00	土建学科“十一五”规划教材（可免费索取电子素材）
20678	锅炉与锅炉房工艺	同济大学 等	46.00	土建学科“十一五”规划教材